基础化学与化工分析

（上册）

主　编　张松斌
副主编　冒平如　何恒建

兵器工业出版社

内容简介

本书由基础化学与化工分析两部分组成。基础化学部分涉及知识点 130 个，化工分析部分涉及知识点 80 个，涵盖了化工专业学业水平考试的所有知识点。本书根据职业院校水平考试大纲的考试内容，按知识点编号顺序进行编写，内容包括知识归纳、应用举例、课堂练习和课后作业等，方便老师讲课、学生学习和复习巩固，同时还提供了模拟试题，便于检查学生的学习情况。

本书适用于职业院校化工、分析及其相关专业，也可供企业分析检验人员培训和考核使用。由于编者水平有限，疏漏之处在所难免，请广大读者批评指正，以便修订完善。

图书在版编目（CIP）数据

基础化学与化工分析 ：全 2 册 / 张松斌主编. -- 北京 ：兵器工业出版社，2018.6
ISBN 978-7-5181-0428-4

Ⅰ. ①基… Ⅱ. ①张… Ⅲ. ①化学－职业教育－教材 ②化学工业－化学分析－职业教育－教材 Ⅳ. ①O6②TQ014

中国版本图书馆 CIP 数据核字（2018）第 147630 号

出版发行：兵器工业出版社　　　　　　　　　　　责任编辑：贺婷婷
发行电话：010-68962596，68962591　　　　　　封面设计：赵俊红
邮　　编：100089　　　　　　　　　　　　　　　责任校对：郭　芳
社　　址：北京市海淀区车道沟 10 号　　　　　　责任印制：王京华
经　　销：各地新华书店　　　　　　　　　　　　开　　本：787×1092　　1/16
印　　刷：廊坊市广阳区九洲印刷厂　　　　　　　印　　张：29
版　　次：2018 年 6 月第 1 版第 1 次印刷　　　　字　　数：704 千字
印　　数：1 - 3000　　　　　　　　　　　　　　定　　价：8 8.00 元

前　言

　　"基础化学与化工分析"课程是职业院校石油化工类专业基础平台课程，是理论和实践相结合的专业核心课程，目的是使学生掌握化学基础知识、基础实验技能，掌握化工分析基本技能，培养学生分析和解决实际问题的能力。为了帮助职业院校石油化工类专业学生提升基础化学与化工分析学业水平，准确了解"基础化学"和"化工分析"考纲对考生的能力要求和考查方向，全面、科学、高效地复习备考，我们组织一线专家老师编写了《基础化学与化工分析》一书。本书具有以下几个鲜明特点：

　　一是专业性。本书根据职业院校石油化工类专业学业水平考试研究组相关专家的研究成果，依据"基础化学"和"化工分析"专业课考试大纲，遵循命题指导思想，严格按照学业水平考试具体要求，依照试卷结构的题型比例、难易程度、内容分布等要求进行编写，从而使指向更为清晰，重点更为突出，复习更为有效。

　　二是系统性。本书结合"基础化学"和"化工分析"课程教学的实际情况和职业院校学生学习的特点，依据各课程自身的规律和特点，按照知识点分类整理，注意知识的内在联系，设置了课程标准、考试大纲、概念地图、知识归纳、典例分析、课堂练习、课后自测以及模拟试卷等板块，从而帮助考生把握复习范围和重点，提炼知识、能力要点，强化重点，突破难点，由点及面、由浅入深地系统复习。

　　三是实用性。本书在内容和形式设计上，考虑到课堂教学、课后练习和考前复习三者的关系，既方便师生在课堂上进行有效复习，课后进行巩固强化，又可用于考前模拟考试。同时，本书将同步推出适合手机终端使用的在线题库，学生可随时随地进行自测和反复练习，让复习"有的放矢"。

　　本书由张松斌担任主编，由冒平如、何恒建担任副主编。本书的相关资料和售后服务可扫本书封底的微信二维码或与QQ（2436472462）联系获得。

　　本书适用于职业院校化工、分析及其相关专业，也可供企业分析检验人员培训和考核使用。由于编者水平有限，疏漏之处在所难免，请广大读者批评指正，以便修订完善。

编　者

2018 年 5 月

Contents

目录

上册　基础化学

下册　化工分析

第一章
常见的金属及其化合物

 知识结构 »

知识分类		序号	知识点
常见的金属及其化合物	碱金属	1	金属钠的物理性质
		2	金属钠的化学性质（与 O_2、Cl_2、H_2O 反应）
		3	金属钠的两种氧化物及氢氧化钠的性质
		4	碱金属元素的通性
		5	实验室常见固体药品取用、保存方法及实验安全注意事项
		6	碱金属的用途
	碱土金属	7	镁、钙的物理性质、化学性质及用途
		8	镁、钙的常见化合物的性质
		9	硬水与软水的鉴别方法，硬水的危害
		10	暂时硬水的软化方法
	两种重要的金属——铝、铁	11	铝、铁的物理性质
		12	铝、铁及其氧化物、氢氧化物的化学性质
		13	金属的分类及通性
		14	重金属对人体健康的危害

考纲要求 »

考试内容		序号	说　明	考试要求
常见的金属及其化合物	碱金属	1	了解金属钠的物理性质	A
		2	掌握金属钠的化学性质（与 O_2、Cl_2、H_2O 反应）	A/B/C
		3	掌握金属钠的两种氧化物及氢氧化钠的性质	A/B/C
		4	了解碱金属元素的通性	A
		5	了解实验室常见固体药品取用、保存方法及实验安全注意事项；	A
		6	了解碱金属的用途	A
	碱土金属	7	了解镁、钙的物理性质、化学性质及用途	A
		8	了解镁、钙的常见化合物的性质	A
		9	了解硬水与软水的鉴别方法、知道硬水的危害	A
		10	了解暂时硬水的软化方法	A
	两种重要的金属—铝、铁	11	了解铝、铁的物理性质	A
		12	理解铝、铁及其氧化物、氢氧化物的化学性质	A/B
		13	了解金属的分类及通性	A
		14	了解重金属对人体健康的危害	A

第一节　碱金属

1. 了解金属钠的物理性质；

2. 掌握金属钠的化学性质（与 O_2、Cl_2、H_2O 反应）；

3. 掌握金属钠的两种氧化物及氢氧化钠的性质；

4. 了解碱金属元素的通性；

5. 了解实验室常见固体药品取用、保存方法及实验安全注意事项；

6. 了解碱金属的用途。

◆ 知识点1　金属钠的物理性质

【知识梳理】

1. 银白色金属。

2. 质软，可以用刀切割。

3. 密度比水小，为 $0.97\ \text{g/cm}^3$，能浮在水面上。

4. 熔点低，为 $97.81\ ^\circ\text{C}$，沸点为 $882.9\ ^\circ\text{C}$。

5. 是热和电的良导体。

【例题分析】

1. （单选题）下列性质中，与钠和水反应时的现象无关的是（　　）。

　　A. 钠的熔点低　　　B. 钠的密度小　　　C. 钠的硬度小　　　D. 有强还原性

2. （判断题）将金属钠切开，其断面呈银白色。（　　）

　　A. 正确　　　　　　　　　　　　　B. 错误

3. （判断题）金属钠可以用小刀切开。（　　）

　　A. 正确　　　　　　　　　　　　　B. 错误

> 答案：**1. C　2. A　3. A**
>
> 解析：本部分试题属于容易题，考核能力要求为A。考查知识点为了解金属钠的物理性质。

【巩固练习】

一、单选题

1. 已知煤油的密度是 $0.8\ \text{g/cm}^3$，试根据钠的保存方法、与水反应的现象，推测钠的密度是（　　）。

　　A. 大于 $1.0\ \text{g/cm}^3$　　　　　　　　B. 小于 $0.8\ \text{g/cm}^3$

C. 介于 $0.8 \sim 1.0 \, \text{g/cm}^3$ 之间　　　　D. 无法推测

二、判断题

1. 将钠投入水中,钠沉入水底。　　　　　　　　　　　　　　（　　）

A. 正确　　　　　　　　　　　　　B. 错误

2. 钠属于活泼的轻金属。　　　　　　　　　　　　　　　　（　　）

A. 正确　　　　　　　　　　　　　B. 错误

⬢ 知识点2　金属钠的化学性质

【知识梳理】

钠的化学性质非常活泼,主要表现在:

1. 钠跟氧气的反应。在常温下与氧气反应,生成白色的氧化钠;受热后与氧气剧烈反应,发出黄色火焰生成淡黄色的过氧化钠。

$4Na + O_2 =\!=\!= 2Na_2O$(白色)　　　　在点燃时 $2Na + O_2 =\!=\!= Na_2O_2$(淡黄色)

2. 钠跟氯气的反应,钠与氯气反应产生白烟,成分是氯化钠。

$2Na + Cl_2 \xrightarrow{\text{点燃}} 2NaCl$

3. 钠与水的反应

当将钠块投入到水中后,浮在水面,熔化成小圆球,立即跟水发生反应,并有气体产生。

$2Na + 2H_2O =\!=\!= 2NaOH + H_2\uparrow$

【例题分析】

1. (单选题)金属钠在氧气中燃烧时产生的现象是(　　)。

A. 黄烟,生成白色固体　　　　　　B. 黄雾,生成淡黄色沉淀

C. 白烟,生成白色固体　　　　　　D. 黄色火焰,生成淡黄色固体

2. (单选题)下列各组中两物质作用时,反应条件或反应物用量改变对生成物没有影响的是(　　)。

A. Na_2O_2 与 CO_2　　　　　　　　B. NaOH 与 CO_2

C. Na 与 O_2　　　　　　　　　　D. 木炭(C)和 O_2

3. (判断题)钠与水反应后的溶液中滴加酚酞,溶液显红色。　　（　　）

A. 正确　　　　　　　　　　　　　B. 错误

4. (判断题)金属钠着火可用水灭火。　　　　　　　　　　　（　　）

A. 正确　　　　　　　　　　　　　B. 错误

> **答案:1.** D　**2.** A　**3.** A　**4.** B
>
> **解析:**第1、3题属于容易题,考核能力要求为A,要求学生能识记钠燃烧时的反应现象。第2、5题在知识点难度设置上属于中等难度题,考核能力要求为B,要求学生能掌握钠的相关化学性质。

【巩固练习】

一、单选题

1. 将一小块钠放在石棉网上加热生成的淡黄色固体为（   ）。

    A. Na_2O B. Na_2O_2 C. Na_2CO_3 D. Na_2O_3

2. 下列物质中,既能与盐酸又能与烧碱溶液反应的是（   ）。

    A. Na B. Na_2CO_3 C. $NaHCO_3$ D. CO_2

3. 下列钠的化合物与其性质或用途不相符的是（   ）。

    A. Na_2O_2——淡黄色固体,可用作漂白剂

    B. Na_2O——白色固体,性质不稳定

    C. $NaHCO_3$——受热易分解,可用作发酵粉

    D. Na_2CO_3——性质稳定,可治疗胃酸过多

二、多选题

1. 下列物质放置在空气中因发生氧化还原反应而变质的是（   ）。

    A. $NaOH$ B. Na_2O C. Na D. Na_2O_2

2. 在下列反应中,既能放出气体又是氧化还原反应的是（   ）。

    A. 加热高锰酸钾   B. 钠与水反应

    C. 加热小苏打   D. 高温灼烧石灰石

☆ 知识点 3　金属钠的两种氧化物及氢氧化钠的性质

【知识梳理】

1. 钠的氧化物

钠的氧化物有:氧化钠(Na_2O),白色固体,碱性氧化物。其主要化学性质为:

(1) 热稳定性:不稳定($2Na_2O+O_2\!=\!\!=\!\!2Na_2O_2$)

(2) 与水反应　$Na_2O+H_2O\!=\!\!=\!\!2NaOH$

(3) 与 CO_2 反应　$Na_2O+CO_2\!=\!\!=\!\!Na_2CO_3$

(4) 与酸反应(盐酸)　$Na_2O+2HCl\!=\!\!=\!\!2NaCl+H_2O$

小结: 具有碱性氧化物通性。

钠的氧化物的主要用途:制取少量 Na_2O_2、烧碱。

2. 钠的过氧化物

钠的过氧化物有:过氧化钠(Na_2O_2),淡黄色固体,非碱性氧化物。其主要化学性质为:

(1) 热稳定性:稳定

(2) 与水反应　$2Na_2O_2+2H_2O\!=\!\!=\!\!4NaOH+O_2\uparrow$

(3) 与 $2Na_2O_2+2CO_2\!=\!\!=\!\!2Na_2CO_3+O_2$

(4) 与酸反应(盐酸)　$2Na_2O_2+4HCl\!=\!\!=\!\!4NaCl+2H_2O+O_2\uparrow$

小结: 具有强氧化性。

钠的过氧化物的主要用途:制取漂白剂、供氧剂、消毒剂。

3. 钠的氢氧化物

（1）物理性质

氢氧化钠，化学式为 NaOH，俗称烧碱、火碱、苛性钠，为一种具有强腐蚀性的强碱，一般为片状或块状形态，易溶于水（溶于水时放热）并形成碱性溶液，另有潮解性，易吸取空气中的水蒸气（潮解）。

（2）化学性质

氢氧化钠溶于水中会完全解离成钠离子与氢氧根离子，所以它具有碱的通性。氢氧化钠于空气中容易变质，因为空气中含有二氧化碳，氢氧化钠与二氧化碳反应生成白色的碳酸钠：$2NaOH + CO_2 \!=\!=\! Na_2CO_3 + H_2O$

强碱性：$NaOH + HCl \!=\!=\! NaCl + H_2O$（复分解反应）

$2NaOH + H_2SO_4 \!=\!=\! Na_2SO_4 + 2H_2O$（复分解反应）

$NaOH + HNO_3 \!=\!=\! NaNO_3 + H_2O$（复分解反应）

【例题分析】

1. （单选题）氧化钠与过氧化钠的共同之处是（　　）。

　　A. 均是淡黄色固体　　　　　　　　　B. 均是碱性氧化物

　　C. 均与水反应生成碱　　　　　　　　D. 均与 CO_2 反应放出 O_2

2. （单选题）下列气体中，不能用 NaOH 固体干燥的是（　　）。

　　A. O_2　　　　　　B. H_2　　　　　　C. CO　　　　　　D. CO_2

3. （单选题）下列物质放置在空气中，因发生氧化还原反应而变质的是（　　）。

　　A. Na　　　　　　B. NaOH　　　　　　C. NaCl　　　　　　D. Na_2CO_3

4. （单选题）下列物质的水溶液呈碱性的是（　　）。

　　A. $NaNO_3$　　　　B. Na_2CO_3　　　　C. NaCl　　　　　　D. NH_4Cl

答案：1. C　2. D　3. A　4. B

解析：第 1、2 题属于容易题，第 3 题属于中等难度题，第 4 题属于难题。根据不同要求，此部分知识点在能力考核上分设 A/B/C，着重要求学生能识记钠的氧化物和氢氧化物化学性质，并能理解掌握相关知识点，解决实际问题。

【巩固练习】

一、单选题

1. Na_2O_2 中氧元素的化合价为（　　）。

　　A. 0　　　　　　　B. −1　　　　　　　C. −2　　　　　　　D. +1

2. 在盛有 NaOH 溶液的试剂瓶口，常看到有白色的固体物质，它是（　　）。

　　A. NaOH　　　　　B. Na_2CO_3　　　　C. Na_2O　　　　　D. $NaHCO_3$

3. 下列物质碱性最强的是（　　）。

　　A. NaOH　　　　　B. KOH　　　　　　C. $Mg(OH)_2$　　　　D. $Al(OH)_3$

二、多选题

在下列反应中，既能放出气体，又是氧化还原反应的是（　　）。

　　A. 加热高锰酸钾　　　B. 钠与水反应　　　C. 加热小苏打　　　D. 高温灼烧石灰石

✪ 知识点4 碱金属元素的通性

【知识梳理】

1. 周期表位置:IA族(第1纵列),最外层电子数相同,均为1,元素分别为锂(Li)—3,钠(Na)—11,钾(K)—19,铷(Rb)—37,铯(Cs)—55,钫(Fr)—87。

2. 碱金属单质皆为具金属光泽的银白色金属(铯略带金黄色),但暴露在空气中会因氧气的氧化作用生成氧化物膜使光泽度下降,呈现灰色;常温下均为固态。

3. 碱金属熔沸点,均比较低。从上到下,原子半径依次增大,熔沸点依次降低。

4. 碱金属的氢氧化物都是易溶于水,苛性最强的碱,碱性依次增强。

5. 碱金属的单质活泼,从上到下,失去电子的能力依次增强。

6. 在自然状态下只以盐类存在,钾、钠是海洋中的常量元素,其余的则属于轻稀有金属元素,在地壳中的含量十分稀少。钫在地壳中极稀少,一般通过核反应制取。

【例题分析】

1. (单选题)碱金属元素最外层电子数均为(   )。

    A. 1   B. 2   C. 3   D. 4

2. (单选题)下列元素原子半径最大的是(   )。

    A. Li   B. Na   C. K   D. Rb

3. (单选题)下列碱金属单质中,熔沸点最高的是(   )。

    A. Li   B. Na   C. K   D. Rb

4. (单选题)金属钠比金属钾(   )。

    A. 金属性强   B. 原子半径大

    C. 还原性弱   D. 性质活泼

5. (单选题)下列物质不能与CO_2反应的是(   )。

    A. $KHCO_3$ B. Li_2O C. KOH D. K_2CO_3

> **答案:1. A 2. D 3. A 4. C 5. A**
>
> 解析:本部分试题属于容易题,能力考核要求为A,着重要求学生能记住碱金属的结构特点和一般通性,并能简单的应用。

【巩固练习】

一、单选题

1. 有两个电子层的碱金属是(   )。

    A. Li   B. Na   C. K   D. Mg

2. 下列元素原子半径最小的是(   )。

    A. Li   B. Na   C. K   D. Rb

3. 下列碱金属原子最容易失去电子的是(   )。

    A. Li   B. Na   C. K   D. Cs

4. 锂和钠性质相似,下列说法中能较好的解释这个事实的是(   )。

A. 最外层电子数相同 　　　　　　B. 都是碱金属元素

C. 原子半径相差不大 　　　　　　D. 最高化合价相同

5. 将金属钾投入到硫酸铜溶液中,产物是(　　　)。

A. KOH、H_2 　　　　　　　　　B. $Cu(OH)_2$、K_2SO_4、H_2

C. Cu、K_2SO_4 　　　　　　　D. H_2SO_4、$Cu(OH)_2$、K_2SO_4

二、多选题

既可以游离态存在,又可以化合态存在于自然界的元素是(　　　)。

A. 氧 　　　　　B. 钠 　　　　　C. 钾 　　　　　D. 碳

◎ 知识点5　实验室常见固体药品取用、保存方法及实验安全注意事项

【知识梳理】

1. 固体药品的取用

(1) 取用固体药品的仪器:一般用药匙;块状固体可用镊子夹取。

(2) 取用小颗粒或粉末状药品,用药匙或纸槽按"一斜、二送、三直立"的方法送入玻璃容器;取用块状或密度大的金属,用镊子按"一横、二放、三慢竖"的方法送入玻璃容器。

2. 固体药品的保存方法

固体试剂通常保存在广口玻璃中,塞紧瓶盖子,放置牢固橱柜架上,以保安全。保存化学试剂要特别注意安全,放置试剂的地方应阴凉、干燥、通风良好。有些固体试剂需因其特性注意保存方法,如金属钠需保存在煤油中,白磷需保存在水中。

3. 实验安全注意事项

在化学实验过程中由于操作不当或疏忽大意必然导致事故的发生。问题是遇到事故发生时要有正确的态度、冷静的头脑,做到一不惊慌失措,二要及时正确处理,三按要求规范操作,尽量避免事故发生。

【例题分析】

1. (单选题)实验室的药品一般存放于试剂瓶中,固体药品存放于(　　　)。

A. 细口瓶 　　　B. 广口瓶 　　　C. 棕色瓶 　　　D. 集气瓶

2. (单选题)实验室应节约药品,少量块状固体药品取用应采用(　　　)。

A. 量筒 　　　　B. 药匙 　　　　C. 镊子 　　　　D. 胶头滴管

3. (单选题)少量钠通常保存在(　　　)中。

A. 煤油中 　　　B. 汽油中 　　　C. 水中 　　　D. 四氯化碳中

4. (单选题)实验室"三废"所指的三种物质是(　　　)。

A. 废气、废水、固体废物 　　　　B. 废气、废屑、非有机溶剂

C. 废料、废品、废气 　　　　　　D. 废水、固体废物、废屑

答案:1. B　2. C　3. A　4. A

解析:此部分试题以容易题为主,考核能力等级为A,着重要求学生了解实验室常见固体药品取用、保存方法及实验安全注意事项。

【巩固练习】

一、单选题

1. 实验室应节约药品,少量粉末固体药品取用应采用(　　)。

　　A. 量筒　　　　　　B. 药匙　　　　　　C. 镊子　　　　　　D. 胶头滴管

2. 金属钠着火,应选用的灭火剂或器材是(　　)。

　　A. 干冰　　　　　　　　　　　　B. 泡沫灭火器

　　C. 砂土　　　　　　　　　　　　D. 干粉灭火剂(主要成分为 $NaHCO_3$)

3. 实验时如果会产生有毒有害气体产生应该采取的措施是(　　)。

　　A. 在实验台上操作,人员离开实验室

　　B. 在通风橱内操作

　　C. 移到走廊操作

　　D. 封闭操作

二、多选题

下列说法正确的是(　　)。

　　A. 不要俯视正在加热的液体

　　B. 加热试管中的液体时,不能将试管口对着人

　　C. 用鼻子对准瓶口或试管口嗅闻

　　D. 嗅闻气体少量气体轻轻地扇向鼻孔进行嗅闻

✿ 知识点6　碱金属的用途

【知识梳理】

碱金属的用途很广泛,如钠钾合金(常温下为液态)是原子核反应堆的导热剂;钠可作为还原剂,用于稀有金属的冶炼;用于电光源上,如高压钠灯发出的黄光射程远,透雾能力强,用做路灯时,照度比高压水银灯高几倍。

【例题分析】

1. (单选题)钠用在电光源上做高压钠灯是因为(　　)。

　　A. 钠的还原性强

　　B. 钠燃烧时发出黄色火焰

　　C. 高压钠灯发出的黄光射程远,透雾力强

　　D. 金属钠的导电性良好

2. (判断题)钠钾合金可用做原子反应堆的导热剂。　　　　　　　　　　(　　)

　　A. 正确　　　　　　　　　　　　B. 错误

3. (判断题)Na_2O_2 可用作供氧剂。　　　　　　　　　　　　　　　(　　)

　　A. 正确　　　　　　　　　　　　B. 错误

【巩固练习】

一、单选题

在呼吸面具和潜水艇中,过滤空气的最佳物质是(　　)。

A. NaOH　　　　　B. Na_2O_2　　　　　C. NaCl　　　　　D. 活性炭

二、判断题

1. 钠是一种强还原剂,可以把铁、铜从其盐溶液中置换出来。　　　　　　(　　)

A. 正确　　　　　　　　　B. 错误

2. 光电管是利用碱金属铯受到光照射时能形成电流这一光电效应的性质制成的。

(　　)

A. 正确　　　　　　　　　B. 错误

第二节　碱土金属

1. 了解镁、钙的物理性质、化学性质及用途；
2. 了解镁、钙的常见化合物的性质；
3. 了解硬水与软水的鉴别方法，知道硬水的危害；
4. 了解暂时硬水的软化方法。

☆ 知识点7　镁、钙的物理性质、化学性质及用途

【知识梳理】

1. 镁、钙物理性质

镁、钙都是银白色的轻金属，硬度、熔点和沸点都比同周期的碱金属高。

2. 镁、钙化学性质：镁、钙化学性质都很活泼（钙比镁更活泼）

（1）都具有很强的还原性。

$$2Mg+O_2 \xrightarrow{\quad} 2MgO \qquad 2Ca+O_2 \xrightarrow{\quad} 2CaO$$

注意：钙需保存在密闭容器里，而镁可以保存在空气里。

（2）能跟水反应，镁在沸水中反应较快，而钙在冷水中就剧烈反应。

$$Mg+2H_2O(沸) \xrightarrow{\quad} Mg(OH)_2+H_2\uparrow \qquad Ca+2H_2O(冷) \xrightarrow{\quad} Ca(OH)_2+H_2\uparrow$$

（3）与稀酸反应十分剧烈，放出氢气。

3. 钙、镁的用途

镁、主要用途：制取轻金属，如镁和铝、锌、锰等金属的合金密度小，韧性和硬度大，广泛用于制造导弹、飞机和高级汽车；用做还原剂，冶炼稀有金属。

钙的主要用途：制造合金，铸造轴承。

【例题分析】

1.（单选题）下列属于镁的物理性质的是（　　　）。

　　A. 银白色金属　　　　　　　　B. 质软

　　C. 具有良好的导电性　　　　　D. 能与盐酸生成氢气

2.（单选题）下列有关镁的叙述不正确的是（　　　）。

　　A. 在空气中燃烧发出耀眼的白光

　　B. 由于镁能在空气中与氧气反应，所以必须密封保存

　　C. 能跟盐酸反应放出氢气

　　D. 能与沸水反应放出氢气

3.（判断题）根据金属活动性顺序表，镁比钙活泼。　　　　　　　　　　　（　　）

　　A. 正确　　　　　　　　　　　B. 错误

4．(判断题)镁有抗腐蚀的性能。　　　　　　　　　　　　　　　　　　　　(　　)

    A．正确　　　　　　　　　　　　　　B．错误

5．(判断题)镁不能与 NaOH 溶液反应。　　　　　　　　　　　　　　　　　(　　)

    A．正确　　　　　　　　　　　　　　B．错误

答案：**1**．ABC　**2**．B　**3**．B　**4**．A　**5**．A

解析：本部分试题属于容易题。考核能力等级为 A。着重考核学生了解和识记钙、镁性质和用途。

【巩固练习】

一、单选题

1．镁属于(　　)。

    A．重金属　　　　　　　　　　　　　B．稀有金属

    C．黑色金属　　　　　　　　　　　　D．有色金属

2．镁原子最外层的电子数是(　　)。

    A．1 个　　　　　　B．2 个　　　　　　C．3 个　　　　　　D．4 个

3．钙原子最外层的电子数是(　　)。

    A．1 个　　　　　　B．2 个　　　　　　C．3 个　　　　　　D．4 个

二、判断题

1．由于镁在空气中燃烧发出耀眼的白光,军事上利用这一性质制造照明弹。　(　　)

    A．正确　　　　　　　　　　　　　　B．错误

2．镁与稀硫酸反应属于置换反应。　　　　　　　　　　　　　　　　　　　(　　)

    A．正确　　　　　　　　　　　　　　B．错误

学习内容

◆ **知识点8　镁、钙的常见化合物的性质**

【知识梳理】

1．氧化镁和氧化钙

(1)物理性质

氧化镁是一种难熔的白色粉末,硬度高;氧化钙俗称生石灰,是一种白色耐火物质。

(2)化学性质

氧化镁和氧化钙都是碱性氧化物,具有碱性氧化物的一般通性。

$$MgO+H_2O \xrightarrow{\quad\quad} Mg(OH)_2 \qquad\qquad CaO+H_2O \xrightarrow{\quad\quad} Ca(OH)_2$$

(缓慢反应,放出热量) 　　　　　　　　　　(容易反应,放出大量热量)

$$MgO+2H^+ \xrightarrow{\quad\quad} Mg^{2+}+H_2O \qquad\qquad CaO+2H^+ \xrightarrow{\quad\quad} Ca^{2+}+H_2O$$

2．氢氧化镁和氢氧化钙

(1)物理性质

氢氧化镁是一种白色粉末,溶解度很小;氢氧化钙俗称消石灰或熟石灰,是一种白色粉

末状固体,微溶于水。

(2) 化学性质

氢氧化镁和氢氧化钙都是碱,具有碱的一般通性(后者比前者碱性略强)。

$$Mg(OH)_2 + 2H^+ = Mg^{2+} + 2H_2O \qquad Ca(OH)_2 + 2H^+ = Ca^{2+} + 2H_2O$$

$$Mg(OH)_2 \xrightarrow{\triangle} MgO + H_2O \qquad Ca(OH)_2 + CO_2 = CaCO_3 + H_2O$$

【例题分析】

1. (判断题)氧化镁为白色,可作白色颜料。 ( )

    A. 正确   B. 错误

2. (判断题)氧化钙的俗称为熟石灰。 ( )

    A. 正确   B. 错误

3. (单选题)漂白粉的有效成分为( )。

    A. $NaClO$ B. $Ca(ClO)_2$

    C. $NaCl$ D. $CaCl_2$

4. (单选题)石膏的主要成分为( )。

    A. $BaSO_4$ B. $CaCO_3$

    C. $CaSO_4$ D. $Ca(OH)_2$

5. (单选题)下列能使澄清石灰水变浑浊的气体是( )。

    A. Cl_2 B. N_2 C. CO_2 D. HCl

答案:1. A **2.** B **3.** B **4.** C **5.** C

解析:本部分试题以容易题为主。考核能力为 A。着重考核学生对镁钙化合物性质的了解识记情况。

【巩固练习】

一、单选题

1. 漂白粉的主要成分为( )。

    A. $NaClO$ B. $Ca(ClO)_2$ C. $NaCl$ D. $CaCl_2$

2. 实验室常用大理石和稀盐酸的反应制取的气体是( )。

    A. SO_2 B. Cl_2 C. CO_2 D. NH_3

3. 下列有关碳酸钠与澄清石灰水反应的现象,正确的说法是( )。

    A. 有气体放出   B. 有白色沉淀产生

    C. 有红褐色沉淀产生   D. 无明显现象

二、判断题

1. 氧化镁熔点高,可以制作耐火坩埚的原料。 ( )

    A. 正确   B. 错误

2. 高温煅造石灰石可以制备氧化钙。 ( )

    A. 正确   B. 错误

3. 氢氧化镁易溶于水。 ( )

A. 正确   B. 错误

4. 生石灰溶于水放出大量的热。   (   )

A. 正确   B. 错误

知识点9　硬水与软水的鉴别方法、硬水的危害

【知识梳理】

　　硬水是含有较多钙、镁离子的水,软水中不含或含较少钙、镁离子的水;硬水中加入肥皂水产生泡沫少,软水中加入肥皂水产生泡沫多。

　　硬水对生活和生产都有危害。如生活中洗涤用硬水,其中的 Ca^{2+}、Mg^{2+} 会与肥皂形成不溶性的沉淀,不仅浪费肥皂,而且污染衣服。再如工业锅炉用硬水,日久锅炉壁可生成沉淀,俗称"锅垢",不仅浪费燃料,还因受热不均匀容易安全事故。

【例题分析】

1. (单选题)硬水中含有大量的(   )。

   A. Ca^{2+} 和 Mg^{2+} B. Na^+ 和 Ca^{2+}

   C. Fe^{3+} 和 Mg^{2+} D. Al^{3+} 和 Na^+

2. (单选题)加热含有碳酸氢钙和碳酸氢镁的硬水时,最终生成的白色水垢的主要成分是(   )。

   A. $CaCO_3$ 和 $MgCO_3$ B. $Ca(OH)_2$ 和 $MgCO_3$

   C. $CaCO_3$ 和 $Mg(OH)_2$ D. $CaCO_3$ 和 MgO

3. (判断题)可用肥皂水来鉴别暂时硬水和永久硬水。   (   )

   A. 正确   B. 错误

4. (判断题)水的硬度过高对生活和生产都有危害。   (   )

   A. 正确   B. 错误

　　答案:1. A **2.** A **3.** B **4.** A

　　解析:本部分试题属于容易题。考核能力等级为 A。着重让学生了解识记两种水的不同处,以及硬水的危害。

【巩固练习】

一、单选题

1. 我们的生活离不开水。下列有关水的认识中错误的是(   )。

   A. 可用肥皂水来区分硬水和软水

   B. 使用无磷洗衣粉有利于保护水资源

   C. 自然界的水都不是纯净的水

D. 地球上水资源丰富,淡水取之不尽,用之不竭。

2. 某水加热煮沸无沉淀,则下列结论一定正确的是(　　)。

A. 是永久硬水

B. 是软水

C. 不是暂时硬水

D. 既可能是永久硬水,也可能是暂时硬水

二、判断题

硬水中的钙、镁离子通过煮沸可以完全沉下。 (　　)

A. 正确　　　　　　　　　　　　　　B. 错误

知识点 10　暂时硬水的软化方法

【知识梳理】

硬水分为暂时硬水和永久硬水,日常生活中通过加热煮沸暂时硬水,使水中的钙镁离子转化为沉淀而软化水。

【例题分析】

1. (判断题)暂时硬水可以通过加热煮沸的方法进行软化。 (　　)

A. 正确　　　　　　　　　　　　　　B. 错误

2. (单选题)除去热水瓶胆内的水垢的最好的方法是(　　)。

A. 用力铲　　　　　　　　　　　　　B. 加适量的稀硫酸、再用水冲洗

C. 煅烧　　　　　　　　　　　　　　D. 加适量的稀盐酸浸泡、再用水冲洗

3. (单选题)某水加热煮沸无沉淀,则下列结论一定正确的(　　)。

A. 是永久硬水　　B. 是软水　　C. 不是暂时硬水　　D. 是蒸馏水

答案:1. A　2. D　3. C

解析:本部分试题属于容易题。考核能力等级为 A。要求学生了解暂时硬水的软化方法。

【巩固练习】

一、单选题

1. 暂时硬水和永久硬水的主要区别在于(　　)。

A. 含 Ca^{2+}、Mg^{2+} 的多少　　　　　　B. 含 Cl^-、SO_4^{2-} 的多少

C. 含 HCO_3^-,还是 SO_4^{2-}、Cl^-　　　　D. 含 HCO_3^- 的多少

2. 水壶里水垢的主要成分是(　　)。

A. $CaCO_3$,$Ca(OH)_2$　　　　　　　　B. $Ca(OH)_2$,$Mg(OH)_2$

C. $CaCO_3$，$MgCO_3$　　　　　　　D. $CaCO_3$，$Mg(OH)_2$

3. 下列方法中，能软化暂时硬水，而不能软化永久硬水的是（　　　）。

A. 加明矾　　　　B. 加磷酸钠　　　C. 煮沸　　　　D. 通过磺化煤

二、判断题

永久硬水可以通过加热煮沸的方法进行软化。　　　　　　　　　（　　　）

A. 正确　　　　　　　　　　B. 错误

第三节 两种重要的金属——铝 铁

1. 了解铝、铁的物理性质；

2. 理解铝、铁及其氧化物、氢氧化物的化学性质；

3. 了解金属的分类及通性；

4. 了解重金属对人体健康的危害。

✪ 知识点 11　铝、铁的物理性质

【知识梳理】

　　铝是银白色的轻金属,密度为 2.7 g/cm,较软,具有良好的导电导热性,也有很好的延展性。

【例题分析】

　　1.（单选题）可用铝制品制餐具,体现了铝有（　　）。

　　　　A. 良好的导电性　　　　　　　　B. 良好的延展性

　　　　C. 良好的传热性　　　　　　　　D. 银白色

　　2.（单选题）下列属于黑色金属的是（　　）。

　　　　A. Al　　　　　　B. Fe　　　　　　C. Cu　　　　　　D. Na

　　3.（单选题）下列描述不属于铁的物理性质的是（　　）。

　　　　A. 具有银白色金属光泽　　　　　　B. 具有良好的导电性、导热性

　　　　C. 具有良好的延展性　　　　　　　D. 在潮湿的空气中易生锈

> **答案:1. C　2. B　3. D**
>
> **解析:**本部分试题属于容易题。在考核能力等级为 A。着重要求是学生了解、记住铝和铁的物理性质。

【巩固练习】

一、单选题

　　1. 铝可以制成很薄的铝箔,是由于铝具有（　　）。

　　　　A. 良好的导电性　B. 良好的延展性　C. 良好的传热性　D. 较小的厚度

　　2. 在电力工业中,纯铝可以代替部分铜作电线和电缆,是因为铝具有（　　）。

　　　　A. 导电性　　　　B. 延展性　　　　C. 传热性　　　　D. 反射性

二、判断题

　　1. 纯铝较软,当铝中加入一定量的铜、镁等金属制成铝合金,强度可以大大提高。

　　　　　　　　　　　　　　　　　　　　　　　　　　　　　　　　（　　）

A. 正确　　　　　　　　　　　　　B. 错误
2. 铝合金门窗变旧变暗后可用砂纸或钢丝球打磨。　　　　　　（　　）
A. 正确　　　　　　　　　　　　　B. 错误

三、多选题

1. 下列属于轻金属的是（　　）。
A. Mg　　　　　B. Na　　　　　C. Al　　　　　D. Pb
2. 下列属于铁的物理性质的是（　　）。
A. 铁能导电　　　　　　　　　　　B. 铁能在氧气中燃烧
C. 铁会生锈　　　　　　　　　　　D. 铁能传热

学习内容

★ 知识点 12　铝、铁及其氧化物、氢氧化物的化学性质

【知识梳理】

1. 铝、铁的化学性质

（1）铝的化学性质

铝的性质较活泼，是强还原剂，它既能与非金属、酸等起反应，也能与强碱溶液起反应。

① 跟 O_2 及其他非金属反应　$4Al+3O_2 \xrightarrow{\text{点燃}} 2Al_2O_3$　　$2Al+3S \xrightarrow{\triangle} Al_2S_3$

② 跟某些氧化物的反应　$2Al+Fe_2O_3 \xrightarrow{\text{高温}} Al_2O_3+2Fe$（铝热反应）

③ 跟酸的反应　$2Al+6H^+ == 2Al^{3+}+3H_2\uparrow$（在浓 H_2SO_4 中钝化）

④ 跟碱的反应　$2H_2O+2Al+2NaOH == 2NaAlO_2+3H_2\uparrow$

（2）铁的化学性质

铁是比较活泼的金属，但在常温时，在干燥的空气中很稳定，几乎不与氧、硫、氯气发生反应。加热时能与它们反应。

$Fe+S \xrightarrow{\triangle} FeS$　　$2Fe+3Cl_2 \xrightarrow{\triangle} 2FeCl_3$

另外，还能与盐酸、稀硫酸和某些金属盐溶液发生置换反应。

$Fe+2H^+ == Fe^{2+}+H_2\uparrow$　　　　$Fe+Cu^{2+} == Cu+Fe^{2+}$

铁在冷浓硫酸或浓硝酸中容易钝化，所以可用铁罐储运它们。

2. 铝的氧化物和铁的氧化物的化学性质

（1）氧化铝（Al_2O_3）的化学性质

为典型的两性氧化物，新制的氧化铝既能与酸反应生成铝盐，又能与碱反应生成偏铝酸盐。

$Al_2O_3+6H^+ == 2Al^{3+}+3H_2O$　　$Al_2O_3+2OH^- == 2AlO_2^-+H_2O$

（2）铁的氧化物的化学性质表（1-1）

表 1-1　铁的氧化物的化学性质

化学式	FeO	Fe_2O_3	Fe_3O_4
铁的化合价	+2	+3	+2、+3
氧化物类别	碱性氧化物	碱性氧化物	特殊氧化物

（续表）

化学式	FeO	Fe₂O₃	Fe₃O₄
与非氧化性酸反应	$FeO+2H^+ \!=\!\!= Fe^{2+}+H_2O$	$Fe_2O_3+6H^+ \!=\!\!= 2Fe^{3+}+3H_2O$	$Fe_3O_4+8H^+ \!=\!\!= 2Fe^{3+}+Fe^{2+}+4H_2O$
与 CO 或 H₂ 反应	$FeO+CO \!=\!\!= Fe+CO_2$（条件:高温）	$Fe_2O_3+3CO \!=\!\!= 2Fe+3CO_2$（条件:高温）	$3Fe_3O_4+4CO \!=\!\!= 9Fe+4CO_2$（条件:高温）
铝热反应	$2Al+3FeO \!=\!\!= 3Fe+Al_2O_3$（条件:高温）	$2Al+Fe_2O_3 \!=\!\!= 2Fe+Al_2O_3$（条件:高温）	$8Al+3Fe_3O_4 \!=\!\!= 9Fe+4Al_2O_3$（条件:高温）

3. 铝的氢氧化物和铁的氢氧化物的化学性质

（1）铝的氢氧化物的化学性质

典型的两性氢氧化物,新制的氢氧化铝既能与酸反应生成铝盐,又能与碱反应生成偏铝酸盐。

$$Al(OH)_3+3H^+ \!=\!\!= Al^{3+}+3H_2O \qquad Al(OH)_3+OH^- \!=\!\!= AlO_2^-+H_2O$$

另受热分解:$2Al(OH)_3 \xrightarrow{\triangle} Al_2O_3+3H_2O$

（2）铁的氢氧化物的化学性质（表1-2）

表1-2　铁的氢氧化的的化学性质

化学式	Fe(OH)₂	Fe(OH)₃
稳定性	加热易分解	加热易分解
与 H⁺ 反应	$Fe(OH)_2+2H^+ \!=\!\!= Fe^{2+}+2H_2O$	$Fe(OH)_3+3H^+ \!=\!\!= Fe^{3+}+3H_2O$
转化关系	$4Fe(OH)_2+O_2+2H_2O \!=\!\!= 4Fe(OH)_3$	

【例题分析】

1.（单选题）常温下能用铝制容器装运的是（　　）。

　　A. 稀盐酸　　　　B. 稀硫酸　　　　C. 浓盐酸　　　　D. 浓硫酸

2.（单选题）铁属于（　　）。

　　A. 轻金属　　　　　　　　　　B. 稀有金属

　　C. 黑色金属　　　　　　　　　D. 有色金属

3.（单选题）原子序数为13的最高价氧化物的化学式为（　　）。

　　A. Na₂O　　　　B. MgO　　　　C. Al₂O₃　　　　D. Fe₂O₃

4.（单选题）下列物质的性质和用途错误的是（　　）。

　　A. 氧化铁是一种红棕色粉末,常用于制油漆和涂料

　　B. 氧化铝是一种耐火材料,常用于制造耐火坩埚和耐火砖

　　C. 氧化铜呈红色,可作为制造陶瓷的红色颜料

　　D. 明矾可作净水剂

答案:**1**. D　**2**. C　**3**. C　**4**. C

解析:本部分试题属于容易题及中等难度题,考核能力等级为 A/B。考核学生对铝和铁及其氧化物、氢氧化物化学性质的识记和理解情况。

【巩固练习】

一、单选题

1. 地壳中含量最高的金属元素是(　　)。

    A. 钠　　　　　　　　B. 镁　　　　　　　　C. 铝　　　　　　　　D. 铁

2. 铝可以制成很薄的铝箔的原因是铝具有(　　)。

    A. 良好的导电性　　　　　　　　　　B. 良好的延展性

    C. 良好的传热性　　　　　　　　　　D. 较小的厚度

3. 下列既能与酸又能与强碱溶液反应的是(　　)。

    A. Mg　　　　　　　B. Al　　　　　　　C. Fe　　　　　　　D. Cu

4. 常温下可用铁制容器盛放的是(　　)。

    A. 浓盐酸　　　　　　B. 浓硫酸　　　　　　C. 稀盐酸　　　　　　D. 稀硫酸

5. 溶液遇到 KSCN 变成红色,说明溶液中含有(　　)。

    A. Mg^{2+}　　　　　　B. Fe^{3+}　　　　　　C. Fe^{2+}　　　　　　D. Al^{3+}

6. 在溶液中不能与 Fe^{3+} 大量共存的离子是(　　)。

    A. H^+　　　　　　　B. Na^+　　　　　　C. SO_4^{2-}　　　　　D. OH^-

7. 下列属于黑色金属的是(　　)。

    A. Fe　　　　　　　B. Na　　　　　　　C. Mg　　　　　　　D. Al

8. 下列关于铁矿石的说法正确的是(　　)。

    A. 赤铁矿的主要成分为 Fe_3O_4

    B. 铁矿石的主要成分与铁锈的主要成分相同

    C. 磁铁矿粉末溶于盐酸后,加入 KSCN 溶液,溶液变红色

    D. FeO 俗称铁红

9. 下列物质中属于两性化合物的是(　　)。

    A. Fe_2O_3　　　　　　B. Al　　　　　　C. $NaAlO_2$　　　　　D. Al_2O_3

10. 实验室中,要使 $AlCl_3$ 溶液中的 Al^{3+} 离子全部沉淀出来,适宜用的试剂是(　　)。

    A. NaOH 溶液　　B. 氨水　　　　　C. 盐酸　　　　　D. $Ba(OH)_2$ 溶液

11. 下列说法正确的是　(　　)。

    A. 铁是位于第四周期第ⅧB族元素,是一种重要的过渡元素

    B. 四氧化三铁可以看成是氧化铁和氧化亚铁组成的混合物

    C. 14g 铁粉和 7g 碳粉混合后高温下充分反应能生成 21g 硫化亚铁

    D. 铁在氯气中点燃可生成 $FeCl_3$

12. 为了检验某 $FeCl_2$ 溶液是否变质,可向溶液中加入(　　)。

    A. NaOH 溶液　　B. 铁片　　　　　C. KSCN 溶液　　　D. 石蕊试液

13. 下列属于ⅢA族的元素是（　　）。

    A. 钠 　　　　　B. 镁 　　　　　C. 铝 　　　　　D. 氯

14. 铝原子最外层的电子数是（　　）。

    A. 1 　　　　　B. 2 　　　　　C. 3 　　　　　D. 4

15. 铁原失去三个电子后变成（　　）。

    A. Fe 　　　　　B. Fe^+ 　　　　　C. Fe^{2+} 　　　　　D. Fe^{3+}

16. 以氧化铝为原料制取氢氧化铝，最好的方法是（　　）。

    A. 将氧化铝溶于水

    B. 将氧化铝先溶于盐酸中，之后滴加氨水

    C. 将氧化铝溶于盐酸，再滴加氢氧化钠溶液

    D. 将氧化铝溶于氢氧化钠溶液中，之后滴加盐酸

17. 下列关于 $Al(OH)_3$ 的性质叙述中错误的是（　　）。

    A. $Al(OH)_3$ 与过量的浓氨水反应生成 NH_4AlO_2

    B. $Al(OH)_3$ 是难溶于水的白色胶状物质

    C. $Al(OH)_3$ 能凝聚水中的悬浮物，还能吸附色素

    D. $Al(OH)_3$ 受热能分解

18. 氢氧化铝可作为治疗某种胃病的内服药，这是利用了氢氧化铝（　　）。

    A. 酸性 　　　　　B. 碱性 　　　　　C. 两性 　　　　　D. 氧化性

19. 向 $FeCl_3$ 溶液中滴入 $NaOH$ 溶液会产生（　　）。

    A. 白色沉淀 　　　　　　　　B. 气体

    C. 蓝色沉淀 　　　　　　　　D. 红褐色沉淀

20. 下列溶液长期暴露在空气中会变质的是（　　）。

    A. $CuSO_4$ 溶液 　　　　　　　B. Na_2SiO_3 溶液

    C. $FeSO_4$ 溶液 　　　　　　　D. $NaCl$ 溶液

21. 下列离子的检验方法合理的是（　　）。

    A. 向某溶液中滴入 $KSCN$ 溶液呈红色，说明不含 Fe^{2+}

    B. 向某溶液中通入 Cl_2，然后再加入 $KSCN$ 溶液变红色，说明原溶液中含有 Fe^{2+}

    C. 向某溶液中加入 $NaOH$ 溶液，得红褐色沉淀，说明溶液中含有 Fe^{3+}

    D. 向某溶液中加入 $NaOH$ 溶液得白色沉淀，又观察到颜色逐渐变为红褐色，说明该溶液中只含有 Fe^{2+}，不含有 Mg^{2+}

二、判断题

1. 铝是较活泼的金属，都以化合态存在于自然界中。　　　　　　　　　　　　（　　）

    A. 正确 　　　　　　　　　　B. 错误

2. 明矾常用于净水剂。　　　　　　　　　　　　　　　　　　　　　　　　　（　　）

    A. 正确 　　　　　　　　　　B. 错误

☆ 知识点 13　金属的分类及通性

【知识梳理】

1. 金属的分类

(1) 按密度分：$\begin{cases} 轻金属 & -d<4.5——Na，K，Mg，Al，\cdots \\ 重金属 & -d<4.5——Cu，Fe，Sn，Pb，\cdots \end{cases}$

(2) 按含量分：$\begin{cases} 常见金属（铁、铜、铝等） \\ 稀有金属（锆、铪、铌等） \end{cases}$

(3) 冶金工业分：$\begin{cases} 黑色金属（铁、铬、锰） \\ 有色金属（铁铬锰以外的金属） \end{cases}$

2. 金属的通性

(1) 物理通性：金属一般呈银白色、有金属光泽，能导电、能传热、有延展性。

(2) 化学通性：金属一般表现为还原性，能与非金属、氧气、水、酸和盐等反应。

【例题分析】

1. (单选题)在通常情况下，绝大多数金属单质的存在状态时(　　)。

　　A. 气态　　　　　　B. 液态　　　　　　C. 固态　　　　　　D. 不确定

2. (单选题)下列金属中属于黑色金属的是(　　)。

　　A. Cu　　　　　　B. Na　　　　　　C. Al　　　　　　D. Fe

3. (单选题)下列关于金属通性的叙述中，正确的是(　　)。

　　A. 密度、硬度都很大

　　B. 都是银白色固体

　　C. 熔点、沸点都很高

　　D. 大多数金属具有良好的导电性和导热性

4. (单选题)下列有关合金的说法中，错误的是(　　)。

　　A. 多数合金的熔点比各组分金属的低

　　B. 生铁是铁—碳合金

　　C. 合金的硬度一般比各组成金属的硬度变大

　　D. 合金是由两种金属相互化合而成的

5. (单选题)下列物质，不能由金属单质和盐酸直接反应生成的是(　　)。

　　A. $CuCl_2$　　　　　　B. $ZnCl_2$　　　　　　C. $MgCl_2$　　　　　　D. $FeCl_2$

答案： 1. C　2. D　3. D　4. D　5. A

解析： 本部分试题属于容易题。考核能力为 A。要求学生了解、记住金属的一般分类和通性。

【巩固练习】

一、单选题

1. 下列对金属的物理通性描述中正确的是（　　　）。

    A. 具有金属光泽　　　　　　　　　B. 易导电、导热

    C. 具有高熔点、高硬度　　　　　　D. 常温下均为固态

2. 下列属于重金属元素的是（　　　）。

    A. Al　　　　　　　B. Na　　　　　　　C. Mg　　　　　　　D. Hg

3. 下列叙述中，错误的是（　　　）。

    A. 金属被锻压成薄片、抽拉成细丝，金属的晶体结构就被破坏了

    B. 硫酸亚铁晶体是淡绿色晶体，又称绿矾

    C. 联合制碱新工艺是由我国科学家侯德榜创造性设计出来的

    D. 在食品工业上，碳酸氢钠是发酵粉的主要成分之一

4. 金属元素原子的最外层电子一般（　　　）。

    A. 少于4个　　　　B. 多余4个　　　　C. 只有1-2个　　　D. 多余8个

5. 下列各组物质不能发生化学反应的是（　　　）。

    A. 汞与硝酸银溶液　　　　　　　　B. 铜与硝酸镁溶液

    C. 锌与硫酸亚铁溶液　　　　　　　D. 铝与稀盐酸

6. 下列有关金属元素特征的叙述正确的是（　　　）。

    A. 金属元素的原子只有还原性，离子只有氧化性

    B. 金属元素在化合物中一定显正价

    C. 金属元素在不同的化合物中的化合价均相同

    D. 金属元素的单质在常温下均为金属晶体

知识点14　重金属对人体健康的危害

【知识梳理】

    重金属指比重大于4.5的金属，约有45种，如铜、铅、锌、铁、钴、镍、锰、镉、汞、钨、钼、金、银等。尽管锰、铜、锌等重金属是生命活动所需的微量元素，但是大部分重金属如汞、铅、镉等并非生命活动所必须，而且所有重金属超过一定浓度都对人体有毒。

    从环境污染方面看，重金属是指汞、镉、铅以及"类金属"——砷等生物毒性显著的重金属。对人体毒害最大的有铅、汞、砷、镉。这些重金属在水中不能被分解，人饮用后毒性放大，与水中的其他毒素结合生成毒性更大的有机物。

【例题分析】

1. （判断题）重金属是人体生命活动所必需的微量元素，因此不会对人体造成损害。

    （　　　）

    A. 正确　　　　　　　　　　　　　B. 错误

2. （判断题）重金属如铅、镉、汞等对人体有害。　　　　　　　　　（　　　）

    A. 正确　　　　　　　　　　　　　B. 错误

3. (单选题)下列物质可能成为重金属污染源的是 (　　)。

　　A. 铁　　　　　　B. 铅　　　　　　C. 钠　　　　　　D. 硫

答案:**1**. B　**2**. B　**3**. B

解析:该部分试题属于容易题。考核能力为 A。要求学生了解重金属对人体的一般危害。

【巩固练习】

一、单选题

1. 下列(　　)属于重金属。

　　A. 钡　　　　　　B. 铝　　　　　　C. 镁　　　　　　D. 钾

2. 重金属元素更容易富积在鱼虾的哪个部位(　　)。

　　A. 尾巴　　　　　B. 头部　　　　　C. 身体　　　　　D. 内脏

3. 1956 年,日本发生了严重的水俣病事件,其污染类型为(　　)。

　　A. 重金属污染　　B. 噪声污染　　　C. 有机农药污染　　D. 大气污染

二、判断题

1. 汞即水银,是一种剧毒的重金属,具有较强的挥发性。　　　　　　　　　　(　　)

　　A. 正确　　　　　　　　　　　　　B. 错误

2. 镉既是一种重金属,又是一种致癌物质。　　　　　　　　　　　　　　　(　　)

　　A. 正确　　　　　　　　　　　　　B. 错误

综合练习

一、单选题

1. 下列性质中,与钠和水反应时的现象无关的是(　　)。
   A. 钠的熔点低　　　　　　　　　　B. 钠的密度小
   C. 钠的硬度小　　　　　　　　　　D. 有强还原性

2. 金属钠在氧气中燃烧时产生的现象是(　　)。
   A. 黄烟,生成白色固体　　　　　　B. 黄雾,生成淡黄色沉淀
   C. 白烟,生成白色固体　　　　　　D. 黄色火焰,生成淡黄色固体

3. 将一小块钠放在石棉网上加热生成的淡黄色固体为(　　)。
   A. Na_2O　　　　B. Na_2O_2　　　　C. Na_2CO_3　　　　D. NaCl

4. 下列钠的化合物与其性质或用途不相符的是(　　)。
   A. Na_2O_2——淡黄色固体,可用作漂白剂
   B. Na_2O——白色固体,性质不稳定
   C. $NaHCO_3$——受热易分解,可用作发酵粉
   D. Na_2CO_3——性质稳定,可治疗胃酸过多

5. 下列物质的水溶液呈碱性的是(　　)。
   A. $NaNO_3$　　　B. Na_2CO_3　　　C. NaCl　　　D. NH_4Cl

6. 在盛有 NaOH 溶液的试剂瓶口,常看到有白色的固体物质,它是(　　)。
   A. NaOH　　　B. Na_2CO_3　　　C. Na_2O　　　D. $NaHCO_3$

7. 下列物质放置在空气中,因发生氧化还原反应而变质的是(　　)。
   A. Na　　　B. NaOH　　　C. NaCl　　　D. Na_2CO_3

8. 下列碱金属单质中,熔沸点最高的是(　　)。
   A. Li　　　B. Na　　　C. K　　　D. Rb

9. 下列元素原子半径最小的是(　　)。
   A. Li　　　B. Na　　　C. K　　　D. Rb

10. 下列碱金属原子最容易失去电子的是(　　)。
    A. Li　　　B. Na　　　C. K　　　D. Cs

11. 少量钠通常保存在(　　)中。
    A. 煤油中　　　B. 汽油中　　　C. 水中　　　D. 四氯化碳中

12. 实验室"三废"所指的三种物质是(　　)。
    A. 废气、废水、固体废物　　　　B. 废气、废屑、非有机溶剂
    C. 废料、废品、废气　　　　　　D. 废水、固体废物、废屑

13. 金属钠着火,应选用的灭火剂或器材是(　　)。
    A. 干冰　　　　　　　　　　　　B. 泡沫灭火器
    C. 砂土　　　　　　　　　　　　D. 干粉灭火剂(主要成分为 $NaHCO_3$)

14. 在呼吸面具和潜水艇中,过滤空气的最佳物质是(　　)。
   A. NaOH　　　　B. Na_2O_2　　　　C. NaCl　　　　D. 活性炭

15. 镁属于(　　)。
   A. 重金属　　　B. 稀有金属　　　C. 黑色金属　　　D. 有色金属

16. 下列有关镁叙述不正确的是(　　)。
   A. 在空气中燃烧发出耀眼的白光
   B. 由于镁能在空气中与氧气反应,所以必须密封保存
   C. 能跟盐酸反应放出氢气
   D. 能与沸水反应放出氢气

17. 镁原子最外层的电子数是(　　)。
   A. 1个　　　　B. 2个　　　　C. 3个　　　　D. 4个

18. 钙原子最外层的电子数是(　　)。
   A. 1个　　　　B. 2个　　　　C. 3个　　　　D. 4个

19. 下列能使澄清石灰水变浑浊的气体是(　　)。
   A. Cl_2　　　　B. N_2　　　　C. CO_2　　　　D. HCl

20. 实验室常用大理石和稀盐酸的反应制取的气体是(　　)。
   A. SO_2　　　　B. Cl_2　　　　C. CO_2　　　　D. NH_3

21. 石膏的主要成分为(　　)。
   A. $BaSO_4$　　　B. $CaCO_3$　　　C. $CaSO_4$　　　D. $Ca(OH)_2$

22. 漂白粉的有效成分为(　　)。
   A. NaClO　　　B. $Ca(ClO)_2$　　　C. NaCl　　　D. $CaCl_2$

23. 下列有关碳酸钠与澄清石灰水反应的现象,正确的说法是(　　)。
   A. 有气体放出　　　　　　　B. 有白色沉淀产生
   C. 有红褐色沉淀产生　　　　D. 无明显现象

24. 下列属于黑色金属的是(　　)。
   A. Fe　　　　B. Na　　　　C. Mg　　　　D. Al

25. 铁属于(　　)。
   A. 轻金属　　　B. 稀有金属　　　C. 黑色金属　　　D. 有色金属

26. 铝可以制成很薄的铝箔,是由于铝具有(　　)。
   A. 良好的导电性　　　　　　B. 良好的延展性
   C. 良好的传热性　　　　　　D. 较小的厚度

27. 在电力工业中,纯铝可以代替部分铜作电线和电缆,由于铝具有(　　)。
   A. 导电性　　　B. 延展性　　　C. 传热性　　　D. 反射性

28. 下列描述不属于铁的物理性质的是(　　)。
   A. 具有银白色金属光泽　　　B. 具有良好的导电性、导热性
   C. 具有良好的延展性　　　　D. 在潮湿的空气中易生锈

29. 溶液遇到 KSCN 变成红色,说明溶液中含有(　　)。
   A. Mg^{2+}　　　B. Fe^{3+}　　　C. Fe^{2+}　　　D. Al^{3+}

30. 下列既能与酸又能与强碱溶液反应的是（　　）。

 A. Mg   B. Al   C. Fe   D. Cu

二、判断题

1. 将金属钠切开，其断面呈银白色。 （　　）
 A. 正确   B. 错误

2. 将钠投入水中，钠沉入水底。 （　　）
 A. 正确   B. 错误

3. 钠可以用手直接拿取。 （　　）
 A. 正确   B. 错误

4. 钠与水反应生成的气体是 O_2。 （　　）
 A. 正确   B. 错误

5. 金属钠着火可用水灭火。 （　　）
 A. 正确   B. 错误

6. 在自然界中，钠可以单质的形式存在。 （　　）
 A. 正确   B. 错误

7. 钠在空气中燃烧时生成氧化钠。 （　　）
 A. 正确   B. 错误

8. NaOH 的俗名是烧碱。 （　　）
 A. 正确   B. 错误

9. NaOH 易吸收空气中的水和 CO_2，所以应密封保存。 （　　）
 A. 正确   B. 错误

10. 实验室发生钠着火应直接用水扑灭。 （　　）
 A. 正确   B. 错误

11. 钠钾合金可用做原子反应堆的导热剂。 （　　）
 A. 正确   B. 错误

12. 钠是一种强还原剂，可以把铁、铜从其盐溶液中置换出来。 （　　）
 A. 正确   B. 错误

13. 钠可用于电光源上。 （　　）
 A. 正确   B. 错误

14. 镁在空气中燃烧剧烈，发出耀眼的白光。 （　　）
 A. 正确   B. 错误

15. 根据金属活动性顺序表，镁比钙活泼。 （　　）
 A. 正确   B. 错误

16. 镁与稀硫酸反应属于置换反应。 （　　）
 A. 正确   B. 错误

17. 高温煅造石灰石可以制备氧化钙。 （　　）
 A. 正确   B. 错误

18. 氧化钙的俗称为熟石灰。 （　　）

A. 正确　　　　　　　　　　　B. 错误

19. 氧化镁熔点高,可以制作耐火坩埚的原料。　　　　　　　　（　　）

　　A. 正确　　　　　　　　　　　B. 错误

20. 氧化镁为白色,可作白色颜料。　　　　　　　　　　　　　（　　）

　　A. 正确　　　　　　　　　　　B. 错误

21. 可用肥皂水来鉴别暂时硬水和永久硬水。　　　　　　　　　（　　）

　　A. 正确　　　　　　　　　　　B. 错误

22. 水的硬度过高对生活和生产都有危害。　　　　　　　　　　（　　）

　　A. 正确　　　　　　　　　　　B. 错误

23. 永久硬水可以通过加热煮沸的方法进行软化。　　　　　　　（　　）

　　A. 正确　　　　　　　　　　　B. 错误

24. 暂时硬水可以通过加热煮沸的方法进行软化。　　　　　　　（　　）

　　A. 正确　　　　　　　　　　　B. 错误

25. 纯铝较软,当铝中加入一定量的铜、镁等金属制成铝合金,强度可以大大提高。

　　　　　　　　　　　　　　　　　　　　　　　　　　　　（　　）

　　A. 正确　　　　　　　　　　　B. 错误

三、多选题

1. 下列属于轻金属的是（　　）。

　　A. Mg　　　　　B. Na　　　　　C. Al　　　　　D. Pb

2. 既可以游离态存在,又可以化合态存在于自然界的元素是（　　）。

　　A. 氧　　　　　B. 钠　　　　　C. 钾　　　　　D. 碳

3. 下列说法正确的是（　　）。

　　A. 不要俯视正在加热的液体

　　B. 加热试管中的液体时,不能将试管口对着人

　　C. 用鼻子对准瓶口或试管口嗅闻

　　D. 嗅闻气体少量气体轻轻地扇向鼻孔进行嗅闻

4. 下列物质放置在空气中因发生氧化还原反应而变质的是（　　）。

　　A. NaOH　　　　B. Na_2O　　　　C. Na　　　　　D. Na_2O_2

5. 在下列反应中,既能放出气体又是氧化还原反应的是（　　）。

　　A. 加热高锰酸钾　　　　　　　B. 钠与水反应

　　C. 加热小苏打　　　　　　　　D. 高温灼烧石灰石

6. 下列属于镁的物理性质的是（　　）。

　　A. 银白色金属　　　　　　　　B. 质软

　　C. 具有良好的导电性　　　　　D. 能与盐酸生成氢气

7. 下列属于铁的物理性质的是（　　）。

　　A. 铁能导电　　　　　　　　　B. 铁能在氧气中燃烧

　　C. 铁会生锈　　　　　　　　　D. 铁能传热

8. 下列方法一定能使天然硬水软化的是（　　）。

    A. 加热煮沸   B. 蒸馏

    C. 通过磺化煤   D. 加入足量纯碱

9. 下列各项有关硬水的叙述中正确的是（   ）。

    A. 含有 Ca^{2+} 和 Mg^{2+} 的水叫硬水

    B. 加热煮沸暂时硬水,可以降低水的硬度

    C. 永久硬水无法软化

    D. 利用磺化煤(离子交换剂)处理后的硬水 Na^+ 含量增加

10. 下列方法:(1) 蒸馏;(2) 煮沸;(3) 加石灰和纯碱;(4) 加磷酸钠;(5) 离子交换。能同时除去硬水中暂时硬度和永久硬度的是（   ）。

    A.（1)和(4)   B.（2)和(3)   C.（3)和(5)   D.（2)和(5)

第二章
常见非金属及其化合物

 知识结构 »

知识分类		序号	知识点
常见非金属及其化合物	卤族元素	15	氯原子的结构与周期表中的位置关系
		16	氯气、氯化氢的物理性质
		17	氯气的化学性质
		18	次氯酸、漂白粉的漂白作用
		19	氯气的用途
		20	氯离子的检验方法、液体取用方法
		21	离子反应
	硫及其重要化合物	22	硫酸的重要物理性质
		23	臭氧性质及其环境保护的有关知识
		24	硫单质的化学性质
		25	二氧化硫的化学性质
		26	浓硫酸的特性
		27	SO_4^{2-} 的鉴别方法
		28	化合价升降与氧化还原反应关系
		29	氧化还原反应中的氧化剂和还原剂
	氮及其重要化合物	30	氮气、氨气的分子结构
		31	氮气的物理性质
		32	铵盐的化学性质
		33	氨气的性质
		34	硝酸的主要特性
		35	氨、铵盐的用途
		36	酸雨和水体富营养化的成因及危害
	碳与硅	37	一氧化碳、二氧化碳、碳酸盐和碳酸氢盐的性质
		38	固体加热的基本实验操作
		39	二氧化硅的主要性质
		40	水泥、玻璃和陶瓷的主要成分、生产原料和用途

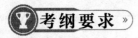

考试内容		序号	说　明	考试要求
常见非金属及其化合物	卤族元素	15	了解氯原子的结构与周期表中的位置关系	A
		16	了解氯气、氯化氢的物理性质	A
		17	掌握氯气的化学性质	A/B/C
		18	了解次氯酸、漂白粉的漂白作用	A
		19	了解氯气的用途	A
		20	了解氯离子的检验方法、液体取用方法	A
		21	理解离子反应	A/B
	硫及其重要化合物	22	了解硫酸的重要物理性质	A
		23	了解臭氧性质及其环境保护的有关知识	A
		24	了解硫单质的化学性质	A
		25	理解二氧化硫的化学性质	A/B
		26	掌握浓硫酸的特性	A/B/C
		27	了解 SO_4^{2-} 的鉴别方法	A
		28	根据化合价升降判断氧化－还原反应	A/B
		29	判断氧化还原反应中的氧化剂和还原剂	A
	氮及其重要化合物	30	了解氮气、氨气的分子结构	A
		31	了解氮气的物理性质	A
		32	了解铵盐的化学性质	A
		33	理解氨气的性质	A/B
		34	掌握硝酸的主要特性	A/B/C
		35	了解氨、铵盐的用途	A
		36	了解酸雨和水体富营养化的成因及危害	A
	碳与硅	37	理解一氧化碳、二氧化碳、碳酸盐和碳酸氢盐的性质	A
		38	了解固体加热的基本实验操作	A
		39	了解二氧化硅的主要性质	A
		40	了解水泥、玻璃和陶瓷的主要成分、生产原料和用途	A

第一节　卤族元素

1. 了解氯原子的结构与周期表中的位置关系；
2. 了解氯气、氯化氢的物理性质；
3. 掌握氯气的化学性质（与金属、水、碱反应）；
4. 了解次氯酸、漂白粉的漂白作用；
5. 了解氯气的用途；
6. 了解氯离子的检验方法、液体取用方法；
7. 理解离子反应；

✪ 知识点 15　氯原子的结构与周期表中的位置关系

【知识梳理】

氯原子的结构示意图为 ⊕17)2)8)7，在周期表中位于第三周期第ⅦA族（第七主族）。

氯原子的半径为 0.099 nm。

【例题分析】

1.（单选题）氯原子的电子层数为（　　）。

　　A. 1　　　　　　B. 2　　　　　　C. 3　　　　　　D. 4

> 答案：C
>
> 解析：本题属于容易题。考查的是学生对于原子结构示意图的理解。

2.（单选题）氯元素在周期表中的周期数为（　　）。

　　A. 1　　　　　　B. 2　　　　　　C. 3　　　　　　D. 4

> 答案：C
>
> 解析：本题主要考查氯原子结构与周期表中的位置关系。本题属于容易题。

【巩固练习】

一、单选题

1. 氯原子最外层电子数为（　　）。

　　A. 1　　　　　　B. 3　　　　　　C. 5　　　　　　D. 7

2. 氯元素在周期表中的周期数为（　　）。

　　A. 1　　　　　　B. 2　　　　　　C. 3　　　　　　D. 4

3. 氯元素在周期表中的主族数为(　　)。

  A. Ⅰ A   B. Ⅲ A   C. Ⅴ A   D. Ⅶ A

4. 氯原子最外层电子数比次外层电子数(　　)。

  A. 多 1   B. 多 2   C. 少 1   D. 少 2

5. 氯原子的半径为(　　)。

  A. 0.099 cm B. 0.099 mm C. 0.099 μm D. 0.099 nm

二、判断题

1. 氯原子,在反应中易得 1 个电子。   (　　)

  A. 正确   B. 错误

2. 氯原子,在反应中易失去 1 个电子。   (　　)

  A. 正确   B. 错误

3. 氯元素,在元素周期表中位于第二周期。   (　　)

  A. 正确   B. 错误

4. 氯元素,在元素周期表中位于第Ⅶ族。   (　　)

  A. 正确   B. 错误

三、多选题

下列表述正确的是(　　)。

A. 氯原子有 3 个电子层

B. 氯原子最外层有 7 个电子

C. 氯原子的最外层电子数与其在周期表中的主族数相等

D. 氯原子的最外层电子数与其在周期表中的周期数相等

学习内容

✪ 知识点 16　氯气、氯化氢的物理性质

【知识梳理】

1. 氯气的物理性质:通常情况下有强烈刺激性气味的黄绿色的有毒气体,易液化,密度比空气大,能溶于水,在饱和氯化钠溶液中溶解度较小。

2. 氯化氢的物理性质:通常情况下无色有刺激性气味的气体,密度大于空气,水溶液为盐酸。

【例题分析】

1. (单选题)常温下为黄绿色气体的是(　　)。

  A. 氧气   B. 氢气   C. 氯气   D. 二氧化氮

  答案:C

  解析:本题属于容易题。本题主要考查氯气的物理性质。

2. (多选题)下列气体在常温下比同体积的空气重的是(　　)。

  A. 氯气   B. 氢气   C. 氧气   D. 氯化氢

答案：ACD

解析：本题属于容易题。本题主要考查氯气、氯化氢的物理性质。

【巩固练习】

一、单选题

1. 下列关于氯气的叙述中,正确的是(　　)。
   A. 氯气是一种无色无味的气体
   B. 氯气极易溶于水
   C. 常温下氯气比同体积的氧气重
   D. Cl_2 和 Cl^- 都有毒

2. 下列各种物理性质中,对氯气来说不正确的是(　　)。
   A. 黄绿色气体
   B. 密度比空气小
   C. 能溶于水
   D. 有刺激性气味

3. 下列说法中正确的是(　　)。
   A. 用鼻子对着盛有氯气的瓶口,就可以嗅到氯气的气味
   B. 用排水集气法便可以收集到纯净的氯气
   C. 氯气有漂白性
   D. 自来水常用氯气来杀菌、消毒

4. 氯水显黄绿色,说明氯水中存在(　　)。
   A. Cl_2
   B. Cl
   C. Cl^-
   D. $HClO$

5. 氯气有毒,第一次世界大战中第一次把氯气用于战场,毒气弹爆炸后,氯气随风飘散。在战场上能有效防御氯气的方法是(　　)。
   A. 躲到地势低洼处
   B. 躲到地势较高处
   C. 可用醋酸浸润的毛巾捂住口鼻
   D. 可用蒸馏水浸润的毛巾捂住口鼻

6. 氯气有毒,若遇泄露,人们应(　　)。
   A. 原地不动,等待救援
   B. 顺风往高处逃生
   C. 逆风往低处逃生
   D. 逆风往高处逃生

二、判断题

1. 实验室制取 Cl_2 不能用排水集气法收集,因 Cl_2 能溶于水。但可以用排饱和食盐水法收集,原因是饱和食盐水中大量的 Cl^- 能降低 Cl_2 的溶解度。　　　　(　　)
   A. 正确
   B. 错误

2. 氯气、氯水和盐酸中都含有氯元素,它们都呈黄绿色。　　　　　　　　(　　)
   A. 正确
   B. 错误

☀ **知识点17　氯气的化学性质**

【知识梳理】

1. 氯气与水部分反应生成氯化氢和次氯酸。$Cl_2 + H_2O \rightleftharpoons HCl + HClO$

2. 与金属反应生成高价金属氯化物

(1)金属钠在氯气中燃烧生成氯化钠。现象:钠在氯气里剧烈燃烧,产生大量的白烟,放热。

(2)铜在足量氯气中燃烧生成氯化铜。现象:红热的铜丝在氯气里剧烈燃烧,瓶里产生棕黄色的烟。

3. 氯气与碱的反应:$Cl_2 + 2NaOH = NaCl + NaClO + H_2O$

【例题分析】

1.(单选题)下列物质中既含有氯分子又含有氯离子的是(　　)。

    A. 氯化钠溶液　　　B. 新制氯水　　　C. 漂白粉　　　　D. 液氯

答案:B

解析:本题属于容易题。本题主要考查氯气的化学性质。

2.(单选题)下列氯化物,不能用金属和氯气直接反应制得的是(　　)。

    A. $FeCl_2$ B. $CuCl_2$

    C. $MgCl_2$ D. KCl

答案:A

解析:本题属于较难题。本题主要考查氯气的化学性质。

【巩固练习】

一、单选题

1. 下列氯化物中,既能由金属和氯气直接反应制得,又能由金属和盐酸反应制得的是(　　)。

    A. $CuCl_2$ B. $FeCl_2$ C. $FeCl_3$ D. $AlCl_3$

2. 下列反应发生时,会产生棕黄色烟的是(　　)。

    A. 金属钠在氯气中燃烧　　　　　　　　B. 铜在氯气中燃烧

    C. 氢气在氯气中燃烧　　　　　　　　　D. 金属钠在氧气中燃烧

二、判断题

1. 能使湿润的淀粉KI试纸变蓝色的气体一定是Cl_2。   (　　)

    A. 正确　　　　　　　　　　　　B. 错误

2. 湿润的KI淀粉可以检验氯气,而不能检验氯化钠中的氯。   (　　)

A. 正确   B. 错误

3. 卤素的化学性质相似,原因是它们的最外层电子数相同。 （　　）

    A. 正确   B. 错误

4. 利用 Fe 粉与 HCl 水溶液反应可制取氯化铁。 （　　）

    A. 正确   B. 错误

5. 红热的铜丝在氯气中燃烧,会产生蓝色的烟。 （　　）

    A. 正确   B. 错误

6. 在光照条件下,氯气能与氢气发生反应,生成氯化氢。 （　　）

    A. 正确   B. 错误

7. 新制的氯水具有漂白性。 （　　）

    A. 正确   B. 错误

8. 氯气可使有色布条褪色。 （　　）

    A. 正确   B. 错误

三、多选题

下列物质中含有 Cl_2 分子的是(　　)。

A. 氯气   B. 食盐   C. 氯水   D. 液氯

学习内容

知识点18 次氯酸、漂白粉的漂白作用

【知识梳理】

1. 次氯酸的性质:属于一元弱酸,有强氧化性,不稳定,易分解。可用来杀菌、消毒、作漂白剂(氧化漂白),是一种强氧化剂。

2. 漂白粉

(1)工业制备:Cl_2 与消石灰反应,其主要成分:$CaCl_2+Ca(ClO)_2$,即漂白粉属于混合物。

(2)有效成分:$Ca(ClO)_2$。

$$2Cl_2+2Ca(OH)_2 =\!=\!= CaCl_2+Ca(ClO)_2+2H_2O$$

(3)特点:比次氯酸稳定,易保存。

(4)使用注意点:$Ca(ClO)_2+CO_2+H_2O =\!=\!= CaCO_3\downarrow+2HClO$ 也说明漂白粉露置在空气中会失效。

【例题分析】

1. (单选题)下列说法正确的是(　　)。

  A. 次氯酸是强酸   B. 次氯酸很稳定

  C. 次氯酸具有漂白性   D. 次氯酸是二元酸

答案:C

解析:本题属于容易题。本题主要考查次氯酸的性质。

2.(单选题)漂白粉的有效成分是(   )。

A. $CaCl_2$ B. $Ca(OH)_2$ C. $NaOH$ D. $Ca(ClO)_2$

答案:D

解析:本题属于容易题。本题主要考查漂白粉的成分。

【巩固练习】

一、单选题

1. 次氯酸具有漂白作用是因为(   )。

A. 次氯酸和有色物发生氧化还原反应   B. 次氯酸和有色物质发生化合反应

C. 次氯酸和有色物质发生物理作用   D. 次氯酸和有色物质发生复分解反应

2. 下列物质能使紫色石蕊因漂白而褪色的是(   )。

A. $NaCl$ B. $HClO$ C. HCl D. $CaCl_2$

3. 下列属于纯净物的是(   )。

A. 液氯   B. 漂白粉   C. 氯水   D. 食盐水

二、判断题

1. 次氯酸是强酸,因此具有漂白性。   (   )

A. 正确   B. 错误

2. 漂白粉露置于空气中会失效。   (   )

A. 正确   B. 错误

3. 漂白粉是混合物。   (   )

A. 正确   B. 错误

4. 次氯酸不可以使有色布条褪色。   (   )

A. 正确   B. 错误

三、多选题

下列表述正确的是(   )。

A. 次氯酸是弱酸   B. 次氯酸具有漂白性

C. 次氯酸具有强氧化性   D. 次氯酸不稳定,见光易分解

知识点 19　氯气的用途

【知识梳理】

氯气的用途:生产漂白粉、自来水消毒、制备盐酸、制农药。

【例题分析】

1. (单选题)自来水厂常通入少量氯气来给自来水杀菌消毒,是因为(　　)。

　A. 氯气有刺激性气味　　　　　　B. 氯气和水反应有次氯酸生成

　C. 氯气有毒　　　　　　　　　　D. 氯气和水反应生成氯化氢

答案:B

解析:本题属于容易题。本题主要考查氯气性质用途。

2. (单选题)氯气可使褪色的是(　　)。

　A. 空气中的干有色布条

　B. 无空气的干有色布条

　C. 空气中的湿布条

　D. 以上均可

答案:C

解析:本题属于容易题。本题主要考查氯气性质用途。

【巩固练习】

一、单选题

1. 工业上用氯气与氢氧化钙作用是生产(　　)。

　A. 农药　　　　　　　　　　　　B. 漂白粉

　C. 有机溶剂　　　　　　　　　　D. 塑料

2. 氯气是重要的化工原料,下列不能用其作为原料生产的是(　　)。

　A. 盐酸　　　　　B. 漂白粉　　　　　C. 农药　　　　　D. 烧碱

二、判断题

1. 氯气可用于生产漂白粉。　　　　　　　　　　　　　　　　　　(　　)

　A. 正确　　　　　　　　　　　　B. 错误

2. 氯气有毒,对人类一点用也没有。　　　　　　　　　　　　　　(　　)

　A. 正确　　　　　　　　　　　　B. 错误

三、多选题

农民向田鼠洞中注入氯气从而杀灭田鼠,其中用到氯气的性质有(   )。

A. 氯气为黄绿色气体   B. 氯气能与水反应

C. 氯气密度比空气大   D. 氯气有毒

★ 知识点20   氯离子的检验方法、液体取用方法

【知识梳理】

1. 氯离子的检验

氯离子检验的离子方程式为 $Ag^+ + Cl^- = AgCl\downarrow$(白)

步骤:取少量待测试液放入试管中,取少量 HNO_3 溶液滴入试管,将少将 $AgNO_3$ 溶液滴入试管中,振荡,若有白色沉淀产生,则证明此溶液中含氯离子。

反应的化学方程式(若待测液为 HCl 溶液):$HCl + AgNO_3 = AgCl$(沉淀)$+ HNO_3$

2. 液体的取用

液体药品一般盛在细口试剂瓶或滴瓶中。

取用步骤:取下瓶盖,倒放在桌上,(以免药品被污染)。标签应向着手心,(以免残留液流下而腐蚀标签)。拿起试剂瓶,将瓶口紧靠试管口边缘,缓缓地注入试剂,倾注完毕,盖上瓶盖,标签向外,放回原处。

【例题分析】

1. (单选题)可用于检验氯离子的试剂是(   )。

A. $AgNO_3 + HNO_3$ B. $AgNO_3 + HCl$

C. $BaCl_2 + HNO_3$ D. $BaCl_2 + HCl$

> 答案:A
>
> 解析:本题属于容易题。本题主要考查氯离子检验方法。

2. (单选题)实验室的液体试剂一般盛放在什么瓶中。(   )

A. 细口试剂瓶中   B. 广口试剂瓶中   C. 集气瓶中   D. 锥形瓶中

> 答案:A
>
> 解析:本题属于容易题。本题主要考查液体试剂保存取用方法。

【巩固练习】

一、单选题

1. 下列移取液体试剂的说法错误的是(   )。

A. 试剂瓶瓶塞应该倒放

B. 试剂瓶标签应向手心

C. 滴定管读数时应看凹液面处所对应的刻度

D. 向滴定管中加标准溶液应通过干净的移液管,以防溶液撒出

2. 不能精确量取液体试样的是(　　)。

    A. 量筒　　　　　　B. 移液管　　　　　　C. 滴定管　　　　　　D. 吸量管

3. 下列移取液体试剂的说法错误的是(　　)。

A. 试剂瓶瓶塞应该倒放

B. 试剂瓶标签应向手心

C. 向滴定管中加标准溶液应通过干净的小烧杯,以防溶液撒出

D. 向滴定管中加标准溶液前,溶液应摇匀。

二、判断题

1. 向某无色溶液中滴加硝酸银溶液有白色沉淀产生,溶液中一定含有氯离子。(　　)

    A. 正确　　　　　　　　　　　　　　B. 错误

2. 向某蓝色溶液中先加入硝酸,然后滴加硝酸银溶液,产生白色沉淀,证明溶液中含有

   氯离子。　　　　　　　　　　　　　　　　　　　　　　　　　　　　　　(　　)

    A. 正确　　　　　　　　　　　　　　B. 错误

3. 某溶液能使湿润的淀粉 KI 试纸变蓝色,证明该溶液中一定有氯离子。　　(　　)

    A. 正确　　　　　　　　　　　　　　B. 错误

4. 向某无色溶液中,先加入硝酸酸化,然后滴加硝酸银溶液,如果出现黄色沉淀,表示

   该溶液中有 Cl^-。　　　　　　　　　　　　　　　　　　　　　　　　　(　　)

    A. 正确　　　　　　　　　　　　　　B. 错误

三、多选题

下列关于说法正确的是(　　)。

A. 细口瓶的瓶塞应倒放在桌上

B. 手握细口瓶倾倒液体时标签要朝向手心

C. 倾倒液体时,瓶口要紧挨试管口,快速倒入

D. 倒完液体后要立即盖上瓶塞,并把试剂瓶放回原处,标签向外

✪ 知识点 21　离子反应

【知识梳理】

1. 离子反应及离子方程式的书写

在反应中有离子参加或有离子生成的反应称为离子反应。仅限于在溶液中进行的反

应,可以说离子反应是指在水溶液中有电解质参加的一类反应。

书写离子方程式的四个步骤:

(1) 写——根据客观事实,写出正确的化学方程式。

(2) 拆——把易溶于水且易电离的物质写成离子形式,把难溶于水的物质或难电离的物质以及气体、单质、氧化物仍用分子式表示。对于难溶于水但易溶于酸的物质,如 $CaCO_3$、FeS、$Cu(OH)_2$、$Mg(OH)_2$ 等仍写成分子式。

(3) 删——对方程式的两边都有的相同离子,把其中不参加反应的离子,应"按数"消掉。

(4) 查——检查写出的离子方程式是否符合前三项的要求,并检查是否符合质量守恒、是否符合电荷守恒。

2. 离子反应的条件及离子共存问题

离子反应的条件为:发生复分解反应,这类离子反应又叫离子互换反应,其反应条件是产生沉淀(如生成 $BaSO_4$、$AgCl$、$CaCO_3$ 等)、产生气体(如生成 CO_2、SO_2、H_2S 等)或产生难电离的物质(如生成 CH_3COOH、H_2O、$NH_3 \cdot H_2O$、$HClO$ 等)。

$$BaSO_4 + H_2SO_4 \Longrightarrow BaSO_4 \downarrow + 2H_2O$$

$$Na_2CO_3 + 2HCl \Longrightarrow 2NaCl + CO_2 \uparrow + 2H_2O$$

$$NH_4Cl + NaOH \Longrightarrow NH_3 \cdot H_2O + NaCl$$

这些反应的共同特点是:反应后溶液中自由移动的离子数目减少,因此离子互换反应一般是朝着溶液离子浓度减少的方向进行。

【例题分析】

1. (单选题)下列离子方程式正确的是( )。

　　A. 氢氧化钡与硫酸反应:$Ba^{2+} + SO_4^{2-} \Longrightarrow BaSO_4 \downarrow$

　　B. 碳酸钙与盐酸反应:$CaCO_3 + 2H^+ \Longrightarrow Ca^{2+} + CO_2 \uparrow + H_2O$

　　C. 盐酸滴入氨水中:$H^+ + OH^- = H_2O$

　　D. 铁跟稀硫酸反应:$2Fe + H^+ \Longrightarrow 2Fe^{3+} + 3H_2 \uparrow$

答案: B

解析: 本题属于较难题。本题主要考查离子反应方程式的正确书写。

2. (单选题)在无色强酸性环境中可以大量共存的一组离子是( )。

　　A. Al^{3+},Cu^{2+},NO_3^-,Cl^- 　　　　　　B. Na^+,NO_3^-,SO_4^{2-},CO_3^{2-}

　　C. Mg^{2+},NH_4^+,SO_4^{2-},Cl^- 　　　　　D. Ba^{2+},K^+,OH^-,Cl^-

答案: C

解析: 本题属于较难题。本题主要考查离子共存。

【巩固练习】

一、单选题

1. 下列关于离子反应的说法正确的是(　　)。

    A. 任何反应都可写出离子反应

    B. 只有离子参加的反应才可写出离子反应

    C. 只有离子生成的反应才可写出离子反应

    D. 有离子参与的反应可写出离子反应

2. 某工厂废水呈强酸性,则废水中一定不会大量含有的离子是(　　)。

    A. SO_4^{2-}　　　　　B. K^+　　　　　C. Na^+　　　　　D. CO_3^{2-}

3. 下列四种物质的溶液,其中一种与其他三种能发生离子反应,这种物质是(　　)。

    A. H_2SO_4　　　　B. KOH　　　　C. $BaCl_2$　　　　D. Na_2CO_3

二、判断题

1. 所有反应均可写出离子反应。　　　　　　　　　　　　　　　　　　　　　　(　　)

    A. 正确　　　　　　　　　　　　　B. 错误

2. 离子反应不仅能表示一定物质间的某个反应,而且可以表示同一类型的离子反应。

    　　　　　　　　　　　　　　　　　　　　　　　　　　　　　　　　　(　　)

    A. 正确　　　　　　　　　　　　　B. 错误

3. 氢氧化钠与硫酸反应和氢氧化钠与碳酸反应可用同一离子方程式表示。　　(　　)

    A. 正确　　　　　　　　　　　　　B. 错误

4. 电解质指在熔融和溶液的状态下都能导电的化合物。　　　　　　　　　　(　　)

    A. 正确　　　　　　　　　　　　　B. 错误

三、多选题

能用 $H^+ + OH^- =\!\!=\!\!= H_2O$ 表示的化学方程式有(　　)。

A. 氢氧化钡溶液与稀盐酸反应

B. 氢氧化铁与硫酸反应

C. 氢氧化钠与硫酸反应

D. 硝酸与氢氧化钾溶液反应

第二节 硫及其重要化合物

1. 了解硫酸的重要物理性质;
2. 了解臭氧性质及其环境保护的有关知识;
3. 了解硫单质的化学性质(与 O_2、H_2、金属等反应)。

✦ 知识点 22 硫酸的重要物理性质

【知识梳理】

硫酸是无色油状难挥发(沸点 338 ℃)液体,密度大于水(质量分数为 98% 的浓硫酸密度为 1.84 g/cm³),且质量分数越大其对应的密度也越大,易溶于水,溶于水时放出大量的热。稀释浓硫酸应把浓硫酸沿玻璃棒注入水中,并不断搅拌以防暴沸。

皮肤上一旦沾有浓硫酸,应先用干布迅速拭去,再用大量水冲洗,最后再涂上碳酸氢钠溶液。

【例题分析】

1. (单选题)盛有浓硫酸的试剂瓶敞口露置于空气中,放置一段时间后,其质量(　　)。

    A. 不变　　　　　　B. 增大　　　　　　C. 减小　　　　　　D. 无法确定

> **答案:** B
>
> **解析:** 本题属于容易题。本题主要考查硫酸的重要物理性质。

2. (单选题)实验室用浓硫酸与固体氯化钠反应来制取氯化氢气体,体现了浓硫酸的(　　)。

    A. 难挥发性　　　　B. 吸水性　　　　　C. 脱水性　　　　　D. 强氧化性

> **答案:** A
>
> **解析:** 本题属于中等难度题。本题主要考查硫酸的重要物理性质。

【巩固练习】

一、单选题

1. 浓硫酸可以用来干燥氯气,体现了浓硫酸的(　　)。

    A. 难挥发性　　　　B. 吸水性　　　　　C. 脱水性　　　　　D. 强氧化性

2. 质量分数为 98%,密度为 1.84 g/cm³ 的浓硫酸的物质的量浓度是(　　)。

    A. 1.84　　　　　　B. 1.84 mol/L　　　C. 18.4　　　　　　D. 18.4 mol/L

二、判断题

1. 浓硫酸需要避光保存。　　　　　　　　　　　　　　　　（　　）
   A. 正确　　　　　　　　　　　　　　B. 错误

2. 浓硫酸可以用来干燥氨气。　　　　　　　　　　　　　　（　　）
   A. 正确　　　　　　　　　　　　　　B. 错误

3. 浓硫酸可以用来干燥 SO_2 气体。　　　　　　　　　　　（　　）
   A. 正确　　　　　　　　　　　　　　B. 错误

4. 盛有浓硫酸的试剂瓶打开瓶盖,瓶口会出现白雾。　　　　（　　）
   A. 正确　　　　　　　　　　　　　　B. 错误

5. 硫酸浓度越大,其密度越大。　　　　　　　　　　　　　（　　）
   A. 正确　　　　　　　　　　　　　　B. 错误

学习内容

✿ 知识点 23　臭氧性质及其环境保护的有关知识

【知识梳理】

1. 臭氧组成与物理性质

化学式为 O_3,常温、常压下是一种有刺激性臭味的淡蓝色气体,液态臭氧呈深蓝色,固态臭氧呈紫黑色,密度比 O_2 大。

2. 臭氧的化学性质

(1) 不稳定性:

① 臭氧在常温下能缓慢分解生成氧气,在高温时可以迅速分解。$2O_3 = 3O_2$

② 在空气中高压放电时,氧气也能转化为臭氧。$3O_2 = 2O_3$(雷雨天后空气清新的原因之一)。

(2) 强氧化性。

3. 臭氧的作用

(1) 臭氧可用于漂白和消毒。

(2) 臭氧的生理作用。

(3) 臭氧层对人类和生物的保护作用。它可以吸收来自太阳的大部分紫外线,因此,臭氧层可称为是人类和其他生物的保护伞。因此,我们需务必保护好臭氧层,保护生态环境。

【例题分析】

1. (单选题)氧气与臭氧的关系是(　　　)。
   A. 互为同位素　　　　　　　　　　B. 互为同分异构体
   C. 互为同素异形体　　　　　　　　D. 同种物质

答案:C

解析:本题属于中等难度题。本题主要考查臭氧性质及其环境保护的有关知识。

2. (单选题)下列物质中,呈紫黑色的是(　　　)。

A. 液态氧 　　　　　　　　B. 固态氧

C. 液态臭氧 　　　　　　　D. 固态臭氧

答案:D

解析:本题属于容易题。本题主要考查臭氧性质及其环境保护的有关知识。

【巩固练习】

一、单选题

1. 在长时间工作的复印机旁有一种特殊臭味,产生这种臭味的物质是( )。

A. O_2 　　　B. O_3 　　　C. SO_2 　　　D. CO

2. 近年来,我国许多城市禁止使用含铅汽油,其主要原因是( )。

A. 提高汽油燃烧效率 　　　　　B. 降低汽油成本

C. 避免铅污染大气 　　　　　　D. 铅资源短缺

3. 工业尾气中常含有下列气体,其中对大气没有污染作用,但可引起"温室效应"的气体是( )。

A. O_2 　　　B. CO_2 　　　C. HCl 　　　D. H_2S

二、判断题

1. 臭氧具有极强的氧化性,可用于漂白和消毒。 ( )

2. 大量含氟利昂的排放,可导致臭氧层的破坏。 ( )

3. 臭氧层中臭氧含量很多,可以吸收来自太阳的大部分紫外线。 ( )

4. 环保需要解决的"白色污染"通常指的是聚乙烯等塑料垃圾。 ( )

5. 工业生产过程中的废气必须经过处理后才能排放到大气中,否则会造成空气的污染。

( )

三、多选题

下列情况中,可能造成大气污染的是( )。

A. 燃放鞭炮 　　　　　　　　B. 工业废气的任意排放

C. 飞机、汽车的尾气 　　　　　D. 煤、石油的燃烧

知识点 24　硫单质的化学性质

【知识梳理】

硫在氧气中燃烧生成二氧化硫,产生蓝紫色火焰;与氢气反应生成硫化氢;与变价金属反应生成低价态硫化物。

【巩固练习】

一、单选题

1. 硫在空气中燃烧的产物为( )。

A. H_2S 　　　B. SO_2 　　　C. SO_3 　　　D. H_2SO_4

2. 下列物质中不能与硫单质反应的是( )。

A. O_2　　　　　B. H_2　　　　　C. Na　　　　　D. HCl

二、判断题

硫在氧气中燃烧时,火焰呈淡蓝色。　　　　　　　　　　　　　（　　）

A. 正确　　　　　　　　　　　B. 错误

三、多选题

硫和金属直接化合,所得产物的化学式正确的有（　　）。

A. FeS　　　　　B. Fe_2S_3　　　　　C. CuS　　　　　D. Cu_2S

★ 知识点 25　二氧化硫的化学性质

【知识梳理】

1. 三氧化硫的化学性质

（1）与水反应：二氧化硫水溶液滴加石蕊试液呈红色：$SO_2 + H_2O = H_2SO_3$（亚硫酸）。

（2）与碱反应：$SO_2 + 2NaOH = Na_2SO_3 + H_2O$（属于酸性氧化物）。

（3）还原性：与氯水反应：$SO_2 + Cl_2 + 2H_2O = H_2SO_4 + 2HCl$（使溴水或氯水褪色）。

（4）漂白性：SO_2 与某些有色物质形成不稳定的无色物质而漂白,但是受热容易分解而恢复成原来有色物质的颜色,SO_2 的漂白是可逆的。

2. 二氧化硫的污染

二氧化硫的危害：污染大气的主要有害物质之一；二氧化硫在氧气和水作用下形成硫酸型酸雨。

【例题分析】

（多选题）下列能与 SO_2 反应的物质有（　　）。

A. H_2O　　　　　B. NaOH 溶液　　　　　C. 澄清石灰水　　　　　D. 浓 H_2SO_4

答案：ABC

解析：本题属于中等难度题。本题主要考查的是二氧化硫的化学性质,二氧化硫可以与水反应与碱反应。

【巩固练习】

单选题

1. 由二氧化硫造成的酸雨类型称为（　　）。

　　A. 硝酸型酸雨　　　B. 盐酸型酸雨　　　C. 硫酸型酸雨　　　D. 磷酸型酸雨

2. 在下列变化中,不属于化学变化的是（　　）。

　　A. SO_2 使品红褪色　　　　　　　　B. 氯水使有色布条褪色

　　C. 活性碳使红墨水褪色　　　　　　　D. O_3 使某些染料褪色

3. 用某种气体漂白过的草帽辫日久又渐渐变成黄色,该种气体是（　　）。

　　A. CO_2　　　　　B. SO_2　　　　　C. Cl_2　　　　　D. HCl

4. 二氧化硫能使氯水褪色。该反应中说法正确的是（　　）。

A. 二氧化硫是还原剂
B. 氯气是还原剂
C. 氯气被氧化成盐酸
D. 二氧化硫被还原成硫酸

知识点 26　浓硫酸的特性

【知识梳理】

1. 强氧化性

常温下,浓硫酸可使铁、铝等金属钝化。

$$Cu+2H_2SO_4(浓)\xrightarrow{\triangle}CuSO_4+SO_2\uparrow+2H_2O(体现浓硫酸的氧化性和酸性)$$

因此,可以用铁铝制器皿贮存浓硫酸(硝酸也具有这一性质,但是加热条件下可以反应)。

2. 吸水性

吸收物质中的水蒸气或结晶水。可用做干燥剂,但一般不能干燥碱性(如NH_3)和还原性气体(如H_2S);可干燥O_2、H_2、Cl_2、N_2、CO、CO_2、SO_2等气体。(注:浓硫酸可用做有机反应的催化剂和吸水剂)

3. 脱水性

将某些化合物中氢、氧按2:1原子个数比脱去。(注:浓硫酸可使木条变黑,对皮肤有强腐蚀性)

【例题分析】

1.(单选题)下列气体不能用浓硫酸干燥的是(　　)。

A. CO_2　　　　B. H_2S　　　　C. SO_2　　　　D. HCl

答案:B

解析:本题属于中等难度题。本题主要考查的是浓硫酸的性质,因为浓硫酸有强氧化性,所以不能用来干燥具有还原性的气体,本题中不能干燥H_2S。

2.(单选题)盛有浓硫酸的试剂瓶敞口露置于空气中,放置一段时间后,其质量(　　)。

A. 不变　　　　B. 增大　　　　C. 减小　　　　D. 无法确定

答案:B

解析:本题属于容易题。本题主要考查的是浓硫酸的性质,浓硫酸具有吸水性,能吸收空气中的水蒸气,所以质量会增大。

【巩固练习】

一、单选题

1. 浓硫酸使木条变黑,体现了其具有的性质是(　　)。

A. 吸水性　　　B. 脱水性　　　C. 酸性　　　D. 强氧化性

2. 下列气体中,既能用浓硫酸干燥,又能用氢氧化钠干燥的是(　　)。

A. Cl_2　　　　B. N_2　　　　C. SO_2　　　　D. NH_3

3. 下列关于浓硫酸和稀硫酸的叙述中,正确的是(　　)。

A. 加热时都能与铜发生反应

B. 常温时都能与铁发生反应,放出气体

C. 都能作为气体的干燥剂

D. 硫元素的化合价都是+6价

二、判断题

1. 不小心将浓硫酸溅到皮肤上应先用大量水冲洗。　　　　　　　　　　　(　　)

A. 正确　　　　　　　　　　B. 错误

2. 浓硫酸需要避光保存。　　　　　　　　　　　　　　　　　　　　　(　　)

A. 正确　　　　　　　　　　B. 错误

3. 盛有浓硫酸的试剂瓶打开瓶盖,瓶口会出现白雾。　　　　　　　　　(　　)

A. 正确　　　　　　　　　　B. 错误

4. 浓硫酸可以用来干燥 SO_2 气体。　　　　　　　　　　　　　　　　(　　)

A. 正确　　　　　　　　　　B. 错误

5. 浓硫酸有氧化性,稀硫酸无氧化性。　　　　　　　　　　　　　　　(　　)

A. 正确　　　　　　　　　　B. 错误

四、多选题

1. 下列关于浓硫酸和稀硫酸的叙述中,正确的是(　　　)。

A. 加热时都能与铜发生反应　　　　B. 都能与氢氧化钠发生反应

C. 都能作为气体的干燥剂　　　　　　D. 硫元素的化合价都是+6价

2. 常温下用来盛放浓硫酸的容器可以有(　　　)。

A. 铜制容器　　　B. 铝制容器　　　C. 铁制容器　　　D. 塑料容器

3. 实验室制取乙烯气体时,浓硫酸所起的作用主要有(　　　)。

A. 吸水剂　　　B. 脱水剂　　　C. 氧化剂　　　D. 催化剂

◉ 知识点27　SO_4^{2-} 离子的鉴别方法

【知识梳理】

在未知溶液中先加入稀盐酸,若无现象,加入氯化钡溶液,若产生沉淀,则说明有 SO_4^{2-}。

【巩固练习】

单选题

下列能与 SO_4^{2-} 生成沉淀的离子是(　　　)。

A. Na^+　　　　B. K^+　　　　C. H^+　　　　D. Ba^{2+}

答案:D

解析:本题属于容易题。本题主要考查的是 SO_4^{2-} 离子的特性和鉴别方法。

✪ 知识点 28　化合价升降与氧化－还原反应关系

【知识梳理】

在化学反应前后,有发生化合价变化了的反应即为氧化还原反应。

【巩固练习】

一、单选题

1. 下列属于氧化还原反应的是(　　)。

　A. $SO_2 + H_2O \overline{} H_2SO_3$　　　　　　B. $4Na + O_2 \overline{} 2Na_2O$

　C. $CuO + 2HCl \overline{} CuCl_2 + H_2O$　　　　D. $HCl + NaOH \overline{} NaCl + H_2O$

2. 下列属于氧化还原反应的是(　　)。

　A. $NaCl + H_2SO_4(浓) \overset{\triangle}{\overline{}} Na_2SO_4 + 2HCl\uparrow$

　B. $Cu + 2H_2SO_4(浓) \overline{} CuSO_4 + SO_2\uparrow + 2H_2O$

　C. $BaCl_2 + H_2SO_4 \overline{} Ba_2SO_4\downarrow + 2HCl$

　D. $2NaOH + H_2SO_4 \overline{} Na_2SO_4\downarrow + 2H_2O$

3. 下列属于氧化还原反应的是(　　)。

　A. $HCl + AgNO_3 \overline{} AgCl\downarrow + HNO_3$

　B. $Na_2CO_3 + 2HCl \overline{} 2NaCl + H_2O + CO_2\uparrow$

　C. $Cl_2 + 2NaBr \overline{} 2NaCl + Br_2$

　D. $CaCl_2 + Na_2CO_3 \overline{} CaCO_3\downarrow + 2NaCl$

二、多选题

1. 下列属于氧化还原反应的有(　　)。

　A. $NH_3 + HCl \overline{} NH_4Cl$

　B. $CO_2 + H_2O \overline{} H_2CO_3$

　C. $2Na_2O_2 + 2H_2O \overline{} 4NaOH + O_2\uparrow$

　D. $Mg + 2HCl \overline{} MgCl_2 + H_2\uparrow$

2. 在下列反应中,既能放出气体又是氧化还原反应的有(　　)。

　A. 加热高锰酸钾　　　　　　　　　B. 钠与水反应

　C. 加热小苏打　　　　　　　　　　D. 高温灼烧石灰石

✪ 知识点 29　氧化还原反应中的氧化剂和还原剂

【知识梳理】

1. 在化学反应中,当某物质中的一种元素的化合价升高时,它就失去电子,是氧化反应,被氧化,此物质是还原剂。

2. 当某物质中的一种元素的化合价降低时,它就得到电子,是还原反应,被还原,此物质是氧化剂。

【巩固练习】

一、选择题

1. 反应 $CO + CuO \xrightarrow{\text{高温}} Cu + CO_2 \uparrow$ 中的还原剂是(   )。

    A. CO B. CuO C. Cu D. CO_2

2. 对于反应 $2Na_2O_2 + 2CO_2 === 2Na_2CO_3 + O_2$，下列说法中正确的是(   )。

    A. CO_2 是氧化剂   B. CO_2 是还原剂

    C. CO_2 既不是氧化剂又不是还原剂   D. Na_2O_2 既是氧化剂又是还原剂

第三节　氮及其重要化合物

1. 了解氮气、氨气的分子结构；

2. 了解氮气的物理性质；

3. 了解铵盐的化学性质；

4. 理解氨气的性质（与 O_2、水、酸等反应）；

5. 掌握硝酸的主要特性（不稳定性、强氧化性）；

6. 了解氨、铵盐的用途；

7. 了解酸雨和水体富营养化的成因及危害。

◎ 知识点 30　氮气、氨气的分子结构

【知识梳理】

　　氮气的分子式为 N_2，结构式为 $N\equiv N$，化学键属于非极性共价键，晶体类型为分子晶体。氨气的分子式为 NH_3，空间构型为三角锥形，化学键属于极性共价键，晶体类型为分子晶体。

【巩固练习】

一、单选题

1. 氮气的分子式是（　　）。

　　A. N_2　　　　　　　　B. N　　　　　　　　C. NH_3　　　　　　　　D. H_2

2. 氮气的结构式是（　　）。

　　A. N＝N　　　　　B. N∷N　　　　　C. $N\equiv N$　　　　　D. N～N

3. 氮气的化学键属于（　　）。

　　A. 氢键　　　　　B. 非极性键　　　　　C. 极性键　　　　　D. 离子键

4. 氮气的晶体类型属于（　　）。

　　A. 原子晶体　　　B. 分子晶体　　　C. 离子晶体　　　D. 非晶体

5. 氨气的分子式是（　　）。

　　A. NH_3　　　　　B. N_2　　　　　C. NH_2　　　　　D. NH_4

6. 氨气的晶体类型属于（　　）。

　　A. 原子晶体　　　B. 分子晶体　　　C. 离子晶体　　　D. 非晶体

7. 氨气的化学键属于（　　）。

　　A. 氢键　　　　　B. 非极性键　　　　　C. 极性键　　　　　D. 离子键

8. 氨气的几何构型是（　　）。

    A. 直线形   B. 三角锥形

    C. 平面形   D. 正四面体形

二、判断题

1. 氨气结构微粒的作用力属于范德华力。 （　　）

    A. 正确   B. 错误

2. 氮气结构微粒的作用力属于范德华力。 （　　）

    A. 正确   B. 错误

3. 氨气的结构式为 $N \equiv H$。 （　　）

    A. 正确   B. 错误

学习内容

❀ 知识点 31　氨气的物理性质；氮气的物理性质

【知识梳理】

1. 氨气通常情况下为无色有刺激性气味的气体,密度比空气小,易液化。

2. 氮气通常情况下为无色无味的气体,密度比空气略小,难溶于水。

【巩固练习】

一、单选题

下列气体中只能用排空气法收集的气体是（　　）。

A. NO   B. H_2 C. CO   D. NH_3

二、判断题

1. 氮气是一种淡蓝色的气体。 （　　）

    A. 正确   B. 错误

2. 氮气是无色无味的气体。 （　　）

    A. 正确   B. 错误

3. 常温常压条件下,氮气比空气略轻。 （　　）

    A. 正确   B. 错误

4. 常温常压条件下,氮气比空气略重。 （　　）

    A. 正确   B. 错误

5. 氮气难溶于水。 （　　）

    A. 正确   B. 错误

6. 氮气易溶于水。 （　　）

    A. 正确   B. 错误

7. 常温常压下氮气呈气态。 （　　）

A. 正确   B. 错误

8. 氨气是一种有刺激性气味的气体。   （   ）

    A. 正确   B. 错误

9. 氨气极易溶于水。   （   ）

    A. 正确   B. 错误

10. 氨气比空气重。   （   ）

    A. 正确   B. 错误

11. 氨气比空气轻。   （   ）

    A. 正确   B. 错误

12. 氨气是无色的。   （   ）

    A. 正确   B. 错误

学 习 内 容

★ **知识点 32   铵盐的化学性质**

【知识梳理】

大多数铵盐为白色晶体,铵盐受热易分解,铵盐与碱反应可以生成氨气。

【巩固练习】

一、单选题

1. 铵盐受热分解是的反应类型属于（   ）。

    A. 化合反应   B. 置换反应

    C. 复分解反应   D. 分解反应

2. 氨气与氯化氢气体相遇,产生（   ）。

    A. 白雾   B. 白烟   C. 黄雾   D. 黄烟

二、判断题

1. 铵盐需低温保存,避免受热。   （   ）

    A. 正确   B. 错误

2. 铵盐不能跟碱性物质混合使用和保存。   （   ）

    A. 正确   B. 错误

3. 铵盐能跟碱性物质混合使用和保存。   （   ）

    A. 正确   B. 错误

4. 硝酸铵受热撞击就会发生爆炸,使用时要小心。   （   ）

    A. 正确   B. 错误

5. 铵盐受热分解与碘的升华相同。   （   ）

    A. 正确   B. 错误

6. 铵盐都是晶体都能溶于水。　　　　　　　　　　　　　　　　　　（　　）

    A. 正确　　　　　　　　　　　　　　　　B. 错误

三、多选题

1. 碳酸氢铵受热分解的产物是（　　）。

    A. 氨气　　　　　　B. 二氧化碳　　　　　C. 水　　　　　　　　D. 氮气

2. 下列属于铵盐的化学性质是（　　）。

    A. 受热容易分解　　　　　　　　　　　　B. 受热不容易分解

    C. 能与碱发生反应　　　　　　　　　　　D. 能与金属发生反应

3. NH_4^+ 的检验方法可以采用（　　）。

    A. 在溶液中加入 NaOH 溶液　　　　　　B. 加热用湿红色石蕊试纸检验

    C. 在溶液中加入 HCl 溶液　　　　　　　D. 用 pH 试纸检验

知识点 33　氨气的性质

【知识梳理】

1. 水合反应：$NH_3 + H_2O \rightleftharpoons NH_3 \cdot H_2O \rightleftharpoons NH_4^+ + OH^-$ 所以氨水显碱性,使红色石蕊试纸变蓝。

2. 与 O_2 反应：$4NH_3 + 5O_2 \xrightarrow[\triangle]{催} 4NO + 6H_2O$

3. 与酸反应：$NH_3 + HNO_3 === NH_4NO_3$

【巩固练习】

1. 氨水中滴入酚酞的颜色会（　　）。

    A. 变蓝　　　　　　B. 变绿　　　　　　　C. 不变色　　　　　　D. 变红

2. 氨气的水溶液显（　　）。

    A. 中性　　　　　　B. 碱性　　　　　　　C. 酸性　　　　　　　D. 弱酸性

3. 氨气跟盐酸反应的产物是（　　）。

    A. 硫酸铵　　　　　B. 硝酸铵　　　　　　C. 氯化铵　　　　　　D. 磷酸铵

4. 下列能与氨气发生化学反应的是（　　）。

    A. 盐酸　　　　　　B. 氢氧化钠　　　　　C. 氢氧化钙　　　　　D. 氧化钙

5. 下列属于氨气的化学性质的是（　　）。

    A. 氧化性　　　　　B. 与酸反应　　　　　C. 酸性　　　　　　　D. 中性

6. 氨气能使湿润的红色石蕊试纸（　　）。

    A. 变蓝　　　　　　B. 变紫　　　　　　　C. 变黑　　　　　　　D. 不变色

7. 既能用浓硫酸,又能用碱石灰干燥的气体是（　　）。

A. Cl_2 B. SO_2 C. NO   D. NH_3

二、判断题

1. 氨气能跟氧气催化氧化生成一氧化氮和水。   （   ）

     A. 正确   B. 错误

2. 氨气具有还原性。   （   ）

     A. 正确   B. 错误

3. 氨气不能与水发生反应。   （   ）

     A. 正确   B. 错误

三、多选题

1. 氨水中存在的离子有（   ）。

     A. NH_4^+ B. OH^- C. H^+ D. H_2O

2. 下列能与氨气发生化学反应的物质有（   ）。

     A. 盐酸   B. 氧气   C. 水   D. 硝酸

知识点 34   掌握硝酸的主要特性

【知识梳理】

质量分数 98% 以上的硝酸为发烟硝酸,浓硝酸可使铁、铝等金属钝化。硝酸的主要特性有:

1. 不稳定,见光或受热分解。 $4HNO_3 \xrightarrow{\text{光或热}} 4NO_2\uparrow + O_2\uparrow + 2H_2O$

2. 能氧化除 Au、Pt 外所有金属和部分非金属。

$$C + 4HNO_3(\text{浓}) \xrightarrow{\triangle} CO_2\uparrow + 2H_2O + 4NO_2\uparrow$$

$$Cu + 4HNO_3(\text{浓}) = Cu(NO_3)_2 + 2NO_2\uparrow + 2H_2O$$

【巩固练习】

一、单选题

1. 硝酸具有不稳定性,见光容易（   ）。

     A. 挥发   B. 升华   C. 分解   D. 液化

2. 久置硝酸会因为分解产生气体溶于溶液中显黄色,该气体为（   ）。

     A. NO   B. N_2O_4 C. H_2O D. NO_2

3. 实验室浓硝酸应保存于（   ）。

     A. 棕色瓶中   B. 无色玻璃瓶中

     C. 广口瓶中   D. 集气瓶中

4. HNO_3 中 N 元素的化合价为（   ）。

     A. +2   B. +1   C. +4   D. +5

5. Cu 与浓硝酸反应生成的气体是（　　）。

    A. NO　　　　　　B. NO_2　　　　　C. N_2O_4　　　　　D. H_2

6. 常温下，浓硝酸能使铁、铝等金属发生（　　）。

    A. 钝化　　　　　　B. 固化　　　　　C. 液化　　　　　D. 溶解

7. 3 体积浓盐酸与 1 体积浓硝酸的混合物叫做（　　）。

    A. 酸水　　　　　　B. 王水　　　　　C. 碱水　　　　　D. 混合水

8. 稀硝酸和浓硝酸都是（　　）。

    A. 强还原剂　　　　　　　　　　B. 弱还原剂

    C. 强氧化剂　　　　　　　　　　D. 弱氧化剂

9. 质量分数 98% 以上的硝酸称为（　　）。

    A. "发雾"硝酸　　B. "烟雾"硝酸　　C. "白雾"硝酸　　D. "发烟"硝酸

10. 硝酸不管浓稀都具有强氧化性，且氧化性（　　）。

    A. 浓 HNO_3＞稀 HNO_3　　　　　B. 浓 HNO_3＜稀 HNO_3

    C. 浓 HNO_3≤稀 HNO_3　　　　　D. 浓 HNO_3≥稀 HNO_3

11. 硝酸与水互溶时体积比可达到（　　）。

    A. 1∶2　　　　　B. 1∶100　　　　C. 1∶700　　　　D. 任意比

12. 硝酸能使酸碱指示剂变色的本质是（　　）。

    A. 硝酸分子　　　　　　　　B. 硝酸电离出的 H^+

    C. 硝酸电离出的 NO_3^-　　　　D. 硝酸溶液中的 H_2O

13. 浓硝酸和碳单质在加热条件下反应，生成二氧化碳、二氧化氮和水，浓硝酸在此反应中表现的是（　　）。

    A. 酸性　　　　　　　　B. 既表现酸性，又表现氧化性

    C. 强氧化性　　　　　　D. 强还原性

二、判断题

1. 硝酸与锌反应，能制取氢气。　　　　　　　　　　　　（　　）

    A. 正确　　　　　　　　B. 错误

2. 铝、铁在冷的浓硝酸中发生钝化。　　　　　　　　　　（　　）

    A. 正确　　　　　　　　B. 错误

3. 稀硝酸能与多数金属单质反应，一般放出 NO。　　　　（　　）

    A. 正确　　　　　　　　B. 错误

4. 浓硝酸能与多数金属和非金属单质反应一般放出 NO_2。（　　）

    A. 正确　　　　　　　　B. 错误

三、多选题

1. 下列能与硝酸发生化学反应的物质有（　　）。

A. Zn   B. NaOH   C. $CaCO_3$ D. CuO

2. Cu 与稀硝酸反应的产物是（   ）。

A. $Cu(NO_3)_2$ B. NO   C. NO_2 D. H_2O

✪ 知识点 35　氨、铵盐的用途

【知识梳理】

1. 氨可以制尿素、制取医用稀氨水、制纤维、塑料、染料等，还可以作制冷剂。

2. 铵盐可以作化肥，制取氨气。

【巩固练习】

一、多选题

氨的用途有（   ）。

A. 制尿素   B. 制医用稀氨水

C. 用做制冷剂   D. 制纤维、塑料、染料

二、判断题

1. 氨是氮肥工业和硝酸工业的重要原料。   （   ）

A. 正确   B. 错误

2. 氨气易在空气中燃烧。   （   ）

A. 正确   B. 错误

✪ 知识点 36　酸雨和水体富营养化的成因及危害

【知识梳理】

酸雨是工业高度发展出现的副产物，由于人类大量使用煤、石油、天然气等化石燃料，燃烧后产生的氧化物，在大气中经过复杂的化学反应，形成硫酸或硝酸，降到地面成为酸雨。

1. 酸雨的危害

（1）破坏水生态系统。

（2）酸雨还会影响人和动物的身体健康。

（3）破坏土壤结构。

2. 水体富营养化

水体富营养化跟生活污水排入，雨污水排入都有关系，种植用化肥，农药中都有氮磷等营养盐，久而久之，水体中的营养物质富集，就会造成水体富营养化。

（1）富营养化造成水的透明度降低，影响水中植物的光合作用和氧气的释放，同时浮游生物的大量繁殖，消耗了水中大量的氧，造成鱼类大量死亡。

（2）富营养化水体底层堆积的有机物质在厌氧条件下分解产生的有害气体，会伤害水生动物。

（3）富营养化水中含有亚硝酸盐和硝酸盐，人畜长期饮用这些物质含量超过一定标准的水，会中毒致病等。

【巩固练习】

一、单选题

1. 酸雨是大气污染现象之一，雨水的 pH 值一般是指小于（　　）。

　　A. 3.7　　　　　　B. 5.6　　　　　　C. 6.2　　　　　　D. 6.5

2. 由 SO_2 造成的酸雨类型称为（　　）。

　　A. 硝酸型酸雨　　B. 盐酸型酸雨　　C. 硫酸型酸雨　　D. 磷酸型酸雨

3. 酸雨可导致土壤（　　）。

　　A. 酸化　　　　　B. 碱化　　　　　C. 弱碱化　　　　D. 硬化

4. 水体富营养化现象在河流湖泊中出现称为（　　）。

　　A. 赤潮　　　　　B. 水华　　　　　C. 恶化　　　　　D. 红潮

5. 水体富营养化会使水体（　　）。

　　A. 透明度提高　　　　　　　　　B. 美化度提高

　　C. 使水味变得腥臭难闻　　　　　D. 水质酸化

第四节　碳与硅

1. 理解一氧化碳、二氧化碳、碳酸盐和碳酸氢盐的性质；
2. 了解固体加热的基本实验操作
3. 了解二氧化硅的主要性质
4. 了解水泥、玻璃和陶瓷的主要成分、生产原料和用途。

★ 知识点 37　一氧化碳、二氧化碳、碳酸盐和碳酸氢盐的性质

【知识梳理】

1. CO 在通常情况下是无色无味的气体，有毒。

2. CO_2 在通常情况下是无色无味的气体，不会造成空气污染，但容易造成温室效应。能与碱反应，使澄清石灰水变浑浊。

3. Na_2CO_3 的俗名是纯碱和苏打，水溶液呈碱性，Na_2CO_3 受热不分解；$NaHCO_3$ 的俗名是小苏打，$NaHCO_3$ 受热分解成 Na_2CO_3。可用于治疗胃酸过多和作发酵粉。

【巩固练习】

一、单选题

1. 下列无毒的气体是（　　　）。
   A. Cl_2　　　　　B. CO　　　　　C. SO_2　　　　　D. CO_2

2. 下列气体中不会造成大气污染的是（　　　）。
   A. Cl_2　　　　　B. NO_2　　　　　C. SO_2　　　　　D. CO_2

3. 下列能使澄清石灰水变浑浊的气体是（　　　）。
   A. Cl_2　　　　　B. H_2　　　　　C. CO　　　　　D. CO_2

4. 欲除去 CO_2 中混有的少量 CO 气体，可采用的方法是（　　　）。
   A. 将混合气体点燃　　　　　　　　B. 将混合气体通过澄清的石灰水
   C. 将混合气体通过灼热的 CuO　　　D. 将混合气体通过灼热的炭层

5. 碳酸钠的俗名为（　　　）。
   A. 小苏打　　　　B. 苏打　　　　C. 苛性钠　　　　D. 烧碱

6. 碳酸氢钠的俗名为（　　　）。
   A. 苏打　　　　B. 纯碱　　　　C. 小苏打　　　　D. 火碱

7. 纯碱的化学式为（　　　）。
   A. Na_2CO_3　　　B. $NaHCO_3$　　　C. NaOH　　　　D. NaCl

8. 要除去 Na_2CO_3 固体中混有的少量 $NaHCO_3$ 的最佳方法是（　　　）。
   A. 加入适量稀盐酸　　　　　　　　B. 加热灼烧

C. 加入 NaOH 溶液　　　　　　　　D. 加入盐水

9. 加热 1.68 g NaHCO₃ 至没有气体放出时，剩余物质的质量是（　　）。

A. 1.06 g　　　　B. 2.12 g　　　　C. 10.6 g　　　　D. 21.2 g

二、判断题

1. 碳酸钠受热很稳定。　　　　　　　　　　　　　　　　　　　　　（　　）

　　A. 正确　　　　　　　　　　　　B. 错误

2. Na_2CO_3 的俗名是小苏打。　　　　　　　　　　　　　　　　　（　　）

　　A. 正确　　　　　　　　　　　　B. 错误

3. $NaHCO_3$ 比 Na_2CO_3 稳定。　　　　　　　　　　　　　　　　（　　）

　　A. 正确　　　　　　　　　　　　B. 错误

4. 焙制糕点所用的发酵粉主要成分是碳酸氢钠。　　　　　　　　　　（　　）

　　A. 正确　　　　　　　　　　　　B. 错误

5. 在医疗上，$NaHCO_3$ 可用做治疗胃酸过多。　　　　　　　　　　（　　）

　　A. 正确　　　　　　　　　　　　B. 错误

三、多选题

1. 关于 $NaHCO_3$ 的叙述中正确的是（　　）。

　　A. 是一种细小晶体　　　　　　　B. 属于酸式盐

　　C. 不能与 NaOH 反应　　　　　　D. 受热易分解

2. 下列关于苏打、小苏打性质的叙述中正确的是（　　）。

　　A. 苏打比小苏打易溶于水　　　　B. 与盐酸反应，小苏打比苏打剧烈

　　C. 苏打比小苏打热稳定性差　　　D. 都是白色晶体

学习内容

❉ 知识点 38　固体加热的基本实验操作

【知识梳理】

1. 固体药品取用时，一般可以使用药匙、镊子和纸槽。

2. 向试管中装人固体粉末时，先将试管倾斜，把盛药品的药匙送至试管底部，然后让试管直立，使药品全部落到试管底。

3. 向试管中放入块状固体时，先把试管横放，用镊子把药品放在试管口，然后将试管慢慢竖立起来使固体缓慢落到试管底。

4. 固体加热时要用试管夹夹住离试管口 1/3 处，先要均匀加热灾局部加热。

5. 固体加热时试管口略向下倾斜，防止产生的水蒸气倒流至试管底部引起试管破裂。

【巩固练习】

一、单选题

1. 下列气体反应装置与实验室用固体制取氧气相同的是（　　）。

　　A. Cl_2　　　　B. CO_2　　　　C. NH_3　　　　D. H_2

2. 固体药品取用时，一般不要用（　　）。

　　A. 药匙　　　　B. 镊子　　　　C. 纸槽　　　　D. 量筒

二、判断题

1. 向试管中装入固体粉末时,先将试管倾斜,把盛药品的药匙送至试管底部,然后让试管直立,使药品全部落到试管底。 （　　）

   A. 正确　　　　　　　　　　　　　B. 错误

2. 向试管中放入块状固体时,先把试管横放,用镊子把药品放在试管口,然后将试管慢慢竖立起来使固体缓慢落到试管底。 （　　）

   A. 正确　　　　　　　　　　　　　B. 错误

3. 固体加热时要用试管夹夹住离试管口 1/3 处。 （　　）

   A. 正确　　　　　　　　　　　　　B. 错误

4. 固体加热时试管口略向上倾斜。 （　　）

   A. 正确　　　　　　　　　　　　　B. 错误

5. 固体加热时应先让试管均匀受热再定点加热。 （　　）

   A. 正确　　　　　　　　　　　　　B. 错误

学 习 内 容

⭐ 知识点 39　二氧化硅的主要性质

【知识梳理】

1. SiO_2 是酸性氧化物,难溶于水,不与水和常见的酸反应;
2. SiO_2 能与氢氟酸反应,$SiO_2 + 4HF == SiF_4\uparrow + 2H_2O$;
3. SiO_2 能与强碱反应,$SiO_2 + 2NaOH == Na_2SiO_3 + H_2O$。

【巩固练习】

一、单选题

1. 下列难溶于水的物质是（　　）。

   A. CO_2　　　　B. SiO_2　　　　C. CaO　　　　D. $NaOH$

2. 目前已被广泛使用的高性能通信材料光导纤维的主要原料是（　　）。

   A. Si　　　　B. SiO_2　　　　C. CaO　　　　D. MgO

3. 下列溶液可以盛放在玻璃瓶中,但不能用磨口玻璃塞的是（　　）。

   A. 硫酸钠溶液　　B. 氢氟酸　　　C. 氢氧化钠溶液　　D. 氯化钠溶液

二、判断题

1. 二氧化硅是酸性氧化物。 （　　）

   A. 正确　　　　　　　　　　　　　B. 错误

2. 石英的主要成分是二氧化硅。 （　　）

   A. 正确　　　　　　　　　　　　　B. 错误

3. 二氧化硅的化学性质不活泼,不与水反应也不与酸反应。 （　　）

   A. 正确　　　　　　　　　　　　　B. 错误

4. 实验中盛放 $NaOH$ 溶液的试剂瓶可以用磨口玻璃塞。 （　　）

   A. 正确　　　　　　　　　　　　　B. 错误

5. 氢氟酸可以腐蚀玻璃。 （　　）

A. 正确   B. 错误

6. SiO_2 和 CO_2 的物理性质是相似的。 （　　）

A. 正确   B. 错误

三、多选题

1. 下列能与 SiO_2 反应的物质是（　　）。

A. 水   B. 氢氟酸   C. 氢氧化钠   D. 盐酸

2. 下列物质主要化学成分为二氧化硅的是（　　）。

A. 玛瑙   B. 水晶   C. 黏土   D. 石灰石

学习内容

◉ 知识点 40　水泥、玻璃和陶瓷的主要成分、生产原料和用途

【知识梳理】

1. 水泥的主要成分为硅酸三钙（$3CaO \cdot SiO_2$）、硅酸二钙（$2CaO \cdot SiO_2$）、铝酸三钙（$3CaO \cdot Al_2O_3$）；生产原料为黏土、石灰石、少量石膏。其主要用途为主要用做建筑材料。

2. 玻璃的主要成分为 Na_2SiO_3、$CaSiO_3$、SiO_2、（$Na_2SiO_3 \cdot CaSiO_3 \cdot 4SiO_2$，生产原料是纯碱、石灰石、石英（过量）。其主要用途为门窗、器皿等。

3. 陶瓷的主要生产原料是黏土。其主要用途为建筑材料、日用品、电器部件等。

【巩固练习】

一、单选题

1. 下列物质中不是制造普通玻璃的原料是（　　）。

A. 纯碱   B. 氢氧化钠   C. 石灰石   D. 石英

2. 制造陶瓷的主要原料有（　　）。

A. 石灰石   B. 纯碱   C. 黏土   D. 石英

3. 陶瓷不具有的特点有（　　）。

A. 抗氧化   B. 耐高温   C. 绝缘   D. 能导电

4. 下列器具不属于陶瓷制品的是（　　）。

A. 唐三彩   B. 砂锅   C. 蒸发皿   D. 表面皿

5. 人类制造出的第一种材料是（　　）。

A. 水泥   B. 玻璃   C. 陶   D. 瓷

二、判断题

1. 化学实验室中的坩埚、蒸发皿都是陶瓷器具。 （　　）

A. 正确   B. 错误

2. 水泥具有水硬性。 （　　）

A. 正确   B. 错误

3. 我们看到的普通玻璃，一般都呈淡绿色，这是因为原料中含有三价铁离子。 （　　）

A. 正确   B. 错误

4. 普通玻璃的主要成分是硅酸三钙、硅酸二钙和铝酸三钙。 （　　）

A. 正确   B. 错误

三、多选题

1. 制造普通水泥的主要原料有（　　）。

    A. 黏土　　　　　　B. 石膏　　　　　　C. 石灰石　　　　　　D. 石英

2. 制取下列物质,无需利用到二氧化硅的是（　　）。

    A. 玻璃　　　　　　B. 水泥　　　　　　C. 光导纤维　　　　　　D. 陶瓷

综合练习

一、单选题

1. 氯原子的电子层数为(　　)。

    A. 1　　　　　　　　B. 2　　　　　　　　C. 3　　　　　　　　D. 4

2. 氯元素在周期表中的周期数为(　　)。

    A. 1　　　　　　　　B. 2　　　　　　　　C. 3　　　　　　　　D. 4

3. 下列各种物理性质中,对氯气来说不对的是(　　)。

    A. 黄绿色气体　　　　　　　　　　　B. 密度比空气小

    C. 能溶于水　　　　　　　　　　　　D. 有刺激性气味

4. 下列物质中既含有氯分子又含有氯离子的是(　　)。

    A. 氯化钠溶液　　　　　　　　　　　B. 新制氯水

    C. 漂白粉　　　　　　　　　　　　　D. 液氯

5. 下列反应发生时,会产生棕黄色烟的是(　　)。

    A. 金属钠在氯气中燃烧　　　　　　　B. 铜在氯气中燃烧

    C. 氢气在氯气中燃烧　　　　　　　　D. 金属钠在氧气中燃烧

6. 氯气有毒,第一次世界大战中第一次把氯气用于战场,毒气弹爆炸后,氯气随风飘散。在战场上能有效防御氯气的方法是(　　)。

    A. 躲到地势低洼处

    B. 躲到地势较高处

    C. 可用醋酸浸润的毛巾捂住口鼻

    D. 可用蒸馏水浸润的毛巾捂住口鼻

7. 漂白粉的有效成分是(　　)。

    A. $CaCl_2$　　　　B. $Ca(OH)_2$　　　　C. $NaOH$　　　　D. $Ca(ClO)_2$

8. 自来水厂常用通入少量氯气来给自来水杀菌消毒是因为(　　)。

    A. 氯气有刺激性气味　　　　　　　　B. 氯气和水反应有次氯酸生成

    C. 氯气有毒　　　　　　　　　　　　D. 氯气和水反应生成氯化氢

9. 氯气有毒,若遇泄露,人们应(　　)。

    A. 原地不动,等待救援　　　　　　　B. 顺风往高处逃生

    C. 逆风往低处逃生　　　　　　　　　D. 逆风往高处逃生

10. 实验室的液体试剂一般盛放在什么瓶中(　　)。

    A. 细口试剂瓶中　　　　　　　　　　B. 广口试剂瓶中

    C. 集气瓶中　　　　　　　　　　　　D. 锥形瓶中

11. 盛有浓硫酸的试剂瓶敞口露置于空气中,放置一段时间后,其质量(　　)。

    A. 不变　　　　　　B. 增大　　　　　　C. 减小　　　　　　D. 无法确定

12. 质量分数为 98％,密度为 $1.84\ g/cm^3$ 的浓硫酸的物质的量浓度是(　　)。

    A. 1.84　　　　　　　　　　　　B. 1.84 mol/L

    C. 18.4　　　　　　　　　　　　D. 18.4 mol/L

13. 氧气与臭氧的关系是(　　)。

    A. 互为同位素　　　　　　　　　B. 互为同分异构体

    C. 互为同素异形体　　　　　　　D. 同种物质

14. 在长时间工作的复印机旁有一种特殊臭味,产生这种臭味的物质是(　　)。

    A. O_2　　　　　　B. O_3　　　　　　C. SO_2　　　　　　D. CO

15. 工业尾气中常含有下列气体,其中对大气没有污染作用,但可引起"温室效应"的气体是(　　)。

    A. O_2　　　　　　B. CO_2　　　　　　C. HCl　　　　　　D. H_2S

16. 氮气的结构式是(　　)。

    A. N=N　　　　B. N::N　　　　C. N≡N　　　　D. N~N

17. 氨气的化学键属于(　　)。

    A. 氢键　　　　B. 非极性键　　　　C. 极性键　　　　D. 离子键

18. 下列能与氨气发生化学反应的是(　　)。

    A. 盐酸　　　　　　　　　　　　B. 氢氧化钠

    C. 氢氧化钙　　　　　　　　　　D. 氧化钙

19. 硝酸具有不稳定性,见光容易(　　)。

    A. 挥发　　　　B. 升华　　　　C. 分解　　　　D. 液化

20. Cu 与浓硝酸反应生成的气体是(　　)。

    A. NO　　　　B. NO_2　　　　C. N_2O_4　　　　D. H_2

21. 常温下,浓硝酸能使铁、铝等金属发生(　　)。

    A. 钝化　　　　B. 固化　　　　C. 液化　　　　D. 溶解

22. 3 体积浓盐酸与 1 体积浓硝酸的混合物叫做(　　)。

    A. 酸水　　　　B. 王水　　　　C. 碱水　　　　D. 混合水

23. 质量分数 98％以上的硝酸称为(　　)。

    A. "发雾"硝酸　　　　　　　　　B. "烟雾"硝酸

    C. "白雾"硝酸　　　　　　　　　D. "发烟"硝酸

24. 酸雨是大气污染现象之一,雨水的 pH 值一般是指小于(　　)。

    A. 3.7　　　　B. 5.6　　　　C. 6.2　　　　D. 6.5

25. 水体富营养化现象在河流湖泊中出现称为(　　)。

A. 赤潮　　　　　B. 水华　　　　　C. 恶化　　　　　D. 红潮

26. 碳酸钠的俗名为(　　)。

　　A. 小苏打　　　　B. 苏打　　　　　C. 苛性钠　　　　D. 烧碱

27. 纯碱的化学式为(　　)。

　　A. Na_2CO_3　　　B. $NaHCO_3$　　　C. $NaOH$　　　　D. $NaCl$

28. 固体药品取用时,一般不要用(　　)。

　　A. 药匙　　　　　B. 镊子　　　　　C. 纸槽　　　　　D. 量筒

29. 制造陶瓷的主要原料有(　　)。

　　A. 石灰石　　　　B. 纯碱　　　　　C. 粘土　　　　　D. 石英

30. 人类制造出的第一种材料是(　　)。

　　A. 水泥　　　　　B. 玻璃　　　　　C. 陶　　　　　　D. 瓷

二、判断题

1. 氯原子在反应中易得1个电子。　　　　　　　　　　　　　　　　　　　　　(　　)

　　A. 正确　　　　　B. 错误

2. 氯元素在元素周期表中位于第Ⅶ族。　　　　　　　　　　　　　　　　　　(　　)

　　A. 正确　　　　　B. 错误

3. 实验室制取 Cl_2 不能用排水集气法收集,因 Cl_2 能溶于水。但可以用排饱和食盐水法收集,原因是饱和食盐水中大量的 Cl^- 能降低 Cl_2 的溶解度。　　　(　　)

　　A. 正确　　　　　B. 错误

4. 卤素的化学性质相似,原因是它们的最外层电子数相同。　　　　　　　　(　　)

　　A. 正确　　　　　B. 错误

5. 在光照条件下,氯气能与氢气发生反应,生成氯化氢。　　　　　　　　　(　　)

　　A. 正确　　　　　B. 错误

6. 漂白粉露置于空气中会失效。　　　　　　　　　　　　　　　　　　　　(　　)

　　A. 正确　　　　　B. 错误

7. 新制的氯水具有漂白性。　　　　　　　　　　　　　　　　　　　　　　(　　)

　　A. 正确　　　　　B. 错误

8. 氯气有毒,对人类一点用也没有。　　　　　　　　　　　　　　　　　　(　　)

　　A. 正确　　　　　B. 错误

9. 向某蓝色溶液中先加入硝酸,然后滴加硝酸银溶液,产生白色沉淀,证明溶液中含有氯离子。　　　　　　　　　　　　　　　　　　　　　　　　　　　(　　)

　　A. 正确　　　　　B. 错误

10. 某溶液能使湿润的淀粉 KI 试纸变蓝,证明该溶液中一定含有氯离子。　(　　)

　　A. 正确　　　　　B. 错误

11. 浓硫酸可以用来干燥氨气。 （　　）

      A. 正确　　　B. 错误

12. 浓硫酸可以用来干燥 SO_2 气体。 （　　）

      A. 正确　　　B. 错误

13. 臭氧具有极强的氧化性，可用于漂白和消毒。 （　　）

      A. 正确　　　B. 错误

14. 大量含氟利昂的排放，可导致臭氧层的破坏。 （　　）

      A. 正确　　　B. 错误

15. 铵盐需低温保存，避免受热 （　　）

      A. 正确　　　B. 错误

16. 硝酸铵受热撞击就会发生爆炸，使用时要小心。 （　　）

      A. 正确　　　B. 错误

17. 向试管中装入固体粉末时，先将试管倾斜，把盛药品的药匙送至试管底部，然后让试管直立，使药品全部落到试管底。 （　　）

      A. 正确　　　B. 错误

18. 二氧化硅是酸性氧化物。 （　　）

      A. 正确　　　B. 错误

19. 在医疗上，$NaHCO_3$ 可用做治疗胃酸过多。 （　　）

      A. 正确　　　B. 错误

20. 普通玻璃的主要成分是硅酸三钙、硅酸二钙和铝酸三钙。 （　　）

      A. 正确　　　　B. 错误

三、多选题

1. 下列表述对的是（　　）。

    A. 氯原子有三个电子层

    B. 氯原子最外层有 7 个电子

    C. 氯原子的最外层电子数与其在周期表中的主族数相等

    D. 氯原子的最外层电子数与其在周期表中的周期数相等

2. 下列物质中含有 Cl_2 分子的是（　　）。

    A. 氯气　　　　　B. 食盐　　　　　C. 氯水　　　　　D. 液氯

3. 下列气体在常温下比同体积的空气重的是（　　）。

    A. 氯气　　　　　B. 氢气　　　　　C. 氧气　　　　　D. 氯化氢

4. 下列表述对的是（　　）。

    A. 次氯酸是弱酸　　　　　　　　B. 次氯酸具有漂白性

    C. 次氯酸具有强氧化性　　　　　D. 次氯酸不稳定，见光易分解

5. 农民向田鼠洞中注入氯气从而杀灭田鼠,其中用到氯气的性质有(　　)。

　　A. 氯气为黄绿色气体　　　　　　　B. 氯气能与水反应

　　C. 氯气密度比空气大　　　　　　　D. 氯气有毒

6. 下列关于说法对的是(　　)。

　　A. 细口瓶的瓶塞应倒放在桌上

　　B. 手握细口瓶倾倒液体时标签要朝向手心

　　C. 倾倒液体时,瓶口要紧挨试管口,快速倒入

　　D. 倒完液体后要立即盖上瓶塞,并把试剂瓶放回原处,标签向外

7. 能用 $H^+ + OH^- = H_2O$ 表示的化学方程式有(　　)。

　　A. 氢氧化钡溶液与稀盐酸反应　　　B. 氢氧化铁与硫酸反应

　　C. 氢氧化钠与硫酸反应　　　　　　D. 硝酸与氢氧化钾溶液反应

8. 乙酸与乙醇发生酯化反应的过程中,浓硫酸所起的作用主要是(　　)。

　　A. 催化剂　　　　　B. 脱水剂　　　　　C. 吸水剂　　　　　D. 氧化剂

9. 下列情况中,可能造成大气污染的是(　　)。

　　A. 燃放鞭炮　　　　　　　　　　　B. 工业废气的任意排放

　　C. 飞机、汽车的尾气　　　　　　　D. 煤、石油的燃烧

10. 下列属于铵盐的化学性质是(　　)。

　　A. 受热容易分解　　　　　　　　　B. 受热不容易分解

　　C. 能与碱发生反应　　　　　　　　D. 能与金属发生反应

11. 碳酸氢铵受热分解的产物是(　　)。

　　A. 氨气　　　　　　B. 二氧化碳　　　　C. 水　　　　　　　D. 氮气

12. NH_4^+ 的检验方法可以采用(　　)。

　　A. 在溶液中加入 NaOH 溶液　　　　B. 加热用湿红色石蕊试纸检验

　　C. 在溶液中加入 HCl 溶液　　　　　D. 用 pH 试纸检验

13. 氨水中存在的离子有(　　)。

　　A. NH_4^+　　　　　B. OH^-　　　　　C. H^+　　　　　　D. H_2O

14. 下列能与氨气发生化学反应的物质有(　　)。

　　A. 盐酸　　　　　　B. 氧气　　　　　　C. 水　　　　　　　D. 硝酸

15. 下列能与硝酸发生化学反应的物质有(　　)。

　　A. Zn　　　　　　　B. NaOH　　　　　C. $CaCO_3$　　　　D. CuO

16. Cu 与稀硝酸反应的产物是(　　)。

　　A. $Cu(NO_3)_2$　　B. NO　　　　　　C. NO_2　　　　　D. H_2O

17. 氨的用途有(　　)。

　　A. 制尿素　　　　　　　　　　　　B. 制医用稀氨水

C. 制冷剂   D. 制纤维、塑料、染料

18. 关于 $NaHCO_3$ 的叙述中对的是(　　)。

    A. 是一种细小晶体   B. 属于酸式盐

    C. 不能与 NaOH 反应   D. 受热易分解

19. 下列关于苏打、小苏打性质的叙述中对的是(　　)。

    A. 苏打比小苏打易溶于水   B. 与盐酸反应,小苏打比苏打剧烈

    C. 苏打比小苏打热稳定性差   D. 都是白色晶体

20. 下列物质主要化学成分为二氧化硅的是(　　)。

    A. 玛瑙   B. 水晶   C. 黏土   D. 石灰石

21. 制造普通水泥的主要原料有(　　)。

    A. 黏土   B. 石膏   C. 石灰石   D. 石英

22. 制取下列物质,无需利用到二氧化硅的是(　　)。

    A. 玻璃   B. 水泥   C. 光导纤维   D. 陶瓷

第三章
化学基本量及其计算

知识结构 »

知识分类		序号	知识点
化学基本量 及其计算	物质的量	41	物质的量、摩尔质量、气体摩尔体积的含义
		42	物质的量单位——摩尔的含义
	物质的量 浓度	43	用物质的量浓度、质量分数表示物质的含量
		44	物质的量浓度、质量分数的简单计算
	溶液的配制	45	一定物质的量浓度溶液的配制方法
		46	一定物质的量浓度溶液配制操作的注意事项
	物质的量 的计算	47	物质的量、质量、标准状况下气体体积之间的关系及简单计算
		48	用物质的量进行有关化学方程式的简单计算

考纲要求 »

考试内容		序号	说　明	考试要求
化学基本量 及其计算	物质的量	41	了解物质的量、摩尔质量、气体摩尔体积的含义	A
		42	了解物质的量单位－摩尔的含义	A
	物质的量 浓度	43	会用物质的量浓度、质量分数表示物质的含量	A/B
		44	会进行物质的量浓度、质量分数的简单计算	A/B
	溶液的配制	45	了解一定物质的量浓度溶液的配制方法	A
		46	了解一定物质的量浓度溶液的配制操作步骤、注意事项	A
	物质的量 的计算	47	了解物质的量、质量、标准状况下气体体积之间的关系， 能进行简单计算	A/B
		48	会用物质的量进行有关化学方程式的简单计算	A

第一节　物质的量

1. 了解物质的量、摩尔质量、气体摩尔体积的含义；

2. 了解物质的量单位—摩尔的含义。

☆ 知识点41　物质的量、摩尔质量、气体摩尔体积的含义

【知识梳理】

1. 物质的量

物质的量是国际规定的七个基本物理量之一，是表示物质所含微粒数目多少的物理量，符号为 n，单位为 mol。

2. 摩尔质量

单位物质的量的物质所具有的质量称摩尔质量，符号为 M，单位为 g/mol。

3. 气体摩尔体积

单位物质的量的气体所占的体积，这个体积叫做该气体摩尔体积，单位是 L/mol（升/摩尔），在标准状况下（STP，0 ℃，101 kPa）1 摩尔任何理想气体所占的体积都约为 22.4L，气体摩尔体积为 22.4 L/mol。

【例题分析】

（单选题）物质的量表示（　　　）。

A. 物质的质量　　　　　　　　　　　B. 1 mol 粒子的数目

C. 含有一定数目粒子的集体　　　　　D. 物质的体积

> 答案：C
>
> 解析：本题属于简单题。本题考查的是物质的量的概念。

【巩固练习】

一、单选题

H_2O 的摩尔质量是（　　　）。

A. 18 g　　　　　B. 18 g/mol　　　　　C. 18　　　　　D. 18 mol

二、判断题

1. 0.5 mol CO_2 含有 0.5 mol O 原子。　　　　　　　　　　　　　（　　　）

A. 正确　　　　　　　　　　　　　　B. 错误

2. 物质的量是表示物质所含粒子数目多少的物理量。　　　　　　　（　　　）

A. 正确　　　　　　　　　　　　　　B. 错误

3. 任何物质的摩尔质量,数值上等于该物质化学式的式量。 （ ）

    A. 正确   B. 错误

4. 在相同的温度和压强下,相同体积的任何气体都含相同数目的分子。 （ ）

    A. 正确   B. 错误

5. 0.01 mol 某物质的质量为 0.44 g,此物质的摩尔质量为 44。 （ ）

    A. 正确   B. 错误

6. 质量相同的氢气、氧气、二氧化碳,它们的物质的量不相等。 （ ）

    A. 正确   B. 错误

7. 44 g CO_2 和 22.4 L CO 一定含有相同的分子数。 （ ）

    A. 正确   B. 错误

8. 在标准状况下,1 mol NaCl 的体积为 22.4 L。 （ ）

    A. 正确   B. 错误

9. 标准状况是指温度为 0 ℃,压强为 101.3 kPa 的状况。 （ ）

    A. 正确   B. 错误

10. 1 mol O_2 含有 6.02×10^{23} 个 O_2 分子。 （ ）

    A. 正确   B. 错误

◆◇ 学 习 内 容 ◇◆

✿ 知识点 42 物质的量单位——摩尔的含义

【知识梳理】

1. 摩尔是物质的量的单位,符号 mol,每 1 mol 物质含有阿伏加德罗常数个微粒。

2. 说明

(1) 当描述物质的物质的量(使用摩尔)时,必须指明物质微粒的名称或化学式,不能是宏观物质名称;

(2) 常见的微观粒子有:分子、原子、离子、电子、质子、中子或它们特定的组合;

(3) 当有些物质的微观粒子只有一种时,可以省略其名称。

【巩固练习】

一、单选题

1. 物质的量的单位是( )。

    A. mol   B. g   C. K   D. W

2. 气体摩尔体积的单位是( )。

    A. mol   B. L   C. L/mol   D. mol/L

二、判断题

摩尔质量的单位的是 mol/g。 （ ）

    A. 正确   B. 错误

三、多选题

物质的量及其单位使用正确的是( )。

    A. 1 mol 人   B. 3 mol H_2O C. 4 mol 黄豆   D. 6 mol HCl

第二节 物质的量浓度

1. 会用物质的量浓度、质量分数表示物质的含量；
2. 会进行物质的量浓度、质量分数的简单计算。

☀ 知识点 43 用物质的量浓度、质量分数表示物质的含量

【知识梳理】

1. 物质的量浓度：以 1L 溶液里含多少摩尔溶质来表示的溶液浓度叫物质的量浓度。单位"mol/L"。

2. 质量分数：溶液中溶质质量与溶液质量的百分比。

【巩固练习】

单选题

1. 1 mol/L NaCl 溶液表示（   ）。

    A. 溶液里含有 1 mol NaCl   B. 1 mol NaCl 溶解于 1 L 水中

    C. 58.5 g NaCl 溶于 941.5 g 水   D. 1 L 溶液里溶有 58.5 g NaCl

2. 关于质量分数为 20% 的 Na_2SO_4 溶液，正确的表述是（   ）。

    A. 溶质与溶剂的质量比为 1∶5

    B. 100 g 水溶解 20 g Na_2SO_4 所得溶液的质量分数为 20%

    C. 溶质质量为 20 g

    D. Na^+ 的质量分数小于 20%

3. 从 100 mL 1 mol/L NaCl 溶液中取出 25 mL 溶液，其浓度变为（   ）。

    A. 0.25 mol/L   B. 0.5 mol/L   C. 1 mol/L   D. 2 mol/L

4. 下列四种 NaOH 溶液中，浓度最大的是（   ）。

    A. 50 mL 0.2 mol/L   B. 100 mL 0.18 mol/L

    C. 200 mL 0.1 mol/L   D. 50 mL 0.3 mol/L

☀ 知识点 44 物质的量浓度、质量分数的简单计算

【知识梳理】

1. 物质的量浓度计算公式

$$物质的量浓度\ c(\mathrm{mol/L}) = \frac{溶质的物质的量（mol）}{溶液的体积（L）}$$

2. 溶液中溶质质量分数的计算。

溶质质量分数＝（溶质质量/溶液质量）×100％

【巩固练习】

一、单选题

1. 2 L 浓度为 5 mol/L 的 NaOH 溶液中，NaOH 的物质的量为（   ）。

    A. 2.5 mol   B. 0.4 mol   C. 10 mol   D. 7 mol

2. 配制 500 mL 1 mol/L KOH 溶液所需 KOH 的质量为（   ）。

    A. 56 g   B. 28 g   C. 5.6 g   D. 2.8 g

3. 将 40 mL 0.5 mol/L NaOH 溶液稀释至 200 mL，稀释后 NaOH 的物质的量浓度为（   ）。

    A. 0.1 mol/L   B. 0.01 mol/L   C. 0.25 mol/L   D. 2.5 mol/L

4. 在标准状况下，11.2 L NH_3 溶于水配成 1 L 溶液，其物质的量浓度为（   ）。

    A. 11.2 mol/L   B. 0.92 mol/L   C. 0.5 mol/L   D. 0.04 mol/L

二、判断题

1. 5 L Na_2SO_4 溶液中含有 2 mol Na^+ 离子，则溶液中 Na^+ 离子浓度为 0.4 mol/L。（   ）

    A. 正确   B. 错误

2. 1 mol NaOH 溶于 1 L 水中，则 NaOH 溶液的浓度为 1 mol/L。（   ）

    A. 正确   B. 错误

3. 5 mol/L 的 $Mg(NO_3)_2$ 溶液中，NO_3^- 的物质的量浓度为 10 mol/L。（   ）

    A. 正确   B. 错误

4. 质量分数分别为 20％ 和 10％ 的 NaOH 溶液，前者溶液的质量是后者的 2 倍。（   ）

    A. 正确   B. 错误

5. 质量分数为 20％ NaOH 溶液，其物质的量浓度为 0.2 mol/L。（   ）

    A. 正确   B. 错误

三、多选题

在 100 mL 1 mol/L $MgCl_2$ 溶液中，判断正确的为（   ）。

A. Mg^{2+} 浓度为 1 mol/L   B. 含 0.2 mol Cl^-

C. Cl^- 物质的量为 2 mol/L   D. $MgCl_2$ 的物质的量为 9.5 g

第三节　溶液的配制

1. 了解一定物质的量浓度溶液的配制方法；
2. 了解一定物质的量浓度溶液的配制操作步骤、注意事项。

✪ 知识点45　一定物质的量浓度溶液的配制方法

【知识梳理】

1. 直接配制法

准确称取一定量的基准物质,溶解后配制成一定体积的溶液,根据物质的量和溶液的体积,即可计算出该标准溶液的准确浓度。

2. 间接配制法(或称标定法)

有很多物质不能直接用于配制标准溶液,这时可先配制成一种近似于所需浓度的溶液,然后用基准物质(或已经用基准物质标定过的标准溶液)来标定它的准确浓度。

✪ 知识点46　一定物质的量浓度溶液配制操作步骤和注意事项

【知识梳理】

1. 配制步骤

计算→称量→溶解或稀释→冷却→转移→洗涤→定容→摇匀→倒入试剂瓶、贴标签

(1)计算:所称固体的质量或所量液体的体积。

(2)称量或量取:用托盘天平称取所需溶质或用量筒量取浓溶液。

(3)溶解(稀释):在烧杯中溶解或稀释。溶解一般在小烧杯中进行。

(4)冷却:溶液静置至室温,防止出现误差。

(5)转移:转移时要用玻璃棒引流,且其下端应靠在容量瓶内壁上。

(6)洗涤:用蒸馏水洗涤小烧杯和玻璃棒 2～3 次,目的是使溶质尽可能地转移到容量瓶中,以防止产生误差。

(7)定容:向容量瓶中加入水至刻度线 1～2 cm 处,再改用胶头滴管定容至刻度。

(8)摇匀:塞好瓶塞,反复上下颠倒摇匀。

2. 配制注意事项

(1)若配制溶液过程中加蒸馏水时不慎超过了刻度,应重新再配制。

(2)配制溶液时,溶解后的溶液需冷却至室温才能转移到容量瓶中。

(3)配制溶液时,当液面接近容量瓶刻度线以下 1～2 cm 处,改用胶头滴管继续滴加蒸馏水至溶液的凹液面正好与刻度线相切。

（4）容量瓶不能长期存放溶液,溶液配好后应注入试剂瓶中保存。

【巩固练习】

一、单选题

将 1 mol NaOH 配制成 1 mol/L 的溶液,需用的容量瓶规格是(　　　)。

A. 2000 mL　　　　B. 1000 mL　　　　C. 500 mL　　　　D. 250 mL

二、判断题

1. 用质量分数为 98% 的浓硫酸配制 500 mL 0.2 mol/L H_2SO_4 溶液,需要计算所需浓硫酸的体积而不是质量。　　　　　　　　　　　　　　　　　　(　　　)

　　A. 正确　　　　　　　　　　　　B. 错误

2. 将 0.5 mol KCl 溶于 200 mL 容量瓶中,加蒸馏水稀释至刻度,所得溶液浓度为 2.5 mol/L。
(　　　)

　　A. 正确　　　　　　　　　　　　B. 错误

3. 容量瓶不能长期存放溶液,溶液配好后应注入试剂瓶中保存。　　　　(　　　)

　　A. 正确　　　　　　　　　　　　B. 错误

4. 若配制溶液过程中加蒸馏水时不慎超过了刻度,应小心地用胶头滴管吸取容量瓶中多余蒸馏水,再重新定容。　　　　　　　　　　　　　　　　　　(　　　)

　　A. 正确　　　　　　　　　　　　B. 错误

5. 配制溶液时,溶解后的溶液需冷却至室温才能转移到容量瓶中　　　(　　　)

　　A. 正确　　　　　　　　　　　　B. 错误

6. 容量瓶用蒸馏水洗净后,必须干燥,否则会使配制的溶液浓度不准。　(　　　)

　　A. 正确　　　　　　　　　　　　B. 错误

7. 定容后摇匀容量瓶,若溶液低于刻度线,要重新定容。　　　　　　(　　　)

　　A. 正确　　　　　　　　　　　　B. 错误

8. 配制溶液时,当液面接近容量瓶刻度线以下 1～2 cm 处,改用胶头滴管继续滴加蒸馏水至溶液的凹液面正好与刻度线相切。　　　　　　　　　　　　　　(　　　)

三、多选题

1. 配制 0.5 mol/L H_2SO_4 溶液,不需要使用的仪器为(　　　)。

　　A. 玻璃棒　　　　B. 锥形瓶　　　　C. 酒精灯　　　　D. 蒸发皿

2. 配制一定物质的量浓度溶液,需要使用的仪器有(　　　)。

　　A. 玻璃棒　　　　B. 烧杯　　　　C. 容量瓶　　　　D. 胶头滴管

第四节 物质的量的计算

1. 了解物质的量、质量、标准状况下气体体积之间的关系,能进行简单计算;
2. 会用物质的量进行有关化学方程式的简单计算。

⊕ **知识点 47 物质的量、质量、标准状况下气体体积之间的关系**

【知识梳理】

1. 物质的量 n、质量 m 和摩尔质量 M、微粒数 N 和阿伏伽德罗常数 N_A 之间的计算关系

(1) 计算关系: $n = \dfrac{m}{M} = \dfrac{N}{N_A}$

(2) 使用范围:只要物质的组成不变,无论是任何状态都可以使用。

2. 物质的量 n、微粒数 N、标准状况下气体体积 V 之间的计算关系

(1) 计算关系: $n = \dfrac{V}{V_m} = \dfrac{N}{N_A} = \dfrac{V}{22.4}$

(2) 使用范围:

① 适用于所有的气体,无论是纯净气体还是混合气体;

② 当气体摩尔体积用 22.4 L/mol 时必须是标准状况。

【例题分析】

(多选题)在标准状况下,11.2 L 某气体的质量为 14 g,该气体为(　　)。

A. CH_4 　　　　　B. CO 　　　　　C. CO_2 　　　　　D. N_2

> **答案**:BD
>
> **解析**:本题考查的是学生对于物质的量、质量、标准状况下气体体积之间的关系,可以根据计算算出此物质的相对分子质量为28,所以选择BD。

【巩固练习】

一、单选题

1. 氢原子的物质的量最大的是(　　)。

　　A. 2 mol CH_4 　　　　　　　　　　B. 3 mol NH_3

　　C. 4 mol H_2O 　　　　　　　　　　D. 6 mol H

2. 配制 500 mL 0.2 mol/L KCl 溶液,所需 KCl 固体的质量为(　　)。

　　A. 1.49 g 　　　B. 2.98 g 　　　C. 4.47 g 　　　D. 7.45 g

3. 配制 0.1 mol/L HCl 溶液 1000 mL,需要浓盐酸(12 mol/L)的体积为(　　)。

　　A. 12 mL 　　　B. 8.3 mL 　　　C. 83 mL 　　　D. 120 mL

4. 在标准状况下，2 mol CO_2 的体积为（　　　）。
    A. 22.4 L
    B. 44.8 L
    C. 22.4 L/mol
    D. 44.8 L/mol

5. 在标准状况时，13.44 L O_2 的物质的量为（　　　）。
    A. 0.5 mol
    B. 0.6 mol
    C. 0.7 mol
    D. 0.8 mol

6. 质量都是 1 g 的 NH_3、CO_2、H_2 和 N_2 4 种气体，体积最小的是（　　　）。
    A. NH_3
    B. CO_2
    C. H_2
    D. N_2

7. 在标准状况下，下列气体中体积最大的是（　　　）。
    A. 0.2 mol O_2
    B. 4 g CH_4
    C. 2.24 L H_2
    D. 5 g CO_2

8. 14 g N_2 含有的分子数为（　　　）。
    A. 3.01×10^{22}
    B. 6.02×10^{22}
    C. 3.01×10^{23}
    D. 6.02×10^{23}

9. 3.01×10^{22} 个 CO_2 分子的质量为（　　　）。
    A. 1.1 g
    B. 2.2 g
    C. 4.4 g
    D. 8.8 g

10. 分子数为 3.01×10^{23} 的 CO_2 的物质的量为（　　　）。
    A. 0.2 mol
    B. 0.3 mol
    C. 0.4 mol
    D. 0.5 mol

11. 0.4 mol 某化合物的质量为 16 g，该化合物为（　　　）。
    A. CH_4
    B. MgO
    C. K_2CO_3
    D. CO_2

12. 1 mol Na_2SO_4 中，含有的 Na^+ 数为（　　　）。
    A. 6.02×10^{23}
    B. 1.204×10^{24}
    C. 1 mol
    D. 7 mol

二、多选题

在标准状况下，与 2 g H_2 的体积相等的 O_2 的（　　　）。
    A. 质量为 2 g
    B. 物质的量为 1 mol
    C. 体积为 22.4 L/mol
    D. 质量为 32 g

学习内容

◆ **知识点 48　用物质的量进行有关化学方程式的简单计算**

【知识梳理】

在化学反应方程式中，参加反应物质的物质的量之比等于化学方程式中前面系数之比。

【例题分析】

1. （单选题）完全中和 1 mol $NaOH$ 溶液，需要 HCl 的物质的量为（　　　）。
    A. 0.5 mol
    B. 1 mol
    C. 2 mol
    D. 0.2 mol

答案：B

解析：本题属于容易题。考查的是用物质的量进行化学方程式的计算。$NaOH$ 与 HCl 以物质的量为 1∶1 反应。

2. （单选题）2.50 g $CaCO_3$ 与足量盐酸作用，生成 CO_2 的物质的量为（　　）。

    A. 0.5 mol   B. 1 mol   C. 2 mol   D. 50 mol

答案：A

解析：本题容易题。考查的是用物质的量进行化学方程式的计算。$CaCO_3$ 与生成的 CO_2 物质的量之比为 1:1，先计算 $CaCO_3$ 的物质的量，即可求出 CO_2 的物质的量。

【巩固练习】

一、单选题

1. 200 g $CaCO_3$ 与足量盐酸作用，生成 CO_2 的质量为（　　）。

    A. 44 g   B. 88 g   C. 100 g   D. 200 g

2. 完全中和 1 mol NaOH 溶液，需要 HCl 溶液（0.5 mol/L）的体积为（　　）。

    A. 20 mL   B. 200 mL   C. 2000 mL   D. 500 mL

3. 相同浓度的盐酸与氢氧化钠溶液恰好完全反应，两溶液的体积比为（　　）。

    A. 1:1   B. 2:1   C. 1:2   D. 1:3

4. 在标准状况下，30 mL CO 完全燃烧消耗氧气的体积为（　　）。

    A. 10 mL   B. 15 mL   C. 20 mL   D. 30 mL

5. 用 0.5 mol Zn 与适量稀盐酸反应制取 H_2，所产生的 H_2 在标准状况下的体积（　　）。

    A. 5.6 L   B. 11.2 L   C. 22.4 L   D. 44.8 L

6. 用 65 g Zn 与适量稀盐酸反应制取 H_2，所产生的 H_2 在标准状况下的体积为（　　）。

    A. 5.6 L   B. 11.2 L   C. 22.4 L   D. 44.8 L

7. 500 mL 某浓度的 NaOH 溶液恰好与 5.6 L Cl_2（标准状况）完全反应，反应化学方程式为：$Cl_2 + 2NaOH = NaCl + NaClO + H_2O$，该溶液中 NaOH 的物质的量浓度为（　　）。

    A. 1.2 mol/L   B. 0.5 mol/L   C. 1 mol/L   D. 2 mol/L

二、判断题

1 mol H_2 在 1 mol O_2 中恰好完全燃烧生成 1 mol H_2O。（　　）

    A. 正确   B. 错误

综合练习

一、单选题

1. 物质的量表示（　　　）。

    A. 物质的质量　　　　　　　　　　　B. 1 mol 粒子的数目

    C. 含有一定数目粒子的集体　　　　　D. 物质的体积

2. H_2O 的摩尔质量是（　　　）。

    A. 18 g　　　　　B. 18 g/mol　　　　　C. 18　　　　　D. 18 mol

3. 气体摩尔体积的单位是（　　　）。

    A. mol　　　　　B. L　　　　　C. L/mol　　　　　D. mol/L

4. 1 mol Na_2SO_4 中，含有的 Na^+ 数（　　　）。

    A. 6.02×10^{23}　　B. 1.204×10^{24}　　C. 1 mol　　　　D. 7 mol

5. 氢原子的物质的量最大的是（　　　）。

    A. 2 mol CH_4　　　　B. 3 mol NH_3　　　　C. 4 mol H_2O　　　　D. 6 mol HCl

6. 1 mol/L NaCl 溶液表示（　　　）。

    A. 溶液里含有 1 mol NaCl　　　　　　　B. 1 mol NaCl 溶解于 1 L 水中

    C. 58.5 g NaCl 溶于 941.5 g 水　　　　D. 1 L 水溶液里溶有 58.5 g NaCl

7. 从 100 mL 1 mol/L NaCl 溶液中取出 25 mL 溶液，其浓度变为（　　　）。

    A. 0.25 mol/L　　B. 0.5 mol/L　　C. 1 mol/L　　　D. 2 mol/L

8. 关于质量分数为 20% 的 Na_2SO_4 溶液，正确的表述是（　　　）。

    A. 溶质与溶剂的质量比为 1∶5

    B. 100 g 水溶解 20 g Na_2SO_4 所得溶液的质量分数为 20%

    C. 溶质质量为 20 g

    D. Na^+ 的质量分数小于 20%

9. 下列四种 NaOH 溶液中，浓度最大的是（　　　）。

    A. 50 mL 0.2 mol/L　　　　　　　　B. 100 mL 0.18 mol/L

    C. 200 mL 0.1 mol/L　　　　　　　　D. 50 mL 0.3 mol/L

10. 2 L 浓度为 5 mol/L 的 NaOH 溶液中，NaOH 的物质的量为（　　　）。

    A. 2.5 mol　　B. 0.4 mol　　C. 10 mol　　　D. 7 mol

11. 配制 500 mL 1 mol/L KOH 溶液所需 KOH 的质量为（　　　）。

    A. 56 g　　　　B. 28 g　　　　C. 5.6 g　　　　D. 2.8 g

12. 将 40 mL 0.5 mol/L NaOH 溶液稀释至 200 mL，稀释后 NaOH 的物质的量浓度为（　　　）。

    A. 0.1 mol/L　　B. 0.01 mol/L　　C. 0.25 mol/L　　D. 2.5 mol/L

13. 将 1 mol NaOH 配制成 1 mol/L 的溶液，需用的容量瓶规格是（　　　）。

    A. 2000 mL　　B. 1000 mL　　C. 500 mL　　　D. 250 mL

14. 配制 500 mL 0.2 mol/L KCl 溶液,所需 KCl 固体的质量为(　　)。

    A. 1.49 g　　　　B. 2.98 g　　　　C. 4.47 g　　　　D. 7.45 g

15. 配制 0.1 mol/L HCl 溶液 1000 mL,需要浓盐酸(12 mol/L)的体积为(　　)。

    A. 12 mL　　　　B. 8.3 mL　　　　C. 83 mL　　　　D. 120 mL

16. 在标准状况下,2 mol CO_2 的体积为(　　)。

    A. 22.4 L　　　　B. 44.8 L　　　　C. 22.4 L/mol　　　　D. 44.8 L/mol

17. 在标准状况时,13.44 L O_2 的物质的量为(　　)。

    A. 0.5 mol　　　　B. 0.6 mol　　　　C. 0.7 mol　　　　D. 0.8 mol

18. 质量都是 1 g 的 NH_3、CO_2、H_2 和 N_2 4 种气体,体积最小的是(　　)。

    A. NH_3　　　　B. CO_2　　　　C. H_2　　　　D. N_2

19. 在标准状况下,下列气体中体积最大的是(　　)。

    A. 0.2 mol O_2　　　　B. 4 g CH_4　　　　C. 2.24 L H_2　　　　D. 5 g CO_2

20. 14 g N_2 含有的分子数为(　　)。

    A. $3.01×10^{22}$　　　　B. $6.02×10^{22}$　　　　C. $3.01×10^{23}$　　　　D. $6.02×10^{23}$

21. 分子数为 $3.01×10^{23}$ 的 CO_2 的物质的量为(　　)。

    A. 0.2 mol　　　　B. 0.3 mol　　　　C. 0.4 mol　　　　D. 0.5 mol

22. 0.4 mol 某化合物的质量为 16 g,该化合物为(　　)。

    A. CH_4　　　　B. MgO　　　　C. K_2CO_3　　　　D. CO_2

23. 完全中和 1 mol NaOH 溶液,需要 HCl 的物质的量为(　　)。

    A. 0.5 mol　　　　B. 1 mol　　　　C. 2 mol　　　　D. 0.2 mol

24. 50 g $CaCO_3$ 与足量盐酸作用,生成 CO_2 的物质的量为(　　)。

    A. 0.5 mol　　　　B. 1 mol　　　　C. 2 mol　　　　D. 50 mol

25. 200 g $CaCO_3$ 与足量盐酸作用,生成 CO_2 的质量为(　　)。

    A. 44 g　　　　B. 88 g　　　　C. 100 g　　　　D. 200 g

26. 完全中和 1 mol NaOH 溶液,需要 HCl 溶液(0.5 mol/L)的体积为(　　)。

    A. 20 mL　　　　B. 200 mL　　　　C. 2000 mL　　　　D. 500 mL

27. 相同浓度的盐酸与氢氧化钠溶液恰好完全反应,两溶液的体积比为(　　)。

    A. 1∶1　　　　B. 2∶1　　　　C. 1∶2　　　　D. 1∶3

28. 在标准状况下,30 mL CO 完全燃烧消耗氧气的体积为(　　)。

    A. 10 mL　　　　B. 15 mL　　　　C. 20 mL　　　　D. 30 mL

29. 用 0.5 mol Zn 与适量稀盐酸反应制取 H_2,所产生的 H_2 在标准状况下的体积为(　　)。

    A. 5.6 L　　　　B. 11.2 L　　　　C. 22.4 L　　　　D. 44.8 L

30. 用 65 g Zn 与适量稀盐酸反应制取 H_2,所产生的 H_2 在标准状况下的体积为(　　)。

    A. 5.6 L　　　　B. 11.2 L　　　　C. 22.4 L　　　　D. 44.8 L

二、判断题

1. 摩尔质量的单位的是 mol/g。　　　　　　　　　　　　　　　　(　　)

A. 正确　　　　　　　　　　B. 错误

2. 物质的量是表示物质所含粒子数目多少的物理量。　　　　　　　　　（　　）

A. 正确　　　　　　　　　　B. 错误

3. 任何物质的摩尔质量,数值上等于该物质化学式的式量。　　　　　　（　　）

A. 正确　　　　　　　　　　B. 错误

4. 0.5 mol CO_2 含有 0.5 mol O 原子。　　　　　　　　　　　　　　（　　）

A. 正确　　　　　　　　　　B. 错误

5. 1 mol O_2 含有 6.02×10^{23} 个 O_2 分子。　　　　　　　　　　（　　）

A. 正确　　　　　　　　　　B. 错误

6. 1 mol NaOH 溶于 1 L 水中,则 NaOH 溶液的浓度为 1 mol/L。　　（　　）

A. 正确　　　　　　　　　　B. 错误

7. 5 mol/L 的 $Mg(NO_3)_2$ 溶液中,NO_3^- 的物质的量浓度为 10 mol/L。（　　）

A. 正确　　　　　　　　　　B. 错误

8. 质量分数分别为 20% 和 10% 的 NaOH 溶液,前者溶液的质量是后者的 2 倍。

（　　）

A. 正确　　　　　　　　　　B. 错误

9. 质量分数为 20% NaOH 溶液,其物质的量浓度为 0.2 mol/L。　　（　　）

A. 正确　　　　　　　　　　B. 错误

10. 在标准状况下,11.2 L NH_3 溶于水配成 1 L 溶液,其物质的量浓度为 0.5 mol/L。

（　　）

A. 正确　　　　　　　　　　B. 错误

11. 5 L Na_2SO_4 溶液中含有 2 mol Na^+ 离子,则溶液中 Na^+ 离子浓度为 0.4 mol/L。

（　　）

A. 正确　　　　　　　　　　B. 错误

12. 用质量分数为 98% 的浓硫酸配制 500 mL 0.2 mol/L H_2SO_4 溶液,需要计算所需浓硫酸的体积而不是质量。　　　　　　　　　　　　　　　　（　　）

A. 正确　　　　　　　　　　B. 错误

13. 将 0.5 mol KCl 溶于 200 mL 容量瓶中,加水稀释至刻度,所得溶液浓度为 2.5 mol/L。

（　　）

A. 正确　　　　　　　　　　B. 错误

14. 配制溶液时,溶解后的溶液需冷却至室温才能转移到容量瓶中。　（　　）

A. 正确　　　　　　　　　　B. 错误

15. 定容后摇匀容量瓶,若溶液低于刻度线,要重新定容。　　　　　（　　）

A. 正确　　　　　　　　　　B. 错误

16. 在标准状况下,1 mol NaCl 的体积为 22.4 L。　　　　　　　　（　　）

A. 正确　　　　　　　　　　B. 错误

17. 标准状况是指温度为 0 ℃,压强为 101.3 kPa 的状况。　　　　　（　　）

A. 正确　　　　　　　　　　B. 错误

18. 在相同的温度和压强下,相同体积的任何气体都含相同数目的分子。　　(　　)

    A. 正确　　　　　　　　　　　　B. 错误

19. 0.01 mol 某物质的质量为 0.44 g,此物质的摩尔质量为 44。　　　(　　)

    A. 正确　　　　　　　　　　　　B. 错误

20. 质量相同的氢气、氧气、二氧化碳,它们的物质的量不相等。　　　(　　)

    A. 正确　　　　　　　　　　　　B. 错误

三、多选题

1. 配制 0.5 mol/L H_2SO_4 溶液,不需要使用的仪器为(　　)。

    A. 玻璃棒　　　　B. 锥形瓶　　　　C. 酒精灯　　　　D. 蒸发皿

2. 下列物理量符号及括号内的对应单位的表达正确的是(　　)。

    A. 物质的量:n(mol/L)　　　　　　B. 质量:m(g)

    C. 摩尔质量:M(g/mol)　　　　　D. 摩尔体积:Vm(L/mol)

3. 在 100 mL 1 mol/L $MgCl_2$ 溶液中,判断正确的为(　　)。

    A. Mg^{2+} 浓度为 1 mol/L　　　　　B. 含 0.2 mol Cl^-

    C. Cl^- 物质的量为 2 mol/L　　　　D. $MgCl_2$ 的物质的量为 9.5 g

4. 配制一定物质的量浓度溶液,需要使用的仪器有(　　)。

    A. 玻璃棒　　　　B. 烧杯　　　　C. 容量瓶　　　　D. 胶头滴管

5. 在标准状况下,与 2 g H_2 的体积相等的 O_2 的(　　)。

    A. 质量为 2 g　　　　　　　　　　B. 物质的量为 1 mol

    C. 体积为 22.4 L/mol　　　　　　D. 质量为 32 g

6. 在标准状况下,11.2 L 某气体的质量为 14 g,该气体为(　　)。

    A. CH_4　　　　B. CO　　　　C. CO_2　　　　D. N_2

7. 物质的量及其单位使用正确的是(　　)。

    A. 1 mol 人　　　B. 3 mol H_2O　　　C. 4 mol 黄豆　　　D. 6 mol HCl

第四章
原子结构与元素周期律

知识结构

知识分类		序号	知识点
结构与元素周期律	原子结构	49	构成原子的粒子种类、电性和电荷量的关系
	质量数	50	质量数的概念,知道质量数与质子数、中子数的关系
		51	常见简单粒子的质子数、中子数、电子数
	原子结构示意图	52	电子层的概念
		53	1～18号元素原子结构示意图
	同位素	54	同位素的概念,氢、碳、氯的同位素
	元素周期律	55	原子序数的概念
		56	主族元素原子半径、主要化合价、金属性和非金属性变化规律
	元素周期表	57	元素周期表的结构,原子结构与其在元素周期表中的位置关系

考纲要求

考试内容		序号	说　明	考试要求
结构与元素周期律	原子结构	49	了解构成原子的粒子种类、电性和电荷量的关系	A
	质量数	50	了解质量数的概念,知道质量数与质子数、中子数的关系	A
		51	会判断常见简单粒子的质子数、中子数、电子数	A/B
	原子结构示意图	52	了解电子层的概念	A
		53	能写出1～18号元素原子结构示意图	A
	同位素	54	了解同位素的概念,识别氢、碳、氯的同位素	A
	元素周期律	55	了解原子序数的概念	A
		56	知道主族元素原子半径、主要化合价、金属性和非金属性强弱的变化规律	A/B
	元素周期表结构	57	了解元素周期表的结构,知道原子结构与其在元素周期表中的位置关系	A/B

第一节 原子结构

了解构成原子的粒子种类、电性和电荷量的关系。

✪ **知识点 49　构成原子的粒子种类、电性和电荷量的关系**

【知识梳理】

1. 质子

质子号构成原子的基本粒子,它和中子一起构成原子核。质子带 1 个单位正电荷,电量为 1.6×10^{-19} C,和电子所带电量相等,电性相反。

2. 中子

中子号构成原子的基本粒子,它和质子一起构成原子核。中子是不带电的中性粒子,它的质量比质子略大。

3. 电子

电子号构成原子的基本粒子,它在原子核外高速运动。

核电荷数=质子数=核外电子数=元素的原子序数

$^A_Z X$(原子)　核外电子数=Z

【例题分析】

1. (单选题)化学变化中的最小微粒是(　　)。

A. 分子　　　　　　　　　　　B. 原子

C. 质子　　　　　　　　　　　D. 电子

答案: B

解析: 本题属于容易题,考级能力要求为 A。本题考查知识为构成原子的粒子种类。

2. (判断题)任何元素的原子都是由质子、中子和核外电子构成的。　　　　　(　　)

A. 正确　　　　　　　　　　　B. 错误

答案: A

解析: 本题属于容易题,考级能力要求为 A。本题考查知识为原子的结构。

【巩固练习】

一、单选题

原子中不显电性的粒子是(　　)。

A. 质子　　　　　　　　　　　　　　　　B. 中子

C. 电子　　　　　　　　　　　　　D. 原子核

二、判断题

1. 原子是由居于原子中心的原子核和核外电子构成的。　　　　　　　（　　　）

A. 正确　　　　　　　　　　　　　B. 错误

2. 核电荷数由质子数和中子数共同决定。　　　　　　　　　　　　　（　　　）

A. 正确　　　　　　　　　　　　　B. 错误

3. 原子作为一个整体不显电性,是由于原子核带的电荷量跟核外电子所带的电荷量相
   等而电性相反。　　　　　　　　　　　　　　　　　　　　　　　（　　　）

A. 正确　　　　　　　　　　　　　B. 错误

三、多选题

1. 构成原子核的粒子通常有(　　　)。

A. 质子　　　　　B. 中子　　　　　C. 电子　　　　　D. 离子

2. 核电荷数等于(　　　)。

A. 质子数　　　　　　　　　　　　B. 中子数

C. 原子核外电子数　　　　　　　　D. 原子数

3. 原子序数等于(　　　)。

A. 质子数　　　　　　　　　　　　B. 中子数

C. 核电荷数　　　　　　　　　　　D. 原子最外层电子数

第二节　质量数

1. 了解质量数的概念,知道质量数与质子数、中子数的关系;
2. 会判断常见简单粒子的质子数、中子数、电子数。

⭐ 知识点50　质量数的概念,知道质量数与质子数、中子数的关系

【知识梳理】

原子结构:如 $^A_Z X$ 的质子数与质量数,中子数,电子数之间的关系、核外电子排布。

(1) 核电荷数＝质子数＝核外电子数＝元素的原子序数

(2) 质量数＝质子数＋中子数　　数学表达式:$A＝Z＋N$

【例题分析】

(单选题)元素原子中,质子数和中子数(　　　)。

A. 前者大　　　　　　B. 后者大　　　　　　C. 相等　　　　　　D. 不能确定

答案:D

解析:本题属于容易题。考级能力要求为 A。本题考查知识为质量数的概念,质量数与质子数、中子数的关系。

【巩固练习】

判断题

1. 原子的质量主要集中在原子核上。　　　　　　　　　　　　　　　　　　(　　)

　　A. 正确　　　　　　　　　　　　　B. 错误

2. 某原子的相对原子质量等于该原子的质量数。　　　　　　　　　　　　(　　)

　　A. 正确　　　　　　　　　　　　　B. 错误

3. 质量数等于质子数和中子数之和。　　　　　　　　　　　　　　　　　(　　)

　　A. 正确　　　　　　　　　　　　　B. 错误

4. 相对原子质量的单位是克或千克。　　　　　　　　　　　　　　　　　(　　)

　　A. 正确　　　　　　　　　　　　　B. 错误

⭐ 知识点51　常见简单粒子的质子数、中子数、电子数

【知识梳理】

$^A_Z X$(原子)核外电子数＝Z。

^A_ZX（阴离子）核外电子数＝$Z+n$　^A_ZX（阳离子）核外电子数＝$Z-n$。

$^A_ZX^\pm$中如果 X 为复杂离子,则 Z 为复杂离子中所有原子的质子数之和。

【例题分析】

1.（单选题）$^{125}_{53}I$原子核内的中子数是（　　）。

　　A. 53　　　　　　B. 72　　　　　　C. 125　　　　　　D. 178

> 答案:B
>
> 解析:本题属于容易题。考级能力要求为 A。本题考查知识为原子中各微粒间的关系,中子数＝质量数－质子数。

2.（单选题）$_{11}Na^+$中所含粒子的数目一定为 10 的是（　　）。

　　A. 质子数　　　　　B. 中子数　　　　　C. 电子数　　　　　D. 质量数

> 答案:C
>
> 解析:本题属于容易题。考级能力要求为 A。本题考查知识为原子中各微粒间的关系,电子数＝质子数－1。

【巩固练习】

一、单选题

1. 与 Na^+ 具有相同质子数和电子数的微粒是（　　）。

　　A. OH^-　　　　　　B. NH_4^+　　　　　　C. H_2O　　　　　　D. Na

2. 关于钠离子和钠原子的认识正确的是（　　）。

　　A. 它们的质子数不相同　　　　　　B. 它们的电子层数相同

　　C. Na 比 Na^+ 多一个电子　　　　　　D. Na^+ 的最外电子层结构不稳定

二、判断题

H_2O、OH^-、H_3O^+ 三种微粒的电子数相同。　　　　　　　　　　　　　（　　　）

　　A. 正确　　　　　　　　　　　　B. 错误

三、多选题

1. 关于 $^{40}_{19}K$ 的表述正确的是（　　）。

　　A. 原子核内有 21 个中子　　　　　B. 质量数为 40

　　C. 核外电子数为 19　　　　　　　　D. 中子数为 19

2. 核外电子数为 10 的微粒是（　　）。

　　A. H^+　　　　　　B. O^{2-}　　　　　　C. Cl^-　　　　　　D. NH_3

第三节　原子结构示意图

1. 了解电子层的概念；
2. 能写出 1～18 号元素原子结构示意图。

✪ 知识点52　电子层的概念

【知识梳理】

电子层或称电子壳，是原子物理学中，一组拥有相同主量子数 n 的原子轨道。电子在原子中处于不同的能级状态，粗略地说是分层分布的，故电子层又叫能层。

✪ 知识点53　1～18 号元素原子结构示意图

【知识梳理】

在多电子原子里，根据电子能量的差异和通常运动区域离核的远近不同，可把区域分为不同电子层。依据电子能量由低到高，离核由近到远，依次称为第 1、2、3、4、5、6、7 电子层，分别用符号 K、L、M、N、O、P、Q 表示，如表 4-1 所示。

表 4-1　电子层排列及相应特性

电子层数	1	2	3	4	5	6	7
符号	K	L	M	N	O	P	Q
最多容纳电子数（$2n^2$）	2	8	18	32	……	$2n^2$	
能量大小	K<L<M<N<O<P<Q						

在离核较近的区域内运动的电子能量较低，在离核较远的区域内运动的电子能量较高。电子总是尽可能地先从内层排起，当一层充满后再填下一层。1～20 号原子的核外电子排布必须要会写。

【例题分析】

1. （单选题）某元素原子结构示意图为 ⊕11) 2 8 1，该元素是（　　）。

A. F　　　　　　B. Na　　　　　　C. Mg　　　　　　D. Al

答案：B

解析：本题考查知识为理解原子结构示意图。本题属于容易题,考级能力要求为 A。

2.（单选题）下列元素原子结构示意图属于稀有气体元素的是（　　）。

A. (+8) 2 6　　　　B. (+10) 2 8　　　　C. (+11) 2 8 1　　　　D. (+17) 2 8 7

答案：B

解析：本题考查知识为电子层的概念,熟悉 1—18 号元素原子结构示意图。本题属于容易题,考级能力要求为 A。

【巩固练习】

一、单选题

1. 某元素原子的原子核外有 3 个电子层,最外层电子数是 4,该原子核内的质子数是（　　）。

　　A. 14　　　　　B. 15　　　　　C. 16　　　　　D. 17

2. 下列原子（离子）结构示意图中,属于阳离子的是（　　）。

A. (+11) 2 8　　　B. (+10) 2 8　　　C. (+8) 2 8　　　D. (+9) 2 8

3. 与氟原子的电子层数相同的元素原子是（　　）。

　　A. 硫　　　　　B. 氯　　　　　C. 氧　　　　　D. 磷

4. 某元素位于元素周期表的第三周期、ⅣA 族,该元素原子结构示意图为（　　）。

A. (+14) 2 8　　　B. (+13) 2 8 4　　　C. (+14) 2 8 4　　　D. (+13) 2 8 3

二、判断题

1. 核外电子分层排布,离核最近的电子层叫 K 电子层。　　　　　　（　　）

　　A. 正确　　　　　　　　　　　　B. 错误

2. K、L、M 电子层的能量依次降低。　　　　　　　　　　　　（　　）

　　A. 正确　　　　　　　　　　　　B. 错误

第四节　同位素

了解同位素的概念,识别氢、碳、氯的同位素。

❀知识点 54　同位素的概念,氢、碳、氯的同位素

【知识梳理】

无素、同位素和核素的关系如图 4-1 所示。

图 4-1　元素、核素和同位素的关系

1. 核素:具有一定数目的质子和中子的一种原子。
2. 同位素:质子数相同而中子数不同的同一元素的不同原子互称为同位素。
3. H 元素的三种同位素:氕、氘、氚(名称),符号:${}_1^1H$、${}_1^2H$、${}_1^3H$。

【例题分析】

(单选题)互为同位素的是(　　)。

A. O_2 和 O_3 　　　　B. ${}_{19}^{40}K$ 和 ${}_{20}^{40}Ca$ 　　　　C. D_2O 和 H_2O 　　　　D. ${}_{17}^{35}Cl$ 和 ${}_{17}^{37}Cl$

答案:D

解析:本题属于容易题。考级能力要求为 A。考查知识为同位素概念,了解同位素的概念,识别氢、碳、氯的同位素。

【巩固练习】

判断题

1. 同位素是指几种元素的质子数相同,而中子数不同。　　　　　　　　　(　　)
   A. 正确　　　　　　　　　　　　　　B. 错误
2. 同种元素质子数相同,中子数也一定相同。　　　　　　　　　　　　(　　)
   A. 正确　　　　　　　　　　　　　　B. 错误
3. ${}_1^1H$、${}_1^2H$ 和 ${}_1^3H$ 是氢的三种同位素。　　　　　　　　　　　(　　)
   A. 正确　　　　　　　　　　　　　　B. 错误
4. ${}_6^{12}C$ 是作为相对原子质量标准的碳原子。　　　　　　　　　　　　(　　)
   A. 正确　　　　　　　　　　　　　　B. 错误
5. 原子的种类比元素的种类多。　　　　　　　　　　　　　　　　　　(　　)
   A. 正确　　　　　　　　　　　　　　B. 错误

第五节　元素周期律

1. 了解原子序数的概念;

2. 知道主族元素原子半径、主要化合价、金属性和非金属性强弱的变化规律。

✪ 知识点55　原子序数的概念

【知识梳理】

原子序数:按核电荷数由小到大的顺序给元素编号,这种序号叫做该元素的原子序数。

(1~20 号元素 H、He、Li、Be、B、C、N、O、F、Ne、Na、Mg、Al、Si、P、S、Cl、Ar、K、Ca)

【例题分析】

(判断题)按照相对原子质量由小到大的顺序给元素编号,这个序号称为元素的原子序数。

（　　）

A. 正确　　　　　　　　　　　　　B. 错误

> 答案:A
>
> 解析:本题属于容易题。考级能力要求为 A。本题考查知识为原子序数的概念。

✪ 知识点56　主族元素原子半径、主要化合价、金属性和非金属性强弱的变化规律

【知识梳理】

1. 同一周期

同一周期元素,电子层数相同。从左向右,核电荷数增多,原子半径逐渐减小,元素原子失电子的能力逐渐减弱,得电子的能力逐渐增强,元素的金属性逐渐减弱,非金属性逐渐增强。主要化合价,正化合价依次增大(从＋1 价—＋7 价),负化合价依次减小(从－4价——1价)。

2. 同一主族

同一主族元素,自上而下,最外层电子数相同,电子层数增多,原子半径增大,失电子的能力逐渐增强,得电子的能力逐渐减弱;元素的金属性逐渐增强,非金属性逐渐减弱;化合价不变。

【例题分析】

1. (单选题)原子序数为 13 的元素的最高价氧化物的化学式是(   )。

    A. Na_2O B. MgO C. Al_2O_3 D. Fe_2O_3

答案：C

解析：本题考查知识为元素周期律,要求知道主族元素最高氧化物的化学式。本题属于容易题,考级能力要求为 B。

2. (判断题)根据金属活动性顺序表,镁比钙活泼。   (   )

    A. 正确   B. 错误

答案： 2. B

解析：本题是判断题,属于容易题,考级能力要求为 B。本题考查知识为元素周期律,要求知道主族元素原子半径、主要化合价、金属性和非金属性强弱的变化规律。

【巩固练习】

一、单选题

1. 原子半径最大的是(   )。

    A. 钠   B. 镁   C. 铝   D. 硅

2. 按电子层数递增的顺序排列的是(   )。

    A. H,Li,Na   B. Na,Mg,Al   C. C,N,O   D. N,P,Si

3. 氯原子最外层有 7 个电子,其化合价不可能为(   )。

    A. $+7$ B. $+1$ C. -1 D. -3

4. 氯原子的半径为(   )。

    A. 0.099 cm   B. 0.099 mm   C. 0.099 μm   D. 0.099 nm

5. 碱金属的金属性强弱判断正确的是(   )。

    A. Li>Na>K   B. Li=Na=K   C. Li<Na<K   D. Li=Na<K

6. 卤族元素非金属性强弱判断正确的是(   )。

    A. F>Cl>Br>I   B. F<Cl<Br<I   C. F=Cl=Br=I   D. F>Cl=Br>I

7. 非金属性强弱判断正确的是(   )。

    A. P>Cl>Si>S   B. Si>P>S>Cl   C. Si<P<S<Cl   D. Si=P=S=Cl

8. 同主族元素,从上到下,金属性(   )。

    A. 增强   B. 减弱   C. 不变   D. 无法判断

9. 同主族元素,从上到下,非金属性(   )。

    A. 增强   B. 减弱   C. 不变   D. 无法判断

10. 同周期主族元素(稀有气体除外),从左到右,原子半径(   )。

    A. 增大   B. 减小   C. 不变   D. 变化没有规律

11. 非金属元素(氢除外)的最低负价等于(   )。

    A. 主族的序数   B. 原子的最外层电子

C. 最高正价－8　　　　　　　　　D. 原子的电子层数

12. 下列物质碱性最强的是(　　　)。

A. NaOH　　　　　B. KOH　　　　　C. $Mg(OH)_2$　　　　D. $Al(OH)_3$

二、判断题

1. 元素的性质随着原子序数的递增而呈周期性的变化,这个规律叫做元素周期律。

(　　)

A. 正确　　　　　　　　　　　　B. 错误

2. 第三周期元素原子半径最大的是氯原子。 (　　)

A. 正确　　　　　　　　　　　　B. 错误

3. 同周期的主族元素,从左到右随着核电荷数的递增,最外层电子数逐渐增多 (　　)

A. 正确　　　　　　　　　　　　B. 错误

4. 同周期元素原子的最外层电子数相同。 (　　)

A. 正确　　　　　　　　　　　　B. 错误

5. 第三周期有 8 种元素,随着核电荷数的递增,原子核外电子数从 1 个递增到 8 个。

(　　)

A. 正确　　　　　　　　　　　　B. 错误

6. 氯原子最外层有 7 个电子,其最高正价为＋7。 (　　)

A. 正确　　　　　　　　　　　　B. 错误

三、多选题

1. 绝大多数主族元素的最高正化合价等于(　　　)。

A. 主族的序数　　　　　　　　　B. 原子的最外层电子

C. 核电荷数　　　　　　　　　　D. 原子的电子层数

2. 在 1～18 号元素中,化合价表述正确的是(　　　)。

A. F 等少数非金属没有正价

B. 非金属(氢除外)正负化合价之和等于 8

C. 化合价与最外层电子数目有密切关系

D. N 和 P 的最低负价都是－3

第六节　元素周期表结构

1. 了解元素周期表的结构
2. 知道原子结构与其在元素周期表中的位置关系。

⭐ **知识点 57**　元素周期表的结构,原子结构与其在元素周期表中的位置关系

【知识梳理】

1. 元素周期表的结构

(1) 周期:具有相同的电子层数的元素按照原子序数递增的顺序排列成的横行。

(2) 族:具有相同价电子数的元素按照电子层数依次递增的顺序排列成的纵行。

(3) 主族:由短周期元素和长周期元素共同构成的族。

(4) 副族:完全由长周期元素构成的族。

(5) 0 族:将稀有气体元素按原子序数依次递增的顺序排列成的一个纵行。由于在通常状况下它们很难与其他物质发生化学反应,把它们的化合价看做为 0 价,因而叫做 0 族。

2. 原子结构与其在元素周期表中的位置关系

(1) 周期序数＝电子层数

(2) 原子序数＝质子数

(3) 主族序数＝最外层电子数＝元素的最高正价数

(4) 主族非金属元素的负化合价数＝8—主族序数

【例题分析】

1. (单选题)下列关于元素周期表中族的表述正确的是(　　)。

　　A. 每一横行称为一族

　　B. 每一族都包含 7 种元素

　　C. 同族元素原子电子层数相同

　　D. 第Ⅷ族由第 8、第 9、第 10 三个纵行构成

答案:D

解析:本题属于容易题,考级能力要求为 A。本题考查知识为元素周期表的结构。

2.（单选题）下列属于ⅢA族的元素是（　　）。

　　A. 钠　　　　　　B. 镁　　　　　　C. 铝　　　　　　D. 氯

答案：C

解析：本题属于容易题。考级能力要求为A。考查知识为原子结构与其在元素周期表中的位置。

【巩固练习】

一、单选题

1. 提出元素周期律并绘制了第一个元素周期表的科学家是（　　）。

　　A. 戴维　　　　　B. 阿伏加德罗　　　C. 门捷列夫　　　D. 道尔顿

2. 元素周期表中周期的表述正确的是（　　）。

　　A. 每一纵行为一个周期　　　　　　B. 每周期都是8种元素

　　C. 同周期元素电子层数相同　　　　D. 同周期元素化学性质相似

3. 元素周期表中族的表述正确的是（　　）。

　　A. 每一横行称为一族

　　B. 每一族都是7种元素

　　C. 同族元素电子层数相同

　　D. 第Ⅷ族由第8、第9、第10三个纵行构成

4. 元素周期表中主族有（　　）。

　　A. 1个　　　　　B. 3个　　　　　　C. 5个　　　　　　D. 7个

5. 某主族元素最外层有3个电子，在周期表中位置可表示为（　　）。

　　A. 第三族　　　　B. ⅢA族　　　　　C. ⅢB族　　　　　D. 三A族

6. 元素周期表中族的表述正确的是（　　）。

　　A. 有5个主族　　　　　　　　　　B. 有5个副族

　　C. 有1个零族　　　　　　　　　　D. 有3个第Ⅷ族

7. 元素周期表中零族是指构成这一族的元素是（　　）。

　　A. 碱金属元素　　B. 氧族元素　　　C. 卤族元素　　　D. 稀有气体元素

8. 元素周期表中短周期是指（　　）。

　　A. 第一周期　　　　　　　　　　　B. 第二正确

　　C. 第一、二周期　　　　　　　　　D. 第一、第二、第三周期

二、判断题

1. 元素周期表的横行称为周期，共有7个周期。　　　　　　　　　　（　　）

  A. 正确   B. 错误

2. 元素周期表中族的序数等于原子的最外层电子数。   (   )

  A. 正确   B. 错误

3. 元素周期表有 18 个纵行,16 个族。   (   )

  A. 正确   B. 错误

综合练习

一、单选题

1. 原子中不显电性的粒子是( )。

    A. 质子   B. 中子   C. 电子   D. 原子核

2. $^{125}_{53}I$ 原子核内的中子数是( )。

    A. 53   B. 72   C. 125   D. 178

3. $_{11}Na^+$ 中所含粒子的数目一定为 10 的是( )。

    A. 质子数   B. 中子数   C. 电子数   D. 质量数

4. 与 Na^+ 具有相同质子数和电子数的微粒是( )。

    A. OH^- B. NH_4^+ C. H_2O D. Na

5. 某元素原子的原子核外有 3 个电子层,最外层电子数是 4,该原子核内的质子数是( )。

    A. 14   B. 15   C. 16   D. 17

6. 某元素原子结构示意图为 (+11) 2 8 1,该元素是( )。

    A. F   B. Na   C. Mg   D. Al

7. 下列元素原子结构示意图属于稀有气体元素的是( )。

    A. (+8) 2 6   B. (+10) 2 8   C. (+11) 2 8 1   D. (+17) 2 8 7

8. 下列原子(离子)结构示意图中,属于阳离子的是( )。

    A. (+11) 2 8   B. (+10) 2 8   C. (+8) 2 8   D. (+9) 2 8

9. 关于钠离子和钠原子的认识正确的是( )。

    A. 它们的质子数不相同   B. 它们的电子层数相同

    C. Na 比 Na^+ 多一个电子   D. Na^+ 的最外电子层结构不稳定

10. 互为同位素的是( )。

    A. O_2 和 O_3 B. $^{40}_{19}K$ 和 $^{40}_{20}Ca$

    C. D_2O 和 H_2O D. $^{35}_{17}Cl$ 和 $^{37}_{17}Cl$

11. 化学变化中的最小微粒( )。

    A. 分子   B. 原子   C. 质子   D. 电子

12. 提出元素周期律并绘制了第一个元素周期表的科学家是( )。

    A. 戴维   B. 阿伏加德罗   C. 门捷列夫   D. 道尔顿

13. 原子半径最大的是( )。

    A. 钠   B. 镁   C. 铝   D. 硅

14. 与氟原子的电子层数相同的元素原子是（　　）。

　　A. 硫　　　　　　B. 氯　　　　　　C. 氧　　　　　　D. 磷

15. 元素原子中,质子数和中子数（　　）。

　　A. 前者大　　　　B. 后者大　　　　C. 相等　　　　　D. 不能确定

16. 按电子层数递增的顺序排列的是（　　）。

　　A. H,Li,Na　　　B. Na,Mg,Al　　C. C,N,O　　　　D. N,P,Si

17. 氯原子最外层有 7 个电子,其化合价不可能为（　　）。

　　A. +7　　　　　　B. +1　　　　　　C. -1　　　　　　D. -3

18. 氯原子的半径为（　　）。

　　A. 0.099 cm　　　B. 0.099 mm　　C. 0.099 μm　　D. 0.099 nm

19. 元素周期表中周期的表述对的是（　　）。

　　A. 每一纵行为一个周期　　　　　　B. 每周期都是 8 种元素

　　C. 同周期元素电子层数相同　　　　D. 同周期元素化学性质相似

20. 元素周期表中族的表述对的是（　　）。

　　A. 每一横行称为一族

　　B. 每一族都是 7 种元素

　　C. 同族元素电子层数相同

　　D. 第Ⅷ族由第 8、第 9、第 10 三个纵行构成

21. 某主族元素最外层有 3 个电子,在周期表中位置可表示为（　　）。

　　A. 第三族　　　　B. ⅢA 族　　　　C. ⅢB 族　　　　D. 三 A 族

22. 元素周期表中族的表述对的是（　　）。

　　A. 有 5 个主族　　　　　　　　　　B. 有 5 个副族

　　C. 有 1 个零族　　　　　　　　　　D. 有 3 个第Ⅷ族

23. 元素周期表中零族是指构成这一族的元素是（　　）。

　　A. 碱金属元素　　B. 氧族元素　　　C. 卤族元素　　　D. 稀有气体元素

24. 碱金属的金属性强弱判断对的是（　　）。

　　A. Li>Na>K　　B. Li=Na=K　　C. Li<Na<K　　D. Li=Na<K

25. 卤族元素非金属性强弱判断对的是（　　）。

　　A. F>Cl>Br>I　　B. F<Cl<Br<I　　C. F=Cl=Br=I　　D. F>Cl=Br>I

26. 非金属性强弱判断正确的是（　　）。

　　A. P>Cl>Si>S　　B. Si>P>S>Cl　　C. Si<P<S<Cl　　D. Si=P=S=Cl

27. 同主族元素,从上到下,金属性（　　）。

　　A. 增强　　　　　B. 减弱　　　　　C. 不变　　　　　D. 无法判断

28. 同主族元素,从上到下,非金属性（　　）。

　　A. 增强　　　　　B. 减弱　　　　　C. 不变　　　　　D. 无法判断

29. 同周期主族元素(稀有气体除外),从左到右,原子半径（　　）。

　　A. 增大　　　　　B. 减小　　　　　C. 不变　　　　　D. 变化没有规律

30. 非金属元素(氢除外)的最低负价等于（　　）。

    A. 主族的序数   B. 原子的最外层电子

    C. 最高正价－8   D. 原子的电子层数

二、判断题

1. 原子是由居于原子中心的原子核和核外电子构成的。   （   ）

    A. 正确   B. 错误

2. 原子的质量主要集中在原子核上。   （   ）

    A. 正确   B. 错误

3. 核电荷数由质子数和中子数共同决定。   （   ）

    A. 正确   B. 错误

4. 原子作为一个整体不显电性，是由于原子核带的电荷量跟核外电子所带的电荷量相等而电性相反。   （   ）

    A. 正确   B. 错误

5. 任何元素的原子都是由质子.中子和核外电子构成的。   （   ）

    A. 正确   B. 错误

6. 某原子的相对原子质量等于该原子的质量数。   （   ）

    A. 正确   B. 错误

7. 质量数等于质子数和中子数之和。   （   ）

    A. 正确   B. 错误

8. 相对原子质量的单位是克或千克。   （   ）

    A. 正确   B. 错误

9. H_2O、OH^-、H_3O^+ 三种微粒的电子数相同   （   ）

    A. 正确   B. 错误

10. 核外电子分层排布，离核最近的电子层叫 K 电子层。   （   ）

    A. 正确   B. 错误

11. K、L、M 电子层的能量依次降低。   （   ）

    A. 正确   B. 错误

12. 同位素是指几种元素的质子数相同，而中子数不同。   （   ）

    A. 正确   B. 错误

13. 同种元素质子数相同，中子数也一定相同。   （   ）

    A. 正确   B. 错误

14. $_1^1H$、$_1^2H$、$_1^3H$ 是氢的三种同位素。   （   ）

    A. 正确   B. 错误

15. $_6^{12}C$ 是作为相对原子质量标准的碳原子。   （   ）

    A. 正确   B. 错误

17. 元素的性质随着原子序数的递增而呈周期性的变化，这个规律叫做元素周期律。

                                            （   ）

    A. 正确   B. 错误

18. 第三周期元素原子半径最大的是氯原子。   （   ）

A. 正确   B. 错误

19. 同周期的主族元素,从左到右随着核电荷数的递增,最外层电子数逐渐增多。

                         （ ）

  A. 正确   B. 错误

20. 同周期元素原子的最外层电子数相同。   （ ）

  A. 正确   B. 错误

21. 第三周期有 8 种元素,随着核电荷数的递增,原子核外电子数从 1 个递增到 8 个。

                         （ ）

  A. 正确   B. 错误

三、多选题

1. 构成原子核的粒子通常有（ ）。

  A. 质子   B. 中子   C. 电子   D. 离子

2. 核电荷数等于（ ）。

  A. 质子数   B. 中子数   C. 原子核外电子数 D. 原子数

3. 关于 $_{19}^{40}K$ 的表述对的是（ ）。

  A. 原子核内有 21 个中子   B. 质量数为 40

  C. 核外电子数为 19   D. 中子数为 19

4. 核外电子数为 10 的微粒是（ ）。

  A. H^+ B. O^{2-} C. Cl^- D. NH_3

5. 原子序数等于（ ）。

  A. 质子数   B. 中子数   C. 核电荷数   D. 原子最外层电子数

6. 绝大多数主族元素的最高正化合价等于（ ）。

  A. 主族的序数   B. 原子的最外层电子

  C. 核电荷数   D. 原子的电子层数

7. 在 1～18 号元素中,化合价表述对的是（ ）。

  A. F 等少数非金属没有正价

  B. 非金属(氢除外)正负化合价之和等于 8

  C. 化合价与最外层电子数目有密切关系

  D. N 和 P 的最低负价都是－3

第五章
化学键与分子结构

知识结构 »

知识分类		序号	知识点
化学键与分子结构	化学键	58	化学键(离子键、共价键)的概念
		59	极性键和非极性键
		60	常见物质的成键类型
	电子式	61	电子式书写
	晶体	62	晶体构成(原子晶体、离子晶体、分子晶体)的微粒及微粒间的作用

考纲要求 »

考试内容		序号	说　明	考试要求
化学键与分子结构	化学键	58	理解化学键(离子键、共价键)的概念	A/B
		59	了解极性键和非极性键	A
		60	能判断常见物质的成键类型	A/B
	电子式	61	会判断电子式书写是否正确	A
	晶体	62	知道构成晶体(原子晶体、离子晶体、分子晶体)的微粒及微粒间的作用	A

第一节　化学键

1. 理解化学键(离子键、共价键)的概念；

2. 了解极性键和非极性键；

3. 能判断常见物质的成键类型。

✿ 知识点58　化学键(离子键、共价键)的概念

【知识梳理】

1. 离子键

离子键是阴、阳离子间通过静电作用而形成的化学键。

2. 共价键

共价键是原子间通过共用电子对相互作用而形成的化学键。

3. 化学键的概念

相邻的两个或多个原子之间强烈的相互作用叫做化学键。

【例题分析】

1.(单选题)下列物质中,不存在化学键的是(　　　)。

　　A. 氦气　　　　　　B. 氢气　　　　　　C. 氧气　　　　　　D. 氮气

答案：A

解析:本题考级能力要求为B。考查知识为有关化学键的基本概念。本题属于中等难度题。

2.(判断题)化学键只存在于分子之间。　　　　　　　　　　　　　　　(　　　)

　　A. 正确　　　　　　　　　　　　　B. 错误

答案:B

解析:本题属于中等难度题。本题考级能力要求为B。考查知识为化学键的基本概念。

【巩固练习】

一、单选题

下列叙述中正确的是(　　　)。

A. 化学键只存在于分子之间

B. 化学键只存在于离子之间

C. 化学键是相邻的原子之间强烈的相互作用

D. 化学键是相邻的分子之间强烈的相互作用

二、判断题

1. 分子内原子之间的相互作用叫做化学键。　　　　　　　　　　（　　）

　　A. 正确　　　　　　　　　　　　B. 错误

2. 离子键就是指阴阳离子间通过静电吸引所形成的化学键。　　（　　）

　　A. 正确　　　　　　　　　　　　B. 错误

3. 离子键就是指阴阳离子间通过静电作用所形成的化学键。　　（　　）

　　A. 正确　　　　　　　　　　　　B. 错误

4. 化学键是相邻的原子之间强烈的相互作用。　　　　　　　　（　　）

　　A. 正确　　　　　　　　　　　　B. 错误

✿ 知识点 59　极性键和非极性键

【知识梳理】

1. 非极性键

非极性键是共用电子对不偏移的共价键（相同原子间的共价键）。

2. 极性键

极性键是共用电子对偏移的共价键（不同原子间的共价键）。

【例题分析】

（单选题）下列物质中含有非极性共价键的是（　　　）。

A. 甲烷　　　　　B. 氯化镁　　　　　C. 氢气　　　　　D. 二氧化硅

> 答案：C
>
> 解析：本题考查知识为非极性键。本题属于容易题，考级能力要求为 A。。

【巩固练习】

单选题

1. 下列物质中含有极性共价键的是（　　　）。

　　A. 单质碘　　　　B. 氯化镁　　　　C. 溴化钾　　　　D. 水

2. 下列物质中含有极性共价键的是（　　　）。

　　A. 氯化氢　　　　B. 氯化钠　　　　C. 氢气　　　　D. 石墨

知识点 60 常见物质的成键类型及化合物种类

【知识梳理】

1. 共价化合物

只含共价键的化合物,叫做共价化合物,非金属元素的化合物一般是共价化合物(除了铵盐)

2. 离子化合物

由阳离子和阴离子构成的化合物,叫做离子化合物,大多数盐、强碱、典型金属氧化物是离子化合物。

【例题分析】

1. (单选题)属于共价化合物的是(　　　)。

　　A. KCl　　　　　　B. H_2SO_4　　　　　　C. Cl_2　　　　　　D. $Mg(NO_3)_2$

　　答案：B

　　解析:本题属于中等难度题,考级能力要求为 A/B。本题考查知识为化合物种类。

2. (单选题)氨气分子内含有的化学键属于(　　　)。

　　A. 氢键　　　　　B. 非极性键　　　　　C. 极性键　　　　　D. 离子键

　　答案:C

　　解析:本题属于中等题,考级能力要求为 A/B。本题考查知识为物质的成键类型。

【巩固练习】

一、单选题

1. 下列物质中,不存在共价键的是(　　　)。

　　A. 氯化钠　　　　　B. 水　　　　　　C. 氯化氢　　　　　D. 氢氧化钠

2. 下列化合物中,含有离子键的是(　　　)。

　　A. H_2SO_4　　　　B. CO_2　　　　　C. H_2O　　　　　D. $MgCl_2$

3. 下列化合物中,只存在共价键的是(　　　)。

　　A. NaOH　　　　B. H_2O　　　　　C. NaCl　　　　　D. CaO

4. 下列物质中,含有共价键的离子化合物是(　　　)。

　　A. NaOH　　　　B. NaCl　　　　　C. H_2O　　　　　D. H_2

5. 在下列物质中,化学键类型相同的一组是(　　　)。

　　A. CO_2 和 H_2O　　　　　　　　B. NaCl 和 HCl

　　C. CCl_4 和 KCl　　　　　　　　D. $MgCl_2$ 和 SO_2

6. 在下列物质中,化学键类型相同的一组是(　　　)。

　　A. HCl 和 KCl　　　　　　　　B. H_2S 和 Na_2S

　　C. CH_4 和 H_2O　　　　　　　　D. H_2SO_4 和 Na_2SO_4

7. 下列化合物中,只存在共价键的是(　　　)。

　　A. NaOH　　　　B. $CuCl_2$　　　　C. HI　　　　　D. Na_2O

8. 下列物质中,既有离子键,又有共价键的是(　　　)。

A. H_2O B. $CaCl_2$ C. KOH   D. Cl_2

9. 下列化合物中,只存在共价键的是( )。

A. Cl_2 B. NaCl   C. HCl   D. NaOH

10. 在下列物质中,化学键类型相同的一组是( )。

A. HI 和 NaI   B. NaF 和 KCl   C. Cl_2 和 NaCl   D. F_2 和 NaBr

11. 下列物质中,只含有离子键的是( )。

A. Cl_2 B. NaCl   C. HCl   D. NaOH

12. 下列物质中,有共价键的单质是( )。

A. N_2 B. CH_4 C. NaCl   D. $MgCl_2$

13. 下列物质中,属于共价化合物的是( )。

A. 氧化钙   B. 氢气   C. 氯化钠   D. 氯化氢

14. 下列表述正确的是( )。

A. 含有离子键的化合物必是离子化合物
B. 含有共价键的化合物一定是共价化合物
C. 共价化合物中可能含有离子键
D. 离子化合物中一定不含有共价键

二、判断题

1. 氯化钙是由离子键形成的。 ( )

A. 正确   B. 错误

2. N_2 中含有非极性键。 ( )

A. 正确   B. 错误

3. HCl 中含有极性键。 ( )

A. 正确   B. 错误

4. NaCl 中含有离子键。 ( )

A. 正确   B. 错误

5. 氯化铵是共价化合物。 ( )

A. 正确   B. 错误

6. 含有共价键的化合物一定是共价化合物。 ( )

A. 正确   B. 错误

7. 共价化合物中可能含有离子键。 ( )

A. 正确   B. 错误

8. NaOH 中只有离子键。 ( )

A. 正确   B. 错误

9. HCl 和 CO_2 化学键类型相同。 ( )

A. 正确   B. 错误

三、多选题

1. 下列化合物中,存在离子键的是( )。

A. NaCl   B. CH_4 C. H_2O D. NaOH

2. 在下列物质中,化学键类型相同的一组是( )。

A. NaCl 和 $MgCl_2$ B. H_2O 和 HCl
C. CCl_4 和 KCl   D. $MgCl_2$ 和 SO_2

3. 下列化合物中,存在离子键的是(   )。

　　A. NaOH　　　　　B. CO_2　　　　　C. H_2O　　　　　D. $MgCl_2$

4. 下列含有共价键的化合物是(   )。

　　A. HI　　　　　　B. NaOH　　　　　C. Br_2　　　　　D. NaCl

第二节 电子式

会判断电子式书写是否正确。

☆ 知识点61 电子式书写

【知识梳理】

1. 在元素符号周围用小黑点（或×等）表示原子的最外层电子的式子。

2. 原子的电子式：例如 $H^{\times}$、$\cdot\overset{\cdot\cdot}{\underset{\cdot\cdot}{O}}\cdot$、$Na^{\times}$、$^{\times}Mg^{\times}$

3. 阳离子的电子式：例如 Na^{+}、H^{+}、Ca^{2+}

4. 阴离子的电子式：例如 $[:\overset{\cdot\cdot}{\underset{\cdot\cdot}{Cl}}:]^{-}$　　$[:\overset{\cdot\cdot}{\underset{\cdot\cdot}{S}}:]^{2-}$

5. 典型离子化合物、共价化合物的电子式及典型离子和共价化合物的形式：

(1) 共价化合物

$$H:\overset{\cdot\cdot}{\underset{\cdot\cdot}{Br}}:\qquad H:\overset{\cdot\cdot}{\underset{\cdot\cdot}{O}}:H \qquad \overset{\cdot\cdot}{\underset{\cdot\cdot}{O}}::C::\overset{\cdot\cdot}{\underset{\cdot\cdot}{O}}$$

$$H:\overset{\cdot\cdot}{\underset{\cdot\cdot}{O}}:\overset{\times\times}{\underset{\cdot\cdot}{O}}:H\qquad H:\overset{\cdot\cdot}{\underset{\cdot\cdot}{O}}:\overset{\times\times}{\underset{\cdot\cdot}{Cl}}:\qquad :\overset{\cdot\cdot}{\underset{\cdot\cdot}{Cl}}:\overset{:\overset{\cdot\cdot}{\underset{\cdot\cdot}{Cl}}:}{\underset{:\overset{\cdot\cdot}{\underset{\cdot\cdot}{Cl}}:}{C}}:\overset{\cdot\cdot}{\underset{\cdot\cdot}{Cl}}:\qquad :\overset{\cdot\cdot}{\underset{\cdot\cdot}{Cl}}:\overset{:\overset{\cdot\cdot}{\underset{\cdot\cdot}{Cl}}:}{\underset{:\overset{\cdot\cdot}{\underset{\cdot\cdot}{Cl}}:}{P}}:\overset{\cdot\cdot}{\underset{\cdot\cdot}{Cl}}:$$

(2) 离子化合物

$$Na^{+}[:\overset{\cdot\cdot}{\underset{\cdot\cdot}{O}}:]^{2-}Na^{+}\quad Na^{+}[:\overset{\cdot\cdot}{\underset{\cdot\cdot}{O}}:]^{2-}Na^{+}\quad Na^{+}[:\overset{\cdot\cdot}{\underset{\cdot\cdot}{O}}:H]^{-}\quad Na^{+}[\overset{\times}{\underset{\cdot\cdot}{O}}:H]^{-}\quad Na^{+}[:\overset{\cdot\cdot}{\underset{\cdot\cdot}{Cl}}:]^{-}$$

$$Na^{+}[:\overset{\cdot\cdot}{\underset{\cdot\cdot}{Cl}}:]^{-}\quad Na^{+}[:\overset{\cdot\cdot}{\underset{\cdot\cdot}{O}}:\overset{\cdot\cdot}{\underset{\cdot\cdot}{O}}:]^{2-}Na^{+}\quad Na^{+}[\overset{\times}{\underset{\cdot\cdot}{O}}:\overset{\times}{\underset{\cdot\cdot}{O}}]^{2-}Na^{+}\quad [:\overset{\cdot\cdot}{\underset{\cdot\cdot}{Cl}}:]^{-}Mg^{2+}[:\overset{\cdot\cdot}{\underset{\cdot\cdot}{Cl}}:]^{-}$$

【巩固练习】

单选题

下列电子式中错误的是（　　　）。

A. 钠离子：Na^{+}

B. 氢氧根离子：$[\overset{\cdot\cdot}{\underset{\cdot\cdot}{O}}:H]^{-}$

C. 氨分子：$\overset{\displaystyle H}{\underset{\displaystyle \overset{|}{H}}{N}}:H$

D. 一氯甲烷：$H:\overset{\displaystyle :\overset{\cdot\cdot}{\underset{\cdot\cdot}{Cl}}:}{\underset{\displaystyle H}{C}}:H$

第三节 晶 体

知道构成晶体(原子晶体、离子晶体、分子晶体)的微粒及微粒间的作用。

⭐ 知识点62 晶体构成(原子晶体、离子晶体、分子晶体)的微粒及微粒间的作用

【知识梳理】

离子晶体、原子晶体和分子晶体间的比较,如表5-1所示。

表5-1 离子晶体、原子晶体、分子晶体比较

类 型	离子晶体	原子晶体	分子晶体
构成微粒	阴离子、阳离子	原子	分子
作用力	离子键	共价键	分子间作用力
硬度	较大	很大	很小
熔沸点	较高	很高	很低
传导	固体不导电,熔化或溶于水后导电	一般不导电,有些是半导体	固体不导电,有些溶于水后导电
溶解性	易溶于极性溶剂	难溶	相似相溶
实例	盐、强碱等	Si、SiO_2、SiC	干冰、纯净磷酸

【例题分析】

1.(单选题)下列晶体属于分子晶体的是(   )。

A. 氢氧化钠   B. 水   C. 硝酸钾   D. 二氧化硅

答案:B

解析:本题属于容易题,考级能力要求为A。本题考查知识为晶体的分类。

2.(单选题)下列物质内存在分子间作用力的是(   )。

A. $CaCl_2$ B. $NaCl$ C. SO_2 D. Na_2O

答案:C

解析:本题属于容易题,考级能力要求为A。本题考查知识为晶体(原子晶体、离子晶体、分子晶体)的微粒及微粒间的作用。

【巩固练习】

一、单选题

1. 下列物质内存在分子间作用力的是( )。

    A. $CaCl_2$ B. NaCl   C. SO_2 D. Na_2O

2. 下列晶体中,属于离子晶体的是( )。

    A. 干冰   B. 金刚石   C. 氯化钙   D. 乙醇

3. 下列晶体中,不属于离子晶体的是( )。

    A. 铁   B. 氢氧化钠   C. 硫酸钾   D. 氯化钠

4. 下列晶体属于原子晶体的是( )。

    A. 氯化钠   B. 干冰   C. 氧化铝   D. 二氧化硅

5. 下列物质中,属于离子晶体的是( )。

    A. 水   B. 铁   C. 氯化钠   D. 甲烷

6. 下列晶体中属于分子晶体的一组是( )。

    A. CaO,NO,CO   B. CCl_4,H_2O,H_2

    C. CO_2,SO_2,NaCl   D. CH_4,O_2,Na_2

二、判断题

1. 离子晶体中只含有离子键。 ( )

    A. 正确   B. 错误

2. H_2O 形成的晶体是分子晶体。 ( )

    A. 正确   B. 错误

3. HCl 形成的晶体是分子晶体。 ( )

    A. 正确   B. 错误

4. KCl 晶体是离子晶体。 ( )

    A. 正确   B. 错误

5. 金刚石是原子晶体。 ( )

    A. 正确   B. 错误

6. 离子晶体中一定含有离子键。 ( )

    A. 正确   B. 错误

7. 二氧化硅是原子晶体。 ( )

    A. 正确   B. 错误

三、多选题

1. 下列物质中,属于离子晶体的是( )。

    A. 硫酸钠   B. 金刚石   C. 氯化铵   D. 水

2. 下列晶体属于分子晶体的是( )。

    A. CaO   B. H_2 C. SO_2 D. NaOH

综合练习

一、单选题

1. 下列物质中,不存在化学键的是( )。
   A. 氖气   B. 氢气   C. 氧气   D. 氨气

2. 下列物质中,属于共价化合物的是( )。
   A. 氧化钙   B. 氢气   C. 氯化钠   D. 氯化氢

3. 下列物质内存在分子间作用力的是( )。
   A. $CaCl_2$ B. NaCl   C. SO_2 D. Na_2O

4. 下列物质中,不存在共价键的是( )。
   A. 氯化钠   B. 水   C. 氯化氢   D. 氢氧化钠

5. 下列化合物中,含有离子键的是( )。
   A. H_2SO_4 B. CO_2 C. H_2O D. $MgCl_2$

6. 下列化合物中,只存在共价键的是( )。
   A. NaOH   B. H_2O C. NaCl   D. CaO

7. 下列晶体中,属于离子晶体的是( )。
   A. 干冰   B. 金刚石   C. 氯化钙   D. 乙醇

8. 下列表述正确的是( )。
   A. 含有离子键的化合物必是离子化合物
   B. 含有共价键的化合物一定是共价化合物
   C. 共价化合物中可能含有离子键
   D. 离子化合物中一定不含有共价键

9. 下列物质中,含有共价键的离子化合物是( )。
   A. NaOH   B. NaCl   C. H_2O D. H_2

10. 在下列物质中,化学键类型相同的一组是( )。
    A. CO_2 和 H_2O B. NaCl 和 HCl
    C. CCl_4 和 KCl   D. $MgCl_2$ 和 SO_2

11. 下列晶体中,不属于离子晶体的是( )。
    A. 铁   B. 氢氧化钠   C. 硫酸钾   D. 氯化钠

12. 属于共价化合物的是( )。
    A. KCl   B. H_2SO_4 C. Cl_2 D. $Mg(NO_3)_2$

13. 在下列物质中,化学键类型相同的一组是( )。
    A. HCl 和 KCl   B. H_2S 和 Na_2S
    C. CH_4 和 H_2O D. H_2SO_4 和 Na_2SO_4

14. 下列晶体属于原子晶体的是( )。
    A. 氯化钠   B. 干冰   C. 氧化铝   D. 二氧化硅

15. 下列化合物中,只存在共价键的是( )。

    A. NaOH   B. $CuCl_2$ C. Hl   D. Na_2O

16. 下列物质中,既有离子键,又有共价键的是( )。

    A. H_2O B. $CaCl_2$ C. KOH   D. Cl_2

17. 下列叙述中正确的是( )。

    A. 化学键只存在于分子之间

    B. 化学键只存在于离子之间

    C. 化学键是相邻的原子之间强烈的相互作用

    D. 化学键是相邻的分子之间强烈的相互作用

18. 下列物质中含有极性共价键的是( )。

    A. 单质碘   B. 氯化镁   C. 溴化钾   D. 水

19. 下列化合物中,只存在共价键的是( )。

    A. NaCl   B. HCl   C. NaOH   D. KCl

20. 在下列物质中,化学键类型相同的一组是( )。

    A. HI 和 NaI   B. NaF 和 KCl   C. Cl_2 和 NaCl   D. F_2 和 NaBr

21. 下列物质中,只含有离子键的是( )。

    A. Cl_2 B. NaCl   C. HCl   D. NaOH

22. 下列物质中,属于离子晶体的是( )。

    A. 水   B. 铁   C. 氯化钠   D. 甲烷

23. 下列电子式中错误的是( )。

    A. 钠离子:Na^+ B. 氢氧根离子:$[:\ddot{O}:H]^-$

    C. 氨分子:$H:\overset{H}{\underset{H}{\ddot{N}}}:H$ D. 一氯甲烷:$H:\overset{:\ddot{Cl}:}{\underset{H}{C}}:\ddot{H}$

24. 下列晶体中属于分子晶体的一组是( )

    A. CaO,NO,CO   B. CCl_4,H_2O,H_2

    C. CO_2,SO_2,NaCl   D. CH_4,O_2,Na_2O

25. 下列物质中,有共价键的单质是( )。

    A. N_2 B. CH_4 C. NaCl   D. $MgCl_2$

二、判断题

1. 分子内原子之间的相互作用叫做化学键。 ( )

    A. 正确   B. 错误

2. 离子键就是指阴阳离子间通过静电吸引所形成的化学键。 ( )

    A. 正确   B. 错误

3. 离子晶体中只含有离子键。 ( )

    A. 正确   B. 错误

4. 离子键就是指阴阳离子间通过静电作用所形成的化学键。 ( )

    A. 正确   B. 错误

5. 氯化钙是由离子键形成的。 （　　）

    A. 正确   B. 错误

6. H_2O 形成的晶体是分子晶体。 （　　）

    A. 正确   B. 错误

7. HCl 形成的晶体是分子晶体。 （　　）

    A. 正确   B. 错误

8. KCl 晶体是离子晶体。 （　　）

    A. 正确   B. 错误

9. 金刚石是原子晶体。 （　　）

    A. 正确   B. 错误

10. 离子晶体中一定含有离子键。 （　　）

    A. 正确   B. 错误

11. 化学键是相邻的原子之间强烈的相互作用。 （　　）

    A. 正确   B. 错误

12. 二氧化硅是原子晶体。 （　　）

    A. 正确   B. 错误

13. N_2 中含有非极性键。 （　　）

    A. 正确   B. 错误

14. HCl 中含有极性键。 （　　）

    A. 正确   B. 错误

15. NaCl 中含有离子键。 （　　）

    A. 正确   B. 错误

16. 化学键只存在于分子之间。 （　　）

    A. 正确   B. 错误

17. 氯化铵是共价化合物。 （　　）

    A. 正确   B. 错误

18. 含有共价键的化合物一定是共价化合物。 （　　）

    A. 正确   B. 错误

19. 共价化合物中可能含有离子键。 （　　）

    A. 正确   B. 错误

20. NaOH 中只有离子键。 （　　）

    A. 正确   B. 错误

三、多选题

1. 下列化合物中,存在离子键的是(　　)。

    A. NaCl   B. CH_4 C. H_2O D. NaOH

2. 下列物质中,属于离子晶体的是(　　)。

    A. 硫酸钠   B. 金刚石   C. 氯化铵   D. 水

3. 在下列物质中,化学键类型相同的一组是( )。

    A. $NaCl$ 和 $MgCl_2$ B. H_2O 和 HCl C. CCl_4 和 KCl D. $MgCl_2$ 和 SO_2

4. 下列化合物中,存在离子键的是( )。

    A. $NaOH$ B. CO_2 C. H_2O D. $MgCl_2$

5. 下列晶体属于分子晶体的是( )。

    A. CaO B. H_2 C. SO_2 D. $NaOH$

6. 下列含有共价键的化合物是( )。

    A. HI B. $NaOH$ C. Br_2 D. $NaCl$

第六章
化学反应速率与化学平衡

知识结构 »

知识分类		序号	知识点
化学反应速率与化学平衡	化学反应速率	63	化学反应速率的概念
		64	化学反应速率的定量表示方法
		65	温度、浓度、压强和催化剂对化学反应速率的影响
	化学平衡	66	可逆反应的定义
		67	化学平衡常数的意义
		68	化学平衡移动原理
	原电池、电解池	69	原电池、电解池的概念
		70	原电池和电解池的区别，原电池的正负极
		71	金属的电化学腐蚀，金属防护的方法

考纲要求 »

考试内容		序号	说　明	考试要求
化学反应速率与化学平衡	化学反应速率	63	了解化学反应速率的概念	A
		64	了解化学反应速率的定量表示方法	A
		65	理解温度、浓度、压强和催化剂对化学反应速率的影响	A/B
	化学平衡	66	了解可逆反应的定义	A
		67	了解化学平衡常数的意义	A
		68	理解化学平衡移动原理	A/B
	原电池、电解池	69	了解原电池、电解池的概念	A
		70	能区别原电池和电解池，会判断原电池其正负极	A
		71	了解金属的电化学腐蚀，了解金属防护的方法	A

第一节　化学反应速率

1. 了解化学反应速率的概念。
2. 了解化学反应速率的定量表示方法。
3. 理解温度、浓度、压强和催化剂对化学反应速率的影响。

知识点63　化学反应速率的概念

【知识梳理】

1. 概念

化学反应速率是研究化学反应进行的快慢程度的物理量。

2. 表示方法

化学反应速率可以用单位时间内反应物浓度的减少或生成物浓度的增加来表示。常用单位为 mol/(L·s)或 mol/(L·min)等。

【例题分析】

(单选题)在下列过程中,需要加快化学反应速率的是(　　)。

A. 炼钢　　　　　　B. 塑料老化　　　　C. 食物腐败　　　　D. 钢铁腐蚀

答案:A

解析:本题主要考查化学反应速率的应用。本题本题属于容易题。

【巩固练习】

一、单选题

下列措施是为了降低化学反应速率的是(　　)。

A. 食品放在冰箱中贮藏　　　　　　　　B. 工业炼钢用纯氧代替空气

C. 合成氨工业中使用催化剂　　　　　　D. 在加热条件下,用氢气还原氧化铜

二、判断题

1. 化学反应速率的单位是 mol/L。　　　　　　　　　　　　　　　　　(　　)

A. 正确　　　　　　　　　　　　　B. 错误

2. 化学平衡发生移动时,化学反应速率一定发生变化。　　　　　　　　(　　)

A. 正确　　　　　　　　　　　　　B. 错误

✪ 知识点64　化学反应速率的定量表示方法

【知识梳理】

1. 熟悉三种浓度

(1)起始浓度:指反应物或生成物开始反应时的浓度。常用c(起始)表示。

(2)终了浓度:指反应物或生成物经过一段时间后的浓度。常用c(终了)表示。

(3)变化浓度:指化学反应过程中某一段时间内反应物减少的浓度或生成物增加的浓度。

2. 计算公式:(用v表示化学反应速率)

$$v(某反应物)=\frac{开始浓度-终了浓度}{消耗时间}=\frac{c(开始)-c(终了)}{\Delta t}$$

$$v(某生成物)=\frac{终了浓度-开始浓度}{消耗时间}=\frac{c(终了)-c(开始)}{\Delta t}$$

$v=\Delta c/\Delta t$（Δc——浓度变化量;Δt——反应时间）

注意事项:

① 随着反应的进行,物质浓度不断变化,反应速率也不断变化,因此某一段时间内的反应速率实际是平均速率,而不是即时速率,均取正值。

② 对于化学反应:$a\mathrm{A(g)}+b\mathrm{B(g)}=\!=\!=c\mathrm{C(g)}+d\mathrm{D(g)}$有:

$$a:b:c:d=\begin{cases}\Delta n(\mathrm{A}):\Delta n(\mathrm{B}):\Delta n(\mathrm{C}):\Delta n(\mathrm{D})\\\Delta c(\mathrm{A}):\Delta c(\mathrm{B}):\Delta c(\mathrm{C}):\Delta c(\mathrm{D})\\v(\mathrm{A}):v(\mathrm{B}):v(\mathrm{C}):v(\mathrm{D})\end{cases}$$

③ 同一反应里用不同物质浓度变化来表示反应速率时,其数值不一定相同,故应标明是用哪种物质表示的化学反应速率,但这些数值表示的意义是相同的,均表示该化学反应的快慢。

④ 同一反应在不同条件下反应速率大小比较时,应转化为同一物质的速率进行比较。

【例题分析】

(单选题)某反应的生成物Y浓度在2 min内由0变成了4 mol/L,则以Y表示该反应在2 min内的平均反应速率为(　　)。

A. 8 mol/(L·min)　　　　　　　　　B. 4 mol/(L·min)

C. 2 mol/(L·min)　　　　　　　　　D. 1 mol/(L·min)

> 答案:C
>
> 解析:本题主要考查化学反应速率的定量表示方法。本题属于容易题。

【巩固练习】

单选题

向体积为2 L的容器中加入1 mol N_2和3 mol H_2,合成氨。2 min之后达到平衡,测得氮气为0.6 mol。氮气的反应速率是(　　)。

A. 0.1 mol/(L·min)　　　　　　B. 0.2 mol/(L·min)

C. 0.3 mol/(L·min)　　　　　　D. 0.6 mol/(L·min)

知识点 65　温度、浓度、压强和催化剂对化学反应速率的影响

【知识梳理】

1. 浓度对化学反应速率的影响

当其他条件不变时,增大反应物的浓度,可以提高化学反应速率;减小反应物的浓度,可以降低化学反应速率。

2. 温度对化学反应速率的影响

当其他条件不变时,升高温度,反应速率增大。

3. 压强对反应速率的影响

对于有气体参加的化学反应,若其他条件不变,压强的变化实质上是气体浓度的变化。因此增大压强,反应速率提高;减小压强,反应速率降低。

4. 催化剂对反应速率的影响

催化剂是指能提高反应速率而在反应前后本身的质量和化学性质不变的物质。

【例题分析】

1. (单选题)在一定条件下,能使 $A(g) + B(g) \rightleftharpoons C(g) + D(g)$ 正反应速率增大的措施是(　　)。

    A. 减小 C 和 D 的浓度　　　　　B. 增大 D 的浓度

    C. 减小 B 的浓度　　　　　　　D. 增大 A 和 B 的浓度

    答案: D

    解析: 本题属于容易题。本题主要考查浓度对化学反应速率的影响因素。

2. (单选题)实验室用锌粒与 2 mol/L 硫酸制取氢气,下列措施不能增大反应速率的是(　　)。

    A. 用锌粉代替锌粒　　　　　　B. 改用 3 mol/L 硫酸

    C. 改用热的 2 mol/L 硫酸　　　D. 向浓硫酸中加入等体积水

    答案: D

    解析: 本题属于容易题。本题主要考查浓度对化学反应速率的影响因素。

【巩固练习】

一、单选题

1. 决定化学反应速率的根本因素是(　　)。

    A. 温度　　　　B. 反应物的浓度　　C. 反应物的本性　　D. 压强

2. 把下列金属分别投入到 0.1 mol/L 盐酸中,能发生反应且反应最剧烈的是(　　)。

    A. Fe　　　　　B. Al　　　　　　C. Mg　　　　　　D. Cu

3. 下列各组溶液,同时开始反应,出现浑浊最早的是(　　)。

　　A. 20 ℃时 5 mL 0.05 mol/L Na₂S₂O₃ 溶液与 5 mL 0.1 mol/L 硫酸混合

　　B. 20 ℃时 5 mL 0.1 mol/L Na₂S₂O₃ 溶液与 5 mL 0.1 mol/L 硫酸混合

　　C. 10 ℃时 5 mL 0.05 mol/L Na₂S₂O₃ 溶液与 5 mL 0.1 mol/L 硫酸混合

　　D. 10 ℃时 5 mL 0.1 mol/L Na₂S₂O₃ 溶液与 5 mL 0.1 mol/L 硫酸混合

4. 小朋友玩的荧光棒放在热水中,荧光棒会更亮,原因之一是(　　)。

　　A. 反应物浓度减小,反应速率减小

　　B. 反应物浓度增加,反应速率增加

　　C. 温度升高,反应速率增加

　　D. 热水对反应起催化作用,从而加快了反应速率

5. 下列条件的改变对反应 $C(s)+H_2O(g) \rightleftharpoons CO(g)+H_2(g)$ 的反应速率几乎无影响的是(　　)。

　　A. 增加 C(s) 的量　　　　　　　　　B. 将容器的体积缩小一半

　　C. 保持体积不变,增大压强　　　　　D. 保持压强不变,增大体积

6. 下列 H_2O_2 溶液发生分解反应 $H_2O_2 \xrightarrow{} O_2\uparrow + 2H_2O$,氧气生成速率最大的是(　　)。

　　A. 5% 的 H_2O_2 溶液　　　　　　　B. 10% 的 H_2O_2 溶液

　　C. 20% 的 H_2O_2 溶液　　　　　　D. 30% 的 H_2O_2 溶液

7. 在反应 $C+CO_2 \rightleftharpoons 2CO$ 中,可使反应速率增大的措施是(　　)。

　　A. 增大压强　　　B. 降低温度　　　C. 增大碳的量　　　D. 增大容器体积

8. 实验室用锌粒与 2 mol/L 硫酸制取氢气,下列措施不能增大反应速率的是(　　)。

　　A. 用锌粉代替锌粒　　　　　　　　B. 改用 3 mol/L 硫酸

　　C. 改用热的 2 mol/L 硫酸　　　　　D. 向浓硫酸中加入等体积水

二、判断题

1. 在其他条件不变时,使用催化剂只能改变化学反应速率,而不能改变化学平衡状态。

　　　　　　　　　　　　　　　　　　　　　　　　　　　　　　　　　(　　)

　　A. 正确　　　　　　　　　　　　　B. 错误

2. 当其它条件不变时,对有气体参加的反应增加反应物的浓度可以增大化学反应速率。

　　　　　　　　　　　　　　　　　　　　　　　　　　　　　　　　　(　　)

　　A. 正确　　　　　　　　　　　　　B. 错误

3. 当其它条件不变时,升高温度可以增大化学反应速率。　　　　　　(　　)

　　A. 正确　　　　　　　　　　　　　B. 错误

4. 当其它条件不变时,使用催化剂可以增大化学反应速率。　　　　　(　　)

　　A. 正确　　　　　　　　　　　　　B. 错误

5. 如果参加反应的物质是固体、液体或溶液时,增加压强均可以增加化学反应速率。

　　　　　　　　　　　　　　　　　　　　　　　　　　　　　　　　　(　　)

　　A. 正确　　　　　　　　　　　　　B. 错误

6. 化学反应速率发生变化时,化学平衡一定移动。　　　　　　　　　(　　)

A. 正确　　　　　　　　　　　　B. 错误

7. 使用催化剂一定可以加快化学反应速率。　　　　　　　　　　　（　　　）

A. 正确　　　　　　　　　　　　B. 错误

8. 升高温度,逆反应速率减小。　　　　　　　　　　　　　　　　（　　　）

A. 正确　　　　　　　　　　　　B. 错误

三、多选题

1. 影响化学反应速率的主要的外界因素是(　　　)。

A. 浓度　　　　　B. 压强　　　　　C. 温度　　　　　　D. 催化剂

2. 用铁片与稀硫酸反应制氢气时,下列措施能使氢气生成速率加大的是(　　　)。

A. 加热　　　　　　　　　　　B. 不用稀硫酸,改用98%浓硫酸

C. 加水稀释硫酸　　　　　　　D. 不用铁片,改用铁粉

3. 盐酸与块状碳酸钙反应时,能使反应的最初速率明显加快的是(　　　)。

A. 将盐酸的体积增加1倍　　　　B. 盐酸的浓度增加1倍

C. 温度升高30 ℃　　　　　　　D. 改用更小块的碳酸钙

第二节　化学平衡

1. 了解可逆反应的定义;
2. 了解化学平衡常数的意义;
3. 理解化学平衡移动原理。

⊛ 知识点 66　可逆反应的定义

【知识梳理】

1. 研究的对象:可逆反应。
2. 化学平衡状态:在一定条件下可逆反应中正反应速率和逆反应速率相等,反应混合物中各组分的浓度保持不变的状态,简称化学平衡。

注意:化学平衡的概念应注意三点:

① 前提:"一定条件""可逆反应";
② 实质:正、逆反应速率相等;
③ 标志:反应混合物中各组分的浓度保持不变。

【巩固练习】

一、单选题

对于在密闭容器中进行的可逆反应 $2SO_2(g) + {}^{18}O_2(g) \rightleftharpoons 2SO_3(g)$,下列说法正确的是(　　)。

A. 容器内只含有 ${}^{18}O_2$、SO_2、SO_3 三种分子

B. ${}^{18}O$ 只存在 ${}^{18}O_2$ 分子中

C. 容器内含有 ${}^{18}O_2$、$S{}^{18}O_2$、$S{}^{18}O_3$ 等分子

D. 以上说法都不对(不合理)

二、判断题

对于合成氨的反应,1 mol N_2 和 3 mol H_2 可以生成 2 mol NH_3。　　　　　(　　)

A. 正确　　　　　　　　　　　　　　B. 错误

⊛ 知识点 67　化学平衡常数的意义

【知识梳理】

1. 逆:研究对象可逆反应。
2. 等:$v_{(正)} = v_{(逆)} \neq 0$

3. 动：化学平衡是动态平衡。虽然 $v_{(正)}=v_{(逆)}$，但正、逆反应仍在进行，其反应速率不等于零。

4. 定：各组分的质量分数一定。

5. 变：外界条件改变，平衡也随之改变。

6. 无：化学平衡的建立与反应从哪个方向（正向、逆向、双向）开始无关。

【例题分析】

1. （单选题）一定条件下反应 $2AB(g) \Longrightarrow A_2(g)+B_2(g)$ 达到平衡状态的标志是（　　）。

　　A. 单位时间内生成 n mol A_2，同时生成 $2n$ mol AB

　　B. 容器内，3 种气体 AB、A_2、B_2 共存

　　C. AB 的消耗速率等于 A_2 的消耗速率

　　D. 容器中的总压强不随时间变化而变化

答案：A

解析：本题属于中等难度题。本题主要考查化学平衡状态的判定。

2. （单选题）对于可逆反应 $M+N \Longrightarrow Q$ 达到平衡时，下列说法正确的是（　　）。

　　A. M、N、Q 三种物质的量浓度一定相等

　　B. M、N 全部变成了 Q

　　C. 反应混合物各成分的百分组成不再变化

　　D. 反应已经停止

答案：C

解析：本题属于容易题。本题主要考查化学平衡状态的判定。

【巩固练习】

一、单选题

1. 在一定温度下，2 L 密闭容器内，反应 $2SO_2(g)+O_2(g) \Longrightarrow 2SO_3(g)$ 体系中，$n(SO_2)$ 随时间的变化如表 6-1 所示。

表 6-1　$n(SO_2)$ 随时间的变化

时间/min	0	1	2	3	4	5
$n(SO_2)$/mol	0.050	0.025 0	0.012 5	0.008	0.008	0.008

该反应达到平衡状态的时间是（　　）。

　　A. 3 min　　　　B. 1 min　　　　C. 2 min　　　　D. 0 min

2. 可逆反应达到平衡的重要特征是（　　）。

　　A. 反应停止了　　　　　　　　B. 正、逆反应的速率均为零

　　C. 正、逆反应都还在继续进行　　D. 正、逆反应的速率相等

3. 在一定条件下，对于密闭容器中进行的可逆反应：$2HI(g) \Longrightarrow H_2(g)+I_2(g)$，下列说法中，能说明这一反应已经达到化学平衡状态的是（　　）。

    A. 容器内混合气体颜色不再变化　　　B. HI、H_2、I_2 在容器中共存

    C. HI、H_2、I_2 的浓度相等　　　　　D. HI、H_2、I_2 分子数比为 2∶1∶1

4. 在一定条件下,对于密闭容器中进行的可逆反应:$2HI(g) + H_2(g) \rightleftharpoons I_2(g)$,下列说法中,能说明这一反应已经达到化学反应平衡的是(　　)。

    A. 正、逆反应速率都等于零　　　　　B. HI、H_2、I_2 的浓度相等

    C. HI、H_2、I_2 在容器中共存　　　D. HI、H_2、I_2 的浓度均不再变化

5. 对于反应 $CH_3COOH + H_2O_2 \rightleftharpoons CH_3COOOH + H_2O$,下列有关说法正确的是(　　)。

    A. 降低温度可加快该反应速率　　　　B. 使用正催化剂可提高该反应速率

    C. 达到平衡时,$v(正) = v(逆) = 0$　　　D. 达到平衡时,H_2O_2 转化率为 100%

6. 下列说法不正确的是(　　)。

    A. 化学反应速率理论是研究怎样在一定时间内快出产品

    B. 化学平衡理论是研究怎样使用有限原料多出产品

    C. 化学反应速率理论是研究怎样提高原料转化率

    D. 化学平衡理论是研究怎样使原料尽可能多地转化为产品

二、判断题

1. 达到化学平衡状态时,容器里混合气体中各种气体浓度都不再发生变化。　　　(　　)

    A. 正确　　　　　　　　　　　　　　B. 错误

2. 达到化学平衡状态时,化学反应也停止了。　　　　　　　　　　　　　　(　　)

    A. 正确　　　　　　　　　　　　　　B. 错误

3. 化学平衡常数越大,表示反应进行的越完全。　　　　　　　　　　　　(　　)

    A. 正确　　　　　　　　　　　　　　B. 错误

4. 达到化学平衡状态时,正反应速率等于逆反应速率。　　　　　　　　　(　　)

    A. 正确　　　　　　　　　　　　　　B. 错误

三、多选题

可逆反应达平衡后,下列说法正确的是(　　)。

A. 正反应速率等于逆反应速率　　　　　B. 不再进行反应

C. 混合物的各成分的百分含量不变　　　D. 各反应物的转化率不一定相等

⊛ 知识点 68　化学平衡移动原理

【知识梳理】

    可逆反应中,旧化学平衡的破坏,新化学平衡的建立的过程叫做化学平衡的移动。

    1. 化学平衡移动的实质

    化学平衡移动的实质是外界因素破坏了原平衡状态时 $v_正 = v_逆$ 的条件,使正、逆反应速率不再相等,然后在新的条件下达到正、逆反应速率相等。也就是说,化学平衡的移动是:平衡状态→不平衡状态→新平衡状态。

    2. 平衡发生移动的标志:

    平衡发生移动的标志是新平衡与原平衡各物质的百分含量发生了变化。

3. 外界条件对化学平衡的影响

(1)浓度:其他条件不变时,增大反应物浓度或减小生成物浓度都会使平衡向正反应方向移动。改变物质浓度不包括固体和纯液体,即固体或纯液体物质的量的增加和减少,不影响浓度,从而不影响化学反应速率,也不影响化学平衡。

(2)压强:其他条件不变时,增大压强,会使平衡向气体体积缩小的方向移动。

注意:

(1) 若反应前后气体体积无变化,改变压强,能同时改变正、逆反应速率,$v_正 = v_逆$,平衡不移动。

(2) 压强变化是指平衡混合物体积变化而引起的总压变化,若平衡混合物的体积不变,而加入"惰气",虽然总压变化了,但平衡混合物的浓度仍不变,速率不变,平衡不移动。

(3) 若加入"惰气",保持总压不变,此时只有增大体系体积,这就相当于降低了平衡体系的压强,平衡向气体体积增大的方向移动。

4. 温度

在其他条件不变时,升高温度,化学平衡向吸热反应方向移动。降低温度,平衡向放热反应方向移动。

5. 催化剂

催化剂能同等程度地改变正、逆反应速率,因此不影响化学平衡,但可大大地缩短反应达到平衡所需的时间。

原理:如果改变影响平衡的某一条件(如浓度、压强、温度),平衡就向着能够减弱这种改变的方向移动。

【例题分析】

(单选题)在 $N_2 + 3H_2 \rightleftharpoons 2NH_3$ 反应达到平衡时,增大压强化学平衡会(　　)。

A. 向正反应方向移动　　　　　　B. 向气体体积增大的方向移动

C. 向逆反应方向移动　　　　　　D. 平衡不移动

答案:A

解析:本题主要考查化学平衡移动原理。本题属于较难题。

【巩固练习】

一、单选题

1. 对于合成氨反应达到平衡状态时,说法正确的是(　　)。

　A. 反应物和生成物的浓度相等

　B. 反应物和生成物的浓度不再发生变化

　C. 降低温度,平衡不发生移动

　D. 增大压强,不利于合成氨的反应

2. 工业炼铁是在高炉中进行的,高炉炼铁的主要反应是:

① $2C(焦炭) + O_2(空气) \xrightarrow{高温} 2CO$;

② $Fe_2O_3 + 3CO \xrightarrow{高温} 2Fe + 3CO_2$

该炼铁工艺中,对焦炭的实际使用量远远高于按照化学方程式计算的所需量,其主要原因是（　　）。

A. CO 过量   B. CO 与铁矿石接触不充分

C. 炼铁高炉的高度不够   D. CO 与 Fe_2O_3 的反应有一定限度

二、判断题

1. 其他条件不变,增大压强,会使化学平衡向正反应方向移动。 　　　　　　　（　　）

  A. 正确   B. 错误

2. 其他条件不变,升高温度,会使化学平衡向正反应方向移动。 　　　　　　　（　　）

  A. 正确   B. 错误

3. 其他条件不变,升高温度,会使化学平衡向吸热方向移动。 　　　　　　　　（　　）

  A. 正确   B. 错误

4. 高压对合成氨反应有利。 　　　　　　　　　　　　　　　　　　　　　　（　　）

  A. 正确   B. 错误

5. 使用催化剂可以提高反应物平衡转化率。 　　　　　　　　　　　　　　　（　　）

  A. 正确   B. 错误

6. 其它条件不变,使用催化剂可以改变化学反应速率,但不能改变化学平衡状态。

　　　　　　　　　　　　　　　　　　　　　　　　　　　　　　　　　　（　　）

  A. 正确   B. 错误

三、多选题

在一定条件下,发生 $CO + NO_2 \rightleftharpoons CO_2 + NO$ 的反应,达到化学平衡后,下列条件改变,能使混合气体颜色发生变化的是（　　）。

A. 使用催化剂   B. 改变温度

C. 改变反应物浓度   D. 充入 O_2

第三节 原电池电解池

学习目标

1. 了解原电池、电解池的概念；
2. 能区别原电池和电解池，会判断原电池其正负极；
3. 了解金属的电化学腐蚀，了解金属防护的方法。

学习内容

☆ **知识点69 原电池、电解池的概念**

【知识梳理】

原电池和电解池的比较如表6-2所示。

表6-2 原电池和电解池的比较

装 置	原电池	电解池
实例	Zn Cu ——稀硫酸	Zn Cu ——稀硫酸
原理		
形成条件	① 电极：两种不同的导体相连 ② 电解质溶液：能与电极反应	① 电源 ② 电极（惰性或非惰性） ③ 电解质（水溶液或熔化态）
反应类型	自发的氧化还原反应	非自发的氧化还原反应
电极名称	由电极本身性质决定： ①正极：材料性质较不活泼的电极 ②负极：材料性质较活泼的电极	由外电源决定： ①阳极：连电源的正极 ②阴极：连电源的负极
电极反应	①负极：$Zn-2e^-==Zn^{2+}$（氧化反应） ②正极：$2H^++2e^-==H_2\uparrow$（还原反应）	①阴极：$Cu^{2+}+2e^-==Cu$（还原反应） ②阳极：$2Cl^--2e^-==Cl_2\uparrow$（氧化反应）
电子流向	负极流向正极	阳极流出阴极流入
电流方向	正极流向负极	正极流向负极
能量转化	化学能转化为电能	电能转化为化学能
应用	① 抗金属的电化腐蚀 ② 实用电池	① 电解食盐水（氯碱工业） ② 电镀（镀铜） ③ 电冶（冶炼 Na、Mg、Al） ④ 精炼（精铜）

【例题分析】

(单选题)右图为某化学兴趣小组设计的一个原电池,装置中电流表的指针发生偏转,则 X 应为(   )。

A. 水

B. 酒精

C. 稀硫酸

D. 植物油

答案:C

解析:本题属于容易题。本题主要考查原电池的特点。

【巩固练习】

一、单选题

1. 在锌、铜和稀硫酸组成的原电池中,电极反应正确的是(   )。

A. 负极:$Zn-2e^-=\!=\!=Zn^{2+}$

B. 正极:$2H^+=\!=\!=H_2\uparrow+2e^-$

C. 正极:$Cu-2e^-=\!=\!=Cu^{2+}$

D. 负极:$Cu^{2+}+2e^-=\!=\!=Cu$

2. 下列关于原电池的叙述中,错误的是(   )。

A. 构成原电池的正极和负极必须是两种不同的金属

B. 原电池是将化学能转化为电能的装置

C. 在原电池中,电子流出的一极是负极,发生氧化反应

D. 原电池的正极得到电子

3. 关于铜锌原电池,下列说法中正确的是(   )。

A. 锌片逐渐溶解

B. 烧杯中溶液逐渐呈蓝色

C. 电子由铜片通过导线流向锌片

D. 该装置能将电能转变为化学能

4. 某原电池结构如右图所示,下列有关该原电池的说法正确的是(   )。

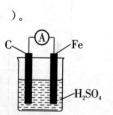

A. 能将电能转换成化学能

B. 电子从碳棒经外电路流向铁棒

C. 碳棒发生氧化反应

D. 总反应为 $Fe+H_2SO_4=\!=\!=FeSO_4+H_2\uparrow$

二、判断题

1. 原电池是化学能转化为电能。   (   )

A. 正确   B. 错误

2. 电解池是电能转化为化学能。   (   )

A. 正确   B. 错误

3. 原电池的电极只能由两种不同的金属构成。   (   )

A．正确　　　　　　　　　　　　　　B．错误

4．用导线连接的两种不同金属同时插入液体中,能形成原电池。（　　）

A．正确　　　　　　　　　　　　　　B．错误

知识点70　原电池和电解池的区别,原电池的正、负极

【例题分析】

（单选题）如右图所示的原电池中,锌电极为（　　）。

A．负极

B．正极

C．发生还原反应的一极

D．发生氧化反应的一极

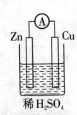

> **答案**：AD
> **解析**：本题主要考查原电池的特点。本题属于容易题。

【巩固练习】

一、单选题

1．对于锌、铜和稀硫酸组成的原电池（图6-4）,下列有关说法不正确的是（　　）。

A．Zn 是负极

B．Cu 是正极

C．负极上发生氧化反应

D．正极上发生氧化反应

2．下列装置中能构成原电池的是（　　）。

 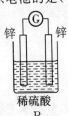  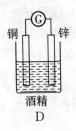

3．图为番茄电池示意图,其能量转化的主要方式是（　　）。

A．化学能转换为电能

B．化学能转换为光能

C．电能转换为化学能

D．光能转换为化学能

4．下列有关上题图中所示原电池装置描述正确的是（　　）。

A．石墨电极作负极

B．铁片上的反应：$Fe - 2e^- =\!=\!= Fe^{2+}$

C．铁电极附近溶液中氢离子浓度增大

D. 电子由石墨电极通过导线流向铁电极

二、判断题

1. 对于原电池,比较不活泼的一极为正极。　　　　　　　　　　　　（　　）
　　A. 正确　　　　　　　　　　　　B. 错误

2. 对于原电池,电子流出的一极为正极。　　　　　　　　　　　　　（　　）
　　A. 正确　　　　　　　　　　　　B. 错误

3. 对于原电池,正极发生氧化反应。　　　　　　　　　　　　　　　（　　）
　　A. 正确　　　　　　　　　　　　B. 错误

4. 对于铜锌原电池,铜为正极。　　　　　　　　　　　　　　　　　（　　）
　　A. 正确　　　　　　　　　　　　B. 错误

★知识点 71　金属的电化学腐蚀,金属防护的方法

【知识梳理】

化学腐蚀和电化学腐蚀的区别如表 6-3 所示。

项目	化学腐蚀	电化学腐蚀
条件	金属直接和氧化剂发生反应	不纯金属和电解质溶液接触
有无电流	无电流产生	有电流产生
反应速率	电化学腐蚀＞化学腐蚀	
结果	使金属腐蚀	使较活泼的金属较快腐蚀

【例题分析】

(单选题)下列有关金属的腐蚀与防护的说法中,不正确的是(　　)。

A. 温度越高,金属腐蚀速率越快

B. 在铁管外壁上镀锌可防止其被腐蚀

C. 金属被腐蚀的本质是金属发生了氧化反应

D. 在铁管外壁上镀锡可防止其被腐蚀

> **答案:** D
>
> **解析:** 本题属于容易题。本题主要考查金属的腐蚀与防护。

【巩固练习】

一、单选题

1. 为防止碳素钢菜刀生锈,在使用后特别是切过咸菜后,应将其(　　)。
　　A. 洗净、擦干　　　B. 浸泡在水中　　　C. 浸泡在食醋中　　　D. 直接置于空气中

2. 下列金属防腐措施中,利用原电池原理的是(　　)。
　　A. 在金属表面喷漆
　　B. 在金属中加入一些铬或镍制成合金
　　C. 在轮船的钢铁壳体水线以下部分装上锌块
　　D. 使金属表面生成致密稳定的氧化物保护膜

3. 下列条件下铁钉最容易生锈的是(　　)。

    A. 浸泡在植物油中　　　　　　　B. 浸泡在海水中

    C. 置于干燥的空气中　　　　　　D. 浸泡在蒸馏水中

二、判断题

1. 表面镀锌的铁皮不易生锈。　　　　　　　　　　　　　　　　　　(　　)

    A. 正确　　　　　　　　　　　　B. 错误

2. 表面镀锡的铁皮不易生锈。　　　　　　　　　　　　　　　　　　(　　)

    A. 正确　　　　　　　　　　　　B. 错误

三、多选题

以下现象与电化腐蚀有关的是(　　)。

A. 黄铜(铜锌合金)制作的铜器不易产生铜绿

B. 生铁比软铁芯(几乎是纯铁)容易生锈

C. 铁质水管与铜质水龙头连接,在接触处易生铁锈

D. 银制奖牌久置后表面变暗

综合练习

一、单选题

1. 在下列过程中,需要加快化学反应速率的是(　　)。
　　A. 炼钢　　　　　　　B. 塑料老化　　　　C. 食物腐败　　　　　D. 钢铁腐蚀

2. 决定化学反应速率的根本因素是(　　)。
　　A. 温度　　　　　　　B. 反应物的浓度　　C. 反应物的本性　　D. 压强

3. 向体积为 2 L 的容器中加入 1 mol 和 3 mol,合成氨。2min 之后达到平衡,测得氮气为 0.6 mol。氮气的反应速率是(　　)。
　　A. 0.1 mol/(L·min)　　　　　　　　　B. 0.2 mol/(L·min)
　　C. 0.3 mol/(L·min)　　　　　　　　　D. 0.6 mol/(L·min)

4. 在一定条件下,能使 $A(g)+B(g) \rightleftharpoons C(g)+D(g)$ 正反应速率增大的措施是(　　)。
　　A. 减小 C 和 D 的浓度　　　　　　　B. 增大 D 的浓度
　　C. 减小 B 的浓度　　　　　　　　　　D. 增大 A 和 B 的浓度

5. 下列措施是为了降低化学反应速率的是(　　)。
　　A. 食品放在冰箱中贮藏　　　　　　　B. 工业炼钢用纯氧代替空气
　　C. 合成氨工业中使用催化剂　　　　　D. 在加热条件下,用氢气还原氧化铜

6. 小朋友玩的荧光棒放在热水中,荧光棒会更亮,原因之一是(　　)。
　　A. 反应物浓度减小,反应速率减小
　　B. 反应物浓度增加,反应速率增加
　　C. 温度升高,反应速率增加
　　D. 热水对反应起催化作用,从而加快了反应速率

7. 下列条件的改变对反应 $C(s)+H_2O(g) \rightleftharpoons CO(g)+H_2(g)$ 的反应速率几乎无影响的是(　　)。
　　A. 增加 C(s) 的量　　　　　　　　　　B. 将容器的体积缩小一半
　　C. 保持体积不变,增大压强　　　　　D. 保持压强不变,增大体积

8. 在反应 $C+CO_2 \rightleftharpoons 2CO$ 中,可使反应速率增大的措施是(　　)。
　　A. 增大压强　　　　B. 降低温度　　　　C. 增大碳的量　　　D. 增大容器体积

9. 实验室用锌粒与 2 mol/L 硫酸制取氢气,下列措施不能增大反应速率的是(　　)。
　　A. 用锌粉代替锌粒　　　　　　　　　B. 改用 3 mol/L 硫酸
　　C. 改用热的 2 mol/L 硫酸　　　　　　D. 向浓硫酸中加入等体积水

10. 某反应的生成物 Y 浓度在 2 min 内由 0 mol/L 变成了 4 mol/L,则以 Y 表示该反应在 2 min 内的平均反应速率为(　　)。
　　A. 8 mol/(L·min)　　　　　　　　　　B. 4 mol/(L·min)
　　C. 2 mol/(L·min)　　　　　　　　　　D. 1 mol/(L·min)

11. 对于合成氨反应达到平衡状态时,说法正确的是(　　)。

  A. 反应物和生成物的浓度相等 B. 反应物和生成物的浓度不再发生变化

  C. 降低温度，平衡不发生移动 D. 增大压强，不利于合成氨的反应

12. 一定条件下反应 $2AB(g) \rightleftharpoons A_2(g) + B_2(g)$ 达到平衡状态的标志是(　　)。

  A. 单位时间内生成 n mol A_2，同时生成 $2n$ mol AB

  B. 容器内，3 种气体 AB、A_2、B_2 共存

  C. AB 的消耗速率等于 A_2 的消耗速率

  D. 容器中的总压强不随时间变化而变化

13. 对于可逆反应 $M + N \rightleftharpoons Q$ 达到平衡时，下列说法正确的是(　　)。

  A. M、N、Q 三种物质的量浓度一定相等

  B. M、N 全部变成了 Q

  C. 反应混合物各成分的百分比组成不再变化

  D. 反应已经停止

14. 工业炼铁是在高炉中进行的，高炉炼铁的主要反应是：

  ① $2C(焦炭) + O_2(空气) \xrightarrow{高温} 2CO$；

  ② $Fe_2O_3 + 3CO \xrightarrow{高温} 2Fe + 3CO_2$。

  该炼铁工艺中，对焦炭的实际使用量要远远高于按照化学方程式计算所需其主要原因是(　　)。

  A. CO 过量 B. CO 与铁矿石接触不充分

  C. 炼铁高炉的高度不够 D. CO 与 Fe_2O_3 的反应有一定限度

15. 对于在密闭容器中进行的可逆反应 $2SO_2(g) + {}^{18}O_2(g) \rightleftharpoons 2SO_3(g)$，下列说法正确的是(　　)。

  A. 容器内只含有 ${}^{18}O_2$、SO_2、SO_3 三种分子

  B. ${}^{18}O$ 只存在 ${}^{18}O_2$ 分子中

  C. 容器内含有 ${}^{18}O_2$、$S{}^{18}O_2$、$S{}^{18}O_3$ 等分子

  D. 以上说法都不对(不合理)

16. 可逆反应达到平衡的重要特征是(　　)。

  A. 反应停止了 B. 正、逆反应的速率均为零

  C. 正、逆反应都还在继续进行 D. 正、逆反应的速率相等

17. 在一定条件下，对于密闭容器中进行的可逆反应 $2HI(g) \rightleftharpoons H_2(g) + I_2(g)$，下列说法中，能说明这一反应已经达到化学平衡状态的是(　　)。

  A. 容器内混合气体颜色不再变化 B. HI、H_2、I_2 在容器中共存

  C. HI、H_2、I_2 的浓度相等 D. HI、H_2、I_2 分子数比为 2:1:1

18. 下列属于可逆反应的是(　　)。

  A. $2SO_2 + O_2 \underset{加热}{\overset{催化剂}{\rightleftharpoons}} 2SO_3$ B. $SO_3 + H_2O \longrightarrow H_2SO_4$

  C. $HCl + NaOH \longrightarrow NaCl + H_2O$ D. $2Na + 2H_2O \longrightarrow 2NaOH + H_2 \uparrow$

19. 在一定条件下，对于密闭容器中进行的可逆反应 $2HI(g) \rightleftharpoons H_2(g) + I_2(g)$，下列说法中，能说明这一反应已经达到化学反应平衡的是(　　)。

A. 正、逆反应速率都等于零　　　　　B. HI、H_2、I_2 的浓度相等

C. HI、H_2、I_2 在容器中共存　　　D. HI、H_2、I_2 的浓度均不再变化

20. 对于反应 $CH_3COOH + H_2O_2 \rightleftharpoons CH_3COOOH + H_2O$，下列有关说法正确的（　　）。

　　A. 降低温度可加快该反应速率　　　　B. 使用正催化剂可提高该反应速率

　　C. 达到平衡时，$v(正) = v(逆) = 0$　　D. 达到平衡时，H_2O_2 转化率为 100%

21. 下列说法不正确的是（　　）。

　　A. 化学反应速率理论是研究怎样在一定时间内快出产品

　　B. 化学平衡理论是研究怎样使用有限原料多出产品

　　C. 化学反应速率理论是研究怎样提高原料转化率

　　D. 化学平衡理论是研究怎样使原料尽可能多地转化为产品

22. 对于锌、铜和稀硫酸组成的原电池（如右图），下列有关说法不正确的是（　　）。

　　A. Zn 是负极

　　B. Cu 是正极

　　C. 负极上发生氧化反应

　　D. 正极上发生氧化反应

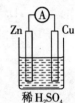

23. 下列装置中能构成原电池的是（　　）。

24. 为防止碳素钢菜刀生锈，在使用后特别是切过咸菜后，应将其（　　）。

　　A. 洗净、擦干　　B. 浸泡在水中　　C. 浸泡在食醋中　　D. 直接置于空气中

25. 下列金属防腐措施中，利用原电池原理的是（　　）。

　　A. 在金属表面喷漆

　　B. 在金属中加入一些铬或镍制成合金

　　C. 在轮船的钢铁壳体水线以下部分装上锌块

　　D. 使金属表面生成致密稳定的氧化物保护膜

26. 下列条件下铁钉最容易生锈的是（　　）。

　　A. 浸泡在植物油中　　　　　　　　　B. 浸泡在海水中

　　C. 置于干燥的空气中　　　　　　　　D. 浸泡在蒸馏水中

27. 下列关于原电池的叙述中，错误的是（　　）。

　　A. 构成原电池的正极和负极必须是两种不同的金属

　　B. 原电池是将化学能转化为电能的装置

　　C. 在原电池中，电子流出的一极是负极，发生氧化反应

　　D. 原电池的正极得到电子

28. 关于铜锌原电池，下列说法中正确的是（　　）。

A. 锌片逐渐溶解

B. 烧杯中溶液逐渐呈蓝色

C. 电子由铜片通过导线流向锌片

D. 该装置能将电能转变为化学能

29. 下列有关金属的腐蚀与防护的说法中,不正确的是(　　)。

A. 温度越高,金属腐蚀速率越快

B. 在铁管外壁上镀锌可防止其被腐蚀

C. 金属被腐蚀的本质是金属发生了氧化反应

D. 在铁管外壁上镀锡可防止其被腐蚀

30. 下列有关右图所示原电池装置描述正确的是(　　)。

A. 石墨电极作负极

B. 铁片上的反应:$Fe-2e^- \Longrightarrow Fe^{2+}$

C. 铁电极附近溶液中氢离子浓度增大

D. 电子由石墨电极通过导线流向铁电极

二、判断题

1. 达到化学平衡状态时,容器里混合气体中各种气体浓度都不再发生变化。　　(　　)

A. 正确　　　　　　　　　　　B. 错误

2. 达到化学平衡状态时,化学反应也停止了。　　(　　)

A. 正确　　　　　　　　　　　B. 错误

3. 其他条件不变,升高温度,会使化学平衡向正反应方向移动。　　(　　)

A. 正确　　　　　　　　　　　B. 错误

4. 化学平衡常数越大,表示反应进行的越完全。　　(　　)

A. 正确　　　　　　　　　　　B. 错误

5. 对于合成氨的反应,1 mol N_2 和 3 mol H_2 可以生成 2 mol NH_3。　　(　　)

A. 正确　　　　　　　　　　　B. 错误

6. 高压对合成氨反应有利。　　(　　)

A. 正确　　　　　　　　　　　B. 错误

7. 使用催化剂可以提高反应物平衡转化率。　　(　　)

A. 正确　　　　　　　　　　　B. 错误

8. 其他条件不变,使用催化剂可以改变化学反应速率,但不能改变化学平衡状态。

(　　)

A. 正确　　　　　　　　　　　B. 错误

9. 原电池是化学能转化为电能。　　(　　)

A. 正确　　　　　　　　　　　B. 错误

10. 对于原电池,比较不活泼的一极为正极。　　(　　)

A. 正确　　　　　　　　　　　B. 错误

11. 对于原电池,电子流出的一极为正极。　　(　　)

A. 正确　　　　　　　　　　　B. 错误

12. 对于原电池,正极发生氧化反应。 （　　）

    A. 正确   B. 错误

13. 对于铜锌原电池,铜为正极。 （　　）

    A. 正确   B. 错误

14. 用导线连接的两种不同金属同时插入液体中,能形成原电池。 （　　）

    A. 正确   B. 错误

15. 表面镀锌的铁皮不易生锈。 （　　）

    A. 正确   B. 错误

16. 表面镀锡的铁皮不易生锈。 （　　）

    A. 正确   B. 错误

17. 在其他条件不变时,使用催化剂只能改变化学反应速率,而不能改变化学平衡状态。

（　　）

    A. 正确   B. 错误

18. 当其他条件不变时,对有气体参加的反应增加反应物的浓度可以增大化学反应速率。

（　　）

19. 当其他条件不变时,升高温度可以增大化学反应速率。 （　　）

    A. 正确   B. 错误

20. 如果参加反应的物质是固体、液体或溶液时,增加压强均可以增加化学反应速率。

（　　）

    A. 正确   B. 错误

21. 化学反应速率发生变化时,化学平衡一定移动。 （　　）

    A. 正确   B. 错误

22. 化学平衡发生移动时,化学反应速率一定发生变化。 （　　）

    A. 正确   B. 错误

23. 使用催化剂一定可以加快化学反应速率。 （　　）

    A. 正确   B. 错误

24. 升高温度,逆反应速率减小。 （　　）

    A. 正确   B. 错误

三、多选题

1. 影响化学反应速率的主要的外界因素是（　　）。

    A. 浓度   B. 压强   C. 温度   D. 催化剂

2. 用铁片与稀硫酸反应制氢气时,下列措施能使氢气生成速率加大的是（　　）。

    A. 加热   B. 不用稀硫酸,改用98%浓硫酸

    C. 加水稀释硫酸   D. 不用铁片,改用铁粉

3. 盐酸与块状碳酸钙反应时,能使反应的最初速率明显加快的是（　　）。

    A. 将盐酸的体积增加一倍   B. 盐酸的浓度增加一倍

    C. 温度升高30 ℃   D. 改用更小块的碳酸钙

4. 可逆反应达平衡后,下列说法正确的是（　　）。

A. 正反应速率等于逆反应速率　　　B. 不再进行反应

C. 混合物的各成分的百分含量不变　D. 各反应物的转化率不一定相等

5. 在一定条件下,发生 $CO+NO_2 \Longrightarrow CO_2+NO$ 的反应,达到化学平衡后,下列条件改变,能使混合气体颜色发生变化的是(　　)。

A. 使用催化剂　　　　　　　　　B. 改变温度

C. 改变反应物浓度　　　　　　　D. 充入 O_2

6. 以下现象与电化腐蚀有关的是(　　)。

A. 黄铜(铜锌合金)制作的铜器不易产生铜绿

B. 生铁比软铁芯(几乎是纯铁)容易生锈

C. 铁质水管与铜质水龙头连接,在接触处易生铁锈

D. 银制奖牌久置后表面变暗

7. 如右图所示的原电池中,锌电极为(　　)。

A. 负极

B. 正极

C. 发生还原反应的一极

D. 发生氧化反应的一极

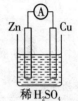

稀H_2SO_4

第七章
电解质溶液

 **知识结构** »

知识分类		序号	知识点
电解质溶液	电解质	72	电解质、非电解质、强电解质、弱电解质的概念
		73	典型电解质的电离方程式的书写
		74	弱电解质的电离平衡及影响因素
	溶液 pH 值的计算	75	水的电离平衡及影响因素（酸、碱、水解盐对其影响）
		76	盐溶液的酸碱性判断方法
		77	强酸、强碱溶液 pH 值的计算方法
	盐类的水解	78	盐类水解的本质
		79	常见离子能否水解的判断
		80	温度、浓度、酸度对盐类水解平衡的影响
	离子反应	81	离子反应的本质和意义
		82	简单离子反应的离子方程式的书写

考纲要求 »

考试内容		序号	说　明	考试要求
电解质溶液	电解质	72	了解电解质、非电解质、强电解质、弱电解质的概念	A
		73	能写出典型电解质的电离方程式	A/B
		74	了解弱电解质的电离平衡及影响因素	A
	溶液 pH 值的计算	75	了解水的电离平衡及影响因素（酸、碱、水解盐对其影响）	A
		76	了解盐溶液的酸碱性判断方法	A
		77	理解强酸、强碱溶液 pH 值的计算方法	A/B
	盐类的水解	78	理解盐类水解的本质	A/B
		79	会判断常见离子能否水解	A
		80	了解温度、浓度、酸度对盐类水解平衡的影响	A
	离子反应	81	理解离子反应的本质和意义	A/B
		82	会书写简单离子反应的离子方程式	A/B/C

第一节　电解质溶液

1. 了解电解质、非电解质、强电解质、弱电解质的概念；

2. 能写出典型电解质的电离方程式；

3. 了解弱电解质的电离平衡及影响因素。

● 知识点 72　电解质、非电解质、强电解质、弱电解质的概念

【知识梳理】

1. 电解质和非电解质

凡是在水溶液里或熔化状态下能够导电的化合物叫做电解质。凡是在水溶液里和熔化状态下都不导电的化合物叫做非电解质。

2. 强电解质和弱电解质（表 7-1）。

表 7-1　强电解质和弱电解质的比较

项目	强电解质	弱电解质
定义	在水溶液中（或熔化状态）全部电离成离子的电解质	在水溶液中只有部分电离成离子的电解质
电离程度	完全电离	部分电离
存在形式	电解质离子	电解质分子和离子
化合物类型	离子化合物，某些共价化合物	某些共价化合物
代表物	大多数盐：包括可溶性盐及难溶性盐（钾盐、钠盐、铵盐、硝酸盐均可溶，$BaSO_4$ 等不溶） 强酸：H_2SO_4、HCl、HNO_3 等 强碱：$NaOH$、KOH、$Ba(OH)_2$ 等 活泼金属氧化物：Na_2O、MgO 等	弱酸：H_2CO_3、HF、H_2SO_3、H_2S、CH_3COOH 等 弱碱：$NH_3 \cdot H_2O$ 及大多数不溶性碱、水

【例题分析】

（单选题）下列物质中属于弱电解质的是（　　）。

A. $BaSO_4$　　　　　B. CH_3COOH　　　　　C. $NaOH$　　　　　D. NH_3

答案：B

解析：主要考查弱电解质概念。本题属于容易题。

【巩固练习】

一、单选题

1. 下列物质中属于电解质的是(　　　)。

    A. HCl 溶液   B. Cu   C. NaCl   D. CO_2

2. 下列物质中属于非电解质的是(　　　)。

    A. HCl   B. H_2O C. NaCl 溶液   D. CO_2

3. 下列物质中属于强电解质的是(　　　)。

    A. H_2SO_4 B. CH_3COOH C. Cl_2 D. H_2O

二、判断题

1. 铜的导电能力很强,所以是强电解质。   (　　)

    A. 正确   B. 错误

2. 水能部分电离所以 H_2O 是弱电解质。   (　　)

    A. 正确   B. 错误

3. 蔗糖、酒精是非电解质。   (　　)

    A. 正确   B. 错误

★ 知识点 73　典型电解质的电离方程式的书写

【知识梳理】

1. 正确书写离子符号。电离过程中元素或原子团的化合价不变,离子所带电荷和种类与数目与它在化合物中所显示的化合价一致,但表示离子的电荷不能与表示化合价相混淆。

2. 正确表示离子数目。离子的个数要写在离子符号前面。

3. 电离方程式必须配平。配平时既要保证电离前后元素的种类、原子或原子团的个数相等,又要保证所有阳离子带的正电荷的总数与所有阴离子带的负电荷的总数相等。

【例题分析】

1. (单选题)下列物质中,不能电离出 Cl^- 的是(　　　)。

    A. NaCl   B. $KClO_3$ C. HCl   D. KCl

答案:B

解析:本题属于容易题。主要考查电解质的电离。

2. (单选题)下列电离方程式书写正确的是(　　　)。

    A. $H_2SO_4 \rightleftharpoons 2H^+ + SO_4^{2-}$ B. $CH_3COOH \Longrightarrow CH_3COO^- + H^+$

    C. $HCl \Longrightarrow H^+ + Cl^-$ D. $NH_3 \cdot H_2O \rightleftharpoons NH_3 + H_2O$

答案:C

解析:本题属于容易题。本题主要考查电解质的电离。

【巩固练习】

一、单选题

1. 下列电离方程式错误的是(　　　)。

A. $K_2SO_4 \Longrightarrow K^+ + SO_4^{2-}$　　　　B. $CH_3COOH \Longrightarrow CH_3COO^- + H^+$

C. $NaOH \Longrightarrow Na^+ + OH^-$　　　　D. $HNO_3 \Longrightarrow H^+ + NO_3^-$

二、多选题

1. 下列电离方程式正确的有(　　)。

　A. $Ba(OH)_2 \Longrightarrow Ba^{2+} + OH^-$　　　B. $CH_3COOH \Longrightarrow CH_3COO^- + H^+$

　C. $NaCl \Longrightarrow Na^+ + Cl^-$　　　D. $NH_3 \cdot H_2O \Longrightarrow NH_4^+ + OH^-$

2. 下列电离方程式错误的有(　　)。

　A. $Ba(OH)_2 \Longrightarrow Ba^{2+} + (OH)_2^-$　　　B. $CH_3COOH \Longrightarrow CH_3COO^- + H^+$

　C. $KCl \Longrightarrow K^+ + Cl^-$　　　D. $NH_3 \cdot H_2O \Longrightarrow NH_3 + H_2O$

✿ 知识点74　弱电解质的电离平衡及影响因素

【知识梳理】

1. 概念:一定条件(温度、浓度)下,当电解质分子电离成离子的速率和离子重新结合成分子的速率相等时,电离过程就达到了平衡状态。

2. 弱电解质电离平衡的影响因素:浓度、温度、酸碱性等。

(1)浓度:同一弱电解质,浓度越大,电离程度越小。

(2)温度:弱电解质电离过程均要吸热,因此温度升高,电离程度增大(若不指明温度,一般指25 ℃)。

3. 电离平衡常数

一元弱酸:$CH_3COOH \Longrightarrow CH_3COO^- + H^+$

$$K_a = \frac{c(CH_3COO^-) \cdot c(H^+)}{c(CH_3COOH)}$$

(1) 电离平衡常数是温度的函数,温度不变 K 不变。

(2)K 值越大,该弱电解质越易电离,其对应的弱酸弱碱越强;K 值越小,该弱电解质越难电离,其对应的弱酸弱碱越弱;即通过 K 值大小可判断弱电解质相对强弱。

【例题分析】

(单选题)要使 $NH_3 \cdot H_2O \Longrightarrow NH_4^+ + OH^-$ 该平衡向右移动,可选的操作是(　　)。

A. 加入少量稀盐酸　　　　B. 加入少量氯化铵固体

C. 加入少量氢氧化钠固体　　　　D. 加入少量氯化钠固体

答案:A

解析:本题属于容易题。本题主要考查弱电解质的电离平衡

【巩固练习】

一、单选题

1. 要使 $CH_3COOH \Longrightarrow CH_3COO^- + H^+$ 该平衡向左移动,可选的操作是(　　)。

　A. 向溶液中加入少量氢氧化钠固体　　B. 向溶液中加入少量醋酸钠固体

　C. 向溶液中加入少量氯化钠固体　　　D. 加水

2. 欲增大醋酸溶液中醋酸根离子的浓度,可加入少量的固体是(　　)。

A. Na_2SO_4 　　　　B. $NaCl$ 　　　　C. CH_3COONa 　　　D. $NaHSO_4$

二、判断题

1. 醋酸溶液中有醋酸根离子,没有醋酸分子。 　　　　　　　　　　　　　（　　）
   A. 正确 　　　　　　　　　　　　　B. 错误
2. 一水合氨的解离方程式为:$NH_3 \cdot H_2O \Longrightarrow NH_3 + H_2O$。 　　　　　（　　）
   A. 正确 　　　　　　　　　　　　　B. 错误
3. 醋酸的电离方程式为:$CH_3COOH \Longrightarrow CH_3COO^- + H^+$。 　　　　（　　）
   A. 正确 　　　　　　　　　　　　　B. 错误
4. 向醋酸溶液中加入少量的醋酸钠,其电离平衡向右移动。 　　　　　　（　　）
   A. 正确 　　　　　　　　　　　　　B. 错误
5. 向氨水中加入少量的氯化铵固体,其电离平衡向左移动。 　　　　　　（　　）
   A. 正确 　　　　　　　　　　　　　B. 错误
6. 醋酸的浓度越低其电离程度越小。 　　　　　　　　　　　　　　　　（　　）
   A. 正确 　　　　　　　　　　　　　B. 错误
7. 温度越高弱电解质的电离程度越大。 　　　　　　　　　　　　　　　（　　）
   A. 正确 　　　　　　　　　　　　　B. 错误

第二节　溶液 pH 值的计算

1. 了解水的电离平衡及影响因素(酸、碱、水解盐对其影响);
2. 了解盐溶液的酸碱性判断方法;
3. 理解强酸、强碱溶液 pH 值的计算方法。

✪ 知识点 75　水的电离平衡及影响因素(酸、碱、水解盐对其影响)

【知识梳理】

$H_2O + H_2O \rightleftharpoons H_3O^+ + OH^-$ 简写为: $H_2O \rightleftharpoons H^+ + OH^-$

在一定温度下,纯水或酸性或碱性的稀溶液中 $c(H^+)$ 与 $c(OH^-)$ 的乘积是一个常数,用 K_w 表示,称为水的离子积常数,由于水的解离过程是一个吸热过程,温度不同,K_w 不同,在 25 ℃时,$K_w = 1 \times 10^{-14}$;当温度升高时,K_w 将变大。比如在 100 ℃时,$K_w = 5.5 \times 10^{-13}$。

1. 在酸溶液中,$c(H^+)$ 被近似看成是酸电离出来的 H^+ 浓度,$c(OH^-)$ 则来自于水的电离,且 $c(OH^-) = \dfrac{1 \times 10^{-14}}{c(H^+)}$。

2. 在碱溶液中,$c(OH^-)$ 被近似看成是碱电离出来的 OH^- 浓度,而 $c(H^+)$ 则是来自于水的电离,且 $c(H^+) = \dfrac{1 \times 10^{-14}}{c(OH^-)}$。

【例题分析】

(单选题)下列关于水的电离平衡说法正确的是(　　　)。

A. 水的电离常数与温度无关　　　　　B. 酸性溶液中只有 H^+ 没有 OH^-

C. 强酸可以破坏水的电离平衡　　　　D. 弱酸不会破坏水的电离平衡

答案:C

解析:本题属于容易题。本题主要考查水的电离平衡。

【巩固练习】

一、单选题

1. 25 ℃时的纯水中氢离子浓度是(　　　)。

A. 0 mol/L　　　　B. 1 mol/L　　　　C. 1×10^{-7} mol/L　D. 不能确定

2. 加入下列物质能使水的电离平衡向右移动的是(　　　)。

A. $NaCl$　　　　B. $NaOH$　　　　C. H_2SO_4　　　　D. CH_3COONa

3. 下列物质能抑制水的电离的是( )。

　A. NaOH　　　　B. NH₄Cl　　　　C. Na₂SO₄　　　　D. CH₃COONa

二、判断题

1. 任何温度下,水的离子积常数一定是 1.0×10^{-14}。　　　　　　　　( )

　A. 正确　　　　　　　　　　　　B. 错误

2. 强酸能抑制水的电离。　　　　　　　　　　　　　　　　　　( )

　A. 正确　　　　　　　　　　　　B. 错误

3. 水解盐醋酸钠能促进水的电离。　　　　　　　　　　　　　　( )

　A. 正确　　　　　　　　　　　　B. 错误

学 习 内 容

★ 知识点 76　盐溶液的酸碱性判断方法

【知识梳理】

常温 25 ℃时:

1. 在中性溶液中,$c(H^+) = c(OH^-) = 1 \times 10^{-7}$ mol/L ⟹ pH=7

2. 在酸性溶液中,$c(H^+) > c(OH^-)$,$c(H^+) > 1 \times 10^{-7}$ mol/L,pH<7,溶液酸性越强, $c(H^+)$ 越大,pH 值越小。

3. 在碱性溶液中,$c(H^+) < c(OH^-)$,$c(H^+) < 1 \times 10^{-7}$ mol/L,pH>7,溶液碱性越强, $c(H^+)$ 越小,pH 值越大。

注意:对于浓度大于 1.0 mol/L 的酸碱溶液一般不用 pH 表示。

【例题分析】

(单选题)下列物质的水溶液呈碱性的是( )。

　A. CH₃COONa　　B. NaCl　　　　C. BaSO₄　　　　D. HCl

　答案:A

　解析:本题属于容易题,主要考查盐类的水解。

【巩固练习】

一、单选题

1. 下列物质中属于水解性盐类的是( )。

　A. NaCl　　　　B. Na₂SO₄　　　C. Na₂CO₃　　　D. KNO₃

2. 下列物质中不属于水解盐的是( )。

　A. NH₄Cl　　　　B. Na₂SO₄　　　C. CH₃COONa　　D. CuSO₄

3. 下列物质的水溶液呈酸性的是( )。

　A. NaCl　　　　B. CH₃COONa　　C. Na₂CO₃　　　D. NH₄Cl

二、判断题

1. 加少量的硫酸可以抑制 CuSO₄ 的水解。　　　　　　　　　　( )

　A. 正确　　　　　　　　　　　　B. 错误

2. 明矾净水是利用了铝离子的水解产生 $Al(OH)_3$ 胶体具有吸附性。　　　　　　　　（　　）

　　A. 正确　　　　　　　　　　　　　　B. 错误

3. CH_3COONa 溶液中 CH_3COO^- 和 Na^+ 浓度相等。　　　　　　　　　　　　（　　）

　　A. 正确　　　　　　　　　　　　　　B. 错误

4. NH_4Cl 溶液中 Cl^- 浓度大于 NH_4^+ 浓度。　　　　　　　　　　　　　　　（　　）

　　A. 正确　　　　　　　　　　　　　　B. 错误

5. $[H^+]>[OH^-]$ 溶液一定呈酸性。　　　　　　　　　　　　　　　　　　　　（　　）

　　A. 正确　　　　　　　　　　　　　　B. 错误

三、多选题

下列物质的水溶液呈酸性的有（　　　　）。

A. $NaCl$　　　　　B. $CuSO_4$　　　　　C. Na_2CO_3　　　　　D. CH_3COOH

学习内容

☆知识点 77　强酸、强碱溶液 pH 值的计算方法

【知识梳理】

强酸或强碱溶液的 pH 值

（1）表示方法：$pH=-\lg\{c(H^+)\}$（适用范围：稀溶液）。

（2）测定方法：pH 试纸（不能先用水润湿试纸）、酸碱指示剂、pH 计。

（3）$c(H^+)=10^{-pH}$；$c(OH^-)=10^{pH-14}$（用含 pH 的表达式表示）。

【例题分析】

（单选题）0.01 mol/L HCl 溶液的 pH 值为（　　　　）。

A. 1　　　　　　B. 2　　　　　　C. 7　　　　　　D. 12

答案：B

解析：本题属于容易题。本题主要考查溶液 pH 值的计算。

【巩固练习】

一、单选题

1. 0.01 mol/L NaOH 溶液的 pH 值为（　　　　）。

　　A. 2　　　　　　B. 7　　　　　　C. 12　　　　　　D. 13

2. 下列说法正确的是（　　　　）。

　　A. 溶液酸性越强，其 pH 值越大

　　B. 任何时候中性溶液的 pH 值一定为 7

　　C. pH 值小于 7 的降雨就是酸雨

　　D. 当 $[H^+]>[OH^-]$ 时，其溶液一定是酸性溶液

3. 甲溶液的 pH 为 4，乙溶液的 pH 为 2，甲溶液与乙溶液的 $c(H^+)$ 之比为（　　　　）。

　　A. 1/100　　　　　B. 1/2　　　　　C. 2　　　　　　D. 100

4. pH＝2 的盐酸和 pH＝12 的氢氧化钠溶液以等体积混合，混合液呈（　　　　）。

A. 中性   B. 酸性   C. 碱性   D. 无法判断

5. 25 ℃时等物质的量的 CH_3COOH 与 $NaOH$ 反应后溶液的 pH(   )。

A. ＝7   B. ＞7   C. ＜7   D. 不可知

二、判断题

1. 0.005 mol/L 的 H_2SO_4 溶液 pH 值为 2。   (   )

A. 正确   B. 错误

2. 0.01 mol/L 的 CH_3COOH 溶液 pH 值为 2。   (   )

A. 正确   B. 错误

第三节　盐类的水解

1. 理解盐类水解的本质；

2. 会判断常见离子能否水解；

3. 了解温度、浓度、酸度对盐类水解平衡的影响。

✪ 知识点 78　盐类水解的本质

【知识梳理】

1. 盐类的水解：盐的离子跟水电离出来的氢离子或氢氧根离子生成弱电解质的反应。

2. 盐类水解的一般规律：谁弱谁水解，谁强显谁性；两强不水解，两弱更水解，越弱越水解。

【例题分析】

(单选题)关于盐类的水解，下列说法正确的是(　　)。

A. 盐类水解一般是不可逆的

B. 盐类水解是中和反应的逆反应

C. 升温可以促进盐类的水解

D. 加酸一定能促进盐类的水解

> **答案：** BC
>
> **解析：** 本题属于容易题。本题主要考查盐类的水解。

【巩固练习】

一、单选题

1. 明矾净水起主要作用的离子是(　　)。

A. SO_4^{2-}　　　　　B. Al^{3+}　　　　　C. K^+　　　　　D. OH^-

2. NH_4Cl 溶液中浓度最大的离子是(　　)。

A. Cl^-　　　　　B. H^+　　　　　C. OH^-　　　　　D. NH_4^+

二、判断题

1. 0.01 mol/L 的 CH_3COOH 溶液中 $[H^+]$ 为 0.01 mol/L。　　　　　(　　)

A. 正确　　　　　　　　　　　B. 错误

2. 0.01 mol/L 的 CH_3COOH 溶液中 $[H^+]$ < 0.01 mol/L。　　　　(　　)

A. 正确　　　　　　　　　　　B. 错误

3. 0.01 mol/L 的 CH_3COOH 溶液 pH > 2。　　　　　　　　　　(　　)

A. 正确　　　　　　　　　　　B. 错误

✿ 知识点79　常见离子能否水解的判断

【知识梳理】

1. 定义:在溶液中盐的离子跟水所电离出来的 H^+ 或 OH^- 生成弱电解质的过程叫做盐类的水解。

2. 条件:盐必须溶于水,盐必须能电离出弱酸根离子或弱碱阳离子。

3. 实质:弱电解质的生成,破坏了水的电离,促进水的电离平衡发生移动的过程。

4. 规律:难溶不水解,有弱才水解,无弱不水解;谁弱谁水解,越弱越水解,都弱都水解;谁强显谁性(适用于正盐),同强显中性,弱弱具体定;越弱越水解,越热越水解,越稀越水解。即盐的构成中出现弱碱阳离子或弱酸根阴离子,该盐就会水解;这些离子对应的碱或酸越弱,水解程度越大,溶液的 pH 变化越大;水解后溶液的酸碱性由构成该盐离子对应的酸和碱相对强弱决定,酸强显酸性,碱强显碱性。

【例题分析】

(单选题)下列离子中不能水解的是(　　)。

A. SO_4^{2-}　　　　　　B. Al^{3+}　　　　　　C. Cu^{2+}　　　　　　D. NH_4^+

> 答案:A
>
> 解析:本题属于容易题。本题主要考查水解的条件。

✿ 知识点80　温度、浓度、酸度对盐类水解平衡的影响

【知识梳理】

盐类水解平衡的影响因素,影响水解平衡进行程度的最主要因素是盐本身的性质。

1. 组成盐的酸根对应的酸越弱,水解程度越大,碱性就越强,pH 越大。

2. 组成盐的阳离子对应的碱越弱,水解程度越大,酸性越强,pH 越小。

3. 外界条件对平衡移动也有影响,移动方向应符合勒夏特列原理,下面以 NH_4^+ 水解为例:

(1)温度:水解反应为吸热反应,升温平衡右移,水解程度增大。

(2)浓度:改变平衡体系中每一种物质的浓度,都可使平衡移动。盐的浓度越小,水解程度越大。

(3)溶液的酸碱度:加入酸或碱能促进或抑制盐类的水解。例如:水解呈酸性的盐溶液,若加入碱,就会中和溶液中的 H^+,使平衡向水解的方向移动而促进水解;若加入酸,则抑制水解。

同种水解相互抑制,不同水解相互促进。(酸式水解——水解生成 H^+;碱式水解——水解生成 OH^-)

【例题分析】

(单选题)下列说法正确的是(　　)。

A. 任何水溶液中的 H^+ 和 OH^- 都是由水电离出来的

B. 弱电解质溶液稀释后,溶液中各种离子浓度一定都减小

C. 酸碱恰好完全反应时溶液一定呈酸性

D. pH 值相同的盐酸溶液和硫酸溶液,其氢离子浓度一定相同

答案: D

解析: 本题属于容易题。主要考查盐类水解平衡的影响因素。

第四节　离子反应

1. 理解离子反应的本质和意义；
2. 会书写简单离子反应的离子方程式。

✪ 知识点 81　离子反应的本质和意义

【知识梳理】

1. 在反应中有离子参加或有离子生成的反应称为离子反应。仅限于在溶液中进行的反应，可以说离子反应是指在水溶液中有电解质参加的一类反应。

2. 离子方程式表示了反应的实质，即所有同一类型的离子之间的反应。

【例题分析】

（多选题）下列各组离子不能大量共存的有（　　）。

A. Na^+、Cu^{2+}、OH^-、SO_4^{2-}　　　　　　B. K^+、Ba^{2+}、NO_3^-、SO_4^{2-}

C. NH_4^+、K^+、Cl^-、OH^-　　　　　　D. Na^+、H^+、CH_3COO^-、NO_3^-

> **答案：** ABCD
>
> **解析：** 本题属于容易题。本题主要考查考查离子反应。

【巩固练习】

一、单选题

1. 下列离子中不能与 Ba^{2+} 大量共存的是（　　）。

   A. Cl^-　　　　　　B. OH^-　　　　　　C. SO_4^{2-}　　　　　　D. NO_3^-

2. 下列离子能与 CO_3^{2-} 大量共存的是（　　）。

   A. Ba^{2+}　　　　　　B. Fe^{3+}　　　　　　C. H^+　　　　　　D. Na^+

3. 下列离子能与 OH^- 大量共存的是（　　）。

   A. K^+　　　　　　B. Fe^{3+}　　　　　　C. H^+　　　　　　D. Mg^{2+}

4. 下列离子不能与 H^+ 大量共存的是（　　）。

   A. NO_3^-　　　　　　　　　　B. Cl^-

   C. OH^-　　　　　　　　　　D. Na^+

5. 下列各组离子，能在同一溶液中大量共存的是（　　）。

   A. Mg^{2+}、H^+、Cl^-、OH^-　　　　　　B. Na^+、Ba^{2+}、CO_3^{2-}、NO_3^-

   C. Na^+、H^+、Cl^-、CO_3^{2-}　　　　　　D. K^+、Cu^{2+}、NO_3^-、SO_4^{2-}

6. 在强酸性溶液中能大量共存的离子组是（　　）。

A. K^+、Na^+、NO_3^-、OH^-　　　　　　B. Mg^{2+}、Na^+、Cl^-、SO_4^{2-}

C. K^+、Na^+、CO_3^{2-}、Cl^-　　　　　　D. Na^+、Ba^{2+}、NO_3^-、SO_4^{2-}

7. 下列各组离子在强碱性溶液中可以大量共存的是(　　)。

A. Na^+、K^+、Cl^-、SO_4^{2-}　　　　　　B. K^+、NH_4^+、Cl^-、NO_3^-

C. Na^+、Mg^{2+}、NO_3^-、Cl^-　　　　　　D. Al^{3+}、K^+、SO_4^{2-}、NO_3^-

二、判断题

1. CO_3^{2-} 能与 H^+ 大量共存,也不能与 OH^- 大量共存。　　　　　　　　　　(　　)

A. 正确　　　　　　　　　　　　　　B. 错误

2. 离子反应的本质是某些离子浓度的减小。　　　　　　　　　　　　　　　　(　　)

A. 正确　　　　　　　　　　　　　　B. 错误

3. 离子方程式可以表示同一类型的离子反应。　　　　　　　　　　　　　　(　　)

A. 正确　　　　　　　　　　　　　　B. 错误

4. 氢氧化钙在离子方程式中一定用化学式表示。　　　　　　　　　　　　　(　　)

A. 正确　　　　　　　　　　　　　　B. 错误

三、多选题

下列离子不能与 H^+ 大量共存的是(　　)。

A. CO_3^{2-}　　　　　　　　　　　　B. CH_3COO^-

C. OH^-　　　　　　　　　　　　　D. Na^+

学习内容

★ **知识点 82　简单离子反应的离子方程式的书写方法**

【知识梳理】

1. 书写离子方程式的四个步骤

(1) 写——根据客观事实,写出正确的化学方程式。

(2) 拆——把易溶于水且易电离的物质写成离子形式,把难溶于水的物质或难电离的物质以及气体、单质、氧化物仍用分子式表示。对于难溶于水但易溶于酸的物质,如 $CaCO_3$、FeS、$Cu(OH)_2$、$Mg(OH)_2$ 等仍写成分子式。

(3) 删——对方程式的两边都有的相同离子,把其中不参加反应的离子,应"按数"消掉。

(4) 查——检查写出的离子方程式是否符合前三项的要求,并检查是否符合质量守恒,是否符合电荷守恒。

【例题分析】

(多选题)在下列化学方程式中,能够用离子方程式 $Ba^{2+} + SO_4^{2-} =\!=\!= BaSO_4 \downarrow$ 表示的是(　　)。

A. $Ba(OH)_2 + CuSO_4 =\!=\!= BaSO_4 \downarrow + Cu(OH)_2 \downarrow$

B. $BaCO_3 + H_2SO_4 =\!=\!= BaSO_4 \downarrow + CO_2 \uparrow + H_2O$

C. $Ba(OH)_2 + Na_2SO_4 =\!=\!= BaSO_4 \downarrow + 2NaOH$

D. $BaCl_2 + H_2SO_4 =\!=\!= BaSO_4 \downarrow + 2HCl$

答案：CD

解析：主要考查离子方程式。本题属于容易题。

【巩固练习】

一、单选题

1. 能用 $H^+ + OH^- = H_2O$ 表示离子反应方程式的反应是（　　）。

    A. NaOH 溶液和 CO_2 的反应　　　　　B. $BaCl_2$ 溶液和稀 H_2SO_4 的反应

    C. NaOH 溶液和稀 HCl 的反应　　　　　D. 氨水和稀 H_2SO_4 的反应

2. 下列化学反应离子方程式书写正确的是（　　）。

    A. 碳酸钙和稀盐酸反应 $CO_3^{2-} + 2H^+ = H_2O + CO_2 \uparrow$

    B. 向氢氧化钡溶液中滴加硫酸溶液 $Ba^{2+} + SO_4^{2-} = BaSO_4 \downarrow$

    C. 向稀盐酸溶液中加入铁粉 $3Fe + 6H^+ = 3Fe^{3+} + 3H_2 \uparrow$

    D. 向硝酸银溶液中滴加盐酸溶液 $Ag^+ + Cl^- = AgCl \downarrow$

3. 下列化学反应离子方程式书写正确的是（　　）。

    A. 氢氧化钡溶液与盐酸的反应 $OH^- + H^+ = H_2O$

    B. 澄清的石灰水与稀盐酸反应 $Ca(OH)_2 + 2H^+ = Ca^{2+} + 2H_2O$

    C. 铜片插入硝酸银溶液中 $Cu + Ag^+ = Cu^{2+} + Ag$

    D. 碳酸钙溶于稀盐酸中 $CO_3^{2-} + 2H^+ = H_2O + CO_2$

二、判断题

1. 实验室制氨气的反应可以用离子方程式 $NH_4^+ + OH^- = H_2O + NH_3 \uparrow$ 表示。

                                                         （　　）

    A. 正确　　　　　　　　　　　　　B. 错误

2. 少量二氧化碳通入氢氧化钠溶液的离子方程式为 $CO_2 + 2OH^- = CO_3^{2-} + H_2O$。

                                                           （　　）

    A. 正确　　　　　　　　　　　　　B. 错误

3. 氢氧化钡与硫酸溶液的反应的离子方程式为 $Ba^{2+} + SO_4^{2-} = BaSO_4 \downarrow$。（　　）

    A. 正确　　　　　　　　　　　　　B. 错误

4. 氢氧化铝溶于氢氧化钠溶液的离子方程式为 $Al(OH)_3 + OH^- = Al^{3+} + 2H_2O$。

                                                           （　　）

    A. 正确　　　　　　　　　　　　　B. 错误

综合练习

一、单选题

1. 下列物质中属于电解质的是(　　)。

　　A. HCl 溶液　　　　B. Cu　　　　　　C. NaCl　　　　　D. CO_2

2. 下列物质中属于非电解质的是(　　)。

　　A. HCl　　　　　　B. H_2O　　　　　C. NaCl 溶液　　　D. CO_2

3. 下列物质中,不能电离出 Cl^- 的是(　　)。

　　A. NaCl　　　　　B. $KClO_3$　　　　C. HCl　　　　　　D. KCl

4. 下列电离方程式书写正确的是(　　)。

　　A. $H_2SO_4 = 2H^+ + SO_4^{2-}$

　　B. $CH_3COOH = CH_3COO^- + H^+$

　　C. $HCl = H^+ + Cl^-$

　　D. $NH_3 \cdot H_2O = NH_3 + H_2O$

5. 下列说法中正确的是(　　)。

　　A. 稀盐酸溶液中有 HCl 分子

　　B. 醋酸溶液中有 CH_3COOH 分子

　　C. 中性溶液中没有 H^+

　　D. 纯水中没有 OH^-

6. 欲增大醋酸溶液中醋酸根离子浓度,可加入少量的固体是(　　)。

　　A. Na_2SO_4　　　B. NaCl　　　　　C. CH_3COONa　　D. $NaHSO_4$

7. 要使 $NH_3 \cdot H_2O = NH_4^+ + OH^-$ 该平衡向右移动,可选的操作是(　　)。

　　A. 加入少量稀盐酸

　　B. 加入少量氯化铵固体

　　C. 加入少量氢氧化钠固体

　　D. 加入少量氯化钠固体

8. 25 ℃时的纯水中氢离子浓度是(　　)。

　　A. 0 mol/L

　　B. 1 mol/L

　　C. 1×10^{-7} mol/L

　　D. 不能确定

9. 下列物质中属于水解性盐类的是(　　)。

　　A. NaCl　　　　　B. Na_2SO_4　　　C. Na_2CO_3　　　D. KNO_3

10. 下列物质中不属于水解盐的是(　　)。

　　A. NH_4Cl　　　　B. Na_2SO_4　　　C. CH_3COONa　　D. $CuSO_4$

11. 下列物质的水溶液呈酸性的是(　　)。

　　A. NaCl　　　　　B. CH_3COONa　　C. Na_2CO_3　　　D. NH_4Cl

12. 下列物质的水溶液呈碱性的是(　　)。

　　A. CH_3COONa　　B. NaCl　　　　　C. $BaSO_4$　　　　D. HCl

13. 0.01 mol/L NaOH 溶液的 pH 值为(　　)。

　　A. 2　　　　　　　B. 7　　　　　　　C. 12　　　　　　D. 13

14. 下列说法正确的是(　　)。

　　A. 溶液酸性越强,其 pH 值越大

　　B. 任何时候中性溶液的 pH 值一定为 7

C. pH 值小于 7 的降雨就是酸雨

D. 当[H^+]＞[OH^-]时,其溶液一定是酸性溶液

15. 甲溶液的 pH 为 4,乙溶液的 pH 为 2,甲溶液与乙溶液的 $c(H^+)$ 之比为(　　)。

A. 1/100　　　　B. 1/2　　　　C. 2　　　　D. 100

16. pH＝2 的盐酸和 pH＝12 的氢氧化钠溶液等以体积混合,混合液呈(　　)。

A. 中性　　　　B. 酸性　　　　C. 碱性　　　　D. 无法判断

17. 25 ℃时等物质的量的 CH_3COOH 与 NaOH 反应后溶液的 pH(　　)。

A. ＝7　　　　B. ＞7　　　　C. ＜7　　　　D. 不可知

18. 明矾净水起主要作用的离子是(　　)。

A. SO_4^{2-}　　　　B. Al^{3+}　　　　C. K^+　　　　D. OH^-

19. 下列说法正确的是(　　)。

A. 任何水溶液中的 H^+ 和 OH^- 都是由水电离出来的

B. 弱电解质溶液稀释后,溶液中各种离子浓度一定都减小

C. 酸碱恰好完全反应时溶液一定呈酸性

D. pH 值相同的盐酸溶液和硫酸溶液,其氢离子浓度一定相同

20. 下列离子能与 CO_3^{2-} 大量共存的是(　　)。

A. Ba^{2+}　　　　B. Fe^{3+}　　　　C. H^+　　　　D. Na^+

21. 下列离子能与 OH^- 大量共存的是(　　)。

A. K^+　　　　B. Fe_3^+　　　　C. H^+　　　　D. Mg^{2+}

22. 下列离子不能与 H^+ 大量共存的是(　　)。

A. NO_3^-　　　　B. Cl^-　　　　C. OH^-　　　　D. Na^+

23. 下列各组离子,能在同一溶液中大量共存的是(　　)。

A. Mg^{2+}、H^+、Cl^-、OH^-　　　　B. Na^+、Ba^{2+}、CO_3^{2-}、NO_3^-

C. Na^+、H^+、Cl^-、CO_3^{2-}　　　　D. K^+、Cu^{2+}、NO_3^-、SO_4^{2-}

24. 在强酸性溶液中能大量共存的离子组是(　　)。

A. K^+、Na^+、NO_3^-、OH^-　　　　B. Mg^{2+}、Na^+、Cl^-、SO_4^{2-}

C. K^+、Na^+、CO_3^{2-}、Cl^-　　　　D. Na^+、Ba^{2+}、NO_3^-、SO_4^{2-}

25. 下列各组离子在强碱性溶液中可以大量共存的是(　　)。

A. Na^+、K^+、Cl^-、SO_4^{2-}　　　　B. K^+、NH_4^+、Cl^-、NO_3^-

C. Na^+、Mg^{2+}、NO_3^-、Cl^-　　　　D. Al^{3+}、K^+、SO_4^{2-}、NO_3^-

二、判断题

1. 水能部分电离所以 H_2O 是弱电解质。　　　　　　　　　　　　　　　　　(　　)

A. 正确　　　　　　　　　　　　B. 错误

2. 蔗糖、酒精是非电解质。　　　　　　　　　　　　　　　　　　　　　　　(　　)

A. 正确　　　　　　　　　　　　B. 错误

3. 一水合氨的解离方程式为 $NH_3 \cdot H_2O \Longrightarrow NH_3 + H_2O$。　　　　　(　　)

A. 正确　　　　　　　　　　　　B. 错误

4. 醋酸的电离方程式为 $CH_3COOH \Longrightarrow CH_3COO^- + H^+$。　　　　　(　　)

A. 正确　　　　　　　　　　　　B. 错误

5. 向氨水中加入少量的氯化铵固体,其电离平衡向左移动。　　　　　(　　)

　　A. 正确　　　　　　　　　　　　B. 错误

6. 温度越高弱电解质的电离程度越大。　　　　　　　　　　　　　(　　)

　　A. 正确　　　　　　　　　　　　B. 错误

7. 任何温度下,水的离子积常数一定是 1.0×10^{-14}。　　　　　　(　　)

　　A. 正确　　　　　　　　　　　　B. 错误

8. 水解盐醋酸钠能促进水的电离。　　　　　　　　　　　　　　　(　　)

　　A. 正确　　　　　　　　　　　　B. 错误

9. 加少量的硫酸可以抑制的 $CuSO_4$ 水解。　　　　　　　　　　　(　　)

　　A. 正确　　　　　　　　　　　　B. 错误

10. 明矾净水是利用了铝离子的水解产生 $Al(OH)_3$ 胶体具有吸附性。　(　　)

　　A. 正确　　　　　　　　　　　　B. 错误

11. CH_3COONa 溶液中 CH_3COO^- 和 Na^+ 浓度相等。　　　　　(　　)

　　A. 正确　　　　　　　　　　　　B. 错误

12. $[H^+] > [OH^-]$ 溶液一定呈酸性。　　　　　　　　　　　　　(　　)

　　A. 正确　　　　　　　　　　　　B. 错误

13. 0.005 mol/L 的 H_2SO_4 溶液 pH 值为 2。　　　　　　　　　(　　)

　　A. 正确　　　　　　　　　　　　B. 错误

14. 0.01 mol/L 的 CH_3COOH 溶液 pH 值为 2。　　　　　　　　(　　)

　　A. 正确　　　　　　　　　　　　B. 错误

15. 0.01 mol/L 的 CH_3COOH 溶液中 $[H^+]$ 为 0.01 mol/L。　　(　　)

　　A. 正确　　　　　　　　　　　　B. 错误

16. 0.01 mol/L 的 CH_3COOH 溶液中 $[H^+] < 0.01$ mol/L。　　(　　)

　　A. 正确　　　　　　　　　　　　B. 错误

17. 0.01 mol/L 的 CH_3COOH 溶液 pH > 2。　　　　　　　　　(　　)

　　A. 正确　　　　　　　　　　　　B. 错误

18. 离子反应的本质是某些离子浓度的减小。　　　　　　　　　　　(　　)

　　A. 正确　　　　　　　　　　　　B. 错误

19. 离子方程式可以表示同一类型的离子反应。　　　　　　　　　　(　　)

　　A. 正确　　　　　　　　　　　　B. 错误

20. 氢氧化钡与硫酸溶液的反应的离子方程式为 $Ba^{2+} + SO_4^{2-} = BaSO_4 \downarrow$。　(　　)

三、多选题

1. 下列电离方程式正确的有(　　　)。

　　A. $Ba(OH)_2 = Ba^{2+} + OH^-$ 　　　　B. $CH_3COOH = CH_3COO^- + H^+$

　　C. $NaCl = Na^+ + Cl^-$ 　　　　　　　D. $NH_3 \cdot H_2O = NH_4^+ + OH^-$

2. 下列电离方程式错误的有(　　　)。

　　A. $Ba(OH)_2 = Ba^{2+} + (OH)^{2-}$ 　　B. $CH_3COOH = CH_3COO^- + H^+$

C. $KCl \Longrightarrow K^+ + Cl^-$ D. $NH_3 \cdot H_2O \Longrightarrow NH_3 + H_2O$

3. 关于盐类的水解下列说法正确的是( )。

    A. 盐类水解一般是不可逆的   B. 盐类水解是中和反应的逆反应

    C. 升温可以促进盐类的水解   D. 加酸一定能促进盐类的水解

4. 下列离子不能与 H^+ 大量共存的是( )。

    A. CO_3^{2-} B. CH_3COO^- C. OH^- D. Na^+

5. 下列各组离子不能大量共存的有( )。

    A. Na^+、Cu^{2+}、OH^-、SO_4^{2-} B. K^+、Ba^{2+}、NO_3^-、SO_4^{2-}

    C. NH_4^+、K^+、Cl^-、OH^- D. Na^+、H^+、CH_3COO^-、NO_3^-

6. 在下列化学方程式中,能够用离子方程式 $Ba^{2+} + SO_4^{2-} \Longrightarrow BaSO_4 \downarrow$ 表示的是( )。

    A. $Ba(OH)_2 + CuSO_4 \Longrightarrow BaSO_4 \downarrow + Cu(OH)_2 \downarrow$

    B. $BaCO_3 + H_2SO_4 \Longrightarrow BaSO_4 \downarrow + CO_2 \uparrow + H_2O$

    C. $Ba(OH)_2 + Na_2SO_4 \Longrightarrow BaSO_4 \downarrow + 2NaOH$

    D. $BaCl_2 + H_2SO_4 \Longrightarrow BaSO_4 \downarrow + 2HCl$

7. 下列物质的水溶液呈酸性的有( )。

    A. $NaCl$ B. $CuSO_4$ C. Na_2CO_3 D. CH_3COOH

第八章
烃

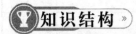 知识结构 »

知识分类		序号	知识点
烃	甲烷	83	沼气的主要成分
		84	甲烷分子式、电子式和空间构型
		85	燃烧反应的现象及爆炸的相关问题
		86	取代反应的定义（一取代反应）
	烷烃	87	烃、烃基的定义，甲基、乙基的写法
		88	同系物的概念、烷烃的通式的写法
		89	同分异构体的定义，丁烷、戊烷同分异构体的写法
		90	简单烷烃命名
	乙烯	91	乙烯分子式
		92	乙烯的氧化、取代及聚合反应
		93	乙烯的实验室制取方法
		94	乙烯的工业用途
	乙炔	95	乙炔的结构式
		96	乙炔的物理性质
		97	乙炔化学性质（氧化反应、与酸性高锰酸钾、溴水的反应）
	苯	98	苯的分子式、结构简式；六个碳原子之间的化学键类型
		99	苯的物理性质，强调毒性
		100	苯的化学性质（取代反应、氧化反应）
	煤与石油	101	石油的组成
		102	石油分馏、裂化、裂解的本质
		103	煤的组成及干馏

🏆 考纲要求 »

考试内容		序号	说　明	考试要求
烃	甲烷	83	了解沼气的主要成分	A
		84	了解甲烷分子式、电子式和空间构型	A
		85	理解燃烧反应的现象及爆炸的相关问题	A
		86	理解取代反应的定义（一取代反应）	A/B
	烷烃	87	了解烃、烃基的定义，知道甲基、乙基的写法	A
		88	了解同系物的概念、会写出烷烃的通式	A
		89	了解同分异构体的定义并会写出丁烷、戊烷同分异构体	A
		90	会给简单烷烃命名	A
	乙烯	91	了解乙烯分子式	A
		92	掌握乙烯的氧化、取代及聚合反应	A/B/C
		93	了解乙烯的实验室制取方法	A
		94	了解乙烯的工业用途	A
	乙炔	95	了解乙炔的结构式	A
		96	了解乙炔的物理性质	A
		97	掌握乙炔化学性质（氧化反应、与酸性高锰酸钾、溴水的反应）	A/B
	苯	98	了解苯的分子式、结构简式；了解六个碳原子之间的化学键类型	A
		99	了解苯的物理性质，强调毒性	A
		100	了解苯的化学性质（取代反应、氧化反应）	A
	煤与石油	101	了解石油的组成	A
		102	了解石油分馏、裂化、裂解的本质	A
		103	了解煤的组成及干馏	A

第一节　甲烷

1. 了解沼气的主要成分；

2. 了解甲烷分子式、电子式和空间构型；

3. 理解燃烧反应的现象及爆炸的相关问题；

4. 理解取代反应的定义。

知识点 83　了解沼气的主要成分

【知识梳理】

1. 烃：仅含有碳和氢两种元素的有机物；根据结构不同，烃可以分为烷烃、烯烃、炔烃、芳香烃等。

2. 饱和烃：碳原子之间均以 C—C 单键相连，其余的价键均为 H 原子所饱和。

3. 不饱和烃：含有碳碳重键（碳碳双键、碳碳叁键）的烃类化合物，如烯烃、炔烃等。

3. 甲烷的物理性质：通常状况下是无色无味的气体，密度小于空气，极难溶于水。

4. 甲烷的存在及用途：甲烷主要存在于天然气、沼气和煤矿坑气（瓦斯）中，其中天然气中含量最高，可达 80%～98%。此外，海底可燃冰的主要成分也是甲烷，是一种重要的燃料。

【例题分析】

1. （单选题）沼气的主要成分是（　　）。

　　A. 甲烷　　　　　　B. 乙烯　　　　　　C. 乙炔　　　　　　D. 乙烷

2. （判断题）甲烷是无色、没有气味的气体，极难溶于水。　　　　　　　　　　（　　）

　　A. 正确　　　　　　　　　　　　　　B. 错误

3. （多选题）下面关于甲烷说法正确的是（　　）。

　　A. 难溶于水　　　　　　　　　　B. 属于饱和烃

　　C. 属于不饱和烃　　　　　　　　D. 易溶于水

答案：1. A　2. A　3. AB

解析：本部分试题为容易题。考级能力要求为 A。考查知识为沼气的主要成分。要求能够掌握甲烷的物理性质并熟知甲烷的存在，知道沼气的主要成分。

【巩固练习】

一、单选题

将秸秆、垃圾、粪便等"废物"在隔绝空气的条件下发酵，产生的可燃性气体的主要成分是（　　）。

A. CO   B. H_2 C. CH_4 D. H_2S

二、判断题

家用或工业用天然气中,常掺入大量有特殊味气味的杂质气体,以警示气体的泄露。

                                                                 (   )

A. 正确   B. 错误

三、多选题

下列物质中,所含主要成分为甲烷的是(   )。

A. 沼气   B. 煤气   C. 天然气   D. 煤矿内瓦斯

学 习 内 容

⭐ **知识点84**   了解甲烷分子式、电子式和空间构型

【知识梳理】

1. 甲烷的结构

(1) 分子式:CH_4

(2) 电子式:

$$H \overset{\displaystyle H}{\underset{\displaystyle H}{\vdots C \vdots}} H$$

(3) 结构式:

$$H-\overset{\displaystyle H}{\underset{\displaystyle H}{\overset{|}{\underset{|}{C}}}}-H$$

(4) 结构简式:CH_4

(5) 空间构型:正四面体型

2. 有机物:含碳化合物(除 CO,CO_2、碳酸盐、碳酸氢盐、金属碳化物等)叫有机化合物,简称有机物;最简单的有机物为甲烷(CH_4)。

3. 烷烃:碳原子之间都以碳碳单键结合成链状,碳原子剩余的价键全部跟氢原子结合的烃叫饱和链烃,又称为烷烃;最简单的烷烃为甲烷(CH_4)。

【例题分析】

1. (单选题)甲烷分子的空间结构为(   )。

A. 平面   B. 正方形   C. 正四面体   D. 三角锥形

2. (判断题)甲烷是饱和烃。   (   )

A. 正确   B. 错误

答案:1. C   2. A

解析:本部分容易题。考级能力要求为 A。考查知识为甲烷分子式、电子式和空间构型。要求能够知道甲烷分子式、电子式和空间构型。

【巩固练习】

单选题

1. 最简单的有机物是( )。

    A. CH_4 B. C_2H_4 C. C_2H_2 D. C_6H_6

2. 最简单的烷烃是( )。

    A. CH_4 B. C_2H_4 C. C_2H_2 D. C_6H_6

学 习 内 容

知识点 85 理解燃烧反应的现象及爆炸的相关问题

【知识梳理】

1. 燃烧的定义:物质发生强烈的氧化还原反应,同时伴有放热和发光的现象称为燃烧;它具有发光、发热、生成新物质三个特征;最常见、最普遍的燃烧现象是可燃物在空气或氧气中的燃烧。

2. 燃烧的条件:燃烧必须同时具备三个条件——可燃物、助燃物、着火源,每一个条件要有一定的量,相互作用,燃烧才能发生。

3. 物质的爆炸:物质由一种状态迅速地转变为另一种状态,并瞬间以机械功的形式放出大量能量的现象,称为爆炸。爆炸时由于压力急剧上升而对周围物体产生破坏作用,爆炸的特点是具有破坏力、产生爆炸声和冲击波。常见的爆炸可分为物理性爆炸和化学性爆炸两类。

4. 爆炸极限:可燃气体、可燃液体蒸气或可燃粉尘与空气混合并达到一定浓度时,遇火源就会燃烧或爆炸;这个遇火源能够发生燃烧或爆炸的浓度范围,称为爆炸极限,通常用可燃气体在空气中的体积百分比(%)表示,所以任何可燃性气体点燃前都应该验纯。

5. 甲烷的燃烧现象:燃烧,产生淡蓝色火焰,放出热量,底部涂有澄清石灰水的烧杯内壁有水珠,澄清石灰水变浑浊。

6. 乙烯的燃烧现象:燃烧,火焰明亮并伴有黑烟,放出热量。

【例题分析】

1. (单选题)某有机物在空气中燃烧,生成了 CO_2 和 H_2O,关于该有机物说法正确的是( )。

    A. 肯定含有碳和氢两种元素   B. 肯定只含有碳和氢两种元素

    C. 肯定含有氧元素   D. 肯定不含氧元素

2. (判断题)甲烷燃烧时火焰明亮,有黑烟。 ( )

    A. 正确   B. 错误

答案:1. A 2. B

解析:本部分试题为容易题。考级能力要求为 A。考查知识为燃烧反应的现象及爆炸的相关问题。要求能够理解燃烧反应的现象及爆炸的相关问题并做出正确判断。

【巩固练习】

一、单选题

1. 甲烷燃烧,生成的气体能使澄清石灰水变浑浊,可以判断生成的气体中含有（　　）。
   A. CO 　　　　　B. CO_2 　　　　　C. H_2 　　　　　D. O_2

2. 煤矿的矿井里为了防止"瓦斯"(甲烷)爆炸事故,应争取的安全措施是（　　）。
   A. 通风并严禁烟火
   B. 进矿井前先用明火检查是否有甲烷
   C. 带防毒面具
   D. 用大量水吸收甲烷

二、判断题

点燃甲烷气体前要先验纯。　　　　　　　　　　　　　　　　　（　　）
   A. 正确 　　　　　　　　　　　　　　B. 错误

三、多选题

对比甲烷和乙烯的燃烧反应,下列叙述中错误的是（　　）。
   A. 二者燃烧时现象完全相同
   B. 点燃前都不需验纯
   C. 甲烷燃烧的火焰呈淡蓝色,乙烯燃烧的火焰较明亮
   D. 二者燃烧时都有黑烟生成

◉ 知识点 86　理解取代反应的定义(一取代反应)

【知识梳理】

1. 取代反应:有机物分子里的某些原子或原子团被其他原子或原子团所代替的反应。

2. 甲烷的取代反应:甲烷的四种氯化物都不溶于水,三氯甲烷(氯仿)和四氯甲烷是重要的溶剂。

$$CH_4 + Cl_2 \xrightarrow{\text{光照}} CH_3Cl(气) + HCl$$

$$CH_3Cl + Cl_2 \xrightarrow{\text{光照}} CH_2Cl_2(液) + HCl$$

$$CH_2Cl_2 + Cl_2 \xrightarrow{\text{光照}} CHCl_3(液) + HCl$$

$$CHCl_3 + Cl_2 \xrightarrow{\text{光照}} CCl_4(液) + HCl$$

3. 甲烷的化学性质比较稳定(不与强酸强碱及高锰酸钾等反应)

(1) 氧化反应:$CH_4 + 2O_2 \xrightarrow{\text{点燃}} CO_2 + 2H_2O$;

(2) 取代反应:在光照条件下和气态卤素单质发生取代连锁反应;

(3) 热不稳定性:CH_4 在隔绝空气的条件下加热到 1000 ℃以上,CH_4 会分解生成炭黑和氢气。

$$CH_4 \xrightarrow{\text{点燃}} C + 2H_2$$

【例题分析】

1. (单选题)甲烷的 4 种氯代产物中是气体的为( )。

   A. CH_3Cl B. CH_2Cl_2

   C. $CHCl_3$ D. CCl_4

2. (单选题)下列物质在一定条件下,可与 CH_4 发生取代及反应的是( )。

   A. 氧气   B. 溴水

   C. 氯气   D. 酸性 $KMnO_4$ 溶液

答案:1. A 2. C

解析:本部分试题属于容易题。考级能力要求为 A。考查知识为取代反应的定义(一取代反应)和甲烷的取代反应及产物。要求能够理解取代反应的定义(一取代反应)并对甲烷的取代反应及产物作出正确判断。

【巩固练习】

一、单选题

1. 下列反应类型属于取代反应的是( )。

   A. 甲烷的燃烧   B. 由甲烷制取氯仿

   C. 钠与水的反应   D. 硝酸银溶液与盐酸的反应

2. 下列物质在一定条件下可与甲烷发生取代反应的是( )。

   A. 氯气   B. 溴水   C. 硫酸   D. 酸性高锰酸钾

二、判断题

甲烷和氯气混合后,在光照下充分反应,产物只有一氯甲烷和氯化氢。 ( )

A. 正确   B. 错误

第二节 烷 烃

1. 了解烃、烃基的定义,知道甲基、乙基的写法;

2. 了解同系物的概念,会写出烷烃的通式;

3. 了解同分异构体的定义并会写出丁烷、戊烷同分异构体;

4. 会给简单烷烃命名。

⊙ **知识点87 了解烃、烃基的定义,知道甲基、乙基的写法**

【知识梳理】

1. 烃:仅含有碳和氢两种元素的有机物。

2. 烃基:烃分子失去一个或几个氢原子后所剩余的部分叫做烃基,如甲基—CH_3、乙基—C_2H_5 等。

【例题分析】

1. (单选题)下列属于烃的是(　　)。

    A. CH_3OH　　　　　B. C_7H_8　　　　　C. CH_3CN　　　　　D. CH_3OCH_3

2. (判断题)甲烷分子中去掉一个氢原子后剩下的一价基团称为甲基,可写为—CH_3。(　　)

    A. 正确　　　　　　　　　　　B. 错误

   答案:1. B 2. A

   解析:本部分试题属于容易题。考级能力要求为 A。考查知识为烃、烃基的定义,甲基、乙基的写法。要求能够对烃、烃基(甲基、乙基)进行再认。

【巩固练习】

一、单选题

下列说法中正确的是(　　)。

A. 含有 C、H 两种元素的化合物叫做烃

B. 在空气中燃烧后只生成 CO_2 和 H_2O 的物质肯定是烃

C. 烃在空气中完全燃烧后生成 CO_2 和 H_2O

D. 甲烷燃烧后的产物一定是 CO_2 和 H_2O

二、判断题

烃基可以看做是相应的烃失去一个氢原子后剩下的自由基。例如－C_2H_5 代表乙基。

（ ）

A. 正确   B. 错误

三、多选题

下列物质属于烃的是（ ）。

A. C_6H_6 B. CH_4 C. C_2H_4 D. CCl_4

★ 知识点 88　了解同系物的概念，会写出烷烃的通式

【知识梳理】

1. 同系物：结构相似，分子组成上相差一个或若干个 CH_2 原子团的物质互称为同系物。如甲烷 CH_4、乙烷 CH_3CH_3、丙烷 $CH_3CH_2CH_3$ 等，

特点：结构相似，性质相似，组成相差 nCH_2（$n \geqslant 1$）。

2. 烷烃的通式：C_nH_{2n+2}（$n \geqslant 1$）

3. 烷烃的物理性质：随碳原子数的递增而呈规律性的变化。

(1) 状态：气（$C_1 \sim C_4$）→液（$C_5 \sim C_{16}$）→固（C_{16} 以上）；

(2) 熔沸点：逐渐升高（支链越多，熔沸点越低）；

(3) 相对密度：逐渐增大，原因为分子晶体中分子间作用力随化学式的式量增大而增大。

4. 烷烃的化学性质：与甲烷相似。

(1) 取代反应：与 Cl_2、Br_2、I_2 等。

(2) 氧化反应（燃烧）通式为 $C_nH_{2n+2} + \dfrac{3n+1}{2}O_2 \xrightarrow{\text{点燃}} nCO_2 + (n+1)H_2O$。

(3) 热解反应：受热易分解。

【例题分析】

1. （单选题）下列各组有机化合物中，肯定属于同系物的一组是（ ）。

A. C_3H_6 与 C_5H_{12} B. C_4H_6 与 C_5H_8

C. C_3H_8 与 C_5H_{10} D. C_2H_2 与 C_6H_6

2. （单选题）在同系物中所有同系物都是（ ）。

A. 有相同的分子量   B. 有不同的通式

C. 有相同的物理性质   D. 有相似的化学性质

3. （单选题）烷烃的分子组成通式是（ ）。

A. C_nH_{2n+2}（$n \geqslant 1$）   B. C_nH_{2n}（$n \geqslant 2$）

C. C_nH_{2n-2}（$n \geqslant 2$）   D. C_nH_{2n-6}（$n \geqslant 6$）

答案:1. B 2. D 3. A

解析:本部分试题属于容易题。考级能力要求为A。考查知识为同系物的概念、烷烃的通式。要求能够正确判断同系物及烷烃。

【巩固练习】

一、单选题

1. 某烷烃含有 200 个氢原子,那么该烃的分子式是( )。

    A. $C_{97}H_{200}$ B. $C_{98}H_{200}$

    C. $C_{99}H_{200}$ D. $C_{100}H_{200}$

2. 下列物质属于烷烃的是( )。

    A. C_3H_6 B. $C_{10}H_{18}$ C. C_8H_{18} D. C_2H_6O

3. 下列物质属于饱和烃的是( )。

    A. CH_4 B. C_2H_4

    C. C_2H_2 D. C_6H_6

4. 北京奥运会火炬使用的燃料是一种有机物,其分子式为 C_3H_8,它属于( )。

    A. 烷烃   B. 烯烃

    C. 炔烃   D. 芳香烃

二、判断题

1. 一般的,我们把结构相似,分子组成相差若干个“CH_2”原子团的有机化合物互相成为同分异构体。 ( )

    A. 正确   B. 错误

2. 烷烃的通式是 $C_nH_{2n+2}(n\geqslant 1)$,属于饱和烃。 ( )

    A. 正确   B. 错误

学习内容

✦ 知识点89　了解同分异构体的定义并会写出丁烷、戊烷同分异构体

【知识梳理】

同分异构现象和同分异构体的区别:

(1)同分异构现象:化合物具有相同的分子式,但具有不同的结构的现象叫做同分异构现象。

(2)同分异构体:具有同分异构现象的化合物互称为同分异构体。

(3)特点:分子式相同,结构不同,性质不同。

(4)书写方法:主链由长到短,支链由大到小,位置由中到边。

【例题分析】

1. (单选题)正丁烷与异丁烷互为同分异构体的依据是(　　)。

    A. 具有相似的化学性质

    B. 具有相同的物理性质

    C. 分子具有相同的空间构型

    D. 分子式相同,但分子内碳原子的连接方式不同

2. (判断题) $CH_3-CH-CH_3$ 和 $CH_3-CH-CH-CH_3$ 互为同分异构体。 (　　)
                    | | |

                    $CH_3-CH-CH_3$ CH_3 CH_3

    A. 正确   B. 错误

答案:1. D　2. B

解析:本部分试题属于中等难度题。考级能力要求为 A。考查知识为同分异构体的定义和出丁烷、戊烷同分异构体。要求会写出丁烷、戊烷同分异构体,同时能够正确判断互为同分异构体的物质。

【巩固练习】

一、单选题

分子式为 C_5H_{12} 的各种同分异构体共有(　　)种。

A. 2   B. 3

C. 5   D. 9

二、判断题

正丁烷和异丁烷互为同分异构体。   (　　)

A. 正确   B. 错误

三、多选题

下列各组物质间,互为同分异构体的是(　　)。

A. $CH_3-CH-CH_3$ 和 $CH_3-CH-CH-CH_3$
          $CH_3-CH-CH_3$ CH_3 CH_3

B. $CH_3-CH-CH_3$ 和 $CH_3-CH_2-CH_2-CH_2-CH_3$
             CH_3

C. $CH_3-CH-CH-CH_3$ 和 $CH_3-CH-CH_2-CH_2$
            CH_3 CH_3 CH_3 CH_3

D. $CH_3-CH=CH-CH_3$ 和 $CH_3-CH_2-CH_2-CH_3$

✪ 知识点90　会给简单烷烃命名

【知识梳理】

1. 烷烃的命名:烷烃的命名可采用习惯命名法和系统命名法,习惯命名法有正、异、新等,如正戊烷、异戊烷、新戊烷。但它的应用局限性很大,故通常采用系统命名法,步骤如下:

(1) 选最长碳链为主链,称为某烷。

十个碳原子以下:甲、乙、丙、丁、戊、己、庚、辛、壬、癸。

十个碳原子以上:直接称为十一烷、十五烷等。

(2) 编号定支链位置:最小定位法——支链和位置均取小优先。

(3) 取代基,写在前,注位置(1,2,3,4等),逗号隔,短线连。

(4) 不同基,简到繁,相同基,合并算(二或三等)。

【例题分析】

1. (单选题)有机物 $CH_3{-}CH{-}CH{-}CH_2{-}CH_3$ 的名称正确的是(　　)。
$\qquad\qquad\qquad\quad | \quad\ |$
$\qquad\qquad\qquad CH_3\ CH_3$

　　A. 2－甲基－3－乙基丁烷

　　B. 2－乙基－3－甲基丁烷

　　C. 2,3－二甲基戊烷

　　D. 3,4－二甲基戊烷

2. (判断题)直链烷烃 $CH_3(CH_2)_{10}CH_3$ 的系统命名为十二烷。 (　　)

　　A. 正确 　　　　　　　　　　B. 错误

答案:1. C　2. A

解析:本部分试题属于中等难度题。考级能力要求为A。考查知识为会给简单烷烃命名。要求掌握简单烷烃的命名原则。

【巩固练习】

一、单选题

1. 有机物 $CH_3{-}CH_2{-}CH{-}CH{-}CH_3$ 的名称正确的是(　　)。
$\qquad\qquad\qquad\qquad\ |\quad\ |$
$\qquad\qquad\qquad\quad CH_2\ CH_3$
$\qquad\qquad\qquad\quad\ |$
$\qquad\qquad\qquad\quad CH_3$

　　A. 3－甲基－2－乙基戊烷　　　　　B. 3－异丙基戊烷

　　C. 2－乙基－3－甲基戊烷　　　　　D. 2－甲基－3－乙基戊烷

2. 2,3－二甲基丁烷正确的结构式为(　　)。

A.
$$H_3C-CH-CH_3$$
$$\quad\quad |$$
$$\quad\; CH-CH_3$$
$$\quad\quad |$$
$$\quad\; CH_3$$

B.
$$CH_3-CH_2-CH-CH_2$$
$$\quad\quad\quad\quad\quad\; |\quad\quad |$$
$$\quad\quad\quad\quad\; CH_3\; CH_3$$

C.
$$\quad\quad\quad\quad CH_3$$
$$\quad\quad\quad\quad\; |$$
$$\quad\quad\quad\quad CH_2$$
$$\quad\quad\quad\quad\; |$$
$$CH_3-CH-CH_2$$
$$\quad\quad\; |$$
$$\quad\; CH_3$$

D.
$$\quad\; CH_3$$
$$\quad\quad |$$
$$CH_2-CH-CH_3$$
$$\quad\quad |$$
$$\quad CH_2-CH_3$$

二、判断题

$CH_3-CH-CH_2-CH_3$ 的系统命名为 2－乙基丁烷。　　　　　（　　）
　　　　　$|$
　　　CH_2-CH_3

A. 正确　　　　　　　　　　　　　　B. 错误

第三节 乙烯

1. 了解乙烯分子式；

2. 掌握乙烯的氧化、取代及聚合反应；

3. 了解乙烯的实验室制取方法；

4. 了解乙烯的工业用途。

✦ 知识点91 了解乙烯分子结构

【知识梳理】

1. 乙烯的结构

(1) 分子式：C_2H_4

(2) 电子式：H:C::C:H
　　　　　　　 Ḧ　 Ḧ

(3) 结构式：

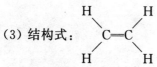

(4) 结构简式：CH_2＝CH_2

(5) 官能团：碳碳双键 ＼C＝C／

(6) 空间构型：六个原子共平面

2. 乙烯的物理性质：通常状况下是无色稍有气味的气体，密度略小于空气，难溶于水，易溶于四氯化碳等有机溶剂。

3. 烯烃：分子中含有碳碳双键的一类链烃，最简单的烯烃是乙烯。

【例题分析】

1. (单选题)下列有机物属于不饱和烃的是(　　　)。

　　A. CH_4　　　　　　B. C_2H_4　　　　　　C. C_2H_6　　　　　　D. C_6H_{16}

2. (单选题)乙烯的官能团是(　　　)。

　　A. 碳碳单键　　　B. 碳碳双键　　　C. 碳碳三键　　　D. 碳碳四键

3. (判断题)甲烷和乙烯都不能溶于水。　　　　　　　　　　　　　　　(　　　)

　　A. 正确　　　　　　　　　　　　　B. 错误

答案：**1.** B　**2.** B　**3.** A

解析：本部分试题属于容易题。考级能力要求为 A。考查知识为乙烯分子结构。要求掌握乙烯分子式、电子式、结构式、结构简式及乙烯的官能团。

【巩固练习】

一、单选题

最简单的烯烃是(　　)。

A. CH_4　　　　B. C_2H_4　　　　C. C_2H_2　　　　D. C_6H_6

二、判断题

1. 乙烯分子的空间构型为直线型。 (　　)

A. 正确　　　　　　　　　　B. 错误

2. 通常情况下，乙烯是气体，易溶于四氯化碳等有机溶剂。 (　　)

A. 正确　　　　　　　　　　B. 错误

学习内容

✿ 知识点 92　掌握乙烯的氧化、取代及聚合反应

【知识梳理】

1. 乙烯的化学性质

(1) 氧化反应

①燃烧反应

$C_2H_4 + 3O_2 \xrightarrow{\text{点燃}} 2CO_2 + 2H_2O$（现象：火焰明亮，伴有黑烟）

②与酸性高锰酸钾反应。现象为乙烯能使酸性高锰酸钾溶液褪色。

(2) 加成反应：有机物分子中双键（或叁键）两端的碳原子与其他原子或原子团直接结合生成新的化合物的反应。

$CH_2{=}CH_2 + Br_2 \longrightarrow CH_2Br{-}CH_2Br$（1,2—二溴乙烷）

$CH_2{=}CH_2 + HCl \longrightarrow CH_3{-}CH_2Cl$（氯乙烷：局部冷冻麻醉处理）——工业上制氯乙烷

$CH_2{=}CH_2 + H_2O \xrightarrow{\text{催化剂}} CH_3{-}CH_2OH$（乙醇）——工业上常用乙烯水化法制乙醇

(3) 聚合反应：由相对分子质量小的化合物互相结合成相对分子质量大的高分子的反应。

$nCH_2{=}CH_2 \xrightarrow{\text{催化剂}} {-}[{-}CH_2{-}CH_2{-}]{-}_n$　聚乙烯（一种重要的塑料）

$\left\{\begin{array}{l}\text{单体：} CH_2{=}CH_2 \\ \text{聚合度：} n \\ \text{链节：} {-}CH_2{-}CH_2{-}\end{array}\right.$

2. 烯烃的结构与性质

(1) 烯烃：分子中含有碳碳双键的一类链烃叫做烯烃。

(2) 烯烃的通式：C_nH_{2n}（$n \geqslant 2$）。

3. 烯烃的物理性质:一般也随碳原子数的增多呈规律性变化。

(1) 状态:气($C_1 \sim C_4$)。

(2) 熔沸点:逐渐升高(支链越多,熔沸点越低)。

(3) 相对密度:逐渐增大(乙烯除外)。

4. 烯烃的化学性质:与乙烯相类似

(1) 氧化反应

① 燃烧通式:$C_nH_{2n} + \dfrac{3n}{2}O_2 \xrightarrow{\text{点燃}} nCO_2 + nH_2O$

② 使紫色的酸性高锰酸钾溶液褪色。

(2) 加成反应——使溴水等褪色——检验烯烃。

5. 烯烃的命名:与烷烃相似。

注:选择含有碳碳双键的最长碳链为主链,最后在名称前注明双键位置(取小优先)。

【例题分析】

1. (单选题)乙烯和溴化氢在一定条件下发生化学反应的类型是( )。

　　A. 取代反应　　　　　　　　　　　B. 加成反应

　　C. 氧化反应　　　　　　　　　　　D. 聚合反应

2. (单选题)下列物质中,不能用来鉴别甲烷、乙烯的是( )。

　　A. 水　　　　　　　　　　　　　　B. 溴水

　　C. 溴的四氯化碳溶液　　　　　　　D. 酸性高锰酸钾溶液

3. (判断题)相同质量的乙烯和甲烷完全燃烧后产生的水的质量相同。　　( )

　　A. 正确　　　　　　　　　　　　　B. 错误

4. (多选题)乙烯可能发生的反应是( )。

　　A. 取代反应　　　B. 加成反应　　　C. 氧化反应　　　D. 聚合反应

答案:1. B　2. A　3. B　4. BCD

解析:本部分试题属于容易题。考级能力要求为 A。考查知识为乙烯的氧化、取代及聚合反应。要求掌握乙烯的氧化、取代及聚合反应并能作出认识和再认。

【巩固练习】

一、单选题

1. 乙烯生成聚乙烯的反应属于( )。

　　A. 取代反应　　　　　　　　　　　B. 加成反应

　　C. 氧化反应　　　　　　　　　　　D. 聚合反应

2. 乙烯可使酸性 $KMnO_4$ 溶液褪色,属于( )。

　　A. 取代反应　　　　　　　　　　　B. 加成反应

　　C. 氧化反应　　　　　　　　　　　D. 聚合反应

3. 下列关于乙烯的结构与性质的叙述,错误的是( )。

　　A. 乙烯分子中 6 个原子在同一平面内

　　B. 乙烯与酸性 $KMnO_4$ 溶液发生加成反应使其褪色

C. 乙烯分子没有同分异构体

D. 乙烯分子的一氯代物只有一种结构

4. 下列关于烷烃和烯烃的说法中错误的是（　　）。

   A. 它们所含元素的种类相同,但通式不同

   B. 均能与氯气发生反应

   C. 烯烃分子中的碳原子数≥2,烷烃分子中的碳原子数≥1

   D. 含碳原子数相同的烯烃和烷烃互为同分异构体

二、判断题

1. 乙烯使酸性 $KMnO_4$ 溶液褪色,与乙烯分子内含有碳碳双键有关。　　　　（　　）

   A. 正确　　　　　　　　　　　　　B. 错误

2. 用溴的四氯化碳溶液可以鉴别乙烯和乙烷。　　　　　　　　　　　　（　　）

   A. 正确　　　　　　　　　　　　　B. 错误

3. 利用燃烧的方法可以鉴别乙烯和甲烷。　　　　　　　　　　　　　　（　　）

   A. 正确　　　　　　　　　　　　　B. 错误

4. 当运动员肌肉受伤时,队医可随即对准运动员的受伤部位喷射药剂氯乙烷,进行局部冷冻麻醉处理。　　　　　　　　　　　　　　　　　　　　　　　　（　　）

   A. 正确　　　　　　　　　　　　　B. 错误

三、多选题

下列物质中能发生聚合反应的有（　　）。

A. 甲烷　　　　　B. 乙烯　　　　　C. 乙烷　　　　　D. 丙烯

◆ **知识点 93　了解乙烯的实验室制取方法**

【**知识梳理**】

1. 反应原理:酒精和浓硫酸共热　　$CH_3CH_2OH \xrightarrow[170\ ℃]{\text{浓硫酸}} CH_2{=}CH_2\uparrow + H_2O$

2. 气体发生装置:铁架台、酒精灯、石棉网、圆底烧瓶、温度计等。

3. 气体收集装置:排水集气法。

4. 浓硫酸的作用:催化剂和脱水剂。

5. 注意事项

(1) 温度计的水银球没入液面但不接触烧瓶底。

(2) 以1∶3的体积比(酒精与浓硫酸)将乙醇慢慢加到浓硫酸中并不断搅拌。

(3) 烧瓶里需要加入沸石或碎瓷片,防止暴沸。

(4) 加热时使温度迅速升至170 ℃并保持恒定,防止副反应发生。

6. 副反应

(1) 140 ℃时乙醇分子间脱水生成乙醚。

$$CH_3{-}CH_2{-}OH + H{-}O{-}CH_2{-}CH_3 \xrightarrow[140\ ℃]{\text{浓硫酸}} CH_3CH_2{-}O{-}CH_2CH_3 + H_2O$$

（2）温度过高时，浓硫酸将乙醇氧化成 C 或 CO_2 等，自身转化成 SO_2。

7. 消去反应:有机物分子内脱去一个小分子而生成不饱和化合物的反应。

【例题分析】

1. （单选题）浓硫酸与乙醇共热于 170 ℃,主要生成乙烯,这个反应属于(　　　)。

    A. 取代反应　　　　　　　　　　　B. 加成反应

    C. 消去反应　　　　　　　　　　　D. 酯化反应

2. （判断题）实验室制取乙烯的实试中,反应容器(烧瓶)注入酒精和稀硫酸的体积比为 1：3。　　　　　　　　　　　　　　　　　　　　　　　　　　　（　　）

    A. 正确　　　　　　　　　　　　　B. 错误

3. （判断题）实验室制取乙烯的实验中,可采用排空气法收集产物乙烯。　　（　　）

    A. 正确　　　　　　　　　　　　　B. 错误

> **答案:1. C　2. B　3. B**
>
> **解析:**本部分试题属于容易题。考级能力要求为 A。考查知识为乙烯的实验室制取方法。要求知道乙烯的实验室制取的反应原理、气体发生装置、气体收集装置、注意事项等知识。

【巩固练习】

一、判断题

1. 实验室制取乙烯的实验中,温度计水银球应浸入反应溶液液面下面,但又不能与烧瓶底部接触,以便控制温度。　　　　　　　　　　　　　　　　　　（　　）

    A. 正确　　　　　　　　　　　　　B. 错误

2. 实验室制取乙烯的实验中,反应完毕后先熄灭酒精灯,再从水中取出导管。　（　　）

    A. 正确　　　　　　　　　　　　　B. 错误

3. 实验室制取乙烯的实验中,加入沸石或碎瓷片的作用以防止反应混合物受热暴沸。

    　　　　　　　　　　　　　　　　　　　　　　　　　　　　　　（　　）

    A. 正确　　　　　　　　　　　　　B. 错误

4. 实验室制取乙烯的实验中,温度要迅速上升至 140 ℃。　　　　　　　（　　）

    A. 正确　　　　　　　　　　　　　B. 错误

5. 实验室制取乙烯的实验中,浓 H_2SO_4 起催化剂和脱水剂作用。　　　（　　）

    A. 正确　　　　　　　　　　　　　B. 错误

学习内容

❖ 知识点 94　了解乙烯的工业用途

【知识梳理】

1. 乙烯是石油化学工业最重要的基础原料,主要用于制造塑料、合成纤维、有机溶剂等,还可作植物生长调节剂,用于催熟果实等。

2. 一个国家乙烯工业的发展水平是衡量这个国家石油化学工业水平的重要标志之一

【例题分析】

(单选题)可用做脐橙、蜜桔等水果的环保催熟气体是( )。

A. 甲烷　　　　　B. 乙烯　　　　　C. 乙炔　　　　　D. 乙烷

答案：B

解析：本试题属于容易题,考级能力要求为 A。要求知道乙烯的工业用途。

【巩固练习】

一、单选题

可以用下列气体的产量来衡量一个国家的石油化工发展水平,该种气体是( )。

A. 甲烷　　　　　B. 乙烷　　　　　C. 乙烯　　　　　D. 乙炔

第四节 乙炔

1. 了解乙炔的结构式；

2. 了解乙炔的物理性质；

3. 掌握乙炔化学性质（氧化反应、与酸性高锰酸钾、溴水的反应）。

✿ 知识点95 乙炔的结构

【知识梳理】

1. 乙炔的结构

乙炔的分子式：C_2H_2，电子式：$H \!:\! C \!:\!:\! C \!:\! H$，结构式：$H-C \equiv C-H$，结构简式：$HC \equiv CH$ 或 $CH \equiv CH$，空间构型：直线型。

2. 炔烃的结构

分子中含有碳碳叁键的一类链烃叫做炔烃。炔烃的通式为 $C_nH_{2n-2}(n \geqslant 2)$，炔烃的官能团为碳碳叁键（$-C \equiv C-$）。

3. 炔烃的物理性质：一般也随碳原子数的增多呈规律性变化。状态：气（$C_1 \sim C_4$），熔沸点：趋势升高（支链越多，熔沸点越低），相对密度：趋势增大。

4. 炔烃的化学性质（与乙炔相类似）

（1）氧化反应

① 燃烧通式：$C_nH_{2n-2} + \dfrac{3n-1}{2}O_2 \xrightarrow{\quad\quad} nCO_2 + (n-1)H_2O$。

② 使紫色的酸性高锰酸钾溶液褪色。

（2）加成反应——使溴水等褪色——检验炔烃。

5. 炔烃的命名（与烷烃相似）

注：选择含有碳碳叁键的最长碳链为主链，最后在名称前注明叁键位置（取小优先）。

【例题分析】

1. （单选题）下列烃中，含碳量最低的是（ ）。

    A. 甲烷   B. 乙烯

    C. 乙炔   D. 乙烷

2. （判断题）乙炔分子的空间构型为平面型。 （ ）

    A. 正确   B. 错误

答案:1. A 2. B

解析:本部分试题属于容易题。考级能力要求为 A。考查知识为乙炔的结构。要求知道了解乙炔的结构和炔烃的通式。

【巩固练习】

一、单选题

1. 下列物质属于炔烃的是( )。

   A. C_2H_8 B. C_2H_6 C. C_2H_4 D. C_2H_2

2. 乙炔的官能团是( )。

   A. 碳碳单键   B. 碳碳双键   C. 碳碳三键   D. 碳碳四键

二、判断题

乙炔是最简单的炔烃。   ( )

A. 正确   B. 错误

学习内容

◆ 知识点96 乙炔的物理性质

【知识梳理】

乙炔的物理性质:无色无味的气体,由电石制备的乙炔常混有 pH_3、H_2S 等杂质而有特殊难闻的臭味,俗称电石气,密度小于空气,微溶于水,易溶于有机溶剂。

【例题分析】

(单选题)下面关于纯乙炔的物理性质错误的是( )。

   A. 无色   B. 无味   C. 无毒   D. 易燃

答案:C

解析:本试题属于容易题。考级能力要求为 A。考查知识为乙炔的物理性质。要求识记乙炔的物理性质。

【巩固练习】

一、单选题

被称为电石气的是( )。

   A. 甲烷   B. 乙烯   C. 乙炔   D. 苯

二、判断题

纯净的乙炔是无色、有臭味的、易燃、有毒气体。   ( )

A. 正确   B. 错误

⭐ **知识点97　乙炔化学性质(氧化反应、与酸性高锰酸钾、溴水的反应)**

【知识梳理】

1. 氧化反应

(1) 燃烧反应:$C_2H_2 + \dfrac{5}{2}O_2 \xrightarrow{\text{点燃}} 2CO_2 + H_2O$,火焰明亮有浓烟,并放出大量的热。

(2) 与酸性高锰酸钾反应:乙炔能使酸性高锰酸钾溶液褪色。

2. 加成反应

$CH \equiv CH + Br_2 \longrightarrow BrCH = CHBr$(1,2－二溴乙烯)

$BrCH = CHBr + Br_2 \longrightarrow CHBr_2CHBr_2$(1,1,2,2－四溴乙烷)——分步加成

$CH \equiv CH + HCl \xrightarrow[\text{加热}]{\text{催化剂}} CH_2 = CHCl$(氯乙烯)

$nCH_2 = CHCl \xrightarrow{\text{催化剂}} -[-CH_2-CHCl-]-_n$(聚氯乙烯),是一种合成树脂,可用来制备塑料,合成纤维,不宜用聚氯乙烯制品盛装食物。

【例题分析】

1. (单选题)乙炔与酸性 $KMnO_4$ 发生的反应属于(　　)反应。

A. 氧化　　　　B. 取代　　　　C. 加成　　　　D. 消除

2. (判断题)乙炔点燃时火焰明亮,带浓烟,燃烧时火焰温度很高,可用于气焊和气割。

(　　)

A. 正确　　　　　　　　　　B. 错误

3. (多选题)下列化合物中,能使溴水褪色的是(　　)。

A. 2－丁烯　　B. 乙炔　　　C. 2－丁炔　　　D. 丁烷

> **答案:1. A　2. A　3. ABC**
>
> **解析:**本部分试题属于中等难度题。考级能力要求为 A。考查知识为乙炔化学性质。要求掌握乙炔化学性质(氧化反应、与酸性高锰酸钾、溴水的反应)。

【巩固练习】

一、单选题

乙烷、乙烯、乙炔共同具有的性质是(　　)。

A. 都不溶于水,且密度比水小

B. 能够使溴水和酸性 $KMnO_4$ 溶液褪色

C. 分子中各原子都处在同一平面上

D. 都能发生聚合反应生成高分子化合物

二、判断题

1. 乙炔可以使溴水褪色,但不能使酸性高锰酸钾溶液褪色。　　　　　　　　(　　)

A. 正确　　　　　　　　　　B. 错误

2. 乙炔的化学性质很活泼,可发生加成、氧化等反应。　　　　　　　(　　)

　　A. 正确　　　　　　　　　　　　B. 错误

三、多选题

下列开链烃中,能使溴水和酸性高锰酸钾溶液褪色的是(　　)。

A. C_7H_{14}　　　　　　B. C_3H_6　　　　　　C. C_5H_{12}　　　　　　D. C_4H_6

第五节 苯

1. 了解苯的分子式、结构简式,了解六个碳原子之间的化学键类型;

2. 了解苯的物理性质,强调毒性;

3. 了解苯的化学性质(取代反应、氧化反应)。

☆ 知识点 98 苯的分子式、结构简式;苯六个碳原子之间的化学键类型

【知识梳理】

1. 苯的结构

分子式:C_6H_6

$$
\begin{array}{c}
H \\
| \\
C \\
/ \; \backslash \\
H-C \quad C-H \\
\| \qquad \quad | \\
H-C \quad C-H \\
\backslash \; / \\
C \\
| \\
H
\end{array}
$$

(2) 结构式:

(3) 结构简式:

（4）空间构型:平面正六边形,所有原子共平面,苯中所有碳碳键的键长、键能相同,说明苯分子中不是单双建交替的结构,苯分子中的碳碳键是介于碳碳单键和碳碳双键之间的特殊的碳碳键(大 π 键)。

1865 年凯库勒从苯的分子式 C_6H_6 出发,根据苯的一元取代物只有一种,说明六个氢原子是等同的事实,提出了苯的环状构造式。

正六边形结构

所有的原子共平面

C—C 键长均为 0.1397 mm

C—H 键长均为 0.110 mm

所有键角都为 120°

（图中标注：0.1397 cm，120°，0.1397 cm，120°，0.110 cm，H）

【例题分析】

1.（单选题）苯分子里六个碳原子间的键完全相同,化学家们把它叫做（   ）。

　　A. 碳碳单键　　　　　　　　　　B. 碳碳双键

　　C. 碳碳三键　　　　　　　　　　D. 大 π 键

2.（判断题）苯分子中的 6 个碳碳键是一种介于碳碳单键与碳碳双键之间的特殊的化

学键。　　　　　　　　　　　　　　　　　　　　　　　　　　（   ）

　　A. 正确　　　　　　　　　　　　B. 错误

答案:1. D　2. A

解析:本部分试题属于中等难度题。考级能力要求为 A。考查知识为苯的分子式、结构简式并理解六个碳原子之间的化学键类型。要求认识苯的分子式、结构简式及六个碳原子之间的化学键类型。

【巩固练习】

一、判断题

1. 组成苯的 12 个原子在同一个平面上。　　　　　　　　　　　（   ）

　　A. 正确　　　　　　　　　　　　B. 错误

2. 苯分子的环状结构是由法拉第提出来的。　　　　　　　　　　（   ）

　　A. 正确　　　　　　　　　　　　B. 错误

二、多选题

关于苯分子结构的说法正确的是（   ）。

A. 各原子均位于同一平面上,六个碳原子彼此连接成一个平面正六边形

B. 苯环中含有 3 个 C—C 单键,3 个 C=C 双键

C. 苯环中碳碳的键长介于 C—C 和 C=C 之间

D. 苯分子中各个键角都为 120°

学习内容

★ **知识点 99　苯的物理性质,强调毒性**

【知识梳理】

苯的物理性质:无色有特殊气味的易挥发的有毒液体,熔沸点低,密度比水小,不溶于

水,能与醇、醚、丙酮等有机溶剂互溶,如果用冰冷却,苯凝结成无色晶体。

【例题分析】

1. (单选题)用分液漏斗可以分离的一组液体混合物是(   )。

    A. 溴和 CCl_4 B. 苯和溴苯

    C. 硝基苯和水   D. 汽油和苯

2. (判断题)苯是带有芳香味的杀手,能对人体造血功能和神经系统造成严重损害,甚至致癌。   (   )

    A. 正确   B. 错误

> **答案:1. C　2. A**
>
> **解析**:本部分试题属于中等难度题。考级能力要求为 A。考查知识为苯的物理性质,强调毒性。要求能熟记苯的物理性质尤其强调毒性。

【巩固练习】

一、单选题

下列说法错误的是(   )。

    A. 苯不溶于水且比水轻   B. 苯具有特殊的香味,可作香料

    C. 用冷水冷却苯,可凝结成无色晶体   D. 苯属于一种烃

二、判断题

苯在常温下为无色透明液体,有毒。   (   )

    A. 正确   B. 错误

三、多选题

关于苯的物理性质,叙述正确的是(   )。

    A. 易溶于水   B. 难溶于水   C. 有毒   D. 无毒

学 习 内 容

知识点100　苯的化学性质(取代反应、氧化反应)

【知识梳理】

1. 苯的化学性质

(1) 氧化反应

① 燃烧反应　$C_6H_6 + \dfrac{15}{2}O_2 \xrightarrow{\text{点燃}} 6CO_2 + 3H_2O$——火焰明亮并伴有浓烟

② 不与酸性高锰酸钾反应,也不与溴水发生加成反应,说明苯的化学性质比烯烃、炔烃稳定。

(2) 取代反应

① 苯与溴反应,生成溴苯,溴苯为无色液体,常因溶解了溴而呈褐色,密度大于水。

② 苯的硝化反应，苯分子中的氢原子被硝基（—NO₂）所取代的反应叫硝化反应。

$$\text{苯} + \text{浓 HNO}_3 \xrightarrow[55\sim60\,^\circ\text{C}]{\text{浓 H}_2\text{SO}_4} \text{硝基苯} + \text{H}_2\text{O}$$

硝基本（98%）

——水浴加热；

——硝基苯，无色有苦杏仁味的油状有毒液体，密度大于水，可制染料。

③ 苯的磺化反应——水浴加热

磺化反应：苯分子中的氢原子被磺酸基（—SO₃H）所取代的反应叫磺化反应。

$$\text{苯} + \text{浓 HSO}_4 \xrightleftharpoons[]{80\,^\circ\text{C}} \text{苯磺酸—SO}_3\text{H} + \text{H}_2\text{O}$$

（3）加成反应

$$\text{苯} + 3\text{H}_2 \xrightarrow[180\sim250\,^\circ\text{C}]{\text{Ni,P}} \text{环己烷}$$

2. 苯的用途：苯是一种重要的化工原料，广泛用于生产合成纤维、合成橡胶、塑料、农药、医药、染料和香料等，苯也常用做有机溶剂。

【例题分析】

1. （单选题）下列关于苯的叙述中正确的是（   ）。

　　A. 苯主要是以石油为原料而获取的一种重要化工原料

　　B. 苯分子中 6 个碳碳化学键完全相同

　　C. 苯中含有碳碳双键，所以苯属于烯烃

　　D. 苯可以与溴水，高锰酸钾溶液反应而使他们褪色

2. （单选题）以苯为原料，不能通过一步反应获得的有机物是（   ）。

　　A. 苯磺酸　　　　　　B. TNT　　　　　　C. 溴苯　　　　　　D. 硝基苯

3. （判断题）浓溴水中加入苯，充分振荡，静置后，溴水层颜色变浅的原因是发生了加成反应。　　　　　　　　　　　　　　　　　　　　　　　　　　　　（   ）

　　A. 正确　　　　　　　　　　　　　B. 错误

4. （多选题）与链烃相比，苯的化学性质的主要特征为（   ）。

　　A. 难取代　　　　B. 易取代　　　　C. 难加成　　　　D. 易加成

答案：1. B　2. B　3. B　4. BC

解析： 本部分试题属于容易题。考级能力要求为 A。考查知识为苯的化学性质（取代反应、氧化反应）。要求对苯的化学性质中相关概念、知识内容能够准确再认、再现。

【巩固练习】

一、单选题

1. 由苯生成苯磺酸的反应类型属于（   ）。

　　A. 卤代反应　　　　B. 硝化反应　　　　C. 磺化反应　　　　D. 氧化反应

2. 下列物质中既可以使酸性 $KMnO_4$ 褪色，又能使溴水褪色的是（   ）。

A. 丁炔   B. 苯   C. 甲苯   D. 丙烷

3. 能用来区别苯和乙苯的试剂是( )。

  A. 酸性高锰酸钾溶液   B. 硝酸

  C. 溴水   D. 硫酸

4. 苯的不易加成,不易氧化,易取代和碳环异常稳定的特殊性被称为( )。

  A. 稳定性   B. 芳香性   C. 共轭体系   D. 大π键

5. 苯和硝酸在浓硫酸作催化剂的条件下发生的反应叫( )。

  A. 硝化反应 B. 磺化反应 C. 聚合反应 D. 氧化反应

二、判断题

1. 苯的硝化反应中,浓硫酸的作用是吸水剂和催化剂。   ( )

  A. 正确   B. 错误

2. 苯可以使酸性 $KMnO_4$ 溶液褪色。   ( )

  A. 正确   B. 错误

3. 苯不能使酸性 $KMnO_4$ 溶液褪色,可证明苯环结构中,不存在碳碳单键和碳碳双键的交替结构。   ( )

  A. 正确   B. 错误

第六节　煤与石油

1. 了解石油的组成；
2. 了解石油分馏、裂化、裂解的本质；
3. 了解煤的组成及干馏。

⊙ 知识点101　石油的组成

【知识梳理】

石油的组成:石油主要是由各种烷烃、环烷烃和芳香烃组成的混合物,主要组成元素为 C 和 H。

【例题分析】

(判断题)石油的成分很复杂,主要含碳、氢两种元素。　　　　　　　　　　　　( )

A. 正确　　　　　　　　　　　　　　　　B. 错误

> 答案:A
>
> 解析:本试题属于容易题。考级能力要求为 A。考查知识为石油的组成。

【巩固练习】

判断题

1. 石油里含有少量的氧、硫、氮等元素,直接燃烧会严重污染空气。　　　　　　( )

A. 正确　　　　　　　　　　　　　　　　B. 错误

2. 石油主要是各种烷烃、烯烃、炔烃、芳香烃等的混合物。　　　　　　　　　　( )

A. 正确　　　　　　　　　　　　　　　　B. 错误

⊙ 知识点102　石油分馏、裂化、裂解的本质

【知识梳理】

1. 石油加工炼制的主要目的

(1) 将混合物进行一定程度的分离,使各尽其用。

(2) 将含碳原子数多的烃转变为含碳原子数较少的烃,提高石油的利用价值。

2. 石油的分馏——物理变化过程

(1) 石油的分馏:通过不断地加热和冷凝,将石油分成不同沸点范围内的蒸馏产物的方法叫分馏。

（2）馏分：分馏出来的各种成分为混合物。

（3）实验注意事项：

① 蒸馏烧瓶中加少量碎瓷片或沸石可防暴沸；

② 温度计的水银球位于蒸馏烧瓶支口处可控制馏分温度；

③ 冷凝器中冷水流向自下而上，可逆流操作，充分冷却。

3．石油的裂化和裂解

（1）石油的裂化：在一定的条件下，将相对分子质量较大、沸点较高的烃断裂为相对分子质量较小，沸点较低的烃。裂化目的：提高轻质油特别是汽油的产量——分馏获得的汽油、煤油、柴油等轻质油的产量较低（约 25%）。如：

$$C_{16}H_{34} \xrightarrow[\text{加热、加压}]{\text{催化剂}} C_8H_{18} + C_8H_{16}$$
十六烷　　　　　　辛烷　　辛烯

$$C_8H_{18} \xrightarrow[\text{加热、加压}]{\text{催化剂}} C_4H_{10} + C_4H_8$$
辛烷　　　　　　丁烷　　丁烯

$$C_4H_{10} \xrightarrow[\text{加热、加压}]{\text{催化剂}} C_2H_6 + C_2H_4$$
丁烷　　　　　　乙烷　　乙烯

催化裂化：在催化剂作用下进行的裂化反应叫催化裂化。催化裂化既可提高汽油的产量，又可提高汽油的质量。

（2）裂解：石油的裂解是一种深度裂化，是以比裂化更高的温度使石油的分馏产物（包括石油气）中的长链烃断裂为乙烯、丙烯等短链烃的加工过程。裂解气也是一种混合气，它通过净化、分离可得到较纯的乙烯或丙烯等。这是目前生产乙烯的主要方法。

【例题分析】

1．（判断题）石油是自然界中烃的主要来源。　　　　　　　　　　　　　　（　　）

　　A．正确　　　　　　　　　　　　　　B．错误

2．（判断题）把石油控制不同沸点范围，由低到高逐步蒸馏的方法叫做石油的分馏。

　　　　　　　　　　　　　　　　　　　　　　　　　　　　　　　　　　（　　）

　　A．正确　　　　　　　　　　　　　　B．错误

答案：1．A　2．A

　解析： 本部分试题属于容易题。考级能力要求为 A。考查知识为石油分馏、裂化、裂解的本质。

【巩固练习】

判断题

1．石油气是石油先分馏出来的分子中含 1～4 个碳原子的烃组成的气体燃料。（　　）

　　A．正确　　　　　　　　　　　　　　B．错误

2．石油的分馏、裂化和裂解都属于化学变化。　　　　　　　　　　　　　（　　）

　　A．正确　　　　　　　　　　　　　　B．错误

3．工业上需要的大量乙烯主要通过石油裂解的方法获得。　　　　　　　　（　　）

　　A．正确　　　　　　　　　　　　　　B．错误

知识点 103 煤的组成及干馏

【知识梳理】

1. 煤的组成:煤是以碳为主并含有多种无机物和有机物的复杂混合物;构成煤炭有机质的元素主要有碳、氢、氧、氮和硫等,此外,还有极少量的磷、氟、氯和砷等元素。煤中的无机物质含量很少,主要有水分和矿物质,它们的存在降低了煤的质量和利用价值。矿物质是煤炭的主要杂质,如硫化物、硫酸盐、碳酸盐等,其中大部分属于有害成分。

2. 煤的干馏

(1) 煤的干馏:将煤隔绝空气加强热使其分解的过程叫煤的干馏,也叫煤的焦化。

(2) 干馏产物:焦炭、煤焦油、焦炉气(含氢气、甲烷、乙烯和一氧化碳等)、粗氨水、粗苯等。

3. 煤的液化和汽化(高效、清洁利用煤炭的有效途径)

(1) 煤的汽化:把煤中的有机物转化成可燃性气体的过程。

(2) 煤的液化:把煤转化为液体燃料的过程,可分为直接液化和间接液化两种方法。

【例题分析】

(判断题)石油的分馏和煤的干馏都属于物理变化。 ( )

答案:×

解析:本试题属于容易题。考级能力要求为 A。考查知识为煤的组成及干馏。

【巩固练习】

判断题

1. 煤是以碳为主并含有多种无机物和有机物的复杂混合物。 ( )

A. 正确 B. 错误

2. 把煤在隔绝空气的条件下加强热使其分解的过程叫做煤的干馏。 ( )

A. 正确 B. 错误

3. 煤干馏得到的焦炉气其成分是氢气、甲烷、乙烯和一氧化碳,可用做气体燃料和化工原料。 ( )

A. 正确 B. 错误

综合练习

一、单选题

1. 沼气的主要成分是（　　）。
   　A. 甲烷　　　　　　B. 乙烯　　　　　　C. 乙炔　　　　　　D. 乙烷

2. 甲烷分子的空间结构为（　　）。
   　A. 平面　　　　　　B. 正方形　　　　　C. 正四面体　　　　D. 三角锥形

3. 最简单的烷烃是（　　）。
   　A. CH_4　　　　　B. C_2H_4　　　　　C. C_2H_2　　　　　D. C_6H_6

4. 甲烷的 4 种氯代产物中是气体的为（　　）。
   　A. CH_3Cl　　　　B. CH_2Cl_2　　　　C. $CHCl_3$　　　　　D. CCl_4

5. 下列物质在一定条件下，可与 CH_4 发生取代及反应的是（　　）。
   　A. 氧气　　　　　　　　　　　　B. 溴水
   　C. 氯气　　　　　　　　　　　　D. 酸性 $KMnO_4$ 溶液

6. 下列说法中正确的是（　　）。
   　A. 含有 C、H 两种元素的化合物叫做烃
   　B. 在空气中燃烧后只生成 CO_2 和 H_2O 的物质肯定是烃
   　C. 烃在空气中完全燃烧后生成 CO_2 和 H_2O
   　D. 甲烷燃烧后的产物一定是 CO_2 和 H_2O

7. 下列各组有机化合物中，肯定属于同系物的一组是（　　）。
   　A. C_3H_6 与 C_5H_{12}　　B. C_4H_6 与 C_5H_8　　C. C_3H_8 与 C_5H_{10}　　D. C_2H_2 与 C_6H_6

8. 下列物质属于烷烃的是（　　）。
   　A. C_3H_6　　　　　B. $C_{10}H_{18}$　　　　C. C_8H_{18}　　　　D. C_2H_6O

9. 下列物质属于饱和烃的是（　　）。
   　A. CH_4　　　　　B. C_2H_4　　　　　C. C_2H_2　　　　　D. C_6H_6

10. 烷烃的分子组成通式是（　　）。
    　A. $C_nH_{2n+2}(n\geqslant1)$　　　　　　　　B. $C_nH_{2n}(n\geqslant2)$
    　C. $C_nH_{2n-2}(n\geqslant2)$　　　　　　　　D. $C_nH_{2n-6}(n\geqslant6)$

11. 分子式为 C_5H_{12} 的各种同分异构体共有（　　）种。
    　A. 2　　　　　　B. 3　　　　　　C. 5　　　　　　D. 9

12. 有机物的名称正确的是（　　）。
    　A. 3－甲基－2－乙基戊烷　　　　　B. 3－异丙基戊烷
    　C. 2－乙基－3－甲基戊烷　　　　　D. 2－甲基－3－乙基戊烷

13. 下列关于乙烯的结构与性质的叙述，错误的是（　　）。
    　A. 乙烯分子中六个原子在同一平面内
    　B. 乙烯与酸性 $KMnO_4$ 溶液发生加成反应使其褪色

C. 乙烯分子没有同分异构体

D. 乙烯分子的一氯代物只有一种结构

14. 最简单的烯烃是(　　)。

    A. CH_4 B. C_2H_4 C. C_2H_2 D. C_6H_6

15. 乙烯的官能团是(　　)。

    A. 碳碳单键   B. 碳碳双键   C. 碳碳三键   D. 碳碳四键

16. 乙烯和溴化氢在一定条件下发生化学反应的类型是(　　)。

    A. 取代反应   B. 加成反应   C. 氧化反应   D. 聚合反应

17. 下列物质中,不能用来鉴别甲烷、乙烯的是(　　)。

    A. 水   B. 溴水

    C. 溴的四氯化碳溶液   D. 酸性高锰酸钾溶液

18. 乙烯可使酸性 $KMnO_4$ 溶液褪色,属于(　　)。

    A. 取代反应   B. 加成反应   C. 氧化反应   D. 聚合反应

19. 浓硫酸与乙醇共热于 170 ℃,主要生成乙烯,这个反应属于(　　)。

    A. 取代反应   B. 加成反应   C. 消除反应   D. 酯化反应

20. 可用做脐橙、蜜桔等水果的环保催熟气体是(　　)。

    A. 甲烷   B. 乙烯   C. 乙炔   D. 乙烷

21. 北京奥运会火炬使用的燃料是一种有机物,其分子式为 C_3H_8,它属于(　　)。

    A. 烷烃   B. 烯烃   C. 炔烃   D. 芳香烃

22. 被称为电石气的是(　　)。

    A. 甲烷   B. 乙烯   C. 乙炔   D. 苯

23. 乙烷、乙烯、乙炔共同具有的性质是(　　)。

    A. 都不溶于水,且密度比水小

    B. 能够使溴水和酸性 $KMnO_4$ 溶液褪色

    C. 分子中各原子都处在同一平面上

    D. 都能发生聚合反应生成高分子化合物

24. 下列关于苯的叙述中正确的是(　　)。

    A. 苯主要是以石油为原料而获取的一种重要化工原料

    B. 苯分子中 6 个碳碳化学键完全相同

    C. 苯中含有碳碳双键,所以苯属于烯烃

    D. 苯可以与溴水,高锰酸钾溶液反应而使它们褪色

25. 用分液漏斗可以分离的一组液体混合物是(　　)。

    A. 溴和 CCl_4 B. 苯和溴苯   C. 硝基苯和水   D. 汽油和苯

26. 下列说法错误的是(　　)。

    A. 苯不溶于水且比水轻   B. 苯具有特殊的香味,可作香料

    C. 用冷水冷却苯,可凝结成无色晶体   D. 苯属于一种烃

27. 由苯生成苯磺酸的反应类型属于(　　)。

    A. 卤代反应   B. 硝化反应   C. 磺化反应   D. 氧化反应

28. 下列物质中既可以使酸性 $KMnO_4$ 褪色，又能使溴水褪色的是（　　）。

    A. 丁炔   B. 苯   C. 甲苯   D. 丙烷

29. 苯的不易加成，不易氧化，易取代和碳环异常稳定的特殊性被称为（　　）。

    A. 稳定性   B. 芳香性   C. 共轭体系   D. 大π键

30. 苯和硝酸在浓硫酸作催化剂的条件下发生的反应叫（　　）。

    A. 硝化反应   B. 磺化反应   C. 聚合反应   D. 氧化反应

二、判断题

1. 家用或工业用天然气中，常掺入大量有特殊气味的杂质气体，以警示气体的泄露。（　　）

    A. 正确   B. 错误

2. 甲烷燃烧时火焰明亮，有黑烟。（　　）

    A. 正确   B. 错误

3. 点燃甲烷气体前要先验纯。（　　）

    A. 正确   B. 错误

4. 甲烷分子中去掉一个氢原子后剩下的一价基团称为甲基，可写为—CH_3。（　　）

    A. 正确   B. 错误

5. 烃基可以看做是相应的烃失去一个氢原子后剩下的自由基。例如 C_2H_5 代表乙基。（　　）

    A. 正确   B. 错误

6. 一般的，我们把结构相似，分子组成相差若干个"CH_2"原子团的有机化合物互相成为同分异构体。（　　）

    A. 正确   B. 错误

7. 正丁烷和异丁烷互为同分异构体。（　　）

    A. 正确   B. 错误

8. 通常情况下，乙烯是气体，易溶于四氯化碳等有机溶剂。（　　）

    A. 正确   B. 错误

9. 乙烯使酸性 $KMnO_4$ 溶液褪色，与乙烯分子内含有碳碳双键有关。（　　）

    A. 正确   B. 错误

10. 相同质量的乙烯和甲烷完全燃烧后产生的水的质量相同。（　　）

    A. 正确   B. 错误

11. 利用燃烧的方法可以鉴别乙烯和甲烷。（　　）

    A. 正确   B. 错误

12. 当运动员肌肉受伤时，队医可随即对准运动员的受伤部位喷射药剂氯乙烷，进行局部冷冻麻醉处理。（　　）

    A. 正确   B. 错误

13. 实验室制取乙烯的实验中，反应容器（烧瓶）注入酒精和稀硫酸的体积比为 $1:3$。（　　）

    A. 正确   B. 错误

14. 实验室制取乙烯的实验中,温度计水银球应浸入反应溶液液面下面,但又不能与烧瓶底部接触,以便控制温度。 （　　）

    A. 正确 　　　　　　　　　　　　B. 错误

15. 乙炔分子的空间构型为平面型。 （　　）

    A. 正确 　　　　　　　　　　　　B. 错误

16. 纯净的乙炔是无色、有臭味的、易燃、有毒气体。 （　　）

    A. 正确 　　　　　　　　　　　　B. 错误

17. 乙炔可以使溴水褪色,但不能使酸性高锰酸钾溶液褪色。 （　　）

    A. 正确 　　　　　　　　　　　　B. 错误

18. 苯分子中的 6 个碳碳键是一种介于碳碳单键与碳碳双键之间的特殊的化学键。

（　　）

    A. 正确 　　　　　　　　　　　　B. 错误

19. 苯是带有芳香味的杀手,能对人体造血功能和神经系统造成严重损害,甚至致癌。

（　　）

    A. 正确 　　　　　　　　　　　　B. 错误

20. 苯的硝化反应中,浓硫酸的作用是吸水剂和催化剂。 （　　）

    A. 正确 　　　　　　　　　　　　B. 错误

21. 石油的成分很复杂,主要含碳、氢两种元素。 （　　）

    A. 正确 　　　　　　　　　　　　B. 错误

22. 煤干馏得到的焦炉气其成分是氢气、甲烷、乙烯和一氧化碳,可用做气体燃料和化工原料。

（　　）

    A. 正确 　　　　　　　　　　　　B. 错误

23. 把石油控制不同沸点范围,由低到高逐步蒸馏的方法叫做石油的分馏。 （　　）

    A. 正确 　　　　　　　　　　　　B. 错误

24. 石油的分馏、裂化和裂解都属于化学变化。 （　　）

    A. 正确 　　　　　　　　　　　　B. 错误

25. 煤是以碳为主并含有多种无机物和有机物的复杂混合物。 （　　）

    A. 正确 　　　　　　　　　　　　B. 错误

三、多选题

1. 下面关于甲烷说法正确的是（　　）。

    A. 难溶于水 　　　B. 属于饱和烃 　　　C. 属于不饱和烃 　　　D. 易溶于水

2. 对比甲烷和乙烯的燃烧反应,下列叙述中错误的是（　　）。

    A. 二者燃烧时现象完全相同

    B. 点燃前都不需验纯

    C. 甲烷燃烧的火焰呈淡蓝色,乙烯燃烧的火焰较明亮

    D. 二者燃烧时都有黑烟生成

3. 下列物质属于烃的是（　　）。

    A. C_6H_6 　　　　B. CH_4 　　　　C. C_2H_4 　　　　D. CCl_4

4. 下列物质中能发生聚合反应的有(　　)。

    A. 甲烷　　　　　　B. 乙烯　　　　　　C. 乙烷　　　　　　D. 丙烯

5. 乙烯可能发生的反应是(　　)。

    A. 取代反应　　　　B. 加成反应　　　　C. 氧化反应　　　　D. 聚合反应

6. 下列化合物中,能使溴水褪色的是(　　)。

    A. 2－丁烯　　　　　B. 乙炔　　　　　　C. 2－丁炔　　　　　D. 丁烷

7. 下列开链烃中,能使溴水和酸性高锰酸钾溶液褪色的是(　　)。

    A. C_7H_{14}　　　　　B. C_3H_6　　　　　C. C_5H_{12}　　　　　D. C_4H_6

8. 关于苯分子结构的说法正确的是(　　)。

    A. 各原子均位于同一平面上,六个碳原子彼此连接成一个平面正六边形

    B. 苯环中含有 3 个 C—C 单键,3 个 C=C 双键

    C. 苯环中碳碳的键长介于 C—C 和 C=C 之间

    D. 苯分子中各个键角都为 120°

9. 关于苯的物理性质,叙述正确的是(　　)。

    A. 易溶于水　　　　B. 难溶于水　　　　C. 有毒　　　　　　D. 无毒

10. 与链烃相比,苯的化学性质的主要特征为(　　)。

    A. 难取代　　　　　B. 易取代　　　　　C. 难加成　　　　　D. 易加成

第九章
烃的衍生物

知识结构 »

知识分类		序号	知识点
烃的衍生物	醇	104	乙醇的分子式、结构简式、官能团
		105	乙醇的物理性质（颜色、气味、状态、挥发性与溶解性）
		106	乙醇的化学性质（与钠反应、消去反应、燃烧、氧化反应）
		107	乙醇的生理作用；医用酒精的作用
		108	甲醇的毒性与假酒的危害
		109	丙三醇的结构简式及俗称
	卤代烃	110	溴乙烷的结构简式、官能团
		111	溴乙烷物理性质（颜色、状态、溶解性和密度）
		112	溴乙烷的化学性质（水解反应、消去反应）
	苯酚	113	苯酚的结构简式、官能团
		114	苯酚的物理性质（颜色、状态、气味、溶解性与毒性）
		115	氧化变质的苯酚的颜色；苯酚弄到皮肤上的处理方法
		116	苯酚常见的用途：化工原料（常见的酚醛树脂）、消毒剂
		117	醇类与酚类的区分
	醛	118	乙醛的分子式、结构简式、官能团
		119	乙醛的物理性质（颜色、状态、气味、挥发性与溶解性）
		120	乙醛的化学性质、醛基检验的方法
		121	甲醛颜色、状态、毒性，福尔马林溶液的用途
	乙酸与乙酸乙酯	122	乙酸、乙酸乙酯的分子式、结构简式、官能团
		123	乙酸、乙酸乙酯的物理性质（颜色、状态、气味、溶解性）
		124	乙酸的俗名和冰醋酸的成分
		125	乙酸的化学性质（酸性、酯化反应）

考纲要求 »

考试内容		序号	说　明	考试要求
烃的衍生物	醇	104	了解乙醇的分子式、结构简式、官能团	A
		105	了解乙醇的物理性质(颜色、气味、状态、挥发性与溶解性)	A
		106	掌握乙醇的化学性质(与钠反应、消去反应、燃烧、氧化反应)	A/B/C
		107	了解乙醇的生理作用;了解医用酒精的作用	A
		108	了解甲醇的毒性与假酒的危害	A
		109	了解丙三醇的结构简式及俗称	A
	卤代烃	110	了解溴乙烷的结构简式、官能团	A
		111	了解溴乙烷物理性质(颜色、状态、溶解性和密度)	A
		112	了解溴乙烷的化学性质(水解反应、消去反应)	A
	苯酚	113	了解苯酚的结构简式、官能团	A
		114	了解苯酚的物理性质(颜色、状态、气味、溶解性与毒性)	A
		115	了解氧化变质的苯酚的颜色;苯酚弄到皮肤上的处理方法	A
		116	了解苯酚常见的用途:化工原料(生活中常见的酚醛树脂)、消毒剂	A
		117	会正确区分醇类与酚类	A
	醛	118	了解乙醛的分子式、结构简式、官能团	A
		119	了解乙醛的物理性质(颜色、状态、气味、挥发性与溶解性)	A
		120	了解乙醛的化学性质(与氢加成、催化氧化、银镜反应、与新制的氢氧化铜悬浊液反应;了解醛基检验的方法)	A
		121	了解甲醛颜色、状态、毒性;了解福尔马林溶液的用途	A
	乙酸与乙酸乙酯	122	了解乙酸、乙酸乙酯的分子式、结构简式、官能团	A
		123	了解乙酸、乙酸乙酯的物理性质(颜色、状态、溶解性)	A
		124	了解乙酸的俗名和冰醋酸的成分	A
		125	了解乙酸的化学性质(酸性、酯化反应)	A

第一节　醇

1. 了解乙醇的分子式、结构简式、官能团；

2. 了解乙醇的物理性质（颜色、气味、状态、挥发性与溶解性）；

3. 掌握乙醇的化学性质（与钠反应、消去反应、燃烧、氧化反应）；

4. 了解乙醇的生理作用及医用酒精的作用；

5. 了解甲醇的毒性与假酒的危害；

6. 了解丙三醇的结构简式及俗称。

★ 知识点104　乙醇的分子式、结构简式、官能团

【知识梳理】

1. 乙醇的结构

(1) 分子式：C_2H_6O

(2) 结构简式：CH_3CH_2OH 或 C_2H_5OH

(3) 官能团：醇羟基（—OH）

【例题分析】

1. （单选题）以下属于乙醇分子式的是（　　）。

   A. C_2H_6 B. C_2H_6O C. C_2H_5Cl D. C_2H_4O

2. （判断题）乙醇官能团的 C—是 OOH。 （　　）

   A. 正确   B. 错误

3. （判断题）乙醇结构简式的是 C_2H_5OH。 （　　）

   A. 正确   B. 错误

答案：1. B　2. B　3. A

解析： 本部分试题属于容易题。考级能力要求为A。考查知识为乙醇的分子式、结构简式、官能团。要求对乙醇的分子式、结构简式、官能团能够准确再认、再现。

【巩固练习】

一、单选题

1. 以下属于乙醇官能团的是（　　）。

   A. —OH   B. —CHO   C. —COOH   D. —Cl

2. 以下属于乙醇结构简式的是（　　）。

   A. C_2H_5OH B. C_3H_7OH C. CH_3OH D. C_4H_9OH

二、判断题

乙醇分子式的是 C_2H_4O。 （ ）

A. 正确 B. 错误

知识点 105 乙醇的物理性质（颜色、气味、状态、挥发性与溶解性）

【知识梳理】

乙醇的物理性质：通常状况下，乙醇是无色有特殊香味的液体，密度比水小，能以任意比例与水混溶，易燃烧，易挥发，易溶于有机溶剂，俗称为酒精。

【例题分析】

1.（单选题）酒香不怕巷子深体现出的乙醇性质是（ ）。

A. 液态 B. 挥发性 C. 与水混溶 D. 无色

2.（单选题）能用于检验乙醇中是否含有水的物质是（ ）。

A. 浓硫酸 B. 氯化钙 C. 碱石灰 D. 无水硫酸铜

3.（判断题）乙醇能与水以任意比混溶。 （ ）

A. 正确 B. 错误

答案：**1.** B **2.** D **3.** A

解析：本部分试题属于容易题。考级能力要求为A。考查知识为了解乙醇的物理性质（颜色、气味、状态、挥发性与溶解性）。要求对乙醇的物理性质（颜色、气味、状态、挥发性与溶解性）能够准确再认、再现。

【巩固练习】

一、单选题

1. 以下物质中俗名叫酒精的是（ ）。

A. CH_3OH B. C_3H_7OH C. C_2H_5OH D. C_4H_9OH

2. 乙醇的颜色为（ ）。

A. 白色 B. 红色 C. 蓝色 D. 无色

3. 乙醇在水中的溶解性为（ ）。

A. 1∶1 B. 1∶2 C. 1∶500 D. 任意比

二、判断题

可以用浓硫酸来检验酒精中是否含有水。 （ ）

A. 正确 B. 错误

三、多选题

以下描述乙醇物理性质正确的是（ ）。

A. 无色 B. 易挥发 C. 特殊气味 D. 与金属钠反应

⭐ **知识点 106　乙醇的化学性质（与钠反应、消去反应、燃烧、氧化反应）**

【知识梳理】

乙醇的化学性质：乙醇中的 O—H 键、C—O 键、与羟基直接相连的碳原子及邻位上的 C—H 极性较强，易发生断裂。

1. 取代反应

（1）置换反应——与钠等活泼金属反应

$2CH_3CH_2OH + 2Na \longrightarrow 2CH_3CH_2ONa + H_2\uparrow$（比 Na 与 H_2O 的反应平缓）

反应部位：O—H 键断裂

（2）成醚反应——分子间脱水

$CH_3CH_2-O-H + H-O-CH_2CH_3 \xrightarrow[140\ ℃]{浓硫酸} CH_3CH_2-O-CH_2CH_3 + H_2O$
乙醚

反应部位：C—O 键和 O—H 键断裂

乙醚是无色有特殊气味易燃烧易挥发的液体，微溶于水，易溶于有机溶剂，可作麻醉剂。

醚的结构通式：R_1-O-R_2，R_1 和 R_2 可相同，也可不同。

2. 氧化反应

（1）燃烧——在空气中安静燃烧，发出淡蓝色火焰，并放出大量的热。

$C_2H_6O + 3O_2 \xrightarrow{点燃} 2CO_2 + 3H_2O$

（2）催化氧化——制乙醛

$2CH_3CH_2OH + O_2 \xrightarrow[加热]{Cu\ 或\ Ag} 2CH_3CHO + 2H_2O$
乙醛

反应部位：与羟基直接相连的碳原子上 C—H 键和 O—H 键断裂。

（3）与氧化剂作用——判断司机是否酒后驾车

$CrO_3（氧化铬）\xrightarrow{乙醇 + H_2SO_4} Cr_2(SO_4)_3（硫酸铬）$
黄色　　　　　　　　　　　　蓝绿色

3. 消去反应——实验室制乙烯

$CH_3CH_2OH \xrightarrow[170\ ℃]{浓硫酸} CH_2{=}CH_2\uparrow + H_2O$

反应部位：与羟基直接相连的碳原子邻位上的 C—H 键和 C—O 键断裂。

【例题分析】

1. （单选题）乙醇与金属钠反应生成气体（　　）。

　　A. 氢气　　　　　B. 氧气　　　　　C. 甲烷　　　　　D. 乙烷

2. （单选题）用于检验乙醇在空气中完全燃烧产物 CO_2 的物质是（　　）。

　　A. 浓硫酸　　　B. 澄清石灰水　　C. 无水硫酸铜　　D. 烧碱溶液

3. （单选题）乙醇在催化剂存在下会被氧气氧化成（　　）。

　　A. 乙醛　　　　B. 乙酸　　　　　C. 乙酸乙酯　　　D. 乙醚

4.（单选题）乙醇发生催化氧化反应的采用的催化剂是（　　）。

    A. 浓硫酸　　　　　B. 碱石灰　　　　　C. 铜　　　　　　　D. 氧气

5.（单选题）实验室制取乙烯的反应温度是（　　）。

    A. 140 ℃　　　　　B. 150 ℃　　　　　C. 160 ℃　　　　　D. 170 ℃

6.（判断题）乙醇在空中完全燃烧主要产物是二氧化碳和水。　　　　　　　　（　　）

    A. 正确　　　　　　　　　　　　　B. 错误

7.（判断题）乙醇在空中完全燃烧产生 H_2O 可以用澄清石灰水检验。　　　（　　）

    A. 正确　　　　　　　　　　　　　B. 错误

8.（判断题）乙醇在银催化下会氧化成乙醛。　　　　　　　　　　　　　　（　　）

    A. 正确　　　　　　　　　　　　　B. 错误

9.（判断题）乙醇在浓硫酸催化下加热至 170 ℃可制备乙烯。　　　　　　（　　）

    A. 正确　　　　　　　　　　　　　B. 错误

10.（多选题）乙醇发生消去反应过程中浓硫酸的作用是（　　）。

    A. 催化剂　　　　　B. 脱水剂　　　　　C. 吸水剂　　　　　D. 干燥剂

答案： 1. A　2. B　3. A　4. C　5. D　6. A　7. B　8. A　9. A　10. AB

解析： 本部分试题属于中等难度题。考级能力要求为B。考查知识为乙醇的化学性质（与钠反应、消去反应、燃烧、氧化反应）。要求对乙醇的化学性质（与钠反应、消去反应、燃烧、氧化反应）相关知识能够深刻领会。

【巩固练习】

一、单选题

1. 乙醇在空气中完全燃烧主要产物是（　　）。

    A. 二氧化碳　　　　B. 一氧化碳　　　　C. 乙醛　　　　　　D. 乙酸

2. 能够检验出乙醇在空气中完全燃烧产物中含有 H_2O 的试剂是（　　）。

    A. 澄清石灰水　　　B. 浓硫酸　　　　　C. 无水硫酸铜　　　D. 烧碱溶液

3. 乙醇在银催化加热下会被氧气氧化成（　　）。

    A. 乙醛　　　　　　B. 乙酸　　　　　　C. 乙酸乙酯　　　　D. 乙醚

4. 乙醇发生催化氧化反应的催化剂是（　　）。

    A. 浓硫酸　　　　　B. 碱石灰　　　　　C. 银　　　　　　　D. 氧气

5. 实验室制取乙烯的有机反应类型属于（　　）。

    A. 取代反应　　　　B. 加成反应　　　　C. 消去反应　　　　D. 聚合反应

6. 乙醇加热制备乙烯实验中所用催化剂为（　　）。

    A. 浓硫酸　　　　　B. 浓硝酸　　　　　C. 浓磷酸　　　　　D. 浓盐酸

7. 乙醇在浓硫酸催化下加热至 170 ℃反应生成的产物主要是（　　）。

    A. 甲烷　　　　　　B. 乙烯　　　　　　C. 乙炔　　　　　　D. 苯

8. 有机物在一定条件下，从一个分子中脱去一个小分子而生成不饱和化合物的反应，叫做（　　）。

    A. 取代反应　　　　B. 加成反应　　　　C. 消去反应　　　　D. 聚合反应

9. 乙醇在浓硫酸催化下加热至 170 ℃的化学反应类型属于(　　)。

　　A. 取代反应　　　　B. 加成反应　　　C. 消去反应　　　D. 聚合反应

二、判断题

1. 乙醇与金属钠剧烈反应生成氢气。　　　　　　　　　　　　　　　(　　)

　　A. 正确　　　　　　　　　　　　　B. 错误

2. 乙醇在空气中完全燃烧主要产物是乙醛。　　　　　　　　　　　(　　)

　　A. 正确　　　　　　　　　　　　　B. 错误

3. 乙醇在空气中完全燃烧放出大量的热,所以常将其作为燃料使用。(　　)

　　A. 正确　　　　　　　　　　　　　B. 错误

4. 乙醇在空气中完全燃烧产物 CO_2,可以用澄清石灰水检验。　　(　　)

　　A. 正确　　　　　　　　　　　　　B. 错误

5. 乙醇在铜催化下会氧化成乙醛。　　　　　　　　　　　　　　　(　　)

　　A. 正确　　　　　　　　　　　　　B. 错误

6. 乙醇在浓硫酸催化下加热到 140 ℃生成乙烯。　　　　　　　　(　　)

　　A. 正确　　　　　　　　　　　　　B. 错误

7. 实验室制取乙烯属于取代反应。　　　　　　　　　　　　　　　(　　)

　　A. 正确　　　　　　　　　　　　　B. 错误

8. 有机化合物在一定条件下,从一个分子中脱去一个小分子(如 H_2O 等),而生成不饱和化合物的反应,叫做取代反应。　　　　　　　　　　　　　　　(　　)

　　A. 正确　　　　　　　　　　　　　B. 错误

三、多选题

1. 乙醇完全燃烧的产物是(　　)。

　　A. 二氧化碳　　　B. 水　　　　　　C. 乙醛　　　　　D. 乙酸

2. 能使乙醇发生催化氧化反应的催化剂是(　　)。

　　A. 铜　　　　　　B. 碱石灰　　　　C. 银　　　　　　D. 氧气

3. 乙醇可以发生的反应类型有(　　)。

　　A. 氧化反应　　　B. 还原反应　　　C. 消去反应　　　D. 聚合反应

学 习 内 容

★知识点 107　乙醇的生理作用;医用酒精的作用

【知识梳理】

　　乙醇是重要的化工原料,可作溶剂,医疗用于消毒杀菌(75%),广泛应用于涂料、化妆品、油脂等工业;可作燃料,是可再生能源;适量饮酒可以加速人体血液循环。

【例题分析】

　　(判断题)医用酒精可以用来杀菌消毒。　　　　　　　　　　　(　　)

　　A. 正确　　　　　　　　　　　　　B. 错误

答案：A

解析：本试题属于容易题。考级能力要求为 A。考查知识为乙醇的生理作用和医用酒精的作用。要求对乙醇的生理作用和医用酒精的作用做出准确判断。

【巩固练习】

判断题

适量饮酒可以加速人体血液循环，但不能过量饮用。 （　　）

A. 正确　　　　　　　　　B. 错误

✪ 知识点 108　甲醇的毒性与假酒的危害

【知识梳理】

甲醇（CH_3OH）：重要的化工原料，可作燃料，是一种再生能源。甲醇有毒（能致人失明甚至死亡），工业酒精中含有甲醇，故不能饮用。

【例题分析】

（判断题）假酒中含有甲醇。 （　　）

A. 正确　　　　　　　　　B. 错误

答案：A

解析：本试题属于容易题。考级能力要求为 A。考查知识为甲醇的毒性与假酒的危害。要求对甲醇的毒性与假酒的危害做出准确判断。

【巩固练习】

一、单选题

工业酒精加水制成假酒，饮用后会使人眼睛失明，甚至死亡，这是因为其中含有（　　）。

A. 甲醇　　　　　B. 乙醇　　　　　C. 丙醇　　　　　D. 丁醇

二、判断题

1. 饮用少量的假酒可能致盲，大量饮用会导致死亡。 （　　）

A. 正确　　　　　　　　　B. 错误

2. 能用工业酒精勾兑成各种浓度的饮用酒。 （　　）

A. 正确　　　　　　　　　B. 错误

✪ 知识点 109　丙三醇的结构简式及俗称

【知识梳理】

1. 乙二醇（$HOCH_2CH_2OH$）：无色、黏稠、有甜味的液体，易溶于水和乙醇，是重要的化工原料。

2. 丙三醇（$CH_2OHCHOHCH_2OH$）：无色、黏稠、有甜味的液体，吸湿性强，能以任意比例与水、乙醇混溶,是重要的化工原料。丙三醇俗称甘油,有护肤作用,但不可直接使用,会灼伤皮肤,应与20％的水混合后使用。甘油水溶液的凝固点很低,可用做防冻剂。

【例题分析】

(单选题)丙三醇俗名( )。

A. 石炭酸   B. 甘油   C. 酒精   D. 食醋

答案:B

解析:本试题属于容易题。考级能力要求为A。考查知识为丙三醇的结构简式及俗称。要求对丙三醇的结构简式及俗称做出准确判断。

【巩固练习】

单选题

1. 丙三醇的官能团是( )。

A. —COOH   B. —CHO   C. —OH   D. —Cl

2. 甘油的结构简式是( )。

A. C_6H_5OH B. C_3H_7OH

C. CH_3OH D.
$$\begin{array}{c} CH_2-OH \\ | \\ CH-OH \\ | \\ CH_2-OH \end{array}$$

第二节 卤代烃

1. 了解溴乙烷的结构简式、官能团；
2. 了解溴乙烷物理性质(颜色、状态、溶解性和密度)；
3. 了解溴乙烷的化学性质(水解反应、消去反应)。

☆ 知识点 110　溴乙烷的结构简式、官能团

【知识梳理】

溴乙烷的结构：

(1) 分子式：C_2H_5Br

(2) 结构简式：CH_3CH_2Br 或 C_2H_5Br

(3) 官能团：溴原子($-Br$)

【例题分析】

1. (单选题)溴乙烷的官能团是(　　)。

    A. $-OH$　　　　　　B. $-CHO$　　　　　　C. $-COOH$　　　　D. $-Br$

2. (判断题)溴乙烷结构简式的是 C_3H_7Br。　　　　　　　　　　　　　　　(　　)

    A. 正确　　　　　　　　　　　　　　B. 错误

> **答案：1. D　2. B**
>
> **解析：**本部分试题属于容易题。考级能力要求为 A。考查知识为溴乙烷的结构简式、官能团。要求能够认识和书写溴乙烷的结构简式、官能团。

【巩固练习】

一、单选题

溴乙烷结构简式是(　　)。

    A. C_2H_5Br　　　　　　　　　　　B. C_3H_7Br

    C. CH_3Br　　　　　　　　　　　　D. C_4H_9Br

二、判断题

溴乙烷官能团的是溴原子。　　　　　　　　　　　　　　　　　　　　　　(　　)

    A. 正确　　　　　　　　　　　　　　B. 错误

知识点 111　溴乙烷物理性质(颜色、状态、溶解性和密度)

【知识梳理】

溴乙烷的物理性质:通常状况下是无色液体,沸点较低,密度大于水,不溶于水,易溶于有机溶剂。

【例题分析】

(单选题)溴乙烷与水混合的现象是(　　)。

A. 混溶
B. 白色浑浊
C. 分层,上层是有机层
D. 分层,下层是有机层

答案: D

解析: 本试题属于较难题。考级能力要求为 A。考查知识为溴乙烷物理性质(颜色、状态、溶解性和密度)。要求能够了解溴乙烷物理性质(颜色、状态、溶解性和密度)。

【巩固练习】

一、单选题

溴乙烷颜色为(　　)。

A. 无色
B. 黄色
C. 蓝色
D. 红色

二、判断题

溴乙烷与水混合的现象是有白色浑浊产生。　　　　　　　　　　　　　　　(　　)

A. 正确
B. 错误

知识点 112　溴乙烷的化学性质(水解反应、消去反应)

【知识梳理】

溴乙烷的化学性质:

1. 溴乙烷的水解反应——NaOH 等强碱的水溶液中

$$C_2H_5Br + HOH \xrightarrow{NaOH} C_2H_5OH + HBr$$——实际上也是一个取代反应

2. 溴乙烷的消去反应——NaOH 等强碱的醇溶液中加热

$$C_2H_5Br + NaOH \xrightarrow[加热]{醇} CH_2=CH_2\uparrow + NaBr + H_2O$$

消去反应:有机化合物在一定条件下,从一个分子中脱去一个小分子(如 H_2O、HBr 等),而生成不饱和(含双键或叁键)化合物的反应叫消去反应。

【例题分析】

1. (单选题)溴乙烷在氢氧化钠水溶液中水解生成(　　)。

A. 乙醇
B. 甲醇
C. 丙三醇
D. 乙酸

2. (单选题)溴乙烷在氢氧化钠水溶液中的反应属于(　　)。

A. 取代反应　　　　B. 加成反应　　　　C. 消去反应　　　　D. 聚合反应

3. (判断题)溴乙烷在氢氧化钠醇溶液中加热主要生成乙烯。　　　　　　　　（　　）

A. 正确　　　　　　　　　　　　　　B. 错误

答案:1. A　2. A　3. A

解析:本部分试题属于较难题。考级能力要求为 A。考查知识为溴乙烷的化学性质(水解反应、消去反应)。要求能够区分溴乙烷的水解反应、消去反应的条件及产物。

【巩固练习】

一、单选题

1. 溴乙烷发生水解反应的条件是(　　　)。
   A. 氢氧化钾乙醇溶液　　　　　　　　B. 氢氧化钠乙醇溶液
   C. 氢氧化钠乙醇溶液加热　　　　　　D. 氢氧化钠水溶液

2. 溴乙烷在氢氧化钠醇溶液中加热主要生成(　　　)。
   A. 甲烷　　　　　　B. 乙烯　　　　　　C. 乙炔　　　　　　D. 苯

3. 溴乙烷在氢氧化钠醇溶液中加热的反应属于(　　　)。
   A. 取代反应　　　　B. 加成反应　　　　C. 消去反应　　　　D. 聚合反应

4. 溴乙烷发生水解反应主要生成(　　　)。
   A. 乙醇　　　　　　B. 甲醇　　　　　　C. 丙三醇　　　　　D. 乙酸

5. 溴乙烷发生消去反应主要生成(　　　)。
   A. 甲烷　　　　　　B. 乙烯　　　　　　C. 乙炔　　　　　　D. 苯

6. 溴乙烷发生消去反应的条件(　　　)。
   A. 氢氧化钾乙醇溶液　　　　　　　　B. 氢氧化钠乙醇溶液
   C. 氢氧化钠乙醇溶液加热　　　　　　D. 氢氧化钠水溶液

二、判断题

1. 溴乙烷在氢氧化钠水溶液中生成甲醇。　　　　　　　　　　　　　　（　　）
   A. 正确　　　　　　　　　　　　　　B. 错误

2. 溴乙烷在氢氧化钠水溶液中的反应属于消去反应。　　　　　　　　　（　　）
   A. 正确　　　　　　　　　　　　　　B. 错误

3. 溴乙烷在氢氧化钠醇溶液中加热的反应属于取代反应。　　　　　　　（　　）
   A. 正确　　　　　　　　　　　　　　B. 错误

三、多选题

溴乙烷可以发生的反应类型有(　　　)。

A. 水解反应　　　　B. 加成反应　　　　C. 消去反应　　　　D. 聚合反应

第三节　苯酚

1. 了解苯酚的结构简式、官能团;
2. 了解苯酚的物理性质(颜色、状态、气味、溶解性与毒性);
3. 了解氧化变质的苯酚的颜色;苯酚弄到皮肤上的处理;
4. 了解苯酚常见的用途:化工原料(生活中常见的酚醛树脂)、消毒剂;
5. 会正确区分醇类与酚类。

【知识梳理】

苯酚的结构

1. 分子式:C_6H_6O

2. 结构简式:○—OH　或 C_6H_5OH

3. 官能团:酚羟基(—OH 直接连在苯环上)

【例题分析】

(单选题)以下属于苯酚结构简式的是(　　)。

A. C_6H_5OH　　　　B. C_3H_7OH　　　　C. CH_3OH　　　　D. C_4H_9OH

　答案:A

　解析:本试题属于容易题。考级能力要求为 A。考查知识为苯酚的结构简式、官能团。要求能够对苯酚的结构简式、官能团进行再认。

【巩固练习】

单选题

1. 以下属于苯酚官能团的是(　　)。

A. —OH　　　　　B. —CHO　　　　　C. —COOH　　　　　D. —Br

2. 以下属于苯酚分子式的是(　　)。

A. C_6H_6O　　　　B. C_3H_8O　　　　C. CH_4O　　　　D. $C_4H_{10}O$

★ **知识点 114　了解苯酚的物理性质(颜色、状态、气味、溶解性与毒性)**

【知识梳理】

　苯酚的物理性质:苯酚俗称石炭酸,通常状况下是无色晶体,易氧化而呈粉红色,有特殊气味。

熔点低,常温下微溶于水,65 ℃以上与水以任意比例混溶,易溶于有机溶剂(如酒精等),有毒。

【例题分析】

1. (单选题)纯净的苯酚通常具有(　　)。

    A. 无味   B. 刺激性气味

    C. 特殊气味   D. 果香气味

2. (单选题)苯酚常温时在水中溶解度不大,却易溶于(　　)。

    A. 水   B. 乙醇   C. 盐酸   D. 硫酸

3. (单选题)将苯酚加入冷的蒸馏水中再加热,整个过程中的现象是(　　)。

    A. 由澄清到浑浊   B. 由浑浊到澄清

    C. 一直浑浊   D. 一直澄清

4. (判断题)纯净的苯酚晶体是无色的。   (　　)

    A. 正确   B. 错误

5. (判断题)苯酚没有毒性。   (　　)

    A. 正确   B. 错误

6. (判断题)苯酚在温度高于 65 ℃可以与水混溶。   (　　)

    A. 正确   B. 错误

> **答案:1.** C **2.** B **3.** B **4.** A **5.** B **6.** A
>
> **解析:** 本部分试题属于容易题。考级能力要求为 A。考查知识为了解苯酚的物理性质(颜色、状态、气味、溶解性与毒性)。要求能够熟练记忆苯酚的物理性质(颜色、状态、气味、溶解性与毒性)并进行判断。

【巩固练习】

一、单选题

1. 苯酚俗名叫(　　)。

    A. 碳酸   B. 石炭酸   C. 芳香酸   D. 羧酸

2. 苯酚露置在空气中发生氧化还原反应后颜色呈现出(　　)。

    A. 无色   B. 黄色   C. 蓝色   D. 粉红色

3. 盛放过苯酚的试管可以采用的试剂是(　　)。

    A. 水   B. 乙醇   C. 盐酸   D. 硫酸

4. 纯净的苯酚晶体颜色呈现(　　)。

    A. 无色   B. 黄色   C. 蓝色   D. 粉红色

二、判断题

1. 苯酚易溶于水。   (　　)

    A. 正确   B. 错误

2. 苯酚具有特殊气味。   (　　)

    A. 正确   B. 错误

3. 苯酚有毒。   (　　)

    A. 正确   B. 错误

三、多选题

以下用于描述苯酚相关性质正确的是（   ）。

A. 特殊气味   B. 无色晶体

C. 有毒   D. 易溶于有机溶剂

知识点 115　了解氧化变质的苯酚的颜色及苯酚弄到皮肤上的处理

【知识梳理】

苯酚露置于空气中易氧化变质而呈粉红色,故苯酚必须密封保存;苯酚有毒,浓苯酚溶液对皮肤有强烈的腐蚀性,如不慎沾到皮肤上,应立即用酒精洗涤。

【例题分析】

（单选题）苯酚露置在空气中发生氧化还原反应后颜色呈现出（   ）。

A. 无色   B. 黄色   C. 蓝色   D. 粉红色

> 答案：D
>
> 解析：本试题属于容易题。考级能力要求为 A。考查知识为氧化变质的苯酚的颜色及苯酚弄到皮肤上的处理方法。要求能够熟知氧化变质的苯酚的颜色及苯酚弄到皮肤上的处理方法并进行判断。

【巩固练习】

判断题

1. 苯酚露置在空气中会发生氧化还原反应而呈蓝色。   （   ）

     A. 正确   B. 错误

2. 苯酚不需要密闭保存。   （   ）

     A. 正确   B. 错误

3. 苯酚不慎沾在皮肤上应立即用酒精洗涤,再用大量水冲洗。   （   ）

     A. 正确   B. 错误

知识点 116　苯酚常见的用途:化工原料(生活中常见的酚醛树脂)、消毒剂

【知识梳理】

苯酚的用途:重要的化工原料,主要用于制造酚醛树脂(俗称电木)等,还广泛用于制造合成纤维、医药、合成香料、染料、农药等。苯酚的稀溶液还可直接用作防腐剂和消毒剂。

【例题分析】

（单选题）日常所用的药皂中通常会掺入少量下列物质用以消毒（   ）。

A. 乙醇   B. 苯酚   C. 溴乙烷   D. 乙酸

答案：B

解析：本部分难度上属于容易题。考级能力要求为 A。考查知识为了解苯酚常见的用途。要求能够熟知苯酚常见的用途并进行再认。

【巩固练习】

一、判断题

日常所用的药皂中常常掺入少量苯酚用以消毒。 （ ）

A. 正确   B. 错误

二、多选题

1. 苯酚的用途十分广泛,常用于合成（ ）。

A. 药物   B. 香料   C. 染料   D. 农药

◉ 知识点 117　会正确区分醇类与酚类

【知识梳理】

1. 酚:有机化合物分子中羟基与苯环或其他芳香环直接相连的化合物。

2. 醇:分子中含有与链烃基或苯环侧链上碳原子结合羟基的化合物。（羟基与链烃基直接相连的化合物）

【例题分析】

（单选题）选出不属于醇类的有机物（ ）。

A. C_4H_9OH B. $C_6H_5CH_2OH$

C. CH_3OH D. C_6H_5OH

答案：D

解析：本试题属于中等难度题。考级能力要求为 A。考查知识为醇类与酚类的区分。要求能够正确区分醇类与酚类。

【巩固练习】

一、判断题

苯酚是最简单的酚类。 （ ）

A. 正确   B. 错误

二、单选题

以下有机物中属于酚类的是（ ）。

A. C_6H_5OH B. $C_6H_5CH_2OH$

C. CH_3OH D. C_4H_9OH

三、多选题

以下属于醇类物质的是（ ）。

A. 甘油   B. 乙醇   C. 苯甲醇   D. 苯酚

第四节　醛

1. 了解乙醛的分子式、结构简式、官能团；
2. 了解乙醛的物理性质(颜色、状态、气味、挥发性与溶解性)；
3. 了解乙醛的化学性质(与氢加成、催化氧化、银镜反应、与新制的氢氧化铜悬浊液反应；了解醛基检验的方法；
4. 了解甲醛颜色、状态、毒性；了解福尔马林溶液的用途。

◆ 知识点118　乙醛的分子式、结构简式、官能团

【知识梳理】

乙醛的结构

1. 分子式：C_2H_4O

2. 结构简式：CH_3CHO

3. 官能团：$-CHO$(醛基)

【例题分析】

1. (单选题)组成乙醛的元素是(　　)。

A. C、O 　　　　B. C、H 　　　　C. C、H、O 　　　　D. C、H、N

2. (判断题)乙醛的分子式为 C_2H_4O，结构简式为 CH_3CHO。　　　　　　(　　)

A. 正确 　　　　　　　　B. 错误

答案：1. C　2. A

解析：本部分试题属于容易题。考级能力要求为A。考查知识为乙醛的分子式、结构简式、官能团。要求能够对乙醛的分子式、结构简式、官能团进行再认和判断。

【巩固练习】

一、单选题

1. 乙醛的分子式为(　　)。

A. CH_4 　　　　B. C_2H_4 　　　　C. C_2H_4O 　　　　D. $C_2H_4O_2$

2. 乙醛分子的结构简式可以表示为(　　)。

A. CH_3OH 　　　　　　　　B. C_2H_5OH

C. $HCHO$ 　　　　　　　　D. CH_3CHO

3. 决定乙醛主要化学性质的官能团是(　　)。

A. $-OH$ 　　　　　　　　B. $-CHO$

C. —COOH   D. —CH₃

二、多选题

组成乙醛的元素有(   )。

A. 碳元素   B. 氢元素   C. 氧元素   D. 氮元素

★ 知识点 119   乙醛的物理性质(颜色、状态、气味、挥发性与溶解性)

【知识梳理】

乙醛的物理性质:通常状况下,乙醛是无色有刺激性气味的液体,密度小于水,沸点低,易挥发,易燃烧,能与水、乙醇、氯仿、乙醚等互溶。

【例题分析】

1. (单选题)通常情况下乙醛是(   )。

    A. 无色液体   B. 没有气味的液体

    C. 不易挥发的液体   D. 无色气体

2. (判断题)通常条件下乙醛是没有气味的液体。   (   )

    A. 正确   B. 错误

> 答案:1. A   2. B
> 解析:本部分试题属于容易题。考级能力要求为 A。考查知识为乙醛的物理性质(颜色、状态、气味、挥发性与溶解性)。要求能够熟记乙醛的物理性质(颜色、状态、气味、挥发性与溶解性)并进行再认和判断。

【巩固练习】

一、单选题

1. 下列关于乙醛溶解性的叙述正确的是(   )。

    A. 易溶于水   B. 难溶于水

    C. 难溶于乙醇   D. 难溶于乙醚

2. 下列关于乙醛气味的叙述正确的是(   )。

    A. 没有气味   B. 具有花的芳香气味

    C. 具有臭鸡蛋的气味   D. 具有刺激性的气味

3. 通常条件下,下列关于乙醛物理性质的叙述正确的是(   )。

    A. 难溶于水的液体

    B. 密度比水小可以浮在水面上

    C. 没有气味的气体

    D. 具有刺激性的气味的液体

✿ 知识点 120　乙醛的化学性质、醛基检验的方法

【知识梳理】

1. 乙醛的化学性质

(1) 还原反应——加成反应

$$CH_3CHO+H_2 \xrightarrow[\text{加热}]{\text{催化剂}} CH_3CH_2OH$$

(2) 氧化反应

① 与强氧化剂反应。

a. 在高锰酸钾、热硝酸等作用下,乙醛被氧化为乙酸;

b. 与 O_2 在 Cu 或 Ag 催化加热下,乙醛被氧化为乙酸。

$$2CH_3CHO+O_2 \xrightarrow[\text{加热}]{\text{催化剂}} 2CH_3COOH$$

② 与弱氧化剂反应。

a. 银镜反应——醛基的特有反应,用来检验醛基的存在。

$$CH_3CHO+2Ag(NH_3)_2OH \xrightarrow{\text{加热}} CH_3COONH_4+2Ag\downarrow+3NH_3\uparrow+H_2O$$

银氨溶液:2% 的 $AgNO_3$ 溶液中逐滴加入 2% 的稀氨水直至产生的沉淀恰好溶解为止所得到的溶液叫托伦试剂,也叫银氨溶液。

银镜反应:银氨溶液与乙醛溶液作用时,银氨配合物中的银离子被还原成金属银,附着在试管壁上,形成银镜的反应叫银镜反应。

注意事项:水浴加热,控制温度在 60 ℃左右,不能晃动。

b. 费林反应——醛基特有的反应,可用来检验醛基的存在。

$$CH_3CHO+Cu(OH)_2 \xrightarrow{\text{加热}} CH_3COOH+Cu_2O\downarrow\text{砖红色}+2H_2O$$

费林试剂:费林试剂分为 A 液和 B 液,A 液为 $CuSO_4$ 溶液,B 液为 $NaOH$ 和酒石酸钾钠溶液,使用时等体积混合。新生成的 $Cu(OH)_2$ 溶解在酒石酸钾钠溶液中,形成深蓝色溶液。

费林反应:乙醛与新制的 $Cu(OH)_2$ 作用,生成砖红色的 Cu_2O 沉淀,乙醛被氧化为乙酸的反应叫费林反应。

注意事项:

＊制备 $Cu(OH)_2$ 时,应使溶液保持碱性条件,即 $NaOH$ 要过量。

＊$Cu(OH)_2$ 要现配现用。

＊反应要加热至沸腾。

2. 有机化学中的氧化反应和还原反应

(1) 氧化反应:有机化学中凡化合物加氧或去氢的反应都叫氧化反应。

(2) 还原反应:有机化学中凡化合物加氢或去氧的反应都叫还原反应。

【例题分析】

1. (单选题)一定条件下乙醛与氢气发生加成反应的产物是(　　)。

　　A. C_2H_4 　　　　　　　　　　　B. C_2H_6

    C. C_2H_5OH D. CH_3OCH_3

2. (单选题)乙醛和氧气在催化剂的作用下发生反应的生成物是(　　)。

    A. C_2H_5OH B. CH_3CHO

    C. CH_3COOH D. $CH_3COOC_2H_5$

3. (判断题)乙醛分子中有醛基,乙醛具有还原性。   (　　)

    A. 正确   B. 错误

4. (判断题)乙醛能发生银镜反应,是因为乙醛分子中含有醛基(—CHO)的缘故。

                                                                (　　)

    A. 正确   B. 错误

答案:1. C **2.** C **3.** A **4.** A

解析:本部分试题属于较难题。考级能力要求为B。考查知识为乙醛的化学性质(与氢加成、催化氧化、银镜反应、与新制的氢氧化铜悬浊液反应)和醛基检验的方法。要求能够知道乙醛的化学性质(与氢加成、催化氧化、银镜反应、与新制的氢氧化铜悬浊液反应)和醛基检验的方法。

【巩固练习】

一、单选题

1. 一定条件下乙醛与氢气的反应是(　　)。

    A. 取代反应   B. 加成反应   C. 氧化反应   D. 聚合反应

2. 乙醛和氧气在催化剂的作用下发生的反应是(　　)。

    A. 氧化反应   B. 还原反应   C. 取代反应   D. 加成反应

3. 1 mol CH_3CHO 与足量银氨试剂充分反应生成银的物质的量是(　　)。

    A. 1 mol   B. 2 mol   C. 4 mol   D. 6 mol

4. 乙醛与新制的 $Cu(OH)_2$ 悬浊液加热煮沸一段时间后可以观察到的主要实验现象是生成了(　　)。

    A. 光亮红色的铜   B. 红色的沉淀   C. 蓝色的沉淀   D. 黑色的粉末

5. 乙醛与新制的 $Cu(OH)_2$ 悬浊液加热煮沸一段时间后,乙醛被氧化的产物是(　　)。

    A. C_2H_5OH B. CH_3CHO

    C. CH_3COOH D. $CH_3COOC_2H_5$

6. 能与乙醛发生银镜反应的试剂是(　　)。

    A. 新制的 $Cu(OH)_2$ 悬浊液   B. $AgNO_3$ 溶液

    C. $AgOH$ D. $Ag(NH_3)_2OH$ 溶液

二、判断题

1. 一定条件下乙醛与氢气的反应,既是加成反应,又是还原反应。   (　　)

    A. 正确   B. 错误

2. 乙醛与新制的氢氧化铜悬浊液共同加热煮沸,生成红色沉淀。   (　　)

    A. 正确   B. 错误

3. 乙醛在氧气中完全燃烧一定生成二氧化碳和水。   (　　)

　　A. 正确　　　　　　　　　　B. 错误

三、多选题

经常用于检验有机物中是否存在醛基的方法是（　　）。

A. 溶液样品与银氨溶液混合并水浴加热

B. 溶液样品与新制的 $Cu(OH)_2$ 悬浊液混合并煮沸

C. 溶液样品与 $AgNO_3$ 溶液共热

D. 溶液样品与氧气反应

知识点 121　甲醛颜色、状态、毒性；福尔马林溶液的用途

【知识梳理】

1. 乙醛的用途：乙醛是重要的化工原料，用来生产乙酸（醋酸）、三氯乙醛、丁醇、农药敌百虫等。

2. 甲醛的结构

(1) 分子式：CH_2O

(2) 结构简式：HCHO

3. 甲醛的物理性质

甲醛又名蚁醛，常温下为无色有刺激性气味的气体（醛类中唯一的气体），易溶于水和乙醇。40%水溶液俗称福尔马林，是具有刺激性气味的无色液体，具有防腐作用，通常被用来固定病理标本及动物标本等。用甲醛处理过的海产品如海参、鱿鱼、海蜇等，外观好看，食用要谨慎，在碱性环境中甲醛与海产品中的蛋白质反应，形成缩醛化合物，使水浸泡过的海参、鱿鱼、海蜇变得挺直，但进入人体胃中，在酸性环境下又会放出甲醛，放出的甲醛可能会与人体蛋白质中的氨基酸重新结合，而危害人体健康。

4. 室内甲醛的来源和危害

室内甲醛主要来自复合木材中的酚醛树脂、脲醛树脂、内墙涂料、装修布、电器绝缘材料、黏合剂等；甲醛对眼、鼻和呼吸道有刺激作用，主要症状为流泪、打喷嚏、咳嗽、结膜炎、咽喉和支气管痉挛等，可导致皮肤过敏，出现急性皮炎，也是一些癌症的诱因。

【例题分析】

1. （单选题）下列关于甲醛的叙述正确的是（　　）。

A. 甲醛可以用于食品防腐

B. 甲醛溶液有杀菌作用，可用于清洗蔬菜

C. 居室内空气中甲醛超标对人体无影响

D. 甲醛有毒性，对人体有致癌作用

2. （单选题）医用福尔马林溶液中的溶质是（　　）。

A. 酒精　　　　　　　　　　B. 石炭酸

C. 甲醛　　　　　　　　　　D. 乙醛

3. (判断题)酒类饮料常加入少量甲醛,所以甲醛可以大量饮用。 （　　）

    A. 正确   B. 错误

答案:1. D　**2.** C　**3.** B

解析:本部分试题属于容易题。考级能力要求为 A。考查知识为甲醛颜色、状态、毒性和福尔马林溶液的用途。要求能够知道甲醛颜色、状态、毒性和福尔马林溶液的用途并做出正确辨认。

【巩固练习】

一、单选题

1. 关于福尔马林的用途不正确的是(　　)。

    A. 做食品保鲜剂   B. 浸制生物标本

    C. 制酚醛塑料   D. 种子消毒

2. 下列有关甲醛的叙述正确的是(　　)。

    A. 甲醛也叫蚁醛,是无色无嗅的液体

    B. 福尔马林就是甲醛

    C. 装修后居室含有甲醛、苯等,要注意通风

    D. 甲醛是没有毒性的液体

二、判断题

1. 通常条件下,甲醛是有刺激性气味的液体。 （　　）

    A. 正确   B. 错误

2. 福尔马林溶液就是甲醛的水溶液,常用做食品防腐剂。 （　　）

    A. 正确   B. 错误

3. 新装修的房屋室内通常甲醛浓度较高,需开窗通风一段时间并检测后方可居住。

                                                          （　　）

    A. 正确   B. 错误

第五节　乙酸与乙酸乙酯

1. 了解乙酸、乙酸乙酯的分子式、结构简式、官能团；

2. 了解乙酸、乙酸乙酯的物理性质（颜色、状态、气味、溶解性）；

3. 了解乙酸的俗名和冰醋酸的成分；

4. 了解乙酸的化学性质（酸性、酯化反应）。

◉ 知识点 122　乙酸、乙酸乙酯的分子式、结构简式、官能团

【知识梳理】

1. 乙酸的结构

（1）分子式：$C_2H_4O_2$

（2）结构简式：CH_3COOH

（3）官能团：$—COOH$（羧基）

2. 乙酸乙酯的结构

（1）分子式：$C_4H_8O_2$

（2）结构简式：$CH_3COOCH_2CH_3$ 或 $CH_3COOC_2H_5$ 或 $C_2H_5OOCCH_3$

（3）官能团：$—COO—$ 或 $—OOC—$（酯基）

【例题分析】

1. （单选题）乙酸分子的结构简式是（　　）。

　　A. $HCOOH$　　　　　B. CH_3COOH　　　C. $HCOOCH_3$　　　D. C_2H_5COOH

2. （单选题）乙酸乙酯的结构简式是（　　）。

　　A. CH_3COOCH_3　　　　　　　　B. $CH_3COOC_2H_5$

　　C. $HCOOCH_3$　　　　　　　　　D. $C_2H_5COOC_2H_5$

3. （判断题）乙酸的分子式是 $C_2H_6O_2$。　　　　　　　　　　　　　　　　　　（　　）

　　A. 正确　　　　　　　　　　　B. 错误

> **答案：1.** B　**2.** B　**3.** B
>
> **解析：**本部分试题属于容易题。考级能力要求为 A。考查知识为乙酸和乙酸乙酯的分子式、结构简式、官能团。要求能够对乙酸和乙酸乙酯的分子式、结构简式、官能团做出正确再认。

【巩固练习】

一、单选题

1. 组成乙酸的元素是（　　）。

　A. H、O　　　　　B. C、H　　　　　C. C、O、H　　　　D. C、H、O、N

2. 乙酸的分子式是（　　）。

　A. $C_2H_4O_2$　　　B. C_2H_6O　　　C. C_2H_6　　　D. C_2H_4

3. 决定乙酸化学性质的官能团是（　　）。

　A. 甲基　　　　　B. 羟基　　　　　C. 羰基　　　　　D. 羧基

4. 乙酸乙酯的分子式是（　　）。

　A. $C_2H_4O_2$　　　B. C_2H_6O　　　C. $C_4H_8O_2$　　　D. $C_4H_{10}O$

二、判断题

1. 乙酸的结构简式为 CH_3COOH。　　　　　　　　　　　　（　　）

　A. 正确　　　　　　　　　　　B. 错误

2. 乙酸分子中含有羧基（—COOH）。　　　　　　　　　　　（　　）

　A. 正确　　　　　　　　　　　B. 错误

三、多选题

以下物质中含有羟基官能团的是（　　）。

　A. 甲酸　　　　　B. 乙醇　　　　　C. 丙三醇　　　　D. 乙醛

知识点 123　乙酸、乙酸乙酯的物理性质（颜色、状态、气味、溶解性）

【知识梳理】

1. 乙酸的物理性质

乙酸常温是无色有强烈刺激性酸味的液体，易挥发，沸点117.9 ℃，熔点16.6 ℃，易溶于水，易溶于醇、乙醚等许多有机物中。

2. 乙酸乙酯的物理性质

乙酸乙酯通常状况为液体，密度比水小，难溶于水，易挥发，易溶于乙醇和乙醚等有机溶剂。低级酯是有芳香气味的液体，存在于各种水果和花草中，可作溶剂，作制备饮料和糖果的香料。

【例题分析】

1. （单选题）符合乙酸物理性质的是（　　）。

　A. 无色无味　　　　　　　　B. 常温（20 ℃）时为冰状晶体

　C. 有强烈的刺激性酸味　　　D. 没有挥发性

2. （单选题）关于乙酸乙酯的物理性质叙述正确的是（　　）。

　A. 没有挥发性　　　　　　　B. 具有水果香味

　C. 常温时为气体　　　　　　D. 易溶于水

答案:1. C **2.** B

解析:本部分试题属于容易题。考级能力要求为 A。考查知识为酸、乙酸乙酯的物理性质(颜色、状态、气味、溶解性)。要求能够对酸、乙酸乙酯的物理性质(颜色、状态、气味、溶解性)正确再认。

【巩固练习】

一、单选题

关于乙酸溶解性的叙述正确的是(   )。

A. 难溶于水 　　　　　　　　　B. 用分液漏斗可以把乙酸从水中分离出来

C. 易溶于酒精 　　　　　　　　D. 只能溶于酒精一种溶剂

二、判断题

乙酸易溶于水,也易溶于酒精。 　　　　　　　　　　　　　　　　(   )

A. 正确 　　　　　　　　　　　B. 错误

三、多选题

关于乙酸乙酯溶解性的叙述正确的是(   )。

A. 难溶于水 　　　　　　　　　B. 难溶于饱和碳酸钠溶液

C. 溶于氢氧化钠溶液 　　　　　D. 易溶于乙醇

★ 知识点 124 　乙酸的俗名和冰醋酸的成分

【知识梳理】

乙酸俗称醋酸,当温度低于 16.6 ℃时就凝结成似冰状的晶体,所以,无水乙酸又称为冰醋酸。家用食醋的主要成分为醋酸。

【例题分析】

1.(单选题)关于家用食醋的叙述正确的是(   )。

A. 食醋就是醋酸 　　　　　　　B. 醋酸可以直接食用

C. 食醋的主要成分是乙酸 　　　D. 食醋就是乙酸

2.(判断题)家用食醋的主要成分是乙酸。 　　　　　　　　　　　(   )

A. 正确 　　　　　　　　　　　B. 错误

答案:1. C **2.** A

解析:本部分试题属于容易题。考级能力要求为 A。考查知识为乙酸的俗名和冰醋酸的成分。要求能够知道乙酸的俗名,并能够区分家用食醋、醋酸和冰醋酸的成分。

【巩固练习】

一、单选题

1. 家用食醋的主要成分是(   )。

A. 乙醇 　　　　　　　　　　　B. 乙酸

C. 乙酸乙酯　　　　　　　　　　　D. 氯化钠

2. 关于冰醋酸的叙述正确的是（　　　）。

A. 冰醋酸就是水和乙酸的混合物

B. 冰醋酸就是低温时乙酸的水溶液

C. 冰醋酸就是乙酸水合晶体的俗称

D. 无水乙酸又称为冰醋酸

3. 下列叙述不正确的是（　　　）。

A. 冰醋酸的分子式为 $C_2H_4O_2$

B. 乙酸俗称醋酸

C. 冰醋酸就是乙酸结晶水合物的俗称

D. 冰醋酸是由 C、H、O 三种元素组成的

学习内容

☆ 知识点 125　乙酸的化学性质（酸性、酯化反应）

【知识梳理】

乙酸的化学性质：乙酸中的羧基（—COOH）可看做为是由羰基（C＝O）和羟基（—OH）直接相连而成，这两个官能团相互影响，使乙酸表现出特殊的性质。

1. 酸性

乙酸是一种有机弱酸，具有酸的通性。

如 $2CH_3COOH + Na_2CO_3 \longrightarrow 2CH_3COONa + H_2O + CO_2\uparrow$

2. 酯化反应

酸和醇起作用，生成酯和水的反应。

（1）实验装置：大试管直接加热，试管倾斜约 45°度角，用饱和的 Na_2CO_3 溶液吸收产生的蒸气。

（2）注意事项

① 反应部位——羧酸提供 −OH，醇提供 −H 原子。

② 药品加入次序——先加入 3 mL 乙醇，然后边摇动试管边慢慢加入 2 mL 浓硫酸和 2 mL 冰醋酸。

③ 导管导出口位置——靠近饱和的 Na_2CO_3 溶液的液面但没有没入液面（防止倒吸）。

④ 饱和的 Na_2CO_3 溶液的作用——除去乙酸、乙醇，使乙酸乙酯的香味更易闻到；增大水层密度，降低乙酸乙酯的溶解度，使乙酸乙酯更易分层析出。

⑤ 浓硫酸的作用——催化剂和吸水剂。

⑥ 实验中用小火保持微沸——利于产物的生成和蒸出。

【例题分析】

1.（单选题）下列关于乙酸的性质叙述正确的是（　　　）。

A. 能使无色酚酞试液变成红色

B. 能使紫色石蕊试液变成红色

C. 水溶液的 pH>7

D. 水溶液中 $c(H^+)<c(OH^-)$

2.（多选题）在浓硫酸存在并加热的条件下,乙酸与乙醇的反应属于（　　　）。

A. 酯化反应　　　B. 取代反应　　　C. 加成反应　　　D. 聚合反应

答案:1. B　2. AB

解析:本部分试题属于中等难度题。考级能力要求为 A。考查知识为乙酸的化学性质(酸性、酯化反应)。要求能够掌握乙酸的重要化学性质(酸性、酯化反应),并能对相关反应和实验要求做出正确认识。

【巩固练习】

一、单选题

1. 下列能与乙酸反应放出氢气的金属是（　　　）。

A. Fe　　　　　　B. Cu　　　　　　C. Ag　　　　　　D. Au

2. 遇乙酸能发生反应生成盐和水的是（　　　）。

A. Cu　　　　　　B. CuO　　　　　　C. $CuCl_2$　　　　　　D. $CuSO_4$

3. 遇乙酸能发生中和反应生成盐和水的是（　　　）。

A. Na　　　　　　B. Na_2O　　　　　　C. NaOH　　　　　　D. Na_2CO_3

4. 遇乙酸能发生反应的盐是（　　　）。

A. KCl　　　　　　B. $CuSO_4$　　　　　　C. Na_2SO_4　　　　　　D. Na_2CO_3

5. 乙酸与乙醇的酯化反应又属于（　　　）。

A. 置换反应　　　B. 取代反应　　　C. 加成反应　　　D. 聚合反应

6. 关于乙酸与乙醇的酯化反应的叙述正确的是（　　　）。

A. 用浓硫酸做催化剂并在加热的条件下进行反应

B. 乙醇分子中的羟基与乙酸分子羧基上的氢原子结合成水分子

C. 该反应生成易溶于水的物质

D. 该反应不可逆

7. 乙酸与乙醇酯化反应的操作正确的是（　　　）。

A. 用乙醇溶液和冰醋酸反应

B. 用稀硫酸做催化剂

C. 反应不需要加热

D. 产生的蒸气在饱和碳酸钠溶液液面冷凝

二、判断题

1. 乙酸水溶液的 pH>7。　　　　　　　　　　　　　　　　　　　　（　　　）

A. 正确　　　　　　　　　　　　　B. 错误

2. 乙酸和乙醇在浓硫酸做催化剂并加热时反应生成具有芳香气味的乙酸乙酯。

（　　　）

A. 正确　　　　　　　　　　　　　B. 错误

三、多选题

遇乙酸能发生反应生成盐的是（　　　）。

A. Na　　　　　　B. Na_2O　　　　　　C. NaOH　　　　　　D. Na_2CO_3

综合练习

一、单选题

1. 以下属于乙醇分子式的是( )。
   A. C_2H_6 B. C_2H_6O C. C_2H_5Cl D. C_2H_4O

2. 酒香不怕巷子深体现出的乙醇性质是( )。
   A. 液态   B. 挥发性   C. 与水混溶   D. 无色

3. 能用于检验乙醇中是否含有水的物质是( )。
   A. 浓硫酸   B. 氯化钙
   C. 碱石灰   D. 无水硫酸铜

4. 乙醇与金属钠反应生成气体( )。
   A. 氢气   B. 氧气   C. 甲烷   D. 乙烷

5. 乙醇在催化剂存在下会被氧气氧化成( )。
   A. 乙醛   B. 乙酸   C. 乙酸乙酯   D. 乙醚

6. 乙醇在银催化加热下会被氧气氧化成( )。
   A. 乙醛   B. 乙酸   C. 乙酸乙酯   D. 乙醚

7. 实验室制取乙烯的反应温度是( )。
   A. 140 ℃   B. 150 ℃   C. 160 ℃   D. 170 ℃

8. 乙醇加热制备乙烯实验中所用催化剂为( )。
   A. 浓硫酸   B. 浓硝酸   C. 浓磷酸   D. 浓盐酸

9. 乙醇在浓硫酸催化下加热到 170 ℃反应生成的产物主要是( )。
   A. 甲烷   B. 乙烯   C. 乙炔   D. 苯

10. 有机物在一定条件下,从一个分子中脱去一个小分子而生成不饱和化合物的反应,叫做( )。
    A. 取代反应   B. 加成反应   C. 消去反应   D. 聚合反应

11. 丙三醇俗名( )。
    A. 石炭酸   B. 甘油   C. 酒精   D. 食醋

12. 溴乙烷的官能团是( )。
    A. —OH   B. —CHO   C. —COOH   D. —Br

13. 溴乙烷在氢氧化钠水溶液中水解生成( )。
    A. 乙醇   B. 甲醇   C. 丙三醇   D. 乙酸

14. 溴乙烷在氢氧化钠水溶液中的反应属于( )。
    A. 取代反应   B. 加成反应   C. 消去反应   D. 聚合反应

15. 溴乙烷发生水解反应的条件是( )。
    A. 氢氧化钾乙醇溶液   B. 氢氧化钠乙醇溶液
    C. 氢氧化钠乙醇溶液加热   D. 氢氧化钠水溶液

16. 溴乙烷发生水解反应主要生成（　　）。

    A. 乙醇　　　　　B. 甲醇　　　　　C. 丙三醇　　　　　D. 乙酸

17. 以下属于苯酚结构简式的是（　　）。

    A. C_6H_5OH　　　B. C_3H_7OH　　　C. CH_3OH　　　D. C_4H_9OH

18. 苯酚俗名叫（　　）。

    A. 碳酸　　　　　B. 石炭酸　　　　C. 芳香酸　　　　　D. 羧酸

19. 苯酚露置在空气中发生氧化还原反应后颜色呈现出（　　）。

    A. 无色　　　　　B. 黄色　　　　　C. 蓝色　　　　　　D. 粉红色

20. 纯净的苯酚通常具有（　　）。

    A. 无味　　　　　B. 刺激性气味　　C. 特殊气味　　　　D. 果香气味

21. 苯酚常温时在水中溶解度不大,却易溶于（　　）。

    A. 水　　　　　　B. 乙醇　　　　　C. 盐酸　　　　　　D. 硫酸

22. 以下有机物中属于酚类的是（　　）。

    A. C_6H_5OH　　B. $C_6H_5CH_2OH$　　C. CH_3OH　　D. C_4H_9OH

23. 乙醛的分子式为（　　）。

    A. CH_4　　　　　B. C_2H_4　　　　C. C_2H_4O　　　　D. $C_2H_4O_2$

24. 通常情况下乙醛是（　　）。

    A. 无色液体　　　　　　　　　　B. 没有气味的液体

    C. 不易挥发的液体　　　　　　　D. 无色气体

25. 一定条件下乙醛与氢气的反应是（　　）。

    A. 取代反应　　　B. 加成反应　　　C. 氧化反应　　　　D. 聚合反应

26. 能与乙醛发生银镜反应的试剂是（　　）。

    A. 新制的 $Cu(OH)_2$ 悬浊液　　　B. $AgNO_3$ 溶液

    C. $AgOH$　　　　　　　　　　　D. $Ag(NH_3)_2OH$ 溶液

27. 乙醛与新制的 $Cu(OH)_2$ 悬浊液加热煮沸一段时间后,可以观察到的主要实验现象为生成了（　　）。

    A. 光亮红色的铜　　　　　　　　B. 红色的沉淀

    C. 蓝色的沉淀　　　　　　　　　D. 黑色的粉末

28. 下列关于甲醛的叙述正确的是（　　）。

    A. 甲醛可以用于食品防腐

    B. 甲醛溶液有杀菌作用,可用于清洗蔬菜

    C. 居室内空气中甲醛超标对人体无影响

    D. 甲醛有毒性,对人体有致癌作用

29. 关于福尔马林的用途不正确的是（　　）。

    A. 做食品保鲜剂　　　　　　　　B. 浸制生物标本

    C. 制酚醛塑料　　　　　　　　　D. 种子消毒

30. 乙酸分子的结构简式是（　　）。

    A. $HCOOH$　　　　　　　　　　B. CH_3COOH

C. HCOOCH₃   D. C₂H₅COOH

31. 符合乙酸物理性质的是（　　）。

    A. 无色无味   B. 常温（20 ℃）时为冰状晶体

    C. 有强烈的刺激性酸味   D. 没有挥发性

32. 家用食醋的主要成分是（　　）。

    A. 乙醇   B. 乙酸   C. 乙酸乙酯   D. 氯化钠

33. 下列关于乙酸的性质叙述正确的是（　　）。

    A. 能使无色酚酞试液变成红色   B. 能使紫色石蕊试液变成红色

    C. 水溶液的 pH＞7   D. 水溶液中 $c(H^+)<c(OH^-)$

34. 遇乙酸能发生反应的盐是（　　）。

    A. KCl   B. CuSO₄   C. Na₂SO₄   D. Na₂CO₃

35. 关于乙酸与乙醇的酯化反应的叙述正确的是（　　）。

    A. 用浓硫酸做催化剂并在加热的条件下进行反应

    B. 乙醇分子中的羟基与乙酸分子羧基上的氢原子结合成水分子

    C. 该反应生成易溶于水的物质

    D. 该反应不可逆

二、判断题

1. 乙醇官能团的是－COOH。 （　　）

    A. 正确   B. 错误

2. 乙醇能与水以任意比混溶。 （　　）

    A. 正确   B. 错误

3. 可以用浓硫酸来检验酒精中是否含有水。 （　　）

    A. 正确   B. 错误

4. 医用酒精可以用来杀菌消毒。 （　　）

    A. 正确   B. 错误

5. 乙醇与金属钠剧烈反应生成氢气。 （　　）

    A. 正确   B. 错误

6. 乙醇在铜催化下会氧化成乙醛。 （　　）

    A. 正确   B. 错误

7. 乙醇在浓硫酸催化下加热到 170 ℃可制备乙烯。 （　　）

    A. 正确   B. 错误

8. 有机化合物在一定条件下,从一个分子中脱去一个小分子(如 H₂O 等),而生成不饱和化合物的反应,叫做取代反应。 （　　）

    A. 正确   B. 错误

9. 适量饮酒可以加速人的血液循环,但不能过量饮用。 （　　）

    A. 正确   B. 错误

10. 溴乙烷结构简式的是 C₃H₇Br。 （　　）

    A. 正确   B. 错误

11. 溴乙烷在氢氧化钠水溶液中生成甲醇。 （　　）

    A. 正确　　　　　　　　　　　　B. 错误

12. 溴乙烷在氢氧化钠醇溶液中加热的反应属于取代反应。 （　　）

    A. 正确　　　　　　　　　　　　B. 错误

13. 苯酚露置在空气中会发生氧化还原反应而呈蓝色。 （　　）

    A. 正确　　　　　　　　　　　　B. 错误

14. 纯净的苯酚晶体是无色的。 （　　）

    A. 正确　　　　　　　　　　　　B. 错误

15. 苯酚在温度高于 65℃ 时可以与水混溶。 （　　）

    A. 正确　　　　　　　　　　　　B. 错误

16. 苯酚不慎沾在皮肤上应立即用酒精洗涤，再用大量的水冲洗。 （　　）

    A. 正确　　　　　　　　　　　　B. 错误

17. 日常所用的药皂中常常掺入少量苯酚用以消毒。 （　　）

    A. 正确　　　　　　　　　　　　B. 错误

18. 乙醛分子中有醛基，乙醛具有还原性。 （　　）

    A. 正确　　　　　　　　　　　　B. 错误

19. 乙醛能发生银镜反应，是因为乙醛分子中含有醛基（—CHO）的缘故。 （　　）

    A. 正确　　　　　　　　　　　　B. 错误

20. 通常条件下，甲醛是有刺激性气味的液体。 （　　）

    A. 正确　　　　　　　　　　　　B. 错误

21. 福尔马林溶液就是甲醛的水溶液，常用做食品防腐剂。 （　　）

    A. 正确　　　　　　　　　　　　B. 错误

22. 酒类饮料常加入少量甲醛，所以甲醛可以大量饮用。 （　　）

    A. 正确　　　　　　　　　　　　B. 错误

23. 乙酸的结构简式为 CH_3COOH。 （　　）

    A. 正确　　　　　　　　　　　　B. 错误

24. 家用食醋的主要成分是乙酸。 （　　）

    A. 正确　　　　　　　　　　　　B. 错误

25. 乙酸和乙醇在浓硫酸做催化剂并加热时反应生成具有芳香气味的乙酸乙酯。

    （　　）

    A. 正确　　　　　　　　　　　　B. 错误

三、多选题

1. 以下描述乙醇物理性质正确的是（　　）。

    A. 无色　　　　B. 易挥发　　　　C. 液体　　　　D. 难溶于水

2. 乙醇完全燃烧的产物是（　　）。

    A. 二氧化碳　　B. 水　　　　　C. 乙醛　　　　D. 乙酸

3. 能使乙醇发生催化氧化反应的催化剂是（　　）。

    A. 铜　　　　　B. 碱石灰　　　C. 银　　　　　D. 氧气

4. 以下物质中含有羟基官能团的是( )。

    A. 甲酸   B. 乙醇   C. 丙三醇   D. 乙醛

5. 溴乙烷可以发生的反应类型有( )。

    A. 水解反应   B. 加成反应   C. 消去反应   D. 聚合反应

6. 以下用于描述苯酚相关性质正确的是( )。

    A. 特殊气味   B. 无色晶体

    C. 有毒   D. 易溶于有机溶剂

7. 乙醇发生消去反应过程中浓硫酸的作用是( )。

    A. 催化剂   B. 脱水剂   C. 吸水剂   D. 干燥剂

8. 苯酚的用途十分广泛,常用于合成( )。

    A. 药物   B. 香料   C. 染料   D. 农药

9. 乙醇可以发生的反应类型有( )。

    A. 氧化反应   B. 还原反应   C. 消去反应   D. 聚合反应

10. 以下属于醇类物质的是( )。

    A. 甘油   B. 乙醇   C. 苯甲醇   D. 苯酚

11. 经常用于检验有机物中是否存在醛基的方法是( )。

    A. 溶液样品与银氨溶液混合并水浴加热

    B. 溶液样品与新制的 $Cu(OH)_2$ 悬浊液混合并煮沸

    C. 溶液样品与 $AgNO_3$ 溶液共热

    D. 溶液样品与氧气反应

12. 关于乙酸乙酯溶解性的叙述正确的是( )。

    A. 难溶于水   B. 难溶于饱和碳酸钠溶液

    C. 溶于氢氧化钠溶液   D. 易溶于乙醇

13. 遇乙酸能发生反应生成盐的是( )。

    A. Na   B. Na_2O C. NaOH   D. Na_2CO_3

14. 在浓硫酸存在并加热的条件下,乙酸与乙醇的反应属于( )。

    A. 酯化反应   B. 取代反应   C. 加成反应   D. 聚合反应

15. 组成乙醛的元素有( )。

    A. 碳元素   B. 氢元素   C. 氧元素   D. 氮元素

第十章
糖类、蛋白质、高分子化合物

知识结构 »

知识分类	序号	知识点
糖类、蛋白质、高分子化合物		
糖类	126	糖类的组成、常见的单糖、二糖、多糖
	127	葡萄糖还原性
	128	蔗糖(麦芽糖)的水解反应
	129	淀粉(纤维素)水解反应的最终产物,淀粉遇碘显色
	130	糖在食品加工中的用途
蛋白质	131	常见的氨基酸(甘氨酸、丙氨酸、苯丙氨酸和谷氨酸)
	132	蛋白质水解反应的最终产物,了解蛋白质的性质
高分子化合物	133	高分子化合物的组成和结构特点
	134	聚乙烯、聚氯乙烯的加聚反应;会写出单体、链节和聚合度
	135	线型结构与体型结构的概念
	136	三大合成材料的用途

考纲要求 »

考试内容	序号	说　明	考试要求
糖类、蛋白质、高分子化合物			
糖类	126	了解的组成、能识别常见的单糖、二糖、多糖	A
	127	了解葡萄糖还原性	A
	128	了解蔗糖(麦芽糖)水解反应	A
	129	了解淀粉(纤维素)水解反应的最终产物,知道淀粉遇碘显色	A
	130	了解糖在食品加工中的用途	A
蛋白质	131	了解常见的氨基酸(甘氨酸、丙氨酸、苯丙氨酸和谷氨酸)	A
	132	了解蛋白质水解反应的最终产物,了解蛋白质的性质	A
高分子化合物	133	了解高分子化合物的组成和结构特点	A
	134	了解聚乙烯、聚氯乙烯的加聚反应;能写出单体、链节和聚合度	A
	135	了解线型结构与体型结构的概念	A
	136	了解三大合成材料的用途	A

第一节　糖　类

1. 了解糖类的组成，能识别常见的单糖、二糖、多糖；

2. 了解葡萄糖还原性；

3. 了解蔗糖(麦芽糖)的水解反应；

4. 了解淀粉(纤维素)水解反应的最终产物，知道淀粉遇碘显色；

5. 了解糖在食品加工中的用途。

知识点 126　糖类的组成、常见的单糖、二糖、多糖

【知识梳理】

1. 糖的组成：由 C、H、O 元素组成的多羟基醛或多羟基酮，或者水解后生成多羟基醛或多羟基酮的有机化合物叫糖类。

2. 糖的分类——根据其能否水解及水解产物的多少可分为：

(1) 单糖：不能再水解的糖

如葡萄糖($C_6H_{12}O_6$ 多羟基醛)、果糖($C_6H_{12}O_6$ 多羟基酮)；两者互为同分异构体。

(2) 二糖：能水解生成两分子单糖的糖

如蔗糖($C_{12}H_{22}O_{11}$ 无醛基)、麦芽糖($C_{12}H_{22}O_{11}$ 有醛基)；两者互为同分异构体。

(3) 多糖：能水解生成多个单糖分子的糖

如淀粉$(C_6H_{10}O_5)_n$ 多个单糖单元构成；

纤维素 $(C_6H_{10}O_5)_n$ 多个单糖单元构成，每个单糖单元中含 3 个醇羟基；

淀粉和纤维素两者不是同分异构体。

【例题分析】

(判断题)葡萄糖和果糖的分子式都是 $C_6H_{12}O_6$，但分子结构不同，它们是同分异构体。

(　)

A. 正确　　　　　　　　　　　　　　　B. 错误

　答案：A

　解析： 本试题属于容易题。考级能力要求为 A。考查知识为糖类的组成，常见的单糖、二糖、多糖。要求能熟知糖类的组成，常见的单糖、二糖、多糖及分子式并能够再认。

【巩固练习】

一、单选题

1. 组成糖类化合物的元素是(　　)。

A. C 和 H_2O　　　　 B. C 和 H　　　　 C. C、H 和 O　　　　 D. C、H、O 和 N

2. 关于糖类化合物的叙述不正确的是(　　)。

A. 葡萄糖和果糖属于单糖　　　　　　　 B. 蔗糖和麦芽糖属于二糖

C. 淀粉和纤维素属于多糖　　　　　　　 D. 淀粉和纤维素不属于糖类化合物

二、判断题

1. 葡萄糖、蔗糖、淀粉和纤维素都属于糖类化合物。　　　　　　　　　　　(　　)

A. 正确　　　　　　　　　　　　　 B. 错误

2. 淀粉和纤维素的分子式都可以写成 $(C_6H_{10}O_5)_n$，它们是同种物质。　　　(　　)

A. 正确　　　　　　　　　　　　　 B. 错误

★ 知识点 127　葡萄糖还原性

【知识梳理】

葡萄糖的化学性质：

1. 氧化反应(还原性)：$C_6H_{12}O_6 + 6O_2 \longrightarrow 6CO_2 + 6H_2O$

2. 银镜反应(还原性)：工业应用于制镜，用于检验葡萄糖的存在，水浴加热。

$$CH_2OH(CHOH)_4CHO + 2Ag(NH_3)_2OH \xrightarrow{\text{加热}} CH_2OH(CHOH)_4COONH_4 + 2Ag\downarrow + 3NH_3\uparrow + H_2O$$

3. 与新制 $Cu(OH)_2$ 反应(还原性)：医学上检验尿糖，用于检验葡萄糖的存在。

$$CH_2OH(CHOH)_4CHO + 2Cu(OH)_2 \xrightarrow{\text{加热}} CH_2OH(CHOH)_4COOH + Cu_2O\downarrow(\text{砖红色}) + 2H_2O$$

4. 酯化反应：

$$CH_2OH(CHOH)_4CHO + 5CH_3COOH \xrightarrow[\text{加热}]{\text{浓硫酸}} (CH_3COOCH)_4CH_3COOCH_2CHO + 5H_2O$$

5. 加成反应(还原性)：$CH_2OH(CHOH)_4CHO + H_2 \xrightarrow[\text{加热}]{\text{催化剂}} CH_2OH(CHOH)_4CH_2OH$

【例题分析】

(单选题)医学上检验尿糖常利用的是(　　)。

A. 葡萄糖的酯化反应

B. 葡萄糖与银氨溶液的反应

C. 葡萄糖与新制的 $Cu(OH)_2$ 悬浊液的反应

D. 葡萄糖不能使碘水变色的性质

答案：C

　　解析：本题属于容易题。考级能力要求为 A。考查知识为葡萄糖的还原性。要求了解葡萄糖的还原性及其实际应用。

【巩固练习】

一、单选题

　　1. 葡萄糖可以发生银镜反应的原因是（　　）。

　　　　A. 葡萄糖属于糖类化合物　　　　　　B. 葡萄糖属于单糖

　　　　C. 葡萄糖分子里有 1 个醛基　　　　　D. 葡萄糖分子里有多个羟基

　　2. 医学上检验尿糖常利用葡萄糖与新制的 $Cu(OH)_2$ 悬浊液的反应，下列操作正确的是（　　）。

　　　　A. 样品与悬浊液共热煮沸　　　　　　B. 样品与悬浊液混合水浴加热

　　　　C. 样品与悬浊液混合不需要加热　　　D. 样品与悬浊液混合并振荡

　　3. 医学上检验尿糖常利用样品与新制的 $Cu(OH)_2$ 悬浊液共热煮沸的方法，下列原理正确的是（　　）。

　　　　A. 葡萄糖使 $Cu(OH)_2$ 还原成红色 Cu_2O 沉淀

　　　　B. 葡萄糖使 $Cu(OH)_2$ 悬浊液溶解

　　　　C. 葡萄糖使 $Cu(OH)_2$ 分解成黑色 CuO 粉末

　　　　D. 葡萄糖使 $Cu(OH)_2$ 还原成光亮红色的 Cu

二、判断题

　　葡萄糖常在工业制镜工艺中做还原剂。　　　　　　　　　　　　　　　（　　）

　　　　A. 正确　　　　　　　　　　　　　　B. 错误

三、多选题

　　葡萄糖可以发生银镜反应的原因是（　　）。

　　　　A. 分子里有醛基　　　　　　　　　　B. 分子里有羟基

　　　　C. 属于还原性糖　　　　　　　　　　D. 属于单糖

知识点 128　蔗糖（麦芽糖）的水解反应

【知识梳理】

　　1. 蔗糖的性质：无色晶体，有甜味，可溶于水；无醛基，非还原性糖，稀酸作用下水解生成一分子葡萄糖和一分子果糖。

　　2. 麦芽糖的性质：白色晶体，有甜味，可溶于水；有醛基，还原性糖，能与银氨溶液和新制 $Cu(OH)_2$ 悬浊液反应；稀酸作用下水解生成两分子葡萄糖。

【例题分析】

　　1.（单选题）蔗糖发生水解反应的生成物是（　　）。

　　　　A. 葡萄糖　　　　　　　　　　　　　B. 果糖

C. 葡萄糖和果糖　　　　　　　　　　　D. 麦芽糖和葡萄糖

2. (判断题)蔗糖、麦芽糖水解的生成物都是葡萄糖。　　　　　　　　(　　)

A. 正确　　　　　　　　　　　　　　　B. 错误

答案:**1.** C　**2.** B

解析:本部分试题属于容易题。考级能力要求为 A。考查知识为了解蔗糖(麦芽糖)的水解反应。要求能够区分蔗糖和麦芽糖的水解反应产物的差异。

【巩固练习】

一、单选题

蔗糖、麦芽糖都能发生水解反应,下列叙述正确的是(　　)。

A. 都生成葡萄糖一种物质　　　　　　　B. 生成物不完全相同

C. 生成物的质量相同　　　　　　　　　D. 生成物都能发生银镜反应

二、多选题

1. 蔗糖发生水解反应的生成物是(　　)。

A. 乙醇　　　　　　　　　　　　　　　B. 果糖

C. 葡萄糖　　　　　　　　　　　　　　D. 麦芽糖

学 习 内 容

★ 知识点 129　淀粉(纤维素)水解反应的最终产物,淀粉遇碘显色

【知识梳理】

1. 淀粉的性质:

(1) 物理性质:白色,无气味也无味道的粉末,不溶于冷水,热水中发生糊化。

(2) 化学性质:非还原性糖,在酸或酶的作用下水解,最终产物为葡萄糖;淀粉遇碘显蓝色。

2. 纤维素的性质:

(1) 物理性质:白色无气味也无味道的纤维状物质,不溶于水和一般溶剂。

(2) 化学性质:非还原性糖,浓酸加压下水解,最终产物为葡萄糖。

3. 淀粉和纤维素所属物质类别:都是混合物,都是天然有机高分子化合物。

【例题分析】

1. (单选题)淀粉水解一段时间后的样品,既能发生银镜反应,又能使碘水变蓝,这说明(　　)。

A. 淀粉尚未水解　　　　　　　　　　　B. 淀粉部分水解

C. 淀粉完全水解　　　　　　　　　　　D. 不能确定淀粉水解的程度

2. (判断题)淀粉完全水解后的溶液遇碘水,溶液不变蓝色。　　　　　(　　)

A. 正确　　　　　　　　　　　　　　　B. 错误

答案:1. B 2. A

解析:本部分试题属于中等难度题。考级能力要求为 A。考查知识为淀粉(纤维素)水解反应的最终产物及淀粉遇碘显色。要求能够知道淀粉(纤维素)水解反应的最终产物及淀粉遇碘显蓝色的特性。

【巩固练习】

一、单选题

1. 有关淀粉和纤维素水解反应的叙述不正确的是( )。

    A. 最终产物相同

    B. 最终产物质量相同

    C. 最终产物都是葡萄糖

    D. 最终产物能发生银镜反应

2. 尚未成熟的苹果肉没有甜味且遇碘水变蓝,这说明( )。

    A. 尚未成熟的苹果肉中富含淀粉

    B. 苹果肉中的淀粉已转化为葡萄糖

    C. 苹果肉中的淀粉已完全水解

    D. 遇碘水变蓝的是果肉中的纤维素

二、判断题

淀粉完全水解后的生成物是葡萄糖。   ( )

    A. 正确   B. 错误

三、多选题

1. 下列物质发生水解反应最终都生成葡萄糖一种物质的有( )。

    A. 蔗糖   B. 麦芽糖   C. 淀粉   D. 纤维素

2. 食物中的淀粉( )。

    A. 属于天然高分子化合物   B. 属于糖类化合物

    C. 没有甜味   D. 遇碘水显蓝色

知识点 130　糖在食品加工中的用途

【知识梳理】

1. 葡萄糖的存在:葡萄糖是自然界分布最广的单糖,存在于葡萄和其他带甜味的水果中,此外,蜂蜜和人体血液中也含有葡萄糖。

2. 葡萄糖的用途:糖类、油脂和蛋白质通常被人们称作三大基础营养物质。葡萄糖还可应用于制镜工业、糖果等食品工业中的甜味剂及医药行业等。

3. 蔗糖的用途:食品工业中的甜味剂。

【例题分析】

(判断题)蔗糖、葡萄糖常在食品加工中用做甜味剂。   ( )

A. 正确　　　　　　　　　　　B. 错误

答案：A

解析：本题属于容易题。考级能力要求为 A。考查知识为葡萄糖和蔗糖在食品加工中的用途。

【巩固练习】

一、单选题

蔗糖在食品加工中常用做(　　)。

A. 防腐剂　　　　　B. 甜味剂　　　　　C. 疏松剂　　　　　D. 漂白剂

第二节　蛋白质

1. 了解常见的氨基酸(甘氨酸、丙氨酸、苯丙氨酸和谷氨酸);
2. 了解蛋白质水解反应的最终产物,了解蛋白质的性质。

⊙ **知识点131　常见的氨基酸(甘氨酸、丙氨酸、苯丙氨酸和谷氨酸)**

【知识梳理】

1. 氨基酸的结构:都含有氨基(—NH_2)和羧基(—COOH),为两性化合物,且大多为α—氨基酸。α—氨基酸的通式为 R—$CHNH_2COOH$。

2. 几种常见的氨基酸

(1) 甘氨酸:CH_2NH_2COOH(α—氨基乙酸)

(2) 丙氨酸:CH_3CHNH_2COOH(α—氨基丙酸)

(3) 谷氨酸:$HOOC(CH_2)_2CHNH_2COOH$(α—氨基戊二酸)

(4) 苯丙氨酸:$C_6H_5CH_2CHNH_2COOH$(α—氨基—β—苯基丙酸)

【例题分析】

(判断题)甘氨酸的结构简式为 NH_2—CH_2—COOH。　　　　　　　　　　　(　　)

A. 正确　　　　　　　　　　　　　　　　B. 错误

答案 A

解析:本题属于容易题。考级能力要求为 A。考查知识为常见的氨基酸。要求能够了解常见氨基酸中甘氨酸、丙氨酸、苯丙氨酸和谷氨酸的结构、名称。

【巩固练习】

一、单选题

结构简式 H_2N—CH_2—COOH 表示的氨基酸的名称是(　　)。

A. 甘氨酸　　　　　　　　　　　　　　　B. 丙氨酸

C. 苯丙氨酸　　　　　　　　　　　　　　D. 谷氨酸

二、判断题

丙氨酸 (CH_3—CH—COOH) 又叫做 α—氨基丙酸。　　　　　　　　(　　)

　　　　　　　　　│

　　　　　　　　NH_2

A. 正确　　　　　　　　　　　　　　　　B. 错误

⊙ **知识点132　蛋白质水解反应的最终产物,了解蛋白质的性质**

【知识梳理】

蛋白质的性质:

1. 蛋白质的水解：蛋白质在酸、碱或酶的作用下和水反应，最后水解成各种氨基酸。

2. 蛋白质的两性：蛋白质分子中含有游离的氨基和羧基，具有两性性质，在一定程度上可使生物的体液保持一定的 pH，是生物体内重要的缓冲剂。

3. 蛋白质的盐析：向蛋白质溶液中加入某些浓的无机盐[如$(NH_4)_2SO_4$、Na_2SO_4 等]溶液后，可以使蛋白质凝聚而从溶液中析出，这种作用叫做盐析。盐析是一个可逆的过程，可用来分离、提纯蛋白质。

4. 蛋白质的变性：蛋白质受到物理因素或化学因素的影响，而引起蛋白质的生物学功能丧失和某些理化性质的改变的现象叫蛋白质的变性。变性因素包括：强酸、强碱、重金属盐、加热、加压、强烈振荡、紫外线照射及甲醛、酒精、苯甲酸等有机化合物。变性是一个不可逆的过程，可用来消毒、杀菌等。

5. 蛋白质的颜色反应：某些蛋白质(含苯环)遇浓硝酸变黄色。可用于检验蛋白质的存在。

6. 双缩脲反应：蛋白质能与硫酸铜的碱性溶液发生反应生成紫色化合物，此反应称为双缩脲反应。可用于检验蛋白质的存在。

7. 灼烧反应：蛋白质被灼烧时，产生具有烧焦羽毛的气味。可用于鉴别真丝和人造丝。

【例题分析】

1. (判断题)蛋白质水解反应的最终产物是各种氨基酸。　　　　　　　　　(　　)

　　A. 正确　　　　　　　　　　　　B. 错误

2. (判断题)熟鸡蛋中的鸡蛋白是一种变性了的蛋白质。　　　　　　　　(　　)

　　A. 正确　　　　　　　　　　　　B. 错误

　　答案：1. A　2. A

　　解析：本部分试题属于容易题。考级能力要求为A。考查知识为蛋白质水解反应的最终产物和蛋白质的性质。要求能够掌握蛋白质水解反应的最终产物，并能够区分蛋白质的盐析和变性及影响盐析、变性的因素。

【巩固练习】

一、单选题

1. 能使蛋白质发生盐析的是(　　　　)。

　　A. NaCl　　　　B. NaOH　　　　C. $CuSO_4$　　　　D. HCHO

2. 蛋白质水解反应的最终产物是(　　　　)。

　　A. 乙醇　　　　B. 甘油　　　　C. 葡萄糖　　　　D. 氨基酸

二、多选题

下列物质会使蛋白质发生变性的有(　　　　)。

　　A. NaCl　　　　B. NaOH　　　　C. $CuSO_4$　　　　D. HCHO

第三节 高分子化合物

1. 了解高分子化合物的组成和结构特点；
2. 了解聚乙烯、聚氯乙烯的加聚反应；能写出单体、链节和聚合度；
3. 了解线型结构与体型结构的概念；
4. 了解三大合成材料的用途。

✦ 知识点 133 高分子化合物的组成和结构特点

【知识梳理】

1. 高分子材料的分类：高分子材料按来源可分为天然高分子材料和合成高分子材料。

2. 高分子化合物的含义：相对分子质量很大的化合物叫高分子化合物，简称高分子，也叫聚合物或高聚物。

3. 高分子化合物的结构特点：简单的结构单元重复连接。

【例题分析】

（单选题）下列说法不正确的是（　　）。

A. 高分子化合物简称高分子

B. 相对分子质量巨大的化合物叫做高分子

C. 高分子化合物分为天然和合成两大类

D. 高分子都是加聚反应的生成物

答案：D

解析： 本试题属于容易题。考级能力要求为 A。考查知识为高分子化合物的组成和结构特点。要求能够了解高分子化合物的组成和结构特点。

【巩固练习】

一、判断题

相对分子质量巨大（大多在 1 万以上）的化合物叫做高分子化合物简称高分子。　（　　）

A. 正确　　　　　　　　　　　　B. 错误

二、多选题

下列说法正确的是（　　）。

A. 高分子化合物简称高分子

B. 相对分子质量巨大的化合物叫做高分子

C. 高分子化合物分为天然和合成两大类

D. 高分子都是加聚反应的生成物

知识点 134　聚乙烯、聚氯乙烯的加聚反应;会写出单体、链节和聚合度

【知识梳理】

1. 高分子的结构:

如 $nCH_2 \!=\!\!=\!\! CH_2 \xrightarrow{\text{催化剂}} -\![CH_2-CH_2-]\!-_n$(聚乙烯)加聚反应中:

链节(相同的结构单元):$-CH_2-CH_2-$

聚合度(表示每个高分子里链节的重复次数):n

单体(能合成高分子的小分子):$CH_2\!=\!\!=\!\!CH_2$

2. 加聚反应:不饱和单体间通过加成反应相互结合生成高分子化合物的反应。

3. 缩聚反应:单体分子间脱去小分子而相互结合生成高分子化合物的反应。

4. 聚乙烯的性质和用途:电绝缘性好,性质坚韧,低温时仍能保持柔软性,无毒;可制薄膜、日常用品、食品包装袋等。

聚氯乙烯的性质和用途:电绝缘性好,有毒,性质稳定,耐油性较差;可制作薄膜、日常用品,如地膜、塑料大棚等。

【例题分析】

(判断题)一氯乙烯是通过加成聚合反应合成聚氯乙烯的单体。　　　　　　(　　)

A. 正确　　　　　　　　　　　　B. 错误

答案:A

解析:本试题属于容易题。考级能力要求为 A。考查知识为聚乙烯、聚氯乙烯的加聚反应及单体、链节和聚合度等概念。要求能够了解聚乙烯、聚氯乙烯的加聚反应,并能根据高聚物的结构判断出对应的单体、链节和聚合度。

【巩固练习】

一、单选题

乙烯转化成聚乙烯的反应是(　　)。

A. 加成反应　　　　B. 缩合反应　　　　C. 加聚反应　　　　D. 缩聚反应

二、判断题

聚乙烯制成薄膜可用于包装食品,而聚氯乙烯制成薄膜不宜用来包装食品。　(　　)

A. 正确　　　　　　　　　　　　B. 错误

三、多选题

对于乙烯合成聚乙烯的生产过程中(　　)。

A. 乙烯是合成聚乙烯的单体　　　　　　B. 乙烯发生了加聚反应

C. 反应在通常条件下发生　　　　　　　D. 聚乙烯是合成高分子化合物

知识点 135　线型结构与体型结构的概念

【知识梳理】

热塑性和热固性

热塑性:加热后熔化,冷却后又变固体的性质,为线型结构。

热固性:一经加工成型就不会受热熔化的性质,为体型结构。

【例题分析】

(判断题)热塑性塑料为线型高分子,热固性塑料为体型高分子。　　　(　　)

A. 正确　　　　　　　　　　　　　B. 错误

答案:A

解析:本试题属于容易题。考级能力要求为 A。考查知识为线型结构与体型结构的概念。

【巩固练习】

判断题

热塑性塑料为体型高分子,热固性塑料为线型高分子。　　　　　　(　　)

A. 正确　　　　　　　　　　　　　B. 错误

知识点 136　三大合成材料的用途

【知识梳理】

1. 三大合成材料——塑料、合成纤维、合成橡胶

2. 塑料

塑料的主要成分是合成树脂,此外还有具有某些特定用途的添加剂。塑料可分为热塑性塑料和热固性塑料。常见的塑料如聚乙烯、聚氯乙烯等。

3. 合成纤维

(1)纤维的分类

① 天然纤维:如棉花、羊毛、木材和草类的纤维是天然纤维。

② 人造纤维:用木材、草类的纤维经化学加工制成的黏胶纤维属于人造纤维。

③ 化学纤维:即利用石油、天然气、煤和农副产品作原料制成单体,再经聚合反应制成的合成纤维。

(2)合成纤维的主要性质

六大纶:涤纶、锦纶、腈纶、丙纶、维纶和氯纶。

性质:具有强度高、弹性好、耐磨、耐化学腐蚀、不发霉、不怕虫蛀、不缩水等优点。

(3)特种合成纤维

包括芳纶纤维、碳纤维、耐辐射纤维、光导纤维和防火纤维等。

4. 合成橡胶

根据来源可分为天然橡胶和合成橡胶（以石油、天然气为原料，以二烯烃和烯烃为单体聚合而成的高分子）。

【例题分析】

（单选题）下列属于合成纤维的是（　　）。

A. 蚕丝　　　　　　B. 棉短绒　　　　　　C. 腈纶　　　　　　D. 羊毛

答案：C

解析：本题属于容易题。考级能力要求为 A。考查知识为三大合成材料的用途。要求能够了解常见的三大合成材料及其用途。

【巩固练习】

判断题

三大有机合成材料是指合成塑料、合成纤维和合成橡胶。　　　　　　　　　（　　）

A. 正确　　　　　　　　　　　　　　B. 错误

综合练习

一、单选题

1. 组成糖类化合物的元素是（　　）。

    A. C 和 H_2O　　　　B. C 和 H　　　　C. C、H 和 O　　　　D. C、H、O 和 N

2. 关于糖类化合物的叙述不正确的是（　　）。

    A. 葡萄糖和果糖属于单糖　　　　　　B. 蔗糖和麦芽糖属于二糖

    C. 淀粉和纤维素属于多糖　　　　　　D. 淀粉和纤维素不属于糖类化合物

3. 葡萄糖可以发生银镜反应的原因是（　　）。

    A. 葡萄糖属于糖类化合物　　　　　　B. 葡萄糖属于单糖

    C. 葡萄糖分子里有 1 个醛基　　　　　D. 葡萄糖分子里有多个羟基

4. 医学上检验尿糖常利用的是（　　）。

    A. 葡萄糖的酯化反应

    B. 葡萄糖与银氨溶液的反应

    C. 葡萄糖与新制的 $Cu(OH)_2$ 悬浊液的反应

    D. 葡萄糖不能使碘水变色的性质

5. 医学上检验尿糖常利用葡萄糖与新制的 $Cu(OH)_2$ 悬浊液的反应，下列操作正确的是（　　）。

    A. 样品与悬浊液共热煮沸　　　　　　B. 样品与悬浊液混合水浴加热

    C. 样品与悬浊液混合不需要加热　　　D. 样品与悬浊液混合并振荡

6. 医学上检验尿糖常利用样品与新制的 $Cu(OH)_2$ 悬浊液共热煮沸的方法，下列原理正确的是（　　）。

    A. 葡萄糖使 $Cu(OH)_2$ 还原成红色 Cu_2O 沉淀

    B. 葡萄糖使 $Cu(OH)_2$ 悬浊液溶解

    C. 葡萄糖使 $Cu(OH)_2$ 分解成黑色 CuO 粉末

    D. 葡萄糖使 $Cu(OH)_2$ 还原成光亮红色的 Cu

7. 蔗糖、麦芽糖都能发生水解反应，下列叙述正确的是（　　）。

    A. 都生成葡萄糖一种物质　　　　　　B. 生成物不完全相同

    C. 生成物的质量相同　　　　　　　　D. 生成物都能发生银镜反应

8. 蔗糖发生水解反应的生成物是（　　）。

    A. 葡萄糖　　　　　　　　　　　　　B. 果糖

  C. 葡萄糖和果糖   D. 麦芽糖和葡萄糖

9. 有关淀粉和纤维素水解反应的叙述不正确的是(　　)。

  A. 最终产物相同   B. 最终产物质量相同

  C. 最终产物都是葡萄糖   D. 最终产物能发生银镜反应

10. 淀粉水解一段时间后的样品,既能发生银镜反应,又能使碘水变蓝,这说明(　　)。

  A. 淀粉尚未水解   B. 淀粉部分水解

  C. 淀粉完全水解   D. 不能确定淀粉水解的程度

11. 尚未成熟的苹果肉没有甜味且遇碘水变蓝,这说明(　　)。

  A. 尚未成熟的苹果肉中富含淀粉   B. 苹果肉中的淀粉已转化为葡萄糖

  C. 苹果肉中的淀粉已完全水解   D. 遇碘水变蓝的是果肉中的纤维素

12. 蔗糖在食品加工中常用做(　　)。

  A. 防腐剂   B. 甜味剂   C. 疏松剂   D. 漂白剂

13. 结构简式 $H_2N—CH_2—COOH$ 表示的氨基酸的名称是(　　)。

  A. 甘氨酸   B. 丙氨酸   C. 苯丙氨酸   D. 谷氨酸

14. 能使蛋白质发生盐析的是(　　)。

  A. NaCl   B. NaOH   C. $CuSO_4$ D. HCHO

15. 蛋白质水解反应的最终产物是(　　)。

  A. 乙醇   B. 甘油   C. 葡萄糖   D. 氨基酸

16. 下列说法不正确的是(　　)。

  A. 高分子化合物简称高分子

  B. 相对分子质量巨大的化合物叫做高分子

  C. 高分子化合物分为天然和合成两大类

  D. 高分子都是加聚反应的生成物

17. 乙烯转化成聚乙烯的反应是(　　)。

  A. 加成反应   B. 缩合反应   C. 加聚反应   D. 缩聚反应

18. 下列属于合成纤维的是(　　)。

  A. 蚕丝   B. 棉短绒   C. 腈纶   D. 羊毛

二、判断题

1. 葡萄糖和果糖的分子式都是 $C_6H_{12}O_6$,但分子结构不同,它们是同分异构体。

                       (　　)

  A. 正确   B. 错误

2. 淀粉和纤维素的分子式都可以写成$(C_6H_{10}O_5)_n$,它们是同种物质。 (　　)

  A. 正确   B. 错误

3. 葡萄糖常在工业制镜工艺中作还原剂。 （   ）

    A. 正确   B. 错误

4. 蔗糖、麦芽糖水解的生成物都是葡萄糖。 （   ）

    A. 正确   B. 错误

5. 淀粉完全水解后的生成物是葡萄糖。 （   ）

    A. 正确   B. 错误

6. 淀粉完全水解后的溶液遇碘水,溶液不变蓝色。 （   ）

    A. 正确   B. 错误

7. 蔗糖、葡萄糖常在食品加工中用作甜味剂。 （   ）

    A. 正确   B. 错误

8. 相对分子质量巨大(大多在 1 万以上)的化合物叫做高分子化合物简称高分子。

                                                                    （   ）

    A. 正确   B. 错误

9. 一氯乙烯是通过加成聚合反应合成聚氯乙烯的单体。 （   ）

    A. 正确   B. 错误

10. 热塑性塑料为线型高分子,热固性塑料为体型高分子。 （   ）

    A. 正确   B. 错误

11. 聚乙烯制成薄膜可用于包装食品,而聚氯乙烯制成薄膜不宜用来包装食品。

                                                                    （   ）

    A. 正确   B. 错误

12. 三大有机合成材料是指合成塑料、合成纤维和合成橡胶。 （   ）

    A. 正确   B. 错误

三、多选题

1. 葡萄糖可以发生银镜反应的原因是(   )。

    A. 分子里有醛基   B. 分子里有羟基

    C. 属于还原性糖   D. 属于单糖

2. 蔗糖发生水解反应的生成物是(   )。

    A. 乙醇   B. 果糖   C. 葡萄糖   D. 麦芽糖

3. 下列物质发生水解反应最终都生成葡萄糖一种物质的有(   )。

    A. 蔗糖   B. 麦芽糖   C. 淀粉   D. 纤维素

4. 食物中的淀粉(   )。

    A. 属于天然高分子化合物   B. 属于糖类化合物

    C. 没有甜味   D. 遇碘水显蓝色

5. 下列物质会使蛋白质发生变性的有（　　）。

    A. NaCl   B. NaOH   C. $CuSO_4$ D. HCHO

6. 下列说法正确的是（　　）。

    A. 高分子化合物简称高分子

    B. 相对分子质量巨大的化合物叫做高分子

    C. 高分子化合物分为天然和合成两大类

    D. 高分子都是加聚反应的生成物

7. 对于乙烯合成聚乙烯的生产过程中（　　）。

    A. 乙烯是合成聚乙烯的单体

    B. 乙烯发生了加聚反应

    C. 反应在通常条件下发生

    D. 聚乙烯是合成高分子化合物

江苏省职业技术学校学业水平测试

工业分析与检验专业理论模拟试题

说明：工业分析与检验专业理论测试题包含化学基础和化工分析两部分内容，其中含化学基础 50 题 50 分和化工分析 50 题 50 分，全卷共 100 分。各部分题型有单选题 25 题、判断题 20 题和多选题 5 题。

Ⅰ. 化学基础部分

一、单选题（每题只有一个正确答案，共 25 题 25 分）

1. $^{125}_{53}I$ 原子核内的中子数是（   ）。

    A. 53   B. 72   C. 125   D. 178

2. 下列物质中，属于共价化合物的是（   ）。

    A. 氧化钙   B. 氢气   C. 氯化钠   D. 氯化氢

3. 下列说法中正确的是（   ）。

    A. 稀盐酸溶液中有 HCl 分子

    B. 醋酸溶液中有 CH_3COOH 分子

    C. 中性溶液中没有 H^+

    D. 纯水中没有 OH^-

4. 下列化学反应离子方程式书写正确的是（   ）。

    A. 碳酸钙和稀盐酸反应 $CO_3^{2-}+2H^+ =\!=\!= H_2O+CO_2\uparrow$

    B. 向氢氧化钡溶液中滴加硫酸溶液 $Ba^{2+}+SO_4^{2-} =\!=\!= BaSO_4\downarrow$

    C. 向稀盐酸溶液中加入铁粉 $3Fe+6H^+ =\!=\!= 3Fe^{3+}+3H_2\uparrow$

    D. 向硝酸银溶液中滴加盐酸溶液 $Ag^++Cl^- =\!=\!= AgCl\downarrow$

5. 决定化学反应速率的根本因素是（   ）。

    A. 温度   B. 反应物的浓度

    C. 反应物的本性   D. 压强

6. 一定条件下反应 $2AB(g) =\!=\!= A_2(g)+B_2(g)$ 达到平衡状态的标志是（   ）。

    A. 单位时间内生成 n mol A_2，同时生成 $2n$ mol AB

    B. 容器内，3 种气体 AB、A_2、B_2 共存

    C. AB 的消耗速率等于 A_2 的消耗速率

    D. 容器中的总压强不随时间变化而变化

7. 下列装置中能构成原电池的是（   ）。

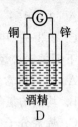

碳　　铁	锌　　锌	铜　　锌	铜　　锌
稀硫酸	稀硫酸	稀硫酸	酒精
A	B	C	D

8. 将 1 mol NaOH 配制成 1 mol/L 的溶液,需用的容量瓶规格是(　　)。

　　A. 2000 mL　　　B. 1000 mL　　　C. 500 mL　　　D. 250 mL

9. 下列各组中的两物质作用时,反应条件或反应物用量的改变对生成物没有影响的是(　　)。

　　A. Na_2O_2 与 CO_2　　　　　　　B. NaOH 与 CO_2

　　C. Na 与 O_2　　　　　　　　　　D. 木炭(C)和 O_2

10. 下列有关镁叙述不正确的是(　　)。

　　A. 在空气中燃烧发出耀眼的白光

　　B. 由于镁能在空气中与氧气反应,所以必须密封保存

　　C. 能跟盐酸反应放出氢气

　　D. 能与沸水反应放出氢气

11. 下列描述不属于铁的物理性质的是(　　)。

　　A. 具有银白色金属光泽　　　　　B. 具有良好的导电性、导热性

　　C. 具有良好的延展性　　　　　　D. 在潮湿的空气中易生锈

12. 盛有浓硫酸的试剂瓶敞口露置于空气中,放置一段时间后,其质量(　　)。

　　A. 不变　　　　　B. 增大　　　　　C. 减小　　　　　D. 无法确定

13. 欲除去 CO_2 中混有的少量 CO 气体,可采用的方法是(　　)。

　　A. 将混合气体点燃　　　　　　　B. 将混合气体通过澄清的石灰水

　　C. 将混合气体通过灼热的 CuO　　D. 将混合气体通过灼热的炭层

14. 下列物质中不是制造普通玻璃的原料是(　　)。

　　A. 纯碱　　　　　　　　　　　　B. 氢氧化钠

　　C. 石灰石　　　　　　　　　　　D. 石英

15. 下列关于氯气的叙述中,正确的是(　　)。

　　A. 氯气是一种无色无味的气体　　B. 氯气极易溶于水

　　C. 常温下氯气比同体积的氧气重　　D. Cl_2 和 Cl^- 都有毒

16. 常温下,浓硝酸能使铁、铝等金属发生(　　)。

　　A. 钝化　　　　　B. 固化　　　　　C. 液化　　　　　D. 溶解

17. 下列各组有机化合物中,肯定属于同系物的一组是(　　)。

　　A. C_3H_6 与 C_5H_{12}　　　　　　　B. C_4H_6 与 C_5H_8

　　C. C_3H_8 与 C_5H_{10}　　　　　　　D. C_2H_2 与 C_6H_6

18. 有机物 $CH_3—CH—CH—CH_2—CH_3$ 的名称正确的是(　　)。
　　　　　　　　　　　|　　|
　　　　　　　　　　CH_3　CH_3

A. 2-甲基-3-乙基丁烷 B. 2-乙基-3-甲基丁烷

C. 2,3-二甲基戊烷 D. 3,4-二甲基戊烷

19. 下列关于烷烃和烯烃的说法中错误的是（　　）。

A. 它们所含元素的种类相同,但通式不同

B. 均能与氯气发生反应

C. 烯烃分子中的碳原子数≥2,烷烃分子中的碳原子数≥1

D. 含碳原子数相同的烯烃和烷烃互为同分异构体

20. 乙烷、乙烯、乙炔共同具有的性质是（　　）。

A. 都不溶于水,且密度比水小

B. 能够使溴水和酸性 $KMnO_4$ 溶液褪色

C. 分子中各原子都处在同一平面上

D. 都能发生聚合反应生成高分子化合物

21. 乙醇在浓硫酸催化下加热到 170 ℃的化学反应类型属于（　　）。

A. 取代反应 B. 加成反应

C. 消去反应 D. 聚合反应

22. 溴乙烷在氢氧化钠醇溶液中加热主要生成（　　）。

A. 甲烷 B. 乙烯 C. 乙炔 D. 苯

23. 苯酚露置在空气中发生氧化还原反应后颜色呈现出（　　）。

A. 无色 B. 黄色 C. 蓝色 D. 粉红色

24. 关于糖类化合物的叙述不正确的是（　　）。

A. 葡萄糖和果糖属于单糖 B. 蔗糖和麦芽糖属于二糖

C. 淀粉和纤维素属于多糖 D. 淀粉和纤维素不属于糖类化合物

25. 下列属于合成纤维的是（　　）。

A. 蚕丝 B. 棉短绒 C. 腈纶 D. 羊毛

二、判断题(A 表示正确,B 表示错误,共20题20分)

1. 同位素是指几种元素的质子数相同,而中子数不同。 （　　）

A. 正确 B. 错误

2. HCl 形成的晶体是分子晶体。 （　　）

A. 正确 B. 错误

3. 铜的导电能力很强,所以是强电解质。 （　　）

A. 正确 B. 错误

4. 在其它条件不变时,使用催化剂只能改变化学反应速率,而不能改变化学平衡状态。

（　　）

A. 正确 B. 错误

5. 达到化学平衡状态时,容器里混合气体中各种气体浓度都不再发生变化。 （　　）

A. 正确 B. 错误

6. 对于原电池,电子流出的一极为正极。 （　　）

A. 正确 B. 错误

7. 5 L Na_2SO_4 溶液中含有 2 mol Na^+ 离子,则溶液中 Na^+ 离子浓度为 0.4 mol/L。

(　　)

    A. 正确　　　　　　　　　　B. 错误

8. Na_2O_2 是碱性氧化物。

(　　)

    A. 正确　　　　　　　　　　B. 错误

9. 暂时硬水可以通过加热煮沸的方法进行软化。

(　　)

    A. 正确　　　　　　　　　　B. 错误

10. 明矾常用于净水剂。

(　　)

    A. 正确　　　　　　　　　　B. 错误

11. 浓硫酸可以用来干燥氨气。

(　　)

    A. 正确　　　　　　　　　　B. 错误

12. 向试管中放入块状固体时,先把试管横放,用镊子把药品放在试管口,然后将试管慢慢竖立起来使固体缓缓落到试管底。

(　　)

    A. 正确　　　　　　　　　　B. 错误

13. 能使湿润的淀粉 KI 试纸变蓝色的气体一定是 Cl_2。

(　　)

    A. 正确　　　　　　　　　　B. 错误

14. 铵盐不能跟碱性物质混合使用和保存。

(　　)

    A. 正确　　　　　　　　　　B. 错误

15. 烃基可以看作是相应的烃失去一个氢原子后剩下的自由基。例:$-C_2H_5$ 代表乙基。

(　　)

    A. 正确　　　　　　　　　　B. 错误

16. 苯酚不慎沾在皮肤上应立即用酒精洗涤,再用大量水冲洗。

(　　)

    A. 正确　　　　　　　　　　B. 错误

17. 蔗糖、麦芽糖水解的生成物都是葡萄糖。

(　　)

    A. 正确　　　　　　　　　　B. 错误

18. 蛋白质水解反应的最终产物是各种氨基酸。

(　　)

    A. 正确　　　　　　　　　　B. 错误

19. 甘氨酸的结构简式为 NH_2-CH_2-COOH。

(　　)

    A. 正确　　　　　　　　　　B. 错误

20. 热塑性塑料为线型高分子,热固性塑料为体型高分子。

(　　)

    A. 正确　　　　　　　　　　B. 错误

三、**多选题**(每题有两个或两个以上答案,共 5 题 5 分)

1. 下列表述正确的是(　　)。

    A. 次氯酸是弱酸　　　　　　　　B. 次氯酸具有漂白性

    C. 次氯酸具有强氧化性　　　　　　D. 次氯酸不稳定,见光易分解

2. 对比甲烷和乙烯的燃烧反应,下列叙述中错误的是(　　)。

    A. 二者燃烧时现象完全相同

    B. 点燃前都不需验纯

C. 甲烷燃烧的火焰呈淡蓝色,乙烯燃烧的火焰较明亮

D. 二者燃烧时都有黑烟生成

3. 乙烯可能发生的反应是(　　)。

A. 取代反应　　　　B. 加成反应　　　　C. 氧化反应　　　　D. 聚合反应

4. 能使乙醇发生催化氧化反应的催化剂是(　　)。

A. 铜　　　　　　B. 碱石灰　　　　　C. 银　　　　　　D. 氧气

5. 下列说法正确的是(　　)。

A. 高分子化合物简称高分子

B. 相对分子质量巨大的化合物叫做高分子

C. 高分子化合物分为天然和合成两大类

D. 高分子都是加聚反应的生成物

Ⅱ. 化工分析部分

一、单选题(每题只有一个正确答案,共 25 题 25 分)

1. 一般情况下,用滴定分析进行检测的被测组分含量应不低于(　　)。

A. 1%　　　　　B. 0.1%　　　　　C. 1.1%　　　　　D. 10%

2. 采用返滴定法测定氨水含量时,化学计量点时溶液的 pH 值(　　)。

A. 大于 7　　　　B. 小于 7　　　　C. 等于 7　　　　D. 不确定

3. 缓冲组分浓度比离 1 越远,缓冲容量(　　)。

A. 越大　　　　　B. 越小　　　　　C. 不受影响　　　　D. 不确定

4. 酚酞指示剂应配制成(　　)。

A. 10 g/L 乙醇溶液　　　　　　　　B. 1 g/L 乙醇溶液

C. 1 g/L 水溶液　　　　　　　　　 D. 1 g/L 乙醇和水(1∶4)溶液

5. 用 EDTA 进行配位滴定时,要求金属离子配合物的 $\lg K_{MY}$(　　)。

A. 小于 8　　　　B. 等于 8　　　　C. 大于 8　　　　D. 无特殊要求

6. 重铬酸钾法测定铁含量(以二苯胺磺酸钠为指示剂)时,溶液终点颜色为(　　)。

A. 蓝色　　　　　B. 亮绿色　　　　C. 黄色　　　　　D. 紫色

7. 高锰酸钾溶液不稳定的原因是(　　)。

A. 水中二氧化碳的作用　　　　　　B. 空气中氧气的氧化作用

C. 水中还原性杂质的作用　　　　　D. 酸的作用

8. 用基准物质草酸钠标定高锰酸钾溶液。称取 $0.2215 g Na_2C_2O_4$,溶于水后加入适量的硫酸酸化,然后用高锰酸钾滴定,用去 30.67 mL。则高锰酸钾基本单元的物质的量的浓度为[$M(Na_2C_2O_4)=134.0$ g/mol](　　)。

A. 0.02156 mol/L　　B. 0.5390 mol/L　　C. 0.2156 mol/L　　D. 0.1078 mol/L

9. 用碳酸钠标定盐酸溶液近终点时没加热煮沸,致使终点出现(　　)。

A. 偏早　　　　　B. 偏迟　　　　　C. 无影响　　　　D. 无法确定

10. 在 $T(Cl^-/AgNO_3)=0.5000$ mg/mL 表示(　　)。

A. 每消耗 1 mL $AgNO_3$ 标准溶液相当于被测组分中含有 0.5000 mg Cl^-

B. 每消耗 1 mL Cl^- 标准溶液相当于被测组分中含有 0.5000 mg $AgNO_3$

C. 1 mL $AgNO_3$ 标准滴定溶液含有 0.5000 mg Cl^-

D. 1 mL Cl^- 标准滴定溶液含有 0.5000 mg $AgNO_3$

11. 已知 $M(NaOH) = 40.00$ g/mol。欲配制浓度约为 0.2 mol/L NaOH 标准溶液 1 L,下列操作正确的是(　　)。

A. 在分析天平上称取 8.0000 g NaOH 定溶于 1 L 的容量瓶中

B. 在托盘天平上称取 8.0 g NaOH 溶于 1 L 水中

C. 在分析天平上称取 8.0000 g NaOH 定溶于 1 L 水中

D. 在托盘天平上称取 8.0 g NaOH 溶于水并定溶于 1 L 的容量瓶中

12. 用 0.1000 mol/L NaOH 滴定 0.1000 mol/L HAc,终点时 pH 最接近(　　)。

A. 3　　　　　　 B. 5　　　　　　 C. 7　　　　　　 D. 9

13. 下列物质不能作为基准物质的是(　　)。

A. 无水碳酸钠　　 B. 碳酸钙　　 C. 氢氧化钠　　 D. 邻苯二甲酸氢钾

14. 已知 $M(HAc) = 60.05$ g/mol。准确移取 10.00 mL 工业醋酸样品,放入 250 mL 的容量瓶中,稀释至刻度,摇匀,从中移取 25.00 mL,以 0.2016 mol/L NaOH 溶液滴定,到达终点时消耗 22.58 mL,则试样中醋酸的质量浓度为(　　)。

A. 546.7 mg/mL　　　　　　　　 B. 273.4 g/mL

C. 273.4 g/L　　　　　　　　　　 D. 273.4 mg/L

15. 有效数字是指实际上能测量得到的数字,其中最末一位是(　　)。

A. 可疑数字　　 B. 准确数字　　 C. 不可读数字　　 D. 可读数字

16. pH 试纸制作可以乙醇为溶剂,溶解多种指示剂而配成的混合指示剂。多种指示剂包括甲基红、溴百里酚蓝、百里酚蓝和(　　)。

A. 酚酞　　　　 B. 甲基橙　　　　 C. 甲基红　　　　 D. 甲基黄

17. 对同一样品分析,采取同样的方法,测得的结果分别为 37.40%、37.20%、37.30%,则此次分析的相对平均偏差为(　　)。

A. 0.54%　　　 B. 0.36%　　　 C. 0.26%　　　 D. 0.18%

18. 称取 0.8806 g 邻苯二甲酸氢钾(KHP)样品,溶于适量水后用 0.2050 mol/L NaOH 标准溶液滴定,用去 NaOH 标准溶液 20.10 mL,则该样品中含纯邻苯二甲酸氢钾(KHP)的质量分数为 [$M(KHP) = 204.22$ g/mol](　　)。

A. 95.56%　　　 B. 9.56%　　　 C. 47.78%　　　 D. 4.78%

19. 在滴定分析法测定中,下列操作会造成系统误差的是(　　)。

A. 试样未经充分混匀　　　　　　 B. 滴定管的读数读错

C. 滴定时有液滴溅出　　　　　　 D. 砝码未经校正

20. 下列操作不属于移液管使用操作的是(　　)。

A. 检漏　　　　 B. 洗涤　　　　 C. 吸液　　　　 D. 调液面

21. 间接碘量法滴定终点的颜色变化是(　　)。

A. 蓝色恰好消失　 B. 出现蓝色　　 C. 出现浅黄色　　 D. 黄色恰好消失

22. 下列关于 0.02 mol/L EDTA 标准溶液标定的叙述,正确的是(　　)。

A. 不平行标定,不做空白实验

B. 平行标定 3 份,同时做空白实验

C. 平行标定 4 份,不需做空白实验

D. 平行标定 4 份,同时做空白实验

23. 下列关于金属指示剂封闭原因的分析,正确的是(　　)。

 A. 指示剂与金属离子生成配合物的稳定性比 EDTA 与金属离子生成配合物的稳定性略小一些

 B. 含 Ca^{2+}、Mg^{2+} 的溶液中混入了 Fe^{3+}、Al^{3+}

 C. 含 Ca^{2+} 的溶液中混入了 Mg^{2+}

 D. 含 Mg^{2+} 的溶液中混入了 Ca^{2+}

24. 溶液的酸碱性通常用溶液的 pH 值来表示,下列对 pH 的描述,正确的是(　　)。

 A. 溶液 pH 值即为溶液中氢离子浓度的对数值

 B. 溶液 pH 值即为溶液中氢离子浓度的负对数值

 C. 溶液 pH 值即为溶液中酸浓度的负对数值

 D. 溶液 pH 值即为溶液中碱浓度的负对数值

25. 以甲基橙为指示剂标定含有的 NaOH 标准溶液,用该标准溶液滴定某酸(以酚酞为指示剂),则测定结果(　　)。

 A. 偏高   B. 偏低   C. 不变   D. 无法确定

二、判断题(A 表示正确,B 表示错误,共 20 题 20 分)

1. 定量分析的一般过程依次是采样与制样、分离及测定、试样分解和分析试液的制备、分析结果的计算和评价。　　　　　　　　　　　　　　　　　　　(　　)

 A. 正确   B. 错误

2. 酸碱中和反应的实质是 H^+ 和 OH^- 中和生成难以电离的水。　　　　　(　　)

 A. 正确   B. 错误

3. 在硫酸的酸性条件下测定过氧化氢,滴定反应可在室温下顺利进行。滴定之初反应较慢,随着 Mn^{2+} 的生成反应加速,但不能加热,以防 H_2O_2 分解。　　(　　)

 A. 正确   B. 错误

4. 由于金属指示剂与金属离子生成配合物的稳定性比 EDTA 与金属离子生成配合物的稳定性略小一些,使终点延迟的现象称为指示剂的封闭。　　　(　　)

 A. 正确   B. 错误

5. 带有聚四氟乙烯旋塞的滴定管既能够盛放酸液也能盛放碱液。　　　　(　　)

 A. 正确   B. 错误

6. 滴定度表示 1 mL 标准滴定溶液相当于被测组分的含量。　　　　　　(　　)

 A. 正确   B. 错误

7. 化学分析法就是滴定分析法。　　　　　　　　　　　　　　　　　(　　)

 A. 正确   B. 错误

8. 盐酸和硼酸都可以用 NaOH 标准溶液直接滴定。　　　　　　　　　(　　)

 A. 正确   B. 错误

9. 物质中某组分的质量与物质总质量之比,称为该组分的质量分数。　　(　　)

A. 正确　　　　　　　　　　B. 错误

10. pH 试纸可以精确测定溶液的 pH 值。　　　　　　　　　（　　）

A. 正确　　　　　　　　　　B. 错误

11. 能抗酸的缓冲溶液不能抗碱,能抗碱的缓冲溶液不能抗酸。　　（　　）

A. 正确　　　　　　　　　　B. 错误

12. 配位滴定法是利用配位反应来进行滴定分析的方法。　　　（　　）

A. 正确　　　　　　　　　　B. 错误

13. HAc 和 NaAc 可以构成缓冲溶液。　　　　　　　　　　（　　）

A. 正确　　　　　　　　　　B. 错误

14. 酸碱中和反应达到化学计量点时,酸与碱的物质的量一定相等。（　　）

A. 正确　　　　　　　　　　B. 错误

15. 有效数字中的所有数字都是准确有效的。　　　　　　　（　　）

A. 正确　　　　　　　　　　B. 错误

16. 化学计量点时,消耗标准滴定溶液的体积只与被测溶液的浓度和体积有关,而与其酸碱相对强弱无关。　　　　　　　　　　　　　　（　　）

A. 正确　　　　　　　　　　B. 错误

17. 因为氯化铵的酸性太弱,用氢氧化钠滴定时突跃太小,而不能准确滴定,因此可以采用直接法。　　　　　　　　　　　　　　（　　）

A. 正确　　　　　　　　　　B. 错误

18. 化工分析中常用的定量分析分法只有化学分析法。　　　（　　）

A. 正确　　　　　　　　　　B. 错误

19. 由于重铬酸钾容易提纯,干燥后可作为基准物直接配制标准液,不必标定。　（　　）

A. 正确　　　　　　　　　　B. 错误

20. 铂坩埚与大多数试剂不反应,可用王水在铂坩埚里溶解样品。　（　　）

A. 正确　　　　　　　　　　B. 错误

三、**多选题**(每题有两个或两个以上答案,共 5 题 5 分)

1. 滴定分析的基本条件有(　　)。

A. 反应按化学计量关系定量进行

B. 反应必须进行完全

C. 反应速率要快

D. 有适当的指示剂

2. 下列有关酸碱指示剂的说法正确的是(　　)。

A. 常用酸碱指示剂是一些有机弱酸或弱碱

B. 酸碱指示剂在溶液中部分电离,分子和离子具有不同的颜色

C. 酸碱指示剂颜色的改变是在某一确定的 pH 值

D. 酸碱指示剂具有一定的变色范围

3. 下列关于配位滴定金属指示剂作用原理的描述,正确的是(　　)。

A. 金属指示剂的颜色与溶液的酸碱性相关,测定时必须调节溶液的 pH 值

B. EDTA 与金属离子生成无色配合物,该配合物比指示剂与金属离子生成有色配合物的稳定性大

C. 滴定时 EDTA 先与游离的金属离子完全配位,稍过量的 EDTA 置换出指示剂的阴离子,显示滴定终点

D. 配位滴定终点所呈现的颜色是游离的金属指示剂的颜色

4. 碘量法滴定中,防止碘挥发的方法有(　　)。

A. 加入过量的碘化钾　　　　　　　B. 滴定在室温下进行

C. 滴定时剧烈摇动溶液　　　　　　D. 在碘量瓶中进行

5. 下列溶液中,酸度小于 0.1000 mol/L 的是(　　)。

A. 0.1000 mol/L 的 HCl

B. 0.1000 mol/L 的 H_2SO_4

C. 0.1000 mol/L 的 CH_3COOH

D. 0.1000 mol/L 的 C_6H_5COOH

江苏省职业技术学校学业水平测试

工业分析与检验专业《基础化学》课程考试大纲

一、命题指导思想

江苏省中等职业学校《基础化学》课程学业水平考试,遵照江苏省教育厅《关于建立江苏省中等职业学校学生学业水平测试制度的意见(试行)》(苏教职[2014]36号)、《关于印发＜江苏省中等职业学校学生学业水平测试实施方案＞的通知》(苏教职[2015]7号)要求,以《基础化学课程标准》为依据,以《基础化学》课程所要求的基础知识、基本技能、基本思想、基本方法为主要考查内容,注重考查学生对《基础化学》课程基本概念和基本方法的掌握情况,同时兼顾考查学生分析、解决问题的能力。

命题要力求科学、准确、公平、规范,试卷应有较高的信度、效度和必要的区分度。

二、考试内容及要求

(一)考试范围

序　号	主要考试内容
1	常见的金属及其化合物
2	常见非金属及其化合物
3	化学基本量及其计算
4	原子结构与元素周期律
5	化学键与分子结构
6	化学反应速率与化学平衡
7	电解质溶液
8	烃
9	烃的衍生物
10	糖和蛋白质
11	合成高分子化合物

(二)考试能力要求

1. 了解(A)要求对某一概念、知识内容,能够准确再认、再现,即知道"是什么"。相应的行为动词为:了解、认识、知道。

2. 理解(B)要求对某一概念、知识内容,在了解基础上,能够深刻领会相关知识、原理、方法,并藉此解释、分析现象,辨明正误,即明白"为什么"。相应的行为动词为:理解、熟悉、领会。

3. 掌握(C)要求能够灵活运用相关原理、法则和方法,综合分析、解决实际问题,即清楚"怎么办"。相应的行为动词为:掌握、应用、运用。

（三）考试的具体内容和要求

考试内容		序号	说　　明	考试要求
常见的金属及其化合物	碱金属	A	1. 金属钠的物理性质	
		A/B/C	2. 掌握金属钠的化学性质（与 O_2、Cl_2、H_2O 反应）	
		A/B/C	3. 掌握金属钠的两种氧化物及氢氧化钠的性质	
		A	4. 了解碱金属元素的通性	
		A	5. 了解实验室常见固体药品取用、保存方法及实验安全注意事项	
		A	6. 了解碱金属的用途	
	碱土金属	A	7. 了解镁、钙的物理性质、化学性质及用途	
		A	8. 了解镁、钙的常见化合物的性质	
		A	9. 了解硬水与软水的鉴别方法、知道硬水的危害	
		A	10. 了解暂时硬水的软化方法	
	两种重要的金属—铝、铁	A	11. 了解铝、铁的物理性质	
		A/B	12. 理解铝、铁及其氧化物、氢氧化物的化学性质	
		A	13. 了解金属的分类及通性	
		A	14. 了解重金属对人体健康的危害	
常见非金属及其化合物	卤族元素	A	15. 了解氯原子的结构与周期表中的位置关系	
		A	16. 了解氯气、氯化氢的物理性质	
		A/B/C	17. 掌握氯气的化学性质	
		A	18. 了解次氯酸、漂白粉的漂白作用	
		A	19. 了解氯气的用途	
		A	20. 了解氯离子的检验方法、液体取用方法	
		A/B	21. 理解离子反应	
	硫及其重要化合物	A	22. 了解硫酸的重要物理性质	
		A	23. 了解臭氧性质及其环境保护的有关知识	
		A	24. 了解硫单质的化学性质	
		A/B	25. 理解二氧化硫的化学性质	
		A/B/C	26. 掌握浓硫酸的特性	
		A	27. 了解 SO_4^{2-} 的鉴别方法	
		A/B	28. 能根据化合价升降判断氧化—还原反应	
		A	29. 能判断氧化还原反应中的氧化剂和还原剂	
	氮及其重要化合物	A	30. 了解氮气、氨气的分子结构	
		A	31. 了解氮气的物理性质	
		A	32. 了解铵盐的化学性质	
		A/B	33. 理解氨气的性质	
		A/B/C	34. 掌握硝酸的主要特性	
		A	35. 了解氨、铵盐的用途	
		A	36. 了解酸雨和水体富营养化的成因及危害	
	碳与硅	A	37. 理解一氧化碳、二氧化碳、碳酸盐和碳酸氢盐的性质	
		A	38. 了解固体加热的基本实验操作	
		A	39. 了解二氧化硅的主要性质	
		A	40. 了解水泥、玻璃和陶瓷的主要成分、生产原料和用途	

考试内容		序号	说　明	考试要求
化学基本量及其计算	物质的量	A	41. 了解物质的量、摩尔质量、气体摩尔体积的含义	
		A	42. 了解物质的量单位—摩尔的含义	
	物质的量浓度	A/B	43. 会用物质的量浓度、质量分数表示物质的含量	
		A/B	44. 会进行物质的量浓度、质量分数的简单计算	
	溶液的配制	A	45. 了解一定物质的量浓度溶液的配制方法	
		A	46. 了解一定物质的量浓度溶液的配制操作步骤、注意事项	
	物质的量的计算	A/B	47. 了解物质的量、质量、标准状况下气体体积之间的关系，能进行简单计算	
		A	48. 会用物质的量进行有关化学方程式的简单计算	
结构与元素周期律	原子结构	A	49. 了解构成原子的粒子种类、电性和电荷量的关系	
	质量数	A	50. 了解质量数的概念，知道质量数与质子数、中子数的关系	
		A/B	51. 会判断常见简单粒子的质子数、中子数、电子数	
	原子结构示意图	A	52. 了解电子层的概念	
		A	53. 能写出1～18号元素原子结构示意图	
	同位素	A	54. 了解同位素的概念，识别氢、碳、氯的同位素	
	元素周期律	A	55. 了解原子序数的概念	
		A/B	56. 知道主族元素原子半径、主要化合价、金属性和非金属性强弱的变化规律	
	元素周期表结构	A/B	57. 了解元素周期表的结构，知道原子结构与其在元素周期表中的位置关系	
化学键与分子结构	化学键	A/B	58. 理解化学键（离子键、共价键）的概念	
		A	59. 了解极性键和非极性键	
		A/B	60. 能判断常见物质的成键类型	
	电子式	A	61. 会判断电子式书写是否正确	
	晶体	A	62. 知道构成晶体（原子晶体、离子晶体、分子晶体）的微粒及微粒间的作用	
化学反应速率与化学平衡	化学反应速率	A	63. 了解化学反应速率的概念	
		A	64. 了解化学反应速率的定量表示方法	
		A/B	65. 理解温度、浓度、压强和催化剂对化学反应速率的影响	
	化学平衡	A	66. 了解可逆反应的定义	
		A	67. 了解化学平衡常数的意义	
		A/B	68. 理解化学平衡移动原理	
	原电池、电解池	A	69. 了解原电池、电解池的概念	
		A	70. 能区别原电池和电解池，会判断原电池其正负极	
		A	71. 了解金属的电化学腐蚀，了解金属防护的方法	

（续表）

考试内容		序号	说　明	考试要求
电解质溶液	电解质	A	72. 了解电解质、非电解质、强电解质、弱电解质的概念	
		A/B	73. 能写出典型电解质的电离方程式	
		A	74. 了解弱电解质的电离平衡及影响因素	
	溶液 pH 值的计算	A	75. 了解水的电离平衡及影响因素（酸、碱、水解盐对其影响）	
		A	76. 了解盐溶液的酸碱性判断方法	
		A/B	77. 理解强酸、强碱溶液 pH 值的计算方法	
	盐类的水解	A/B	78. 理解盐类水解的本质	
		A	79. 会判断常见离子能否水解	
		A	80. 了解温度、浓度、酸度对盐类水解平衡的影响	
	离子反应	A/B	81. 理解离子反应的本质和意义	
		A/B/C	82. 会书写简单离子反应的离子方程式	
烃	甲烷	A	83. 了解沼气的主要成分	
		A	84. 了解甲烷分子式、电子式和空间构型	
		A	85. 理解燃烧反应的现象及爆炸的相关问题	
		A/B	86. 理解取代反应的定义（一取代反应）	
	烷烃	A	87. 了解烃、烃基的定义，知道甲基、乙基的写法	
		A	88. 了解同系物的概念、会写出烷烃的通式	
		A	89. 了解同分异构体的定义并能写出丁烷、戊烷同分异构体	
		A	90. 会给简单烷烃命名	
	乙烯	A	91. 了解乙烯分子式	
		A/B/C	92. 掌握乙烯的氧化、取代及聚合反应	
		A	93. 了解乙烯的实验室制取方法	
		A	94. 了解乙烯的工业用途	
	乙炔	A	95. 了解乙炔的结构式	
		A	96. 了解乙炔的物理性质	
		A/B	97. 掌握乙炔化学性质（氧化反应、与酸性高锰酸钾、溴水的反应）	
	苯	A	98. 了解苯的分子式、结构简式；了解六个碳原子之间的化学键类型	
		A	99. 了解苯的物理性质，强调毒性	
		A	100. 了解苯的化学性质（取代反应、氧化反应）	
	煤与石油	A	101. 了解石油的组成	
		A	102. 了解石油分馏、裂化、裂解的本质	
		A	103. 了解煤的组成及干馏	

（续表）

考试内容		序号	说　明	考试要求
烃的衍生物	醇	A	104. 了解乙醇的分子式、结构简式、官能团	
		A	105. 了解乙醇的物理性质（颜色、气味、状态、挥发性与溶解性）	
		A/B/C	106. 掌握乙醇的化学性质（与钠反应、消去反应、燃烧、氧化反应）	
		A	107. 了解乙醇的生理作用；了解医用酒精的作用	
		A	108. 了解甲醇的毒性与假酒的危害	
		A	109. 了解丙三醇的结构简式及俗称	
	卤代烃	A	110. 了解溴乙烷的结构简式、官能团	
		A	111. 了解溴乙烷物理性质（颜色、状态、溶解性和密度）	
		A	112. 了解溴乙烷的化学性质（水解反应、消去反应）	
	苯酚	A	113. 了解苯酚的结构简式、官能团；	
		A	114. 了解苯酚的物理性质（颜色、状态、气味、溶解性与毒性）	
		A	115. 了解氧化变质的苯酚的颜色；苯酚弄到皮肤上的处理方法	
		A	116. 了解苯酚常见的用途：化工原料（生活中常见的酚醛树脂）、消毒剂；	
		A	117. 会正确区分醇类与酚类	
	醛	A	118. 了解乙醛的分子式、结构简式、官能团	
		A	119. 了解乙醛的物理性质（颜色、状态、气味、挥发性与溶解性）	
		A	120. 了解乙醛的化学性质（与氢加成、催化氧化、银镜反应、与新制的氢氧化铜悬浊液反应；了解醛基检的方法	
		A	121. 了解甲醛颜色、状态、毒性；了解福尔马林溶液的用途	
	乙酸与乙酸乙酯	A	122. 了解乙酸、乙酸乙酯的分子式、结构简式、官能团	
		A	123. 了解乙酸、乙酸乙酯的物理性质（颜色、状态、气味、溶解性）	
		A	124. 了解乙酸的俗名和冰醋酸的成分	
		A	125. 了解乙酸的化学性质（酸性、酯化反应）	
糖类、蛋白质、高分子化合物	糖类	A	126. 了解的组成、能识别常见的单糖、二糖、多糖	
		A	127. 了解葡萄糖还原性	
		A	128. 了解蔗糖（麦芽糖）水解反应	
		A	129. 了解淀粉（纤维素）水解反应的最终产物，知道淀粉遇碘显色	
		A	130. 了解糖在食品加工中的用途	
	蛋白质	A	131. 了解常见的氨基酸（甘氨酸、丙氨酸、苯丙氨酸和谷氨酸）	
		A	132. 了解蛋白质水解反应的最终产物，了解蛋白质的性质	
	高分子化合物	A	133. 了解高分子化合物的组成和结构特点	
		A	134. 了解聚乙烯、聚氯乙烯的加聚反应；会写出单体、链节和聚合度	
		A	135. 了解线型结构与体型结构的概念	
		A	136. 了解三大合成材料的用途	

三、试卷结构

（一）题型及比例

题　型	小题数量、分值、答题要求	比　例
单项选择题	25 小题，每小题 1 分。在每小题的 4 个备选答案中，选出 1 个正确的答案	50%
多项选择题	5 小题，每小题 1 分。在每小题的 4 个备选答案中，选出 2 个或 2 个以上正确的答案。多选、错选、漏选均不得分	10%
判断题	20 小题，每小题 1 分。你认为正确的选择"正确"或"A"，错误的选择"错误"或"B"	40%

（二）难易题及比例

全卷试题难度分为容易题、中等难度题和较难题三个等级，容易题、中等难度题、较难题的占分比例约为 7：2：1。

（三）内容比例

主要考试内容	试卷内容比例
常见的金属及其化合物	18%
常见非金属及其化合物	22%
化学基本量及其计算	6%
原子结构与元素周期律	5%
化学键与分子结构	5%
化学反应速率与化学平衡	7%
电解质溶液	7%
烃	12%
烃的衍生物	15%
糖和蛋白质	1.5%
合成高分子化合物	1.5%

四、考试形式和时间

（一）考试形式

闭卷、机考

（二）考试时间

30 分钟

（三）试卷满分值

50 分

五、典型题示例

（一）**单项选择题**（每小题 1 分）

1. 摩尔是（   ）。

    A. 表示物质的数量单位

    B. 表示物质的质量单位

    C. 表示物质的量的单位

    D. 既是表示物质的数量单位又是表示物质的质量单位

答案：C

解析：本题主要考查物质的量的基本单位。本题属于容易题。考试能力要求 A。

2. 在下列过程中，需要加快化学反应速率的是（   ）。

    A. 炼钢   B. 塑料老化   C. 食物腐败   D. 钢铁腐蚀

答案：A

解析：本题主要考查化学反应速率。本题属于中等难度题。考试能力要求 B。

3. 浓硝酸与下列物质反应时，硝酸即表现出氧化性又表现出酸性的是（   ）。

    A. $Fe(OH)_3$ B. Cu   C. 木炭   D. Fe_2O_3

答案：C

解析：本题主要考查硝酸的主要特性。本题属于较难题。考试能力要求 B。

（二）**多项选择题**（每小题 1 分）

1. 氢氧化钠的俗名是（   ）。

    A. 纯碱   B. 火碱   C. 烧碱   D. 苛性钠

答案：BCD

解析：本题主要考查钠的化合物。本题属于容易题。考试能力要求 A。

2. 铜和浓硫酸加热反应中，体现了浓硫酸的（   ）。

    A. 吸水性   B. 脱水性   C. 强氧化性   D. 酸性

答案：CD

解析：本题主要考查浓硫酸的特性。本题属于中等难度题。考试能力要求 B。

3. 下列离子方程式书写正确的是（   ）。

    A. Cl_2 通入 NaOH 溶液中：$Cl_2 + 2OH^- = ClO^- + Cl^- + H_2O$

    B. Fe 与 HCl 反应：$2Fe + 6HCl = 2Fe^{3+} + 6Cl^- + 3H_2O$

    C. NaOH 与 HCl 反应：$H^+ + OH^- = H_2O$

D. SO_3溶于水中:$SO_3 + H_2O \Longrightarrow H_2SO_4$

答案:AC

解析:本题主要考查离子方程式的书写。本题属于较难题。考试能力要求 C。

(三) 判断题(每小题1分)

1. 可以利用银镜反应检验醛基的存在。 （ ）

    A. 正确   B. 错误

答案:正确

解析:本题主要考查乙醛的化学性质。本题属于容易题。考试能力要求 A。

2. 随着原子序数的递增,同周期主族元素的金属性和非金属性都逐渐增强。考试能力要求 B。 （ ）

    A. 正确   B. 错误

答案:错误

解析:本题主要考查元素周期律。本题属于中等难度题。

3. 乙烯可以使酸性高锰酸钾溶液褪色,而甲烷不行,利用这个性质,可以用来鉴别甲烷和乙烯。 （ ）

    A. 正确   B. 错误

答案:正确

解析:本题主要考查乙烯的性质。本题属于较难题。考试能力要求 B。

基础化学与化工分析

（下册）

主　编　张松斌
副主编　冒平如　何恒建

兵器工业出版社

Contents

目录

下册　化工分析

第十一章
化工分析的认识

知识结构 »

知识分类		序号	知识点
化工分析的认识	化工分析的任务和方法	1	分析化学的概念和分类
		2	化工分析的任务和方法
		3	定量分析的方法和分类
		4	定量分析的一般过程
		5	化学分析法的概念
		6	化学分析法的分类
		7	滴定分析法的概念及分类
		8	化学试剂分类及标签颜色
		9	分析用水分类
	分析试样的采取和处理	10	试样采集的原则
		11	液体试样采集的一般方法
		12	气体试样采集的一般方法
		13	固体试样采集制备及溶解的方法
		14	分析实验室安全、环保的基础知识
	电子天平操作	15	称量方法,电子天平的使用
	分析数据与误差问题	16	质量分数的概念
		17	体积分数的概念
		18	质量浓度的概念
		19	准确度与误差的概念
		20	精确度与偏差的概念
		21	分析结果报告的要求
		22	误差来源
		23	减免误差方法
		24	有效数字的含义
		25	有效数字的计算规则,数据处理的方法

考纲要求 »

考试内容		序号	说　明	考试要求
化工分析的认识	化工分析的任务和方法	1	了解分析化学的概念和分类	A
		2	了解化工分析的任务和方法	A
		3	了解定量分析的方法和分类	A
		4	了解定量分析的一般过程	A
		5	了解化学分析法的概念	A
		6	了解化学分析法的分类	A
		7	了解滴定分析法的概念及分类	A
		8	了解化学试剂分类及标签颜色	A
		9	了解分析用水分类	A
	分析试样的采取和处理	10	了解试样采集的原则	A
		11	了解液体试样采集的一般方法	A
		12	了解气体试样采集的一般方法	A
		13	了解固体试样采集制备及溶解的方法	A
		14	了解分析实验室安全、环保的基础知识	A
	电子天平操作	15	掌握称量方法，会使用电子天平	A/B
	分析数据与误差问题	16	了解质量分数的概念	A
		17	了解体积分数的概念	A
		18	了解质量浓度的概念	A
		19	掌握准确度与误差的概念	A/B/C
		20	掌握精确度与偏差的概念	A/B/C
		21	了解分析结果报告的要求	A
		22	了解误差来源	A
		23	了解减免误差方法	A
		24	理解有效数字的含义	A/B
		25	理解有效数字的计算规则，会进行数据处理	A/B

第一节 化工分析的任务和方法

1. 了解分析化学概念和分类；
2. 了解化工分析的任务和方法；
3. 了解定量分析的方法和分类；
4. 了解定量分析的一般过程；
5. 了解化学分析法的概念；
6. 了解化学分析法的分类；
7. 了解滴定分析法的概念及分类；
8. 了解化学试剂分类及标签颜色；
9. 了解分析用水分类。

知识点 137 分析化学概念和分类

【知识梳理】

1. 分析化学是研究物质组成、含量、结构及其他多种信息的一门科学。
2. 分析化学主要包括定性分析和定量分析。
3. 化工分析是以分析化学的基本原理和方法为基础,解决化工生产和产品检验中实际分析任务的学科。

【例题分析】

1. (判断题)化工分析是以分析化学的基本原理和方法为基础,解决化工生产和化工产品检验中分析任务的一门学科。　　　　　　　　　　　　　　　(　　)

    A. 正确　　　　　　　　　　　　　B. 错误

2. (判断题)化工分析就是定量分析。　　　　　　　　　　　　　　(　　)

    A. 正确　　　　　　　　　　　　　B. 错误

答案:1. A　2. B

解析:这两题属于容易题。第1题考查学生对分析化学概念的理解;第2题考查学生对分析化学分类方法的理解。

1. (单选题)化工分析主要包括定性分析和(　　　)。

    A. 误差分析　　　　B. 定量分析　　　　C. 仪器分析　　　　D. 数据分析

答案:B

解析:本题属于容易题,考查学生对分析化学分类方法的理解。

1. (多选题)分析化学主要研究( )。

    A. 物质的组成   B. 物质的含量   C. 物质的结构   D. 其他多种信息

> **答案:** ABCD
>
> **解析:** 本题属于容易题。考查学生对分析化学概念的理解。

【巩固练习】

一、判断题

1. 分析化学是研究物质组成、结构及性质的一门科学。   ( )

    A. 正确   B. 错误

2. 化工分析就是定性分析。   ( )

    A. 正确   B. 错误

二、单选题

化工分析主要包括定量分析和( )。

    A. 误差分析   B. 定性分析   C. 仪器分析   D. 数据分析

三、多选题

分析化学主要研究( )。

    A. 物质的结构   B. 物质的组成

    C. 物质的含量   D. 其他多种信息

● 知识点 138　化工分析的任务和方法

【知识梳理】

1. 定性分析的任务是检测物质中微观粒子(包括原子、原子团、分子等)的种类。

2. 定量分析的任务是测定物质化学成分的含量。

3. 化工生产控制分析和化工商品检验工作:在物料基本组成已知的情况下,主要是对原料、中间产物和产品进行定量分析,以检验原料和产品的质量,监督生产或商品流通过程是否正常。为了确保产品质量,还必须对生产过程进行严格的中间控制分析。

4. [补充]对于产品检验,国家颁布了各种化工产品的质量标准,规定了合格产品的纯度、杂质的允许含量及分析检验方法,分析工作者必须严格遵照执行。常见标准及其代号如表 11-1 所示。

表 11-1　常见标准及其代号

标准类别	标准名称	标准代号
国家标准	强制性国家标准	GB
	推荐性国家标准	GB/T

（续表）

标准类别	标准名称	标准代号
行业标准	化工	HG
	石油化工	SH
	石油天然气	SY
地方标准	强制性地方标准	DB
	推荐性地方标准	DB/T
企业标准	企业标准	Q

【例题分析】

1. (判断题)化工分析主要是对原料、中间产物、产品进行定量分析以及对生产过程进行严格的中间控制分析。　　　　　　　　　　　　　　　　　（　　）

　　A. 正确　　　　　　　　　　　　　B. 错误

答案：A

解析：本题属于容易题,本题主要考查化工分析的任务。

2. (多选题)化工分析是解决实际分析任务的学科,主要包含(　　)。

　　A. 化工生产　　　　　　　　　　　B. 农业生产

　　C. 产品检验　　　　　　　　　　　D. 工业生产

答案：AC

解析：本题属于容易题,考级能力要求为 A。本题考查知识为化工分析的任务,要求能再认相关概念。

【巩固练习】

一、判断题

化工分析就是对生产过程进行严格的中间控制分析。　　　　　　　　（　　）

　　A. 正确　　　　　　　　　　　　　B. 错误

二、单选题

化工分析主要不针对下列哪项进行分析(　　)。

　　A. 原料　　　　　　　　　　　　　B. 中间产物

　　C. 产品　　　　　　　　　　　　　D. 仪器装置

◉ 知识点 139　定量分析的方法和分类

【知识梳理】

1. 按照分析原理和操作技术的不同,定量分析方法,可分为化学分析法和仪器分析法两大类。

2. 化学分析法:是以物质的化学计量反应为基础的分析方法,分为滴定分析法(或称容

量分析法)和称量分析法。化学分析法通常用于试样中常量组分(1%以上)的测定。

3. 仪器分析法:是以物质的物理或物理化学性质为基础的分析方法,分为电化学分析法、光学分析法和色谱分析法。

4. [补充]定性分析,按照试样用量的多少,可分常量分析、半微量分析、微量分析,如表11-2。

表11-2 定性分析分类

分类	常量分析	半微量分析	微量分析
固体试样用量/mg	100~1000	10~50	0.1~0.5
液体试样用量/mL	10~100	1~5	0.01~0.5
所用仪器及主要操作	普通试管、烧杯、漏斗、沉淀在漏斗中过滤	离心管、点滴板、反应纸、玻片;沉淀离心分离	点滴板、反应纸、玻片、显微镜;点滴反应,显微结晶

【例题分析】

1.(判断题)化工分析中常用的定量分析分法就是化学分析法。   (   )

　A. 正确　　　　　　　　　　　　　B. 错误

2.(判断题)电位分析法属于仪器分析法。   (   )

　A. 正确　　　　　　　　　　　　　B. 错误

答案:1. B　2. A

解析:这两题属于容易题,考级能力要求为 A。第 1 小题考查知识为定量分析的方法,第 2 小题考查知识点为定量分析的分类。知识点要求知道定量分析分类方法,了解化学分析、仪器分析的概念及分类。

1.(单选题)化工分析中化学分析法常量分析是指组分含量在(   )以上。

　A. 10%　　　　　B. 1%　　　　　C. 0.1%　　　　　D. 0.01%

答案:B

解析:本题考级能力要求为 A,属于容易题。本题考查知识为定量分析中化学分析法的适用范围。

2.(多选题)按照分析原理和操作技术的不同,定量分析可分为(   )。

　A. 物理分析　　　　　　　　　　　B. 化学分析

　C. 仪器分析　　　　　　　　　　　D. 微量分析

答案:BC

解析:本题属于容易题,考级能力要求为 A。本题考查知识为定量分析的分类。

【巩固练习】

一、判断题

1. 化工分析中常用的定量分析分法就是仪器分析法。　　　　（　　）

    A. 正确　　　　　　　　　　　　B. 错误

2. 化工分析中常用的定量分析分法是化学分析法和仪器分析法。　（　　）

    A. 正确　　　　　　　　　　　　B. 错误

二、单选题

1. 定量分析是测定物质中有关组分的（　　）。

    A. 性质　　　　　B. 种类　　　　　C. 含量　　　　　D. 结构

2. 常量分析的试样质量范围是（　　）。

    A. 大于 $1.0\,g$　　　　　　　　　B. $1.0\sim10\,g$

    C. 大于 $0.1\,g$　　　　　　　　　D. 小于 $0.1\,g$

学 习 内 容

✪ 知识点 140　定量分析的一般过程

【知识梳理】

进行定量分析,首先需要从批量的物料中采出少量有代表性的试样,并将试样处理成可供分析的状态。固体样品通常需要溶解制成溶液。若试样中含有影响测定的干扰物质,还需要预先分离,然后才能对指定成分进行测定。

因此,定量分析的全过程一般包括以下几个步骤。

1. 采样与制样(包括粉碎、缩分等)。

2. 试样处理(包括试样的溶解、必要的分离等)。

3. 对指定成分进行定量测定。

4. 计算和报告分析结果。

【例题分析】

1. (判断题)定量分析一般过程的合理顺序是采样与制样、分离及测定、试样分解和分析试液的制备、分析结果的计算和评价。　　　　　　　　　　　　　　（　　）

    A. 正确　　　　　　　　　　　　B. 错误

    答案: B

    解析: 本题试题难度上属于中等题,考级能力要求为 A。考查知识点为定量分析的一般过程。

2. (单选题)定量分析的一般过程首先是（　　）。

    A. 分离及测定　　　　　　　　　B. 采样与制样

    C. 试样分解和分析试液的制备　　D. 分析结果的计算和评价

3. (单选题)下列哪项不是定量分析的一般过程。（　　）

A. 分离及测定　　　　　　　　　　B. 采样与制样

C. 调试仪器　　　　　　　　　　　D. 分析结果的计算和评价

答案：**1.** B　**2.** C

解析：本部分试题考级能力要求为 A。试题难度上第 1 小题为容易题，第 2 小题属于中等题。考查知识点为定量分析的一般过程。

4.（多选题）定量分析的全过程一般包括（　　　）。

A. 采样与制样

B. 试样处理

C. 对指定成分进行定量测定

D. 计算和报告分析结果

答案：ABCD

解析：本试题属于中等难度试题，考级能力要求为 A。考查知识点为定量分析的一般过程，要求能熟知相关知识点。

【巩固练习】

一、判断题

定量分析的一般过程按照合理顺序是采样与制样、试样分解和分析试液的制备、分离及测定、分析结果的计算和评价。　　　　　　　　　　　　　　　　　　　　（　　　）

A. 正确　　　　　　　　　　　　　B. 错误

二、单选题

定量分析的中的试样粉碎和缩分属于（　　　）。

A. 分离及测定　　　　　　　　　　B. 采样与制样

C. 试样分解和分析试液的制备　　　D. 分析结果的计算和评价

三、多选题

定量分析的全过程一般包括（　　　）。

A. 计算和报告分析结果　　　　　　B. 试样处理

C. 采样与制样　　　　　　　　　　D. 对指定成分进行定量测定

学 习 内 容

● **知识点 141　化学分析法的概念**

【知识梳理】

1. 化学分析法是以物质的化学计量反应为基础的分析方法。

2. 化学分析法通常用于试样中常量组分（1%以上）的测定。

【例题分析】

1.（判断题）化学分析法是以物质的计量反应为基础的分析方法。　　　　（　　　）

A. 正确　　　　　　　　　　　　B. 错误

2.(判断题)化学分析法是以物质的物理化学性质为基础的分析方法。　　　(　　)

A. 正确　　　　　　　　　　　　B. 错误

答案:1. A　2. B

解析:本部分试题属于容易题,考级能力要求为A。考查知识为化学分析法的概念及应用,要求能再认。

【巩固练习】

判断题

1. 化学分析法通常用于试样中常量组分的测定。　　　(　　)

A. 正确　　　　　　　　　　　　B. 错误

2. 化学分析法通常用于试样中微量组分的测定。　　　(　　)

A. 正确　　　　　　　　　　　　B. 错误

★ 知识点142　化学分析法的分类

【知识梳理】

根据采取具体测定方法的不同,化学分析法分为滴定分析法和称量分析法。

【例题分析】

1.(判断题)化学分析法就是滴定分析法。　　　(　　)

A. 正确　　　　　　　　　　　　B. 错误

答案:B

解析:本题属于容易难度试题,考级能力要求为A。考查知识为化学分析法的分类。

1.(单选题)以下哪个不属于化学分析法。(　　)

A. 酸碱滴定法　　B. 重量分析法　　C. 沉淀滴定法　　D. 色谱分析法

2.(单选题)以下属于化学分析法的方法是(　　)。

A. 光学分析法　　　　　　　　　B. 电化学分析法

C. 色谱分析法　　　　　　　　　D. 称量分析法

答案:1. D　2. D

解析:本部分试题属于中等难度试题,考级能力要求为A。考查知识为定量分析的分类,要求能识别化学分析法与仪器分析分类。

1.(多选题)根据采取的具体测定方法的不同,化学分析法可分为(　　)。

A. 电化学分析法　　　　　　　　B. 滴定分析法

C. 称量分析法　　　　　　　　　D. 色谱分析法

答案：BC

解析：本题属于容易难度试题。考级能力要求为 A。考查知识为化学分析法的分类。

【巩固练习】

一、判断题

化学分析法包括滴定分析法和称量分析法。 （　　）

　A. 正确　　　　　　　　　　　　　B. 错误

二、单选题

1. 以下哪个不属于化学分析法。（　　　）

　A. 氧化还原滴定法　　　　　　　　B. 电位分析法

　C. 沉淀滴定法　　　　　　　　　　D. 称量分析法

2. 下列分析方法中属于化学分析法的方法是（　　）。

　A. 光学分析法　　　　　　　　　　B. 称量分析法

　C. 色谱分析法　　　　　　　　　　D. 电化学分析法

三、多选题

根据采取的具体测定方法的不同，下列不属于化学分析法的是（　　）。

　A. 电化学分析法　　　　　　　　　B. 滴定分析法

　C. 称量分析法　　　　　　　　　　D. 色谱分析法

知识点 143　滴定分析法的概念及分类

【知识梳理】

1. 滴定分析法：将一种已知准确浓度的试剂溶液滴加到待测物质溶液中，直到所加试剂恰好与待测组分定量反应为止，根据试剂溶液的用量和浓度计算待测组分的含量。这种分析方法称为滴定分析法或称容量分析法。

2. 按照标准溶液与被测组分之间发生化学反应的类型不同，滴定分析包括酸碱滴定法、配位滴定法、氧化还原滴定法、沉淀滴定法四类。

3. [补充]根据称量反应产物的质量来计算待测组分含量的方法称为称量分析法。

【例题分析】

1. （判断题）取液体试剂时可用吸管直接从原瓶中吸取。 （　　）

　A. 正确　　　　　　　　　　　　　B. 错误

答案：B

解析：本题属于容易难度试题，考级能力要求为 A。考查知识为液体取样方法。

2. （单选题）滴定分析法中所用到的最主要仪器是（　　）。

　A. 电子天平　　　B. 滴定管　　　C. 烧杯　　　D. 移液管

3.(单选题)以下不属于滴定分析法的是(　　　)。

　　A. 度量分析法　　　B. 酸碱滴定法　　　C. 络合滴定法　　　D. 氧化还原滴定法

答案:2. B　3. A

解析: 本部分试题属于容易难度试题,考级能力要求为A。第1题考查知识为滴定分析常用仪器,第2题为滴定分析法分类。

【巩固练习】

单选题

1. 以下不属于滴定分析法的是(　　　)。

　　A. 沉淀滴定法　　　　　　　　　B. 酸碱滴定法

　　C. 电位分析法　　　　　　　　　D. 氧化还原滴定法

2. 以下属于滴定分析法的是(　　　)。

　　A. 度量分析法　　　　　　　　　B. 色谱分析法

　　C. 电位分析法　　　　　　　　　D. 氧化还原滴定法

3. 一般情况下滴定分析适用于被测组分含量不低于(　　　)的情况。

　　A. 1%　　　　　　　　　　　　　B. 0.1%

　　C. 1.1%　　　　　　　　　　　　D. 10%

✿ 知识点 144　化学试剂分类及标签颜色

【知识梳理】

　　根据化学试剂中所含杂质的多少,一般将实验室普遍使用的试剂划分为四个等级,具体的名称、标志和主要用途如表11-3所示。

表 11-3　化学试剂的级别和主要用途

级别	中文名称	英文标志	标签颜色	主要用途
一级	优级纯	G.R.	绿	精密分析实验
二级	分析纯	A.R.	红	一般分析实验
三级	化学纯	C.P.	蓝	一般化学实验
生物化学试剂	生化试剂	B.R.	黄	生物化学及医用化学实验

　　化学试剂还包括基准试剂、色谱纯试剂、光谱纯试剂等。滴定分析常用的标准溶液,一般应选用分析纯试剂配制,再用基准试剂进行标定。

　　滴定分析中所用其他试剂一般为分析纯,仪器分析实验一般使用优级纯或专用试剂,测定微量或超微量成分时应选择用高纯试剂。

【例题分析】

1.(判断题)化学试剂标签为蓝色代表的纯度是分析纯。 （　　）

　　A. 正确 　　　　　　　　　　　　B. 错误

2.(判断题)实验中,应根据分析任务、分析方法对分析结果准确度要求等选用不同等级的试剂。 （　　）

　　A. 正确 　　　　　　　　　　　　B. 错误

答案:1. B 2. A

解析:本部分试题难度上属于容易题。考级能力要求为A。第1题考查知识为化学试剂分类及标签颜色;第2题为化学试题的应用范围。

3.(单选题)化学试剂分析纯的标签颜色是(　　　)。

　　A. 绿色 　　　B. 红色 　　　C. 蓝色 　　　D. 黄色

4.(单选题)化学纯化学试剂瓶上标签的颜色是(　　　)。

　　A. 绿色 　　　B. 红色 　　　C. 蓝色 　　　D. 黄色

答案:3. B 4. C

解析:本部分试题属于容易试题,考级能力要求为A。考查知识点为化学试剂的分类。

5.(多选题)滴定分析常用的标准溶液,可以用来代替基准试剂的是(　　　)。

　　A. 优级纯试剂 　　　　　　　　B. 分析纯试剂

　　C. 化学纯试剂 　　　　　　　　D. 生化试剂

答案:5. AB

解析:本题属于中等难度试题,考级能力要求为A。考查知识为化学试剂的应用范围。

【巩固练习】

一、判断题

实验中应该优先使用纯度较高的试剂以提高测定的准确度。 （　　）

　　A. 正确 　　　　　　　　　　　　B. 错误

二、单选题

1.化学试剂中英文标志 G.R.代表的试剂纯度是(　　　)。

　　A. 化学纯 　　　B. 生化试剂 　　　C. 分析纯 　　　D. 优级纯

2.化学试剂标签为红色代表的纯度是(　　　)。

　　A. 优级纯 　　　B. 分析纯 　　　C. 化学纯 　　　D. 生化试剂

3.用于配制标准溶液的试剂最低要求为(　　　)。

　　A. 优级纯 　　　B. 分析纯 　　　C. 化学纯 　　　D. 生化试剂

4.化学试剂标签为蓝色代表的纯度是(　　　)。

　　A. 优级纯 　　　B. 分析纯 　　　C. 化学纯 　　　D. 生化试剂

知识点 145　分析用水分类

【知识梳理】

我国已建立了实验室用水规格的国家标准,"标准"中规定的实验室用水级别及主要指标如表 11-4 所示。

表 11-4　实验室用水的级别及主要指标

指标名称	一级	二级	三级
pH 范围(25 ℃)	—	—	5.0~7.5
电导率(25 ℃)	0.1	1.0	5.0
吸光度(254 nm,1 cm 光程)/(μs/cm)	0.001	0.01	
二氧化硅质量浓度/(mg/L)	0.02	0.05	—

在化学定量分析实验中,一般使用三级水;仪器分析实验一般使用二级水,有的实验也可使用三级水。制备实验用水,过去多采用蒸馏方法获得蒸馏水。为节约能源和减少污染,目前多改用离子交换法、电渗析法或反渗透法制备。

检查实验用水质量的主要指标是电导率,用电导仪检测水质的方法。

【例题分析】

1.(判断题)化学定量分析实验一般使用二级水。　　　　　　　　　　　　　　（　　）

　　A. 正确　　　　　　　　　　　　　　B. 错误

> **答案**:B
>
> **解析**:本题属于容易题,考级能力要求为 A。考查知识点为分析用水的分类及适用范围。

2.(单选题)仪器分析实验一般使用(　　　)。

　　A. 自来水　　　　B. 一级水　　　　C. 二级水　　　　D. 三级水

3.(单选题)实验室用水的质量要求中,不用进行检验的指标是(　　　)。

　　A. 阳离子　　　　B. 密度　　　　C. 电导率　　　　D. pH 值

> **答案**:2. C　3. B
>
> **解析**:本部分试题属于容易试题,考级能力要求为 A。第 1 题考查知识点为分析实验用水使用范围,第 2 题考查知识点为实验用水的检测。

4.(多选题)关于分析实验室有水,下列说法中正确的是(　　　)。

　　A. 分析实验不能直接使用自来水或其他天然水

　　B. 在化学定量分析实验中,一般使用三级水

　　C. 在仪器分析实验中,一般使用三级水

　　D. 在仪器分析实验中,一般使用二级水

答案:1. ABD

解析:本题属于容易题,考级能力要求为 A。考查知识点为分析用水的分类,要求能根据要求准确识别和使用水。

【巩固练习】

一、判断题

仪器分析实验一般使用二级水。　　　　　　　　　　　　　　　　　　　　　　　（　　）

　　A. 正确　　　　　　　　　　　　　　B. 错误

二、单选题

1. 化学定量实验中,一般使用(　　)水。

　　A. 自来水　　　　B. 一级水　　　　C. 二级水　　　　D. 三级水

2. 普通分析用水的 pH 值应在(　　)。

　　A. 5~6　　　　　B. 5~6.5　　　　C. 5~7　　　　　D. 5~7.5

3. 在分析化学实验室常用的去离子水中,加入 1~2 滴酚酞指示剂,则应呈现(　　)。

　　A. 蓝色　　　　　B. 紫色　　　　　C. 红色　　　　　D. 无色

第二节 分析试样的采集和处理

1. 了解试样采集的原则;

2. 了解液体试样采集的一般方法;

3. 了解气体试样采集的一般方法;

4. 了解固体试样采集制备及溶解的方法;

5. 了解分析实验室安全、环保的基础知识。

◇ 知识点146 试样采集的原则

【知识梳理】

采样的基本要求是从大宗物料中,在机会均等的情况下采取少量样品,从而获得良好的代表性。

化工分析可能遇到的分析对象是多种多样的,有固体、液体,有均匀的和不均匀的等。显然,应根据分析对象的性质、均匀程度、数量等决定具体的采样和制样步骤。

试样的采取和制备必须保证所取试样具有充分的代表性。

【例题分析】

1. (判断题)试样的采取和制备必须保证所取试样具有充分的准确性。 ( )

   A. 正确　　　　　　　　　　　B. 错误

2. (判断题)试样的采取和制备必须保证所取试样具有充分的代表性。 ( )

   A. 正确　　　　　　　　　　　B. 错误

> **答案:1. B　2. A**
>
> **解析:**这部分试题属于容易题,考级能力要求为 A。考查知识点为试样采集的原则。要求识记。

【巩固练习】

一、判断题

试样的采取和制备必须保证所取试样具有充分的针对性。 ( )

   A. 正确　　　　　　　　　　　B. 错误

二、单选题

试样的采取和制备必须保证所取试样具有充分的( )。

   A. 代表性　　　　　　　　　B. 唯一性

C. 针对性   D. 准确性

★ 知识点 147 · 液体试样采集的一般方法

【知识梳理】

对于水、酸碱溶液、石油产品、有机溶剂等液体物料,不可以任意位置采取,应根据物料性质和贮存容器的不同,力求避免产生不均匀的一些因素。

1. 自大型贮罐或槽车中取样,一般应在不同深度取几个样品,混合后作为分析试样。取样工具可以使用装在金属架上的玻璃瓶,或特制的采样器。用绳索将取样容器沉入液面下一定深度,然后拉绳拔塞,让液体灌入瓶中,取出。

2. 自小型容器中取样,可以使用长玻璃管,插入容器底部后塞紧管的上口,抽出取样管,将液体样品转移到试剂瓶中。

3. 对于化工生产过程控制分析,经常需要测定管道中正在输送的液体物料,这种情况下要通过装在管道上的取样阀取样。根据分析目的,按有关规程每隔一定时间打开取样阀,最初流出的液体弃去,然后取样。取样量按规定或实际需要确定。

应当指出,采取液体试样前,取样容器必须洗净,且要用少量欲采取的试样润洗几次,以防止取样容器玷污样品。

【例题分析】

1. (判断题)液体试样的采取可以任意位置采取。 （   ）

   A. 正确   B. 错误

2. (判断题)自小型容器中采取液体试样,可以使用长玻璃管。 （   ）

   A. 正确   B. 错误

答案:1. B　2. A

解析:本部分试题属于容易试题,考级能力要求为 A。考查知识点为液体试样采集的一般方法,要求能正确识别和使用相应方法采集试液。

3. (多选题)关于液体试样的采集,下列说法中正确的是（   ）。

   A. 自大型贮罐中取样,一般应在不同深度取几个样品,混合后作为分析试样

   B. 自小型容器中取样,可使用玻璃管,插入容器底部后塞紧管的上口,抽出取样管中溶液作为分析试样

   C. 测定管道中正在输送的液体物料,要通过装在管道上的取样阀取样

   D. 采取液体试样前,取样容器必须洗净,不需用采取的试样润洗

答案：ABC

解析:本题属于容易试题,考级能力要求为 A。考查知识点为液体试样采集的一般方法。

【巩固练习】

判断题

1. 自大型贮罐中采取液体试样,应使用长玻璃管。 （ ）

    A. 正确   B. 错误

2. 从正在输送的管道中采取液体试样,最初流出的液体应弃去。 （ ）

    A. 正确   B. 错误

✿ 知识点148 气体试样采集的一般方法

【知识梳理】

化工分析中一般通过安装在设备或管道上的取样阀采取气体试样。设备或管道中的气体可能处于常压、正压或负压状态,对于不同状态的气体,应该采取不同的采样方式。

1. 常压下取样:当气体压力近于大气压力时,常用改变封闭液面位置的方法引入气体试样,或用流水抽气管抽取。封闭液一般采用氯化钠或硫酸钠的酸性溶液,以降低气体在封闭液中的溶解度。

2. 正压下取样:当气体压力高于大气压力时,只需开放取样阀,气体就会流入取样容器。

3. 负压下取样:负压较小的气体,可用流水抽气管吸取气体试样。当负压较大时,必须用真空瓶取样。精密的气体分析应对瓶内残余空气进行校正,或经多次置换后再吸取气体试样。

【例题分析】

1.(判断题)气体在较大负压下取样时所用的仪器是流水抽气管。 （ ）

    A. 正确   B. 错误

> **答案:** B
>
> **解析:** 本题属于中等难度试题,考级能力要求为A。重点考查气体采样分析操作。

2.(单选题)气体在较大负压下取样时所用的仪器是（ ）。

    A. 流水抽气管   B. 真空瓶   C. 橡皮球胆   D. 塑料薄膜球

> **答案:** B
>
> **解析:** 本题属于应用型试题,中等难度,考级能力要求为A。重点考查气体取用。

3.(多选题)化工分析中,对于不同状态的气体,应该采取不同的采样方式,分别有
（ ）。

    A. 常压下取样   B. 正压下取样   C. 负压下取样   D. 高压下取样

> **答案:** ABC
>
> **解析:** 本题属于容易题,考级能力要求为A。考查知识为气体试样采集制备的一般方法,要求能使用正确方法进行气体试样的采集。

【巩固练习】

一、判断题

气体在较小负压下取样时所用的仪器是真空瓶。 （　　）

A. 正确　　　　　　　　　　　　　B. 错误

二、单选题

气体在较小负压下取样时所用的仪器是（　　　）。

A. 流水抽气管　　　　　　　　　　B. 真空瓶

C. 橡皮球胆　　　　　　　　　　　D. 塑料薄膜球

☺ 知识点 149　固体试样采集制备及溶解的方法

【知识梳理】

1. 对于组成较为均匀的固体化工产品、金属等取样比较简单。

2. 对一些颗粒大小不匀、组成不均匀的物料，如矿石、煤炭等，选取具有代表性的试样。

3. 采样的一般步骤如下：

第一步是采取大量的"粗样"。

第二步粗样经破碎、过筛、混合和缩分后，制成分析试样。常用的缩分法为四分法：将试样混匀后，堆成圆锥形，略为压平，通过中心分为四等份，把任意对角的两份弃去，其余对角的两份收集在一起混匀。这样每经一次处理，试样就缩减了一半。根据需要可将试样再粉碎和缩分，直到留下所需量为止。

4. 定量分析的大多数方法都需要把试样制成溶液。常用溶（熔）剂如下：

（1）水。多数分析项目是在水溶液中进行的，水又最易纯制，不引进干扰杂质。因此，凡是能在水中溶解的样品，应尽可能用水作溶剂，将样品制成水溶液。

（2）有机溶剂。许多有机样品易溶于有机溶剂。例如，有机酸类易溶于碱性有机溶剂，有机碱类易溶于酸性有机溶剂；极性有机化合物易溶于极性有机溶剂，非极性有机化合物易溶于非极性有机溶剂。

（3）无机酸。各种无机酸常用于溶解金属、合金、碳酸盐、硫化物和一些氧化物。常用的酸有盐酸、硝酸、硫酸、高氯酸、氢氟酸等。

（4）熔剂。对于难溶于酸的样品，可加入某种固体熔剂，在高温下熔融，使其转化为易溶于水或酸的化合物。常用的碱性熔剂有 Na_2CO_3、K_2CO_3、$NaOH$、Na_2O_2 或其混合物，它们用于分解酸性试样，如硅酸盐、硫酸盐等。常用的酸性溶剂有 $K_2S_2O_7$、$KHSO_4$，它们用于分解碱性或中性试样，如 TiO_2、Al_2O_3、Cr_2O_3、Fe_3O_4 等。

【例题分析】

1.(判断题)固体试样的制备一般采用缩分法中的四分法。　　　　　　　　　　　　(　　)
　　A. 正确　　　　　　　　　　　　　　B. 错误

　　答案:A
　　解析:本题属于应用型知识,难度上属于容易题,考级能力要求为 A。重点考查固体试样的制备方法。

2.(单选题)分解碱性试样常用的熔剂为(　　)。
　　A. $K_2S_2O_7$　　　　　B. Na_2CO_3　　　　　C. NaOH　　　　　D. Na_2O_2
3.(单选题)下列方法中不能加快溶质溶解速度的是(　　)。
　　A. 研细　　　　　B. 搅拌　　　　　C. 加热　　　　　D. 过滤

　　答案:**2**. A　**3**. D
　　解析:这两题为为应用型知识,属于容易题,考级能力要求为 A。重点考查固体试样的溶解方法。

4.(多选题)在固体试样制备及溶解过程中,各种无机酸常用于溶解(　　)。
　　A. 金属及合金　　　B. 碳酸盐　　　　C. 硫化物　　　　D. 有机酸或有机碱

　　答案:　ABC
　　解析:本题为中等难度试题,考级能力要求为 A。考查知识点为固体试样溶解方法的应用。

【巩固练习】

一、判断题

1.铂坩埚与大多数试剂不反应,可用王水在铂坩埚里溶解样品。　　　　　　　　　(　　)
　　A. 正确　　　　　　　　　　　　　　B. 错误
2.固体试样的制备中,过筛时未通过筛孔的粗颗粒应弃去。　　　　　　　　　　　(　　)
　　A. 正确　　　　　　　　　　　　　　B. 错误

二、单选题

1.样品溶解时常用某些无机酸,下列不是常用酸的是(　　)。
　　A. 硝酸　　　　　B. 高氯酸　　　　　C. 氢氟酸　　　　　D. 碳酸
2.下列有机物不能与水互溶的是(　　)。
　　A. 乙酸　　　　　B. 乙醛　　　　　C. 乙醇　　　　　D. 氯乙烷

学 习 内 容

◉ **知识点 150　分析实验室安全、环保的基础知识**

【知识梳理】

1.在实验室中无水乙醇不属于易致毒化学品。

2. 皮肤、眼、鼻受毒物侵害时立即用大量自来水冲洗;皮肤溅上浓碱液时,在用大量水冲洗后继而应用5‰硼酸处理。

3. 误食了重金属盐溶液立即洗胃,使之呕吐;呼吸系统急性中毒性,应使中毒者离开现场,使其呼吸新鲜空气或做抗休克处理。

4. 无水碳酸钠、氯化铵、邻苯二甲酸氢钾能在烘箱中烘干,而萘却不能。

5. 纸或棉絮的燃烧着火时,能用水灭火;但苯、C10以下烷烃的燃烧,如汽油等有机溶剂着火时能用砂子、二氧化碳、四氯化碳灭火,但不能用水灭火。碱金属或碱土金属的燃烧不能用水灭火。

6. 二氧化碳能够灭火的原因是它在一般情况下不能燃烧,且比空气重,形成气体覆盖层隔绝空气。

7. 用HF处理试样时,使用的器皿是铂金,而不能用陶瓷、玻璃和玛瑙。

8. 电器的燃烧时应切断电源。

【例题分析】

1. (单选题)在实验室中,皮肤溅上浓碱液时,用大量水冲洗后继而应用(　　)处理。

    A. 5‰硼酸　　　　　　　　　　B. 5‰小苏打溶液

    C. 2‰硝酸　　　　　　　　　　D. 1∶5000 $KMnO_4$ 溶液

2. (单选题)汽油等有机溶剂着火时不能用下列哪种物质灭火(　　)。

    A. 砂子　　　　　　B. 水　　　　　　C. 二氧化碳　　　　D. 四氯化碳

3. (单选题)下列中毒急救方法错误的是(　　)。

    A. 误食了重金属盐溶液立即洗胃,使之呕吐

    B. 皮肤、眼、鼻受毒物侵害时立即用大量自来水冲洗

    C. 呼吸系统急性中毒性,应使中毒者离开现场,使其呼吸新鲜空气或做抗休克处理

    D. H_2S 中毒立即进行洗胃,使之呕吐

答案:1. A　**2.** B　**3.** D

解析:本部分属于应用型知识,试题以中等难度为主,考级能力要求为A。考查分析实践室安全知识。

4. (多选题)实验室中,应该在通风橱内使用的试剂是(　　)。

    A. 硫酸　　　　　　B. 盐酸　　　　　　C. 氨水　　　　　　D. 冰乙酸

答案:BCD

解析:本部分为应用型知识,试题属于容易题。考级能力要求为A。重点考查分析实践室安全与环境保护知识。

【巩固练习】

单选题

1. 下列哪种物质不能在烘箱中烘干(105~110 ℃)(　　)。

    A. 无水碳酸钠　　　B. 氯化铵　　　　　C. 萘　　　　　　　D. 邻苯二甲酸氢钾

2. 二氧化碳能够灭火的原因是(　　　)。

　　A. 它在高压低温下能变成干冰

　　B. 它是气体

　　C. 它在一般情况下不能燃烧,且比空气重,形成气体覆盖层隔绝空气

　　D. 它溶于水

3. 用 HF 处理试样时,使用的器皿是(　　　)。

　　A. 铂金　　　　　　B. 陶瓷　　　　　　C. 玻璃　　　　　　D. 玛瑙

4. 下列试剂中不属于易致毒化学品的是(　　　)。

　　A. 浓盐酸　　　　　B. 高锰酸钾　　　　C. 浓硫酸　　　　　D. 无水乙醇

第三节 电子天平操作

掌握称量方法,会使用电子天平。

☆ 知识点 151 称量方法,电子天平的使用

【知识梳理】

1. 常用的分析天平有阻尼天平、部分机械加码分析天平、全机械加码分析天平、单盘天平、电子天平等。

2. 双盘部分机械加码分析天平是力矩平衡原理制成的。

3. 电子分析天平是根据电磁力补偿原理设计的。具有稳定性好、操作简便、称量速度快、灵敏度高等特点,还具有自动调零、自动校准、自动去皮、计件称量等功能。

4. 校准

天平安装后,第一次使用前,应对天平进行校准。因存放时间较长、位置移动、环境变化或为获得精确测量,天平在使用前也应进行校准。

5. 选择天平的原则

(1) 不能使天平超载。

(2) 不应使用精度不够的天平。

(3) 不应滥用高精度天平。

(4) 天平及砝码应定期检定,一般规定检定时间间隔不超过一年。

6. 称量方法

(1) 直接称样法。某些在空气中没有吸湿性,不与空气反应的试样,如邻苯二甲酸氢钾等,可以用直接称样法称量。

(2) 递减称样法(减量法或差减法)。对于易吸湿、易氧化、易与空气中的 CO_2 反应的样品,如碳酸钠等,宜用递减称样法称量。

(3) 指定质量称样法。有时为了配制准确浓度的标准溶液或为了计算方便,对于在空气中稳定的样品,可以通过调整样品的量,称得指定的准确质量。

7. 注意事项

(1) 称量一般物品用洁净干燥的表面皿。

(2) 称量易挥发液体样品用安瓿球。

(3) 电子天平的显示器上无任何显示,可能产生的原因是无工作电压。

(4) 为保证天平的干燥,放入蓝色硅胶。

【例题分析】

1. (单选题)电子天平的显示器上无任何显示,可能产生的原因是( )。

    A. 无工作电压   B. 被承载物带静电

C. 天平未经调校　　　　　　　　　　D. 室温及天平温度变化太大

2. (单选题)为保证天平的干燥,下列物品能放入的是(　　)。

　　A. 蓝色硅胶　　　　B. 石灰　　　　C. 乙醇　　　　D. 木炭

> **答案:1.** A　**2.** A
>
> **解析:**这两题为应用性试题,中等难度,考级能力要求为 C。考查知识为使用电子天平使用注意事项及常见故障分析。

3. (多选择)称量试样的方法有(　　)。

　　A. 直接称样法　　　　　　　　　　B. 减量法

　　C. 差减法　　　　　　　　　　　　D. 指定质量称样法

4. (多选择)用于滴定分析的电子分析天平的特点是(　　)。

　　A. 稳定性好　　　　　　　　　　　B. 操作简便

　　C. 称量速度快　　　　　　　　　　D. 灵敏度高

> **答案:3.** ABCD　**4.** ABCD
>
> **解析:**这两题为应用性试题,中等难度,考级能力要求为 C。考查知识点为掌握称量方法,会使用电子天平进行准确称量。

【巩固练习】

一、判断题

电子天平不必在每次使用前都进行校准。　　　　　　　　　　　　　　　(　　)

　　A. 正确　　　　　　　　　　　　　B. 错误

二、单选题

1. 称量易挥发液体样品用(　　)。

　　A. 称量瓶　　　　B. 安瓿球　　　　C. 锥形瓶　　　　D. 滴瓶

2. 天平及砝码应定期检定,一般规定检定时间间隔不超过(　　)。

　　A. 半年　　　　B. 一年　　　　C. 两年　　　　D. 三年

3. 适宜用直接称样法称量的样品为(　　)。

　　A. 在空气中无吸湿性,不与空气反应的试样

　　B. 易吸湿的试样

　　C. 易与空气中二氧化碳反应的试样

　　D. 易氧化的试样

第四节 分析数据与误差问题

1. 了解质量分数的概念;
2. 了解体积分数的概念;
3. 了解质量浓度的概念;
4. 掌握准确度与误差的概念;
5. 掌握精密度与偏差的概念;
6. 了解分析结果报告的要求;
7. 了解误差来源;
8. 理解减免误差方法;
9. 了解有效数字的涵义;
10. 有效数字的计算规则,会进行数据处理。

★ 知识点 152 质量分数的概念

【知识梳理】

1. 定义:物质中某组分 B 的质量(m_B)与物质总质量(m)之比,称为 B 的质量分数。其比值可用小数或百分数表示。

2. 计算表达式:$\omega_B = m_B/m$。

本知识点要求了解质量分数的概念,熟知质量分数计算表达式,并能应于一般计算。

【例题分析】

1.(判断题)物质中某组分的质量与物质总质量之比,称为该组分的质量分数。(   )

　　A. 正确　　　　　　　　　　　　B. 错误

答案:A

解析: 本题属于容易题,考级能力要求为 A。考查知识为质量分数的概念。

2.(单选题)要配置 100g 的 10% 的氯化钠溶液,需要氯化钠固体(   )。

　　A. 10 mol　　　　B. 10 g　　　　C. 58.5 g　　　　D. 585 g

3. 物质中某组分的质量与物质总质量之比,称为(   )。

　　A. 质量分数　　　B. 体积分数　　　C. 质量浓度　　　D. 摩尔浓度

答案:2. B　3. A

解析: 这两题属于容易题,考级能力要求为 A。考查知识为质量分数的概念及简单计算。

4. (多选题)100 g 纯碱溶液中含碳酸钠 20 g,则该溶液中碳酸钠的质量分数为(   )。

A. 0.25

B. 25%

C. 0.20

D. 20%

答案:CD

解析:本题中等难度,考级能力要求为 A。考查知识为质量分数计算方法。

【巩固练习】

一、判断题

1. 物质中某组分的质量与物质总质量之比,称为该组分的质量比。   (   )

A. 正确   B. 错误

2. 质量分数只能用百分数表示,不能用小数表示。   (   )

A. 正确   B. 错误

二、单选题

1. 将 10g 氯化钠溶解在 40g 水中,得到溶液的质量分数为(   )。

A. 10%   B. 20%   C. 25%   D. 30%

2. 关于质量分数说法正确的是(   )。

A. 物质中某组分的质量与物质总质量之比称为质量分数

B. 物质中某组分的质量与物质总体积之比称为质量分数

C. 物质中某组分的质量与物质总摩尔之比称为质量分数

D. 物质中某组分的摩尔质量与物质总质量之比称为质量分数

学 习 内 容

⭐ 知识点 153 体积分数的概念

【知识梳理】

1. 定义:气体或液体混合物中某组分 B 的不必致体积(V_B)与混合物总体积 (V)之比,称为 B 的体积分数。其比值可用小数或百分数表示。

2. 计算表达式:$\varphi_B = V_B / V$。

【例题分析】

1. (判断题)气体或液体混合物中某组分体积与混合物总体积之比,称为该组分的体积分数。   (   )

A. 正确   B. 错误

2. (判断题)气体或液体混合物中某组分体积与混合物总体积之比,称为该组分的体积比。

                                                                                 (   )

A. 正确   B. 错误

答案:1. A   2. B

解析:这两题属于容易题,考级能力要求为 A。考查知识为体积分数的概念。

3.（单选题）1L 氧气与 4L 氢气混合,则氧气的体积分数为（　　）。
　　A. 0.2　　　　　　B. 0.25　　　　　　C. 0.15　　　　　　D. 0.1

4.（单选题）气体或液体混合物中某组分的体积与混合物总体积之比,称为（　　）。
　　A. 质量分数　　　B. 质量浓度　　　C. 摩尔浓度　　　D. 体积分数

答案:3. A　4. D
解析:这两题属于容易题,考级能力要求为 A。考查知识为体积分数的概念及简单计算。

【巩固练习】

一、判断题

1. 按照我国国家标准,体积分数已经不适合用来表示定量分析结果。　　　　　　（　　）
　　A. 正确　　　　　　　　　　　　　　B. 错误

2. 体积分数只能用小数来表示,不能用百分数表示。　　　　　　　　　　　　（　　）
　　A. 正确　　　　　　　　　　　　　　B. 错误

二、单选题

1. 经分析某天然气中甲烷的体积分数为91%,则 10L 的天然气中含有甲烷（　　）L。
　　A. 0.91　　　　　B. 9.1　　　　　C. 91　　　　　D. 0.9

2. 下列关于体积分数说法正确的是（　　）。
　　A. 气体或液体混合物中某组分的体积与混合物总质量之比,称为体积分数
　　B. 气体或液体混合物中某组分的质量与混合物总体积之比,称为体积分数
　　C. 气体或液体混合物中某组分的体积与混合物总体积之比,称为体积分数
　　D. 气体或液体混合物中某组分的质量与混合物总质量之比,称为体积分数

学习内容

知识点 154　质量浓度的概念

【知识梳理】

1. 定义:气体或液体混合物中某组分 B 的质量（m_B）与混合物总体积（V）之比,称为 B 的质量浓度。

2. 单位:常用单位为克每升(g/L)或毫克每升(mg/L)。在定量分析中,一些杂质标准溶液的含量和辅助溶液的含量也常用质量浓度表示。

3. 计算表达式:$\rho_B = m_B/V$。

【例题分析】

1.（判断题）气体或液体混合物中某组分的质量与混合物总体积之比,称为该组分的质量浓度。　　　　　　　　　　　　　　　　　　　　　　　　　　　　（　　）
　　A. 正确　　　　　　　　　　　　　　B. 错误

2. 气体或液体混合物中某组分的质量与混合物总体积之比,称为该组分的质量分数。
　　　　　　　　　　　　　　　　　　　　　　　　　　　　　　　　　　　（　　）

　　A. 正确　　　　　　　　　　　　　　B. 错误

　　答案:1. A　2. B

　　解析:这两题属于容易题,考级能力要求为 A。考查知识为质量浓度的概念,要求能识记质量浓度的概念。

3. (单选题)某氯化钙溶液试剂瓶标签中显示浓度为 5 g/L,此浓度是指(　　　)。

　　A. 质量浓度　　　B. 体积分数　　　C. 质量分数　　　D. 摩尔浓度

　　答案:A

　　解析:本题为单选题,难度上属于容易题,考级能力要求为 A。考查知识为质量浓度的概念。

4. (多选题)0.50 L 纯碱溶液中含碳酸钠 0.010 g,则该溶液中碳酸钠的质量浓度为(　　　)。

　　A. 0.010 g/L　　　　　　　　　　　B. 10 mg/L

　　C. 0.020 g/L　　　　　　　　　　　D. 20 mg/L

　　答案:CD

　　解析:本题难度为中等试题,考级能力要求为 A。考查知识为质量浓度计算及其表达。

【巩固练习】

一、判断题

1. 按照我国国家标准,质量浓度已经不适合用来表示定量分析结果。　　　　　　(　　　)

　　A. 正确　　　　　　　　　　　　　　B. 错误

2. 质量浓度的常用单位为克每升或毫克每升。　　　　　　　　　　　　　　　(　　　)

　　A. 正确　　　　　　　　　　　　　　B. 错误

二、单选题

1. 气体或液体混合物中某组分的质量与混合物总体积之比,称为(　　　)。

　　A. 质量分数　　　　　　　　　　　　B. 体积分数

　　C. 质量浓度　　　　　　　　　　　　D. 摩尔浓度

2. 5 L 氯化钠固体溶解后配置成 250 mL 的溶液,则此溶液质量浓度为(　　　)g/L。

　　A. 25　　　　　　B. 10　　　　　　C. 2.5　　　　　　D. 0.01

　　⭐ **知识点 155　准确度与误差的概念**

【知识梳理】

　　1. 定义:分析结果的准确度是指测得值与真实值或标准值之间相符合的程度,通常用绝对误差的大小来表示。

　　2. 计算表达式:绝对误差=测得值-真实值

显然,绝对误差越小,测定结果越准确。但绝对误差不能反映误差在真实值中所占的比例。当被称量的量较大时,称量的准确程度就比较高。

3. 相对误差

(1) 定义:绝对误差在真实值中所占的百分数。相对误差可以更确切地比较测定结果的准确度。

(2) 计算表达式:相对误差＝(绝对误差/真实值)×100%

4. 因为测得值可能大于或小于真实值,所以绝对误差和相对误差都有正、负之分。

【例题分析】

1. (判断题)分析结果的准确度是指测得值与真实值或标准值之间的符合程度。（　　）
   A. 正确　　　　　　　　　　　　　　B. 错误

2. (判断题)绝对误差没有正、负之分,相对误差有正、负之分。　　　　　　（　　）
   A. 正确　　　　　　　　　　　　　　B. 错误

答案:2. A　3. B

解析:这两题属于容易题,考级能力要求为C。这两小题考查知识点为准确度和误差的概念。

3. (单选题)相对误差的计算公式是(　　)。
   A. $E(\%)＝$真实值－绝对误差　　　　B. $E(\%)＝$绝对误差－真实值
   C. $E(\%)＝$(绝对误差/真实值)×100%　D. $E(\%)＝$(真实值/绝对误差)×100%

4. (单选题)如果要求分析结果达到0.1%的准确度,使用灵敏度为0.1 mg的天平称取时,至少要取(　　)。
   A. 0.05 g　　　　　B. 0.1 g　　　　　C. 0.2 g　　　　　D. 0.5 g

答案:3. C　4. C

解析:这两题考级能力要求为C。第1题属于容易题,考查知识点为相对误差计算表达式;第2题属于中等难度试题,考查准确度要求在天平选用中应用分析。

5. (多选题)下列说法中正确的是(　　)。
   A. 准确度表示分析结果与真实值接近的程度。它们之间的差别越大,则准确度越高
   B. 准确度是测定值与真实值之间接近的程度
   C. 误差是指测定值与真实值之间的差值,误差相等时说明测定结果的准确度相等
   D. 准确度表示分析结果与真实值接近的程度。它们之间的差别越小,则准确度越高

答案:BD

解析:本题为中等难度试题,考级能力要求为C。考查知识点为准确度和误差的概念辨析。

【巩固练习】

一、判断题

误差是指测定值与真实值之间差值,误差相等时说明测定结果的准确度相等。(　　)

A. 正确　　　　　　　　　　　　　B. 错误

二、单选题

1. 定量分析工作要求测定结果的误差(　　)。

  A. 越小越好　　　　　　　　　　B. 等于零

  C. 在允许范围内　　　　　　　　D. 略大于允许误差

2. 有一天平称量的绝对误差为 10.1 mg,如果称取样品 0.0500 g,其相对误差为(　　)。

  A. 21.6%　　　　B. 20.2%　　　　C. 21.6‰　　　　D. 20.2‰

3. 对于工业用水钙镁离子总量的测定,下列关于三次平行测定绝对偏差的叙述,正确的是(　　)。

  A. 绝对偏差大于 0.06 mmol/L

  B. 绝对偏差大于 0.04 mmol/L

  C. 绝对偏差小于 0.04 mmol/L

  D. 绝对偏差小于 0.02 mmol/L

三、多选题

下列说法中错误的是(　　)。

A. 分析测定结果的偶然误差可通过适当增加平行测定次数来减免

B. 做空白实验,可以减少滴定分析中的偶然误差

C. 测定的平行次数越多,结果的相对误差越小

D. 相对误差会随着测量值的增大而减小,所以消耗标准溶液的量多误差小

知识点 156　精密度与偏差的概念

【知识梳理】

1. 精密度:在相同条件下,对同一试样进行几次测定(平行测定)所得值互相符合的程度,通常用偏差的大小表示精密度。

2. 在定量分析中,待测组分的真实值一般是不知道的。常用测得值的重现性即精密度来表示分析结果的可靠程度。

3. 绝对偏差 (d_i):$d_i = x_i - \overline{x}$　绝对偏差有正负之分。

4. 平均偏差 ($\overline{d}$):各次测定的个别绝对偏差的绝对值的平均值。平均偏差没有正负。

平均偏差计算表达式:$\overline{d} = (\sum |x_i - \overline{x}|)/n$

5. 相对平均偏差 $= (\overline{d}/\overline{x}) \times 100\%$。相对平均偏差没有正负。

滴定分析测定常量组分时,分析结果的相对平均偏差一般小于 0.2%。

6. 极差:指一组平行测定值中最大值与最小值之差。在确定标准滴定溶液的准确浓度时,常用"极差"表示精密度。

7. 标准值：采用多种可靠的分析方法，由具有丰富经验的分析人员经过反复多次测得的准确结果。

在化工产品标准中，常常见到关于"允许差"（或称公差）的规定。

【例题分析】

1. （判断题）偏差会随着测定次数的增加而增大。　　　　　　　　　　（　　）

　　A. 正确　　　　　　　　　　　　　　B. 错误

2. （判断题）滴定分析测定常量组分时，分析结果的相对平均偏差一般小于 0.2%。

　　　　　　　　　　　　　　　　　　　　　　　　　　　　　　　　　　（　　）

　　A. 正确　　　　　　　　　　　　　　B. 错误

> **答案：1. B　2. A**
>
> **解析**：这两题为容易题，考级能力要求为 C。考查知识点为精密度和偏差的概念。

3. （单选题）关于偏差，下列说法错误的是（　　）。

　　A. 平均偏差都是正值　　　　　　　　B. 相对平均偏差都是正值

　　C. 绝对偏差都是正值　　　　　　　　D. 相对平均偏差有与测定值相同的单位

4. （单选题）对同一样品分析，采取同样的方法，测得的结果 37.40%、37.20%、37.30%，则此次分析的相对平均偏差为（　　）。

　　A. 0.54%　　　　　　　　　　　　　B. 0.36%

　　C. 0.26%　　　　　　　　　　　　　D. 0.18%

> **答案：3. C　4. D**
>
> **解析**：这两题难度为中等试题，考级能力要求为 C。考查知识点为平均偏差的概念及其运用。

5. （多选题）下列说法中正确的是（　　）。

　　A. 准确度高，精密度一定高　　　　　B. 准确度高，精密度不一定高

　　C. 精密度高，准确度一定高　　　　　D. 精密度高，准确度不一定高

> **答案：AD**
>
> **解析**：本题难度为中等试题，考级能力要求为 C。考查知识点为准确度与精密度相关性分析。

【巩固练习】

一、判断题

精密度是指在相同条件下,对同一试样进行平行测定所得值互相符合的程度,通常用偏差表示。　　　　　　　　　　　　　　　　　　　　　　　　　　　　（　　）

A. 正确　　　　　　　　　　　　　　B. 错误

二、单选题

1. 对同一盐酸溶液进行标定,甲的相对平均偏差为 0.1%、乙为 0.4%、丙为 0.8%,对其实验结果的评论正确的是(　　)。

A. 甲的精密度最高　　　　　　　　B. 乙的精密度最高

C. 丙的精密度最高　　　　　　　　D. 甲、乙、丙精密度一样

2. 称量法测定硅酸盐中 SiO_2 的含量测定结果是 37.40%,测量平均值是 37.20%,其绝对偏差是(　　)。

A. -0.10%　　　　B. 0.10%　　　　C. -0.20%　　　　D. 0.20%

三、多选题

下列说法中正确的是(　　)。

A. 偏差会随着测定次数的增加而增大

B. 平均偏差常用来表示一组测量数据的分散程度

C. 随机误差影响测定结果的精密度

D. 测定的精密度好,但准确度不一定好,消除了系统误差后,精密度好的,结果准确度就好

★ 知识点 157　分析结果报告的要求

【知识梳理】

1. 不同分析任务,对分析结果准确度要求不同,平行测定次数和分析结果的报告也不同。

2. 在例行分析和生产中间控制分析中,一个试样一般做两次平行测定。如果两次分析结果之差不超过允许差的 2 倍,则取平均值报告分析结果;如果超过允许差的 2 倍,则需再做一份分析,最后取两个差值小于允许差 2 倍的数据,以平均值报告结果。

3. 在严格的商品检验或开发性实验中,往往需要对同一试样进行多次测定。这种情况下应以多次测定的算术平均值或中位值报告结果,并报告平均偏差及相对平均偏差。

4. 中位值:指一组测定值按大小顺序排列时中间项的数值。当测定次数为奇数时,正中间的数只有一个;当测定次数为偶数时,正中间的数有两个,中位值是指这两个值的平均值。采用中位值的优点是计算方法简单,它与两个极端值的变化无关。

【例题分析】

1. (判断题)在例常分析中,如果两次分析结果差值不超过允许差的 2 倍,不需再做分析。　　　　　　　　　　　　　　　　　　　　　　　　　　　　　　　　　（　　）

A. 正确　　　　　　　　　　　　　　B. 错误

2.(判断题)当平行测定次数为偶数时,则会产生两个中位值。　　　　　　　(　　)

　　A. 正确　　　　　　　　　　　　　　B. 错误

答案:**1.** A　**2.** B

解析:这两题属于容易题,考级能力要求为 A。考查知识点为分析报告的一般要求。

3.(单选题)在例常分析中取平均值报告分析结果,要求两次分析结果之差不超过允许差的(　　)。

　　A. 1 倍　　　　　　B. 2 倍　　　　　　C. 3 倍　　　　　　D. 4 倍

4.(单选题)以下关于中位值说法正确的是(　　)。

　　A. 中位值就是测量的平均值　　　　　B. 中位值的优点是计算方法简单

　　C. 测量次数为偶数时,有两个中位值　　D. 中位值与极端值有密切关系

答案:**3.** B　**4.** B

解析:这两题为容易题,考级能力要求为 A。考查知识点为分析报告的一般要求。

【巩固练习】

一、判断题

在平行测定中,中位值在数值上与算术平均值相等。　　　　　　　　　　(　　)

　　A. 正确　　　　　　　　　　　　　　B. 错误

二、单选题

1. 某化工产品微量水的测定,允许差为 0.05%,两次平行测定结果分别为 0.50% 和 0.66%,以下分析结果报告正确的是(　　)。

　　A. 0.50%　　　　　　　　　　　　　B. 0.58%

　　C. 0.66%　　　　　　　　　　　　　D. 再做一次测定

2. 分析某化肥含氮量时,测得下列数据:34.45%、34.30%、34.20%、34.50%、34.25%,则中位值为(　　)。

　　A. 34.20%　　　　　　　　　　　　B. 34.25%

　　C. 34.30%　　　　　　　　　　　　D. 34.45%

3. 选择题在例常分析和生产中间控制分析中,一个试样一般做平行测定(　　)。

　　A. 1 次　　　　　　　　　　　　　　B. 2 次

　　C. 3 次　　　　　　　　　　　　　　D. 4 次

学 习 内 容

● **知识点 158　误差来源**

【知识梳理】

1. 定量分析中的误差,按其来源和性质可分为系统误差和随机误差两类。

2. **系统误差**:由于某些固定的原因产生的分析误差。其显著特点是朝一个方向偏离。造成系统误差的原因可能是试剂不纯、测量仪器不准、分析方法不妥、操作技术较差等。

3. **随机(偶然)误差**:由于某些难以控制的偶然因素造成的误差。实验环境温度、湿度和

气压的波动,仪器性能的微小变化等都会产生随机误差。

【例题分析】

1. (判断题)定量分析中的误差,按其来源和性质可分为系统误差和随机误差两类。 （ ）

    A. 正确   B. 错误

2. (判断题)随机误差的特点就是朝一个方向偏离。 （ ）

    A. 正确   B. 错误

答案:1. A 2. B

解析:这两题为容易题,考级能力要求为 A。本部分要求理解误差的分类及其特点分析。

3. (单选题)在滴定分析法测定中出现的下列情况,属于系统误差的是( )。

    A. 试样未经充分混匀   B. 滴定管的读数读错

    C. 滴定时有液滴溅出   D. 砝码未经校正

4. (单选题)下列原因可能会造成随机误差的是( )。

    A. 试剂不纯   B. 分析方法不妥

    C. 操作技术差   D. 测定时温度波动

答案:3. D 4. D

解析:这两题属于中等难度试题,考级能力要求为 B。本部分要求对误差来源分析及其分类进行分析。

5. (多选题)造成系统误差的原因可能是( )。

    A. 试剂不纯   B. 分析方法不妥

    C. 实验环境温度   D. 测量仪器不准

答案:ABD

解析:本题为容易题,考级能力要求为 A。考查知识点为系统误差的基本来源分析。

【巩固练习】

一、判断题

试剂不纯会造成系统误差。 （ ）

    A. 正确   B. 错误

二、单选题

1. 系统误差的性质是( )。

    A. 随机产生   B. 具有单向性   C. 呈正态分布   D. 难以测定

2. 试剂不纯造成的误差称为( )。

    A. 绝对误差   B. 相对误差   C. 随机误差   D. 系统误差

3. 由分析操作过程中某些不确定的因素造成的误差称为( )。

    A. 绝对误差   B. 相对误差   C. 随机误差   D. 系统误差

❄ 知识点 159 减免误差方法

【知识梳理】

从误差产生的原因来看,只有消除或减小系统误差和随机误差,才能提高分析结果的准确度。通常采用下列方法。

1. 对照实验

将已知准确含量的标准样,按照与待测试样同样的方法进行分析,所得测定值与标准值进行比较,得一分析误差。用此误差校正待测试样的测定值,就可使测定结果更接近真值。

2. 空白实验

不加试样,但用与有试样时同样的操作进行的实验,叫做空白实验。所得结果称为空白值。从试样的测定值中扣除空白值,就能得到更准确的结果。

3. 校准仪器

对于分析准确度要求较高的场合,应对测量仪器进行校正,并利用校正值计算分析结果。

4. 增加平行测定份数

取同一试样几份,在相同的操作条件下对它们进行测定,叫做平行测定。增加平行测定份数,可以减小随机误差。对同一试样,一般要求平行测定 2～4 份,以获得较准确的结果。

5. 减小测量误差

一般分析天平称量的绝对偏差为 $\pm 0.0001g$。为减小相对偏差,试样的质量不宜过少。

【例题分析】

1. (判断题)确定标准溶液浓度的实验,国家标准规定必须做空白实验。　　　(　　)

　　A. 正确　　　　　　　　　　　　　B. 错误

2. (判断题)在消除系统误差的前提下,平行测定的次数越多,平均值越接近真值。

　　　　　　　　　　　　　　　　　　　　　　　　　　　　(　　)

　　A. 正确　　　　　　　　　　　　　B. 错误

> **答案:1. A　2. B**
>
> **解析:**这两题属于中等难度试题,为应用型试题,考级能力要求为 A。要求运用常见误差减免的方法进行分析。

3. (单选题)减小随机误差的有效方法是(　　　)。

　　A. 对照实验　　　　　　　　　　　B. 空白实验

　　C. 校准仪器　　　　　　　　　　　D. 增加平行测定次数

4. (单选题)在同样的条件下,用标样代替试样进行的平行测定叫做(　　　)。

　　A. 空白实验　　　　　　　　　　　B. 对照实验

　　C. 回收实验　　　　　　　　　　　D. 校正实验

答案:**3.** D　**4.** D

解析:这两题为容易题,考级能力要求为 A。第 1 题主要考查减小随机误差的方法;第 2 题主要考查对照实验的概念。

5.(多选题)为提高分析结果的准确度,可采用的方法有(　　)。

A. 增加平行实验的次数　　　　　　B. 进行对照实验

C. 进行空白实验　　　　　　　　　　D. 进行仪器的校正

答案:ABCD

解析:本题为容易题,考级能力要求为 A。考查知识为减免误差的方法。

【巩固练习】

一、判断题

1. 做空白实验,可以减少滴定分析中的随机误差。　　　　　　　　　　(　　)

A. 正确　　　　　　　　　　　　　　B. 错误

2. 对照实验是用来减小随机误差。　　　　　　　　　　　　　　　　(　　)

A. 正确　　　　　　　　　　　　　　B. 错误

二、单选题

1. 空白实验能减小(　　)。

A. 偶然误差　　　B. 仪器误差　　　C. 方法误差　　　D. 系统误差

2. 减小偶然误差的方法(　　)。

A. 回收实验　　　　　　　　　　　　B. 多次测定平行值

C. 空白实验　　　　　　　　　　　　D. 对照实验

3. 用基准邻苯二甲酸氢钾标定 NaOH 溶液时,下列情况对标定结果产生负误差的是(　　)。

A. 标定完成后,最终读数时,发现滴定管挂液滴

B. 规定溶解邻苯二甲酸氢钾的蒸馏水为 50 mL,实际用量约为 60 mL

C. 最终读数时,终点颜色偏浅

D. 锥形瓶中有少量去离子水,使邻苯二甲酸氢钾被稀释

◉ 知识点 160　有效数字的含义

【知识梳理】

1. 有效数字:指分析仪器实际能够测量到的数字。

2. 在有效数字中,只有最末一位数字是可疑的,可能有 ±1 的偏差。

例如,在分度值为 0.1:118 的分析天平上称一试样,质量为 0.60508g,这样记录是正确的,与该天平所能达到的准确度相适应。这个结果有四位有效数字,它表明试样质量在 0.6049～0.60518g 之间。如果把结果记为 6058 则是错误的,因为后者表明试样质量在 604～606g 之间,显然损失了仪器的精度。可见,数据的位数不仅表示数量的大小,而且反

映了测量的准确程度。

【例题分析】

1.（判断题）数据的位数不仅表示数量的大小,而且反映了测量的准确程度。 （   ）

　　A. 正确　　　　　　　　　　　　B. 错误

2.（判断题）在分析数据中,所有的"0"都是有效数字。 （   ）

　　A. 正确　　　　　　　　　　　　B. 错误

答案:1. A　2. B
解析:这两题为容易题,考级能力要求为 A。要求了解有效数字的概念。

3.（单选题）分析工作中实际能够测量到的数字称为（   ）。

　　A. 精密数字　　　B. 准确数字　　　C. 可靠数字　　　　D. 有效数字

4.（单选题）下列数据记录有错误的是（   ）。

　　A. 分析天平 0.2800 g　　　　　　B. 移液管 25.00 mL

　　C. 滴定管 25.00 mL　　　　　　　D. 量筒 25.00 mL

答案:3. D　4. D
解析:这两题属于中等难度试题,考级能力要求为 B。重点考查有数数字在实际工作的应用。

5.（多选题）下列数据中,有效数字位数是四位的有（   ）。

　　A. 3.150　　　B. pH＝10.30　　　C. 10.30　　　　D. 0.0402

答案:AC
解析:本题为容易题,考级能力要求为 A。本部分要求理解有效数字的概念及其应用。

【巩固练习】

一、判断题

1. pH＝3.05 的有效数字是两位。 （   ）

　　A. 正确　　　　　　　　　　　　B. 错误

2. 有效数字中的所有数字都是准确有效的。 （   ）

　　A. 正确　　　　　　　　　　　　B. 错误

二、单选题

1. 在分析天平上称得一试样质量为 0.6050 g,以下说法错误的是（   ）。

　　A. 第一个"0"不算有效数字　　　　B. 第二个"0"是有效数字

　　C. 第三个"0"不算有效数字　　　　D. 该数值有 4 个有效数字

2. 有效数字是指实际上能测量得到的数字,只保留末一位（   ）数字。

　　A. 可疑　　　　B. 准确　　　　C. 不可读　　　　D. 可读

3. 某同学进行滴定管读数,下列正确的是（   ）。

　　A. 35.0 mL　　　　　　　　　　B. 35.00 mL

　　C. 35 mL　　　　　　　　　　　D. 35.000 mL

★知识点 161　有效数字的计算规则,会进行数据处理的方法

【知识梳理】

1. 有效数字记录规则

直接测量值应保留一位可疑值,记录原始数据时也只有最后一位是可疑的。例如,用分析天平称量要称到 $0.000x$ g,普通滴定管读数要读到 $0.0x$ mL,其最末一位有 ± 1 的偏差。

2. 数字修约规则(GB8170—87)

弃去多余的或不正确的数字,应按"四舍六入五取双"原则。计算中遇到常数、倍数、系数等,可视为无限多位有效数字;当尾数恰为 5 而后面数为 0 时,若 5 的前一位是奇数则入,是偶数(包括 0)则舍;若 5 后面还有不是 0 的任何数皆入。

(修约口诀:四要舍,六要入,五后有数则进一,五后无数看前位,前为奇数则进一,前为偶数要舍去,不论舍去多少位,必须一次修约成)

3. 有效数字运算规则

(1) 几个数字相加、减时,应以各数字中小数点后位数最少(绝对误差最大)的数字为依据决定结果的有效位数。

(2) 几个数字相乘、除时,应以各数字中有效数字位数最少(相对误差最大)数字为依据决定结果的有效位数。若某个数字的第一位有效数字 ≥ 8,则有效数字的位数应多算一位。

【例题分析】

1. (判断题)11.48 g 换算为毫克的正确写法是 11480 mg。　　　　　　（　　　）

　　A. 正确　　　　　　　　　　　　B. 错误

2. (判断题)计算中遇到常数、倍数、系数等,可视为无限多位有效数字。　（　　　）

　　A. 正确　　　　　　　　　　　　B. 错误

> **答案:1. ×　2. √**
>
> **解析:** 这两题为容易题,知识点考级能力要求为 B,能理解有效数字运算规则,并应用于一般计算中。第 1 题考察有效数字的乘、除,11.48 有效数字为四位所以正确写法应为 1.148×10^4,第 2 题正确。

3. (单选题)算式 $(30.582 - 7.44) + (1.6 - 0.5263)$ 中,绝对误差最大的数据为（　　　）。

　　A. 30.582　　　　B. 7.44　　　　C. 1.6　　　　D. 0.5263

4. (单选题)运用有效数字运算法则求 $28.0 + 15.65 + 3.0007$ 的值为（　　　）。

　　A. 47　　　　B. 46.7　　　　C. 46.6　　　　D. 46.65

> **答案:3. C　4. B**
>
> **解析:** 这两题为容易题,知识点考级能力要求为 B。第 1 题考察有效数字误差比较,小数点后位数最小的为绝对误差最大者;第 2 题考察有效数字的加减运算,应以各数字中小数点后位数最少(绝对误差最大)的数字为依据决定结果的有效位数,先修约再运算。

5.（多选题）下列四个数据中修约为四位有效数字后为 0.5624 的是（　　）。

    A. 0.56235   B. 0.562349   C. 0.56245   D. 0.562451。

答案：AC

解析：本题难度上属于中等题，知识点考级能力要求为 B，能理解有效数字修约规则，选项 A 和 C，尾数恰为 5 而后面数为 0 时，A 选项 5 的前一位是奇数 3，入为 4，C 选项是是偶数 4，则舍去；D 选项 5 后面还有不是 0 的数 1，入，修约为 0.5625；B 选项最后两位小于 5，舍去，修约为 0.5623。

【巩固练习】

一、判断题

1. 对于检验数据进行多次连续修约，可以得到科学精确的有效数字。   （　　）

    A. 正确   B. 错误

2. 普通滴定管读数要读到 $0.0x$ mL。   （　　）

    A. 正确   B. 错误

二、单选题

1. $34.2335 - 20.62 - 8.6885$ 的结果（　　）。

    A. 有四位有效数字   B. 应保留至小数点后四位

    C. 有两位有效数字   D. 应保留至小数点后两位

2. 将下列数据修约到二位有效数字，其中错误的是（　　）。

    A. 3.148→3.1   B. 0.736→0.74   C. 75.49→76   D. 8.050→8.0

综合练习

一、判断题

1. 质量分析法属于仪器分析法。　　　　　　　　　　　　　　　　（　　）
   A. 正确　　　　　　　　　　　　B. 错误

2. 电化学分析法属于化学分析法。　　　　　　　　　　　　　　　（　　）
   A. 正确　　　　　　　　　　　　B. 错误

3. 一般情况下滴定分析适用于被测组分含量不低于 0.1％的情况。　（　　）
   A. 正确　　　　　　　　　　　　B. 错误

4. 优级纯化学试剂为深蓝色标志。　　　　　　　　　　　　　　　（　　）
   A. 正确　　　　　　　　　　　　B. 错误

5. 凡是优级纯的物质都可用于直接法配制标准溶液。　　　　　　　（　　）
   A. 正确　　　　　　　　　　　　B. 错误

6. 配制溶液和分析实验用的纯水其纯度越高越好。　　　　　　　　（　　）
   A. 正确　　　　　　　　　　　　B. 错误

7. 仪器分析实验一般使用一级水。　　　　　　　　　　　　　　　（　　）
   A. 正确　　　　　　　　　　　　B. 错误

8. 电子天平每次使用前必须校准。　　　　　　　　　　　　　　　（　　）
   A. 正确　　　　　　　　　　　　B. 错误

9. 滴定分析常用的标准溶液一般应选用优级纯试剂配制。　　　　　（　　）
   A. 正确　　　　　　　　　　　　B. 错误

10. 酸式滴定管读数时(以 mL 为单位)需读至小数点后两位。　　　（　　）
    A. 正确　　　　　　　　　　　　B. 错误

11. 用滴定分析法测定含量时,消耗标准溶液的体积一般设计在 10 mL 左右。（　　）
    A. 正确　　　　　　　　　　　　B. 错误

12. 系统误差可以设法纠正和克服的。　　　　　　　　　　　　　（　　）
    A. 正确　　　　　　　　　　　　B. 错误

13. 分析结果的准确度只能用绝对误差表示。　　　　　　　　　　（　　）
    A. 正确　　　　　　　　　　　　B. 错误

14. 绝对误差不能反映误差在真实值中所占的比例。　　　　　　　（　　）
    A. 正确　　　　　　　　　　　　B. 错误

15. 电子分析天平是依据电磁力补偿原理设计的。　　　　　　　　（　　）
    A. 正确　　　　　　　　　　　　B. 错误

二、单选题

1. 标准溶液的浓度有效数字一般需要(　　)。
   A. 二位　　　　　　B. 三位　　　　　　C. 四位　　　　　　D. 五位

2. 下列说法正确的是(   )。

    A. pH＝9.98 是四位有效数字

    B. 0.000004 是一位有效数字

    C. 0.325 修约为两位有效数字是 0.33

    D. 15233 修约为三位有效数字是 15200

3. 化工分析中常用的定量分析法除了化学分析法外,还有(   )。

    A. 定性分析法   B. 误差分析法   C. 仪器分析法   D. 容量分析法

4. 滴定管在记录读数时,小数点后应保留的位数是(   )。

    A. 1   B. 2   C. 3   D. 4

5. 下列物质着火时,(   )能用水灭火。

    A. 苯、C_{10} 以下烷烃的燃烧   B. 切断电源电器的燃烧

    C. 碱金属或碱土金属的燃烧   D. 纸或棉絮的燃烧

6. 天平及砝码应定期检定,一般规定检定时间间隔不超过(   )。

    A. 半年   B. 一年   C. 两年   D. 三年

7. 某混合气中甲烷的体积分数为 9%,现将混合气体进行压缩至原体积的一半,则甲烷的体积分数为(   )。

    A. 4.5%   B. 9%   C. 18%   D. 90%

8. 质量分数为 5% 的氢氧化钠溶液 50g,加热蒸发掉 25g 水后溶液的质量分数为(   )。

    A. 5%   B. 10%   C. 15%   D. 20%

9. 用 10mL 移液管从 1000mL 容量瓶中移取质量浓度为 10g/L 的氯化钙溶液,则取出溶液的质量浓度为(   )g/L。

    A. 1   B. 0.01   C. 10   D. 100

10. 在不加样品的情况下,用测定样品同样的方法、步骤,对空白样品进行定量分析,称之为(   )。

    A. 对照实验   B. 空白实验   C. 平行实验   D. 预实验

11. 分析某化肥含氮量时,测得下列数据:34.45%、34.30%、34.20%、34.50%、34.25%,以下不是必须报告的是(   )。

    A. 中位值   B. 平均值   C. 平均偏差   D. 绝对偏差

12. 对某试样进行多次测定,获得试样平均含硫量为 3.25%,则其中某个测定值(3.15%)与此平均值之差称为(   )。

    A. 绝对误差   B. 绝对偏差   C. 系统误差   D. 相对偏差

13. 在确定标准溶液准确浓度时,以下可用来表示精密度的是(   )。

    A. 绝对误差   B. 相对误差   C. 极差   D. 公差

14. 选择天平的原则不正确的是(   )。

    A. 不能使天平超载   B. 不应使用精度不够的天平

    C. 不应滥用高精度天平   D. 天平精度越高越好

15. 用分析天平称量样品的质量为 2.1750 g,样品的真实质量为 2.1751 g,则称量的绝

对误差为（　　　　）。

    A. -0.0001 B. 0.0001 C. -0.0001 g   D. 0.0001 g

16. 由分析操作过程中某些不确定因素造成的误差称为（　　　　）。

    A. 绝对误差   B. 相对误差   C. 随机误差   D. 系统误差

17. 称量法测定硅酸盐中 SiO_2 的含量，其测定结果是 37.40%，测量平均值是 37.20%，则其绝对偏差是（　　　　）。

    A. -0.10% B. 0.10% C. -0.20% D. 0.20%

18. 滴定管在记录读数时，小数点后应保留的位数是（　　　　）。

    A. 1   B. 2   C. 3   D. 4

19. 算式 $(30.582-7.44)+(1.6-0.5263)$ 中，绝对误差最大的数据是（　　　　）。

    A. 30.582   B. 7.44   C. 1.6   D. 0.5263

20. 化工分析主要是定量分析和（　　　　）。

    A. 定性分析   B. 误差分析   C. 仪器分析   D. 数据分析

三、多选题

1. 分析化学主要研究（　　　　）。

    A. 物质的组成   B. 物质的含量

    C. 物质的结构   D. 其他多种信息

2. 化工分析是解决实际分析任务的学科，主要包含（　　　　）。

    A. 化工生产   B. 农业生产   C. 产品检验   D. 工业生产

3. 按照分析原理和操作技术的不同，定量分析可分为（　　　　）。

    A. 物理分析   B. 化学分析   C. 仪器分析   D. 微量分析

4. 定量分析的全过程一般包括（　　　　）。

    A. 采样与制样   B. 试样处理

    C. 对指定成分进行定量测定   D. 计算和报告分析结果

5. 根据采取的具体测定方法的不同，化学分析法可分为（　　　　）。

    A. 电化学分析法   B. 滴定分析法   C. 称量分析法   D. 色谱分析法

6. 滴定分析常用的标准溶液，可以用来代替基准试剂的是（　　　　）。

    A. 优级纯试剂   B. 分析纯试剂   C. 化学纯试剂   D. 生化试剂

7. 关于分析实验室用水，下列说法中正确的是（　　　　）。

    A. 分析实验不能直接使用自来水或其他天然水

    B. 在化学定量分析实验中，一般使用三级水

    C. 在仪器分析实验中，一般使用三级水

    D. 在仪器分析实验中，一般使用二级水

8. 关于液体试样的采集，下列说法中正确的是（　　　　）。

    A. 自大型贮罐中取样，一般应在不同深度取几个样品，混合后作为分析试样

    B. 自小型容器中取样，可使用玻璃管，插入容器底部后塞紧管的上口，抽出取样管中溶液作为分析试样

    C. 测定管道中正在输送的液体物料，要通过装在管道上的取样阀取样

D. 采取注体试样前,取样容器必须洗净,不需用采取的试样润洗

9. 化工分析中,对于不同状态的气体,应该采取不同的采样方式,分别有(　　　)。

    A. 常压下取样　　　　B. 正压下取样　　　　C. 负压下取样　　　　D. 高压下取样

10. 在固体试样制备及溶解过程中,各种无机酸常用于溶解(　　　)。

    A. 金属及合金　　　　B. 碳酸盐　　　　　　C. 硫化物　　　　　　D. 有机酸或有机碱

11. 实验室中,应该在通风橱内使用的试剂是(　　　)。

    A. 硫酸　　　　　　　B. 盐酸　　　　　　　C. 氨水　　　　　　　D. 冰乙酸

12. 称量试样的方法有(　　　)。

    A. 直接称样法　　　　　　　　　　　　　B. 减量法

    C. 差减法　　　　　　　　　　　　　　　D. 指定质量称样法

13. 电子分析天平的特点是(　　　)。

    A. 稳定性好　　　　B. 操作简便　　　　C. 称量速度快　　　　D. 灵敏度高

14. 100.0 g 纯碱溶液中含碳酸钠 20.0 g,则该溶液中碳酸钠的质量分数为(　　　)。

    A. 0.2500　　　　　B. 25.00%　　　　　C. 0.2000　　　　　D. 20.00%

15. 0.50 L 纯碱溶液中含碳酸钠 0.010 g,则该溶液中碳酸钠的质量浓度为(　　　)。

    A. 0.010 g/L　　　　B. 10 mg/L　　　　C. 0.020 g/L　　　　D. 20 mg/L

16. 下列说法中正确的是(　　　)。

    A. 准确度表示分析结果与真实值接近的程度。它们之间的差别越大,则准确度越高

    B. 准确度是测定值与真实值之间接近的程度

    C. 误差是指测定值与真实值之间的差值,误差相等时说明测定结果的准确度相等

    D. 准确度表示分析结果与真实值接近的程度。它们之间的差别越小,则准确度越高

17. 下列说法中错误的是(　　　)。

    A. 分析测定结果的偶然误差可通过适当增加平行测定次数来减免

    B. 做空白实验,可以减少滴定分析中的偶然误差

    C. 测定的平行次数越多,结果的相对误差越小

    D. 相对误差会随着测量值的增大而减小,所以消耗标准溶液的量多误差小

18. 下列说法中正确的是(　　　)。

    A. 准确度高,精密度一定高　　　　　　B. 准确度高,精密度不一定高

    C. 精密度高,准确度一定高　　　　　　D. 精密度高,准确度不一定高

19. 下列说法中正确的是(　　　)。

    A. 偏差会随着测定次数的增加而增大

    B. 平均偏差常用来表示一组测量数据的分散程度

    C. 随机误差影响测定结果的精密度

    D. 测定的精密度好,但准确度不一定好,消除了系统误差后,精密度好的,结果准确
      度就好

20. 造成系统误差的原因可能是(　　　)。

    A. 试剂不纯　　　　B. 分析方法不妥　　　C. 实验环境温度　　　D. 测量仪器不准

21. 为提高分析结果的准确度,可采用的方法有(　　　)。

  A. 增加平行实验的次数   B. 进行对照实验

  C. 进行空白实验   D. 进行仪器的校正

22. 下列数据中,有效数字位数是四位的有( )。

  A. 3.150   B. pH=10.30   C. 10.30   D. 0.0402

23. 下列数据中,修约为四位有效数字后为 0.5624 的是( )。

  A. 0.56235   B. 0.562349   C. 0.56245   D. 0.562451。

第十二章
滴定分析

 **知识结构** »

知识分类		序号	知识点
滴定分析	滴定分析的条件和方法	26	滴定分析的基本条件
		27	滴定分析的方法
	标准滴定溶液	28	标准滴定溶液表示方法
		29	标准溶液配制方法
		30	基准物质的概念,基准物质选择的原则
	滴定分析计算	31	等物质的量的反应规则
		32	各种滴定分析的有关计算
	滴定分析仪器及操作技术	33	滴定方式
		34	常见滴定分析仪器的用法
		35	滴定管使用方法
		36	容量瓶使用方法
		37	移液管使用方法

考纲要求 »

考试内容		序号	说 明	考试要求
滴定分析	滴定分析的条件和方法	26	了解滴定分析的基本条件	A
		27	了解滴定分析的方法	A
	标准滴定溶液	28	掌握标准滴定溶液表示方法	A/B/C
		29	理解标准溶液配制方法	A/B
		30	理解基准物质的概念,知道基准物质选择的原则	A/B
	滴定分析计算	31	了解等物质的量的反应规则	A
		32	掌握各种滴定分析的有关计算	A/B
	滴定分析仪器及操作技术	33	了解滴定方式	A
		34	了解常见滴定分析仪器的用法	A
		35	掌握滴定管使用方法	A/B/C
		36	掌握容量瓶使用方法	A/B/C
		37	掌握移液管使用方法	A/B/C

第一节　滴定分析的条件和方法

1. 了解滴定分析的基本条件；
2. 了解滴定分析的方法。

知识点 162　滴定分析的基本条件

【知识梳理】

用于滴定分析的化学反应必须满足以下条件：

(1)反应按化学计量关系定量进行，无副反应。

(2)反应必须进行完全，到达滴定终点时，被测组分必须 99.9% 转化为生成物。

(3)反应速率要快。

(4)有适当的指示剂或其他方法确定滴定终点，根据所加指示剂颜色的突变判断。

本知识点要求明确知道滴定分析的基本条件。

【例题分析】

1. (判断题)适用于滴定分析的化学反应，滴定时反应必须进行完全，到达滴定终点时，被测组分必须 100% 转化为生成物。　　　　　　　　　　　(　　)

    A. 正确　　　　　　　　　　　B. 错误

> **答案：**B
>
> **解析：**本题属于容易题，考级能力要求为 A。考查学生对用于滴定分析的化学反应必须满足条件的了解。

2. (单选题)下列有关滴定分析的说法正确的是(　　　)。

    A. 所有化学反应都可以用于滴定分析

    B. 滴定分析过程中必须加入指示剂来指示终点

    C. 指示剂变色一般发生在化学计量点时前后

    D. 滴定终点必须和化学计量点一致，否则会引起滴定误差

3. (单选题)滴定分析过程中确定滴定终点的方法是(　　　)。

    A. 根据加入滴定剂的用量多少来判断

    B. 根据所加指示剂颜色的突变判断

    C. 由操作者根据经验判断

    D. 综合以上各种因素进行综合分析判断

答案：2. C 3. B

解析：这两题属于容易题。考级能力要求为 A。第 1 小题考察学生对用于滴定分析的化学反应必须满足条件，第 2 小题考察滴定分析终点的判断。

【巩固练习】

一、判断题

所有滴定分析反应必须要加入指示剂，否则滴定无法进行。 （　　）

A. 正确　　　　　　　　　　　　B. 错误

二、单选题

下列对滴定分析基本条件描述错误的是（　　）。

A. 按照一定化学计量关系进行的化学反应都可以进行滴定分析

B. 反应必须进行完全

C. 反应速率要快

D. 有适当的指示剂或其他方法确定滴定终点

三、多选题

滴定分析的基本条件有（　　）。

A. 反应按化学计量关系定量进行　　　　B. 反应必须进行完全

C. 反应速率要快　　　　　　　　　　　D. 有适当的指示剂

✿ 知识点 163　滴定分析的方法

【知识梳理】

【知识梳理】

1. 酸碱滴定法，利用中和反应进行滴定分析的方法，其反应的实质是生成难电离的水。

2. 配位滴定法，利用配位反应进行滴定分析的方法，常用的配位剂是 EDTA。

3. 氧化还原滴定法，利用氧化还原反应进行滴定分析的方法。

4. 沉淀滴定法，利用沉淀反应进行滴定分析的方法。

滴定分析一般适用于被测组分含量在 1％ 以上的情况，有时也用于测定微量组分。滴定分析的准确度较高，测定的相对误差要求小于 0.1％～0.2％。

本知识点要求了解滴定分析的方法。

【例题分析】

1.（判断题）滴定分析一般适用于被测组分含量在 1％ 以上的情况，有时也用于测定微量组分。 （　　）

A. 正确　　　　　　　　　　　　B. 错误

答案: A

解析: 本题属于容易题。考级能力要求为 A。考查学生对用于滴定分析的应用范围的了解。

3. (单选题)下列有关滴定分析方法的说法错误的是( )。

A. 滴定分析具有简便、快速的优点

B. 滴定分析的准确度较高,测定的相对误差要求小于 0.5%

C. 滴定分析一般适用于常量组分的测定

D. 滴定分析比称量分析应用范围更广

答案: B

解析: 本题属于容易题,考级能力要求为 A。考察学生对用于滴定分析的特征及应用范围的了解。

3. (单选题)下列滴定分析方法的测定对象说法错误的是( )。

A. 金属离子含量的测定一般可采用沉淀滴定法

B. 碳酸钙含量的测定可以采用酸碱滴定法

C. 双氧水的含量分析可采用氧化还原滴定法

D. 工业用水总硬度的测定可采用配位滴定法

答案: A

解析: 本题属于中等难度试题。考级能力要求为 A。考察学生对用于滴定分析对象了解。

【巩固练习】

一、判断题

滴定分析与称量分析比较,具有简便、快速、应用范围广等优点。 ( )

A. 正确　　　　　　　　　　　B. 错误

二、单选题

溶液中卤素离子含量的测定最适宜采用的滴定分析方法是( )。

A. 酸碱滴定法　　　　　　　　B. 配位滴定法

C. 氧化还原滴定法　　　　　　D. 沉淀滴定法

三、多选题

按照标准滴定溶液与被测组分之间发生化学系反应类型的不同,滴定分析可分为( )。

A. 酸碱滴定法　　　　　　　　B. 配位滴定法

C. 氧化还原滴定法　　　　　　D. 沉淀滴定法

第二节　标准滴定溶液

1. 掌握标准滴定溶液表示方法(物质的量浓度、基本单元、滴定度)；

2. 理解标准溶液配制方法；

3. 理解基准物质的概念,基准物质选择的原则。

❋ 知识点 164　标准滴定溶液表示方法(物质的量浓度、基本单元、滴定度)

【知识梳理】

标准滴定溶液组成表示方法:通常用物质的量浓度表示。

物质的量浓度就是单位体积溶液中所含有溶质的物质的量。单位为 mol/L;$c_A = n_A/V$。

物质的量是国际单位制最基本的物理量,和长度、质量一样是七个基本物理量之一,单位摩尔(mol)。

摩尔质量:1moL 物质的质量,数值上就等于物质的分子量(或原子量)

气体摩尔体积:1moL 气体的体积,标准状况时为 22.4mL。

为了便于计算分析结果,规定了标准溶液和待测物质选取基本单元的原则:

(1) 酸碱反应以给出或接受一个 H^+ 的特定组合为基本单元；

(2) 氧化还原反应以给出或接受一个电子的特定组合为基本单元；

(3) EDTA 配位反应和卤化银沉淀反应通常以参与反应的物质的分子或离子作为基本单元。

滴定度是指 1 mL 标准滴定溶液相当于被测组分的质量,用 $T_{被测组分/滴定剂}$ 表示。

例如:$T_{Cl^-/AgNO_3} = 0.500$ mg/mL 表示 1 mL $AgNO_3$ 相当于 0.500 mg Cl^-。

【例题分析】

1.(判断题)摩尔和长度、质量一样是七个基本物理量之一。　　　　　　　　(　　)

　　A. 正确　　　　　　　　　　　　　　B. 错误

2.(判断题)H_2O 的摩尔质量为 18 g。　　　　　　　　　　　　　　　　　(　　)

　　A. 正确　　　　　　　　　　　　　　B. 错误

> **答案:1. B　2. B**
>
> **解析:**这两题属于容易题,考级能力要求为 A。考查学生对物质的量及相关概念的理解。

3.（单选题）下列溶液中物质的量浓度为 1 mol/L 的是［$M(NaOH) = 40.00$ g/mol］
（　　）。

　　A. 将 40 g NaOH 溶解于 1 L 水中

　　B. 将 22.4 L 氯化氢气体溶于水配成 1 L 溶液

　　C. 将 1 L 10 mol/L 的浓盐酸与 9 L 水混合

　　D. 10 g NaOH 溶解在水中配成 250 mL 溶液

答案：D

解析：本题属于中等难度试题。考级能力要求为 C。要求学生掌握物质的量浓度在溶液配制计算中应用。

4.（单选题）下列溶液中，跟 100 mL 0.5 mol/L NaCl 溶液所含的 Cl^- 物质的量浓度相同的是（　　）。

　　A. 100 mL 0.5 mol/L $MgCl_2$ 溶液

　　B. 200 mL 0.5 mol/L $CaCl_2$ 溶液

　　C. 50 mL 1 mol/L NaCl 溶液

　　D. 25 mL 0.5 mol/L HCl 溶液

答案：D

解析：本题属于中等难度试题。考级能力要求为 B。考察学生对物质的量浓度概念的理解

5.（单选题）已知硫酸标准滴定溶液的质量浓度为 49.04 g/L，则该溶液的物质的量浓度可表示为 M(H_2SO_4) = 98.07 g/mol（　　）。

　　A.C(H_2SO_4) = 0.5000 mol/L

　　B.C($1/2 H_2SO_4$) = 0.5000 mol/L

　　C.C($1/2 H_2SO_4$) = 0.2500 mol/L

　　D. C($1/2 H_2SO_4$) = 1.000 mol/L

答案：AD

解析：本题属于中等难度试题。考级能力要求为 C。考查学生对物质的量浓度、基本单元的掌握。

【巩固练习】

一、判断题

1. 将 2.24 L HCl 气体溶于水配制成 1 L 溶液，所得溶液的物质的量浓度为 0.1 mol/L。
　　　　　　　　　　　　　　　　　　　　　　　　　　　　　　　　（　　）

　　A. 正确　　　　　　　　　　　　　　B. 错误

2. 物质的量浓度就是单位体积溶剂中所含有溶质的物质的量。　　　　　　（　　）

A. 正确   B. 错误

3. 将标准状态下 2.24 L HCl 气体溶于 1 L 水,所得溶液的物质的量浓度为 0.1 mol/L。

                                                                (   )

A. 正确   B. 错误

二、单选题

1. 将浓度为 0.10 mol/L 和 0.20 mol/L 的硫酸溶液等体积混合(假设混合后溶液体积为原溶液体积的两倍),所得溶液的浓度(   )。

    A. 大于 0.15 mol/L   B. 小于 0.15 mol/L

    C. 等于 0.15 mol/L   D. 无法确定

2. 将下列溶液中 $c(Cl^-)$ 最大的是(   )。

    A. 50 mL 0.2 mol/L NaCl 溶液

    B. 40 mL 0.2 mol/L $MgCl_2$ 溶液

    C. 30 mL 0.2 mol/L $AlCl_3$ 溶液

    D. 20 mL 0.2 mol/L $NaClO_3$ 溶液

3. 500 mL 0.2 mol/L NaOH 溶液中 NaOH 的质量为 $[M(NaOH) = 40.00$ g/mol$]$ (   )。

    A. 2 g   B. 4 g   C. 6 g   D. 8 g

三、多选题

1. 下列溶液与 0.50 mol/L NaOH 溶液中 OH^- 物质的量浓度相同的是(   )。

    A. 0.50 mol/L KOH   B. 0.25 mol/L $Mg(OH)_2$

    C. 0.25 mol/L $Ba(OH)_2$ D. 0.50 mol/L $Ba(OH)_2$

2. 关于滴定度的描述,下列说法中正确的是(   )。

    A. 滴定度表示 1 mL 标准滴定溶液含有被测组分的含量

    B. 滴定度表示 1 mL 标准滴定溶液相当于被测组分的含量

    C. 滴定度表示 1 mL 被测试样溶液中所含被测组分的含量

    D. 在工厂实验室的例行分析中,用滴定度表示标准溶液的组成,可以简化分析结果的计算

知识点 165　标准溶液配制方法

【知识梳理】

标准溶液制备方法有直接配制法、间接配制法两种。

除了直接配制法配置标准溶液外,不符合基准物质的条件的物质,如易吸收空气中水分和二氧化碳的氢氧化钠、易挥发的浓盐酸等,常用间接配置法配制标准溶液。

用基准物质测定标准滴定溶液的准确浓度的操作称为标定。采用间接配制的标准滴定溶液为了确定其准确浓度需要用另一种基准物质进行标定。可先配制一个近似浓度(不必要很准确),然后基准物质(称量必需准确)进行标定。

HG/T3696.1—2011 规定标定标准滴定溶液浓度时,需两人各做三份平行实验,每人三

次平行测定结果的极差与平均值之比不得大于 0.2%,两人测定结果的极差与平均值之比不得大于 0.2%,取两人六次平行测定结果的平均值为标定结果,浓度值给出四位有效数字。

　　GB601—2002 规定标定标准滴定溶液浓度时,需两人各做四份平行实验,每人四次平行测定结果的极差与平均值之比不得大于 0.15%,两人测定结果的极差与平均值之比不得大于 0.18%,取两人八次平行测定结果的平均值为标定结果,浓度值给出四位有效数字。

【例题分析】

　　1.(判断题)达到分析纯的化学物质就可以采用直接配制法进行标准溶液的配制。

　　　　　　　　　　　　　　　　　　　　　　　　　　　　　　　(　　)

　　　　A. 正确　　　　　　　　　　　　B. 错误

　　2.(判断题)NaOH 标准溶液可以采用直接配制法进行配制。　　　　(　　)

　　　　A. 正确　　　　　　　　　　　　B. 错误

　　答案:1. B　**2.** B

　　解析: 这两题属于容易题。考级能力要求为 B。考察学生对不同标准溶液的配制理解。

　　3.(单选题)用基准物质测定标准滴定溶液的准确浓度的操作称为(　　)。

　　　　A. 滴定　　　　B. 标定　　　　C. 测定　　　　D. 比较

　　答案: B

　　解析: 本题属于容易题。考级能力要求为 A。主要考察学生对间接法配制标准溶液操作的了解。

　　4.(单选题)标准溶液的浓度一般需要几位有效数字(　　)。

　　　　A. 二位　　　　　　　　　　　　B. 三位

　　　　C. 四位　　　　　　　　　　　　D. 五位

　　5.(单选题)为了确保标准滴定溶液的准确性,国家标准规定标定标准滴定溶液浓度时,需(　　)。

　　　　A. 一人做四个平行测定,四次平行测定结果的极差与平均值之比不大于 0.15%

　　　　B. 两人做四个平行测定,每人四次平行测定结果的极差与平均值之比不大于 0.15%

　　　　C. 一人做四个平行测定,四次平行测定结果相对偏差不大于 0.10%

　　　　D. 两人做四个平行测定,每人四次平行测定结果相对偏差不大于 0.10%

　　答案:4. C　**5.** B

　　解析: 这两题属于容易题,考级能力要求为 A。主要考察学生对标准溶液配制结果处理了解。

　　6.(多选题)关于标准溶液配制,下列说法正确的是(　　)。

　　　　A. 所有的标准溶液都可以用直接法配制

　　　　B. 标准溶液配制方法包括直接配制法和间接配制法

C. 基准物质可以直接配制成标准溶液

D. 不符合基准物质条件的物质,其标准溶液必须采用间接法配制

答案: BCD

解析: 本题属于中事难度题。考级能力要求为 B。考察学生对标准溶液配制的理解。

【巩固练习】

一、判断题

1. 可以采用基准 Na_2CO_3 直接配制 Na_2CO_3 标准溶液。　　　　　　　　(　　)

   A. 正确　　　　　　　　　　　　　　B. 错误

2. 常用邻苯二甲酸氢钾标定 NaOH 标准溶液。　　　　　　　　　　　　(　　)

   A. 正确　　　　　　　　　　　　　　B. 错误

二、单选题

1. 下列物质不可用于直接配制标准溶液的是(　　)。

   A. 碳酸钠　　　　　B. 氢氧化钠　　　　　C. 重铬酸钾　　　　　D. 氯化钠

2. 采用间接配制的标准滴定溶液为了确定其准确浓度需要(　　)。

   A. 用另一种基准物质进行标定　　　　B. 送相关计量部门进行测定

   C. 一人做四次平行测定　　　　　　　D. 两人各做两次平行测定

3. 关于标准溶液配制方法下列说法正确的是(　　)。

   A. 用千分之一天平称取基准物质进行配制

   B. 可以选用分析纯的化学物质进行直接配制

   C. 对于一些不符合基准物质条件的化学物质,可先配制一个近似浓度,然后进行标定

   D. 基准物质在使用之前不需要干燥处理,可以直接使用

三、多选题

关于标准溶液配制方法下列说法正确的是(　　)。

A. 用万分之一天平,准确称取基准物质进行配制

B. 可以选用分析纯的化学物质进行直接配制

C. 对于一些不符合基准物质条件的化学物质,可先配制一个近似浓度,然后进行标定

D. 基准物质在使用之前一般需经干燥处理

学习内容

⊛ **知识点 166　基准物质的概念,基准物质选择的原则**

【知识梳理】

用直接配制法配置标准溶液的物质达到以下条件的称为基性物质。

(1) 足够的纯度,其杂质含量应少到滴定分析所允许的误差限度以下。

(2) 物质的组成(包括结晶水)与化学式完全符合。

(3) 性质稳定。

基准物质可以采用直接配制法进行标准溶液配置。常用的基准物质有:

碳酸钠、重铬酸钾、氯化钠、氯化钾和邻苯二甲酸氢钾等。

基准物质使用之前一般需经过干燥处理。

常用基准物质二水合草酸既可以用于标定碱标准溶液,也可以标定高锰酸钾标准溶液。

【例题分析】

1. (判断题)只有纯度达到100%的化学物质才可以作为基准物质。（　　　　）

    A. 正确　　　　　　　　　　　　　　B. 错误

2. (判断题)作为基准物质的碳酸氢钠的干燥条件是 $105\sim110\ ℃$。（　　　　）

    A. 正确　　　　　　　　　　　　　　B. 错误

答案:1. B **2.** B

解析:这两题属于容易题,考级能力要求为 A。考察对基准物质的概念及干燥要求的了解。

3. (单选题)下列物质一般不可以作为基准物质的是(　　　　)。

    A. 无水碳酸钠　　　　　　　　　　　B. 碳酸钙

    C. 氢氧化钠　　　　　　　　　　　　D. 邻苯二甲酸氢钾

4. (单选题)常用于标定碱标准溶液的基准物质是(　　　　)。

    A. 无水碳酸钠　　　　　　　　　　　B. 碳酸钙

    C. 重铬酸钾　　　　　　　　　　　　D. 邻苯二甲酸氢钾

5. (单选题)不是基准物质应具有的性质的是(　　　　)。

    A. 具有足够高的纯度　　　　　　　　B. 组成与化学式相符

    C. 无毒性　　　　　　　　　　　　　D. 性质稳定

答案:3. C **4.** D **5.** C

解析:这3题属于容易题。考级能力要求为 A。考察学生对基准物质的识别。

6. (多选题)基准物质必须具备下列条件(　　　　)。

    A. 具备足够的纯度　　　　　　　　　B. 物质的组成与化学式完全符合

    C. 不含结晶水　　　　　　　　　　　D. 性质稳定

答案: ABD

解析:本题属于中等难度试题。考级能力要求为 B。考察学生对基准物质的必须具备条件的理解。

【巩固练习】

一、判断题

1. 基准物质二水合草酸既可以用于标定碱标准溶液也可以用于标定高锰酸钾标准溶液。

（　　　　）

    A. 正确　　　　　　　　　　　　　　B. 错误

2. 纯度达到 99.9％ 的化学物质可以作为基准物质直接配制标准溶液。　　　（　　）

    A. 正确   B. 错误

二、单选题

1. 基准邻苯二甲酸氢钾常用于标定下列哪种标准溶液（　　）。

    A. 盐酸标准溶液   B. 氢氧化钠标准溶液

    C. 碘标准溶液   D. EDTA 标准溶液

2. 基准物质二水合草酸除了可以标定碱标准溶液外,还可用于标定（　　）。

    A. 盐酸标准溶液   B. EDTA 标准溶液

    C. 高锰酸钾标准溶液   D. 碘标准溶液

3. 标定 EDTA 标准溶液可选用下列哪种基准物质（　　）。

    A. 无水碳酸钠   B. 邻苯二甲酸氢钾

    C. 氧化锌   D. 氯化钠

三、多选题

下列物质可用于直接配制标准溶液的是（　　）。

A. 碳酸钠   B. 氢氧化钠

C. 重铬酸钾   D. 氯化钠

第三节　滴定分析计算

1. 了解等物质的量的反应规则；
2. 掌握各种滴定分析的有关计算。

✿ 知识点 167　等物质的量的反应规则

【知识梳理】

在选取基本单元原则下，滴定到化学计量点时，待测组分的物质的量 n_B 与滴定剂的物质的量 n_A 必然相等，这就是等物质的量的反应规则。

根据等物质的量的反应规则，对于反应 $2NaOH + H_2SO_4 = Na_2SO_4 + 2H_2O$，其等物质的量关系是 $n(1/2H_2SO_4) = n(NaOH)$。

【例题分析】

1. （判断题）所谓等物质的量反应规则就是参加反应的各物质的物质的量相等。（　　）

    A. 正确　　　　　　　　　　　　B. 错误

2. （判断题）在选取基本单元原则下，滴定到化学计量点时，待测组分的物质的量与滴定剂的物质的量相等。（　　）

    A. 正确　　　　　　　　　　　　B. 错误

> **答案:1.** B　**2.** A
>
> **解析:**这两题属于容易题,考级能力要求为 A。考察学生对等物质的量的反应规则的了解。

3. （单选题）下列关于等物质的量的反应规则说法的正确是（　　）。

    A. 参加反应的各物质的物质的量相等

    B. 参加反应的各物质的质量相等

    C. 参加反应的各物质的物质的量浓度相等

    D. 参加反应的各物质的基本单元的物质的量相等

> **答案:** D
>
> **解析:**本题属于容易题。考级能力要求为 A。考察学生对等物质的量的反应规则的了解。

4. （单选题）根据等物质的量的反应规则，对于反应 $2NaOH + H_2SO_4 = Na_2SO_4 +$

$2H_2O$，下列关系正确的是（　　）。

A. $n(H_2SO_4)=2n(NaOH)$　　　　　B. $1/2n(H_2SO_4)=n(NaOH)$

C. $n(H_2SO_4)=n(NaOH)$　　　　　D. $n(1/2H_2SO_4)=n(NaOH)$

5.（单选题）根据等物质的量的反应规则，对于反应 $2KMnO_4+5H_2O_2+3H_2SO_4 \Longrightarrow$

$K_2SO_4+2MnSO_4+8H_2O+5O_2$，下列说法正确的是（　　）。

A. $2n(KMnO_4)=5n(H_2O_2)$　　　　　B. $2n(1/5KMnO_4)=5n(1/2H_2O_2)$

C. $n(1/5KMnO_4)=n(1/2H_2O_2)$　　　　D. $5n(1/5KMnO_4)=2n(1/2H_2O_2)$

答案:4. D　**5.** C

解析: 这两题属中等难度试题。考级能力要求为 B。考察学生对等物质的量的反应规则在具体反应中的应用。

【巩固练习】

一、判断题

1. 在选取基本单元原则下,滴定终点时,待测组分的质量与滴定剂的质量相等。（　　）

A. 正确　　　　　　　　　　　　B. 错误

2. 在滴定分析中,为了方便通常采用等物质的量反应规则进行计算。　　　　　（　　）

A. 正确　　　　　　　　　　　　B. 错误

二、单选题

1. 根据等物质的量的反应规则,对于反应 $K_2Cr_2O_7+6FeSO_4+7H_2SO_4 \Longrightarrow K_2SO_4+$
$3Fe_2(SO_4)_3+Cr_2(SO_4)_3+7H_2O$，下列关系正确的是（　　）。

A. $n(K_2Cr_2O_7)=6n(FeSO_4)$　　　　B. $n(1/6K_2Cr_2O_7)=6n(FeSO_4)$

C. $n(1/6K_2Cr_2O_7)=n(FeSO_4)$　　　　D. $1/6n(K_2Cr_2O_7)=n(FeSO_4)$

2. 根据等物质的量的反应规则,对于反应 $2NaOH+H_2SO_4 \Longrightarrow Na_2SO_4+2H_2O$，化学
计量点时参加反应 $1/2H_2SO_4$ 的物质的量为 0.1000 mol,则参加反应的 NaOH 物质
的量的是（　　）。

A. 0.1000 mol　　　　　　　　　　B. 0.2000 mol

C. 0.05000 mol　　　　　　　　　　D. 0.025000 mol

3. 根据等物质的量的反应规则,对于反应 $2KMnO_4+5H_2C_2O_4+3H_2SO_4 \Longrightarrow K_2SO_4$
$+2MnSO_4+10CO_2+8H_2O$，化学计量点时消耗 $n(1/5KMnO_4)$ 为 0.02000 mol 则
参加反应的 $H_2C_2O_4$ 物质的量为（　　）。

A. 0.02000 mol　　　　　　　　　　B. 0.04000 mol

C. 0.010000 mol　　　　　　　　　　D. 0.1000 mol

三、多选题

关于物质的量反应规则,下列说法中正确的是（　　）。

A. 所谓等物质的量反应规则就是参加反应的各物质的物质的量相等

B. 在选取基本单元原则下,滴定到化学计量点时,待测组分的物质的量与滴定剂的物质
的量相等

C. 在选取基本单元原则下,滴定终点时,待测组分物质的量与滴定剂物质的量相等

D. 在滴定分析中,为了方便通常采用等物质的量反应规则进行计算

知识点 168　各种滴定分析的有关计算

【知识梳理】

计算规则:等物质的量的反应规则,即在选取基本单元原则下,化学计量点时,待测组分的物质的量 n_B 与滴定剂的物质的量 n_A 相等。

溶液稀释前后,溶质的物质的量不变。

【例题分析】

1. (判断题)溶液在稀释前后,溶质的物质的量不变。　　　　　　　　　　　　　　(　)

    A. 正确　　　　　　　　　　　　　　B. 错误

2. (判断题)固体试样分析结果一般用被测试样的质量分数表示。　　　　　　　(　)

    A. 正确　　　　　　　　　　　　　　B. 错误

3. (判断题)液体试样的分析结果一般用质量浓度表示。　　　　　　　　　　　　(　)

    A. 正确　　　　　　　　　　　　　　B. 错误

答案:1. A　2. A　3. A

解析:本部分属于容易题。考级能力要求为 A。第 1 小题考察稀释定律,第 2,3 两小题分析结果的表达方式。

4. (单选题)欲配制浓度约为 0.2 mol/L NaOH 标准溶液 1 L,下列操作正确的是[M(NaOH)=40.00 g/mol](　　)。

    A. 在分析天平上称取 8.0000 g NaOH 定溶于 1 L 的容量瓶中

    B. 在托盘天平上称取 8.0 g NaOH 溶于 1 L 水中

    C. 在分析天平上称取 8.0000 g NaOH 定溶于 1 L 水中

    D. 在托盘天平上称取 8.0 g NaOH 溶于水并定溶于 1 L 的容量瓶中

答案:B

解析:本题属于中等难度试题。考级能力要求为 B。考察学生对溶液配制有关计算的理解。

5. (单选题)质量分数为 98% 的硫酸,密度为 1.83 g/mL,其物质的量浓度为[M(H_2SO_4)=98.07 g/mol](　　)。

    A. 18.3 mol/L　　　　　　　　　　B. 1.83 mol/L

    C. 9.8 mol/L　　　　　　　　　　　D. 0.98 mol/L

答案:A

解析:本题属于中等难度试题。考级能力要求为 B。考察学生对物质的量浓度换算计算的理解。

6. (多选题)欲配制浓度为 0.2000 mol/L Na_2CO_3 溶液 1000.00 mL,需称取基准物质 Na_2CO_3 的质量为[$M(Na_2CO_3)=106.0$ g/mol]( )。

A. 2.1 g   B. 2.12 g   C. 2.120 g   D. 21.2000 g

答案:D

解析:本题属于中等难度试题,考级能力要求为 B。考察学生对基本物质标准溶液计算的理解,属于中等难度试题。

7. (多选题)实验室欲配制浓度约为 0.2 mol/L 盐酸溶液 10 L,需量取质量分数为 36.5%,密度为 1.18 g/mL 浓盐酸体积为( )。

A. 16.9 mL   B. 1.69 mL   C. 169 mL   D. 5.47 mL

答案:C

解析:本题属于中等难度试题。考级能力要求为 B。考察溶液稀释相关计算的运用。

【巩固练习】

一、判断题

1. 物质的量浓度就是指单位体积的水中溶解溶质的物质的量。   (   )

A. 正确   B. 错误

2. 质量浓度就是指单位体积的溶剂中溶解溶质的质量。   (   )

A. 正确   B. 错误

3. 将 10.6000 g Na_2CO_3 溶于 1000.00 mL 水中,所得 Na_2CO_3 溶液的物质的量浓度为 0.1000 mol/L[$M(Na_2CO_3)=106.0$ g/mol]。   (   )

A. 正确   B. 错误

二、单选题

1. 实验中需用 0.2 mol/L 的 NaOH 溶液 950 mL,配制时应选用容量瓶的规格和称取 NaOH 固体的质量分别为[$M(NaOH)=40.00$ g/mol]( )。

A. 950 mL   7.6 g   B. 1000 mL   8.0 g

C. 100 mL   0.8 g   D. 500 mL   4.0 g

2. 准确称取基准无水碳酸钠 5.3640 g,用水溶解后定容至 500.00 mL,则该溶液的准确浓度为[$M(Na_2CO_3)=106.0$ g/mol]( )。

A. 0.2024 mol/L   B. 0.1012 mol/L

C. 0.03751 mol/L   D. 0.07502 mol/L

3. 称取基准物质 $K_2Cr_2O_7$ 2.4530 g 溶于水后稀释成 500.00 mL,则 $K_2Cr_2O_7$ 基本单元物质的量浓度为[$M(K_2Cr_2O_7)=294.2$ g/mol]( )。

A. 0.01668 mol/L   B. 0.1001 mol/L

C. 0.60061 mol/L   D. 0.05003 mol/L

4. 将 2 mol/L 的硫酸溶液 100 mL,加水稀释至 2000 mL,稀释后硫酸溶液的物质的量浓度为( )。

A. 1 mol/L　　　　B. 0.1 mol/L　　　　C. 2 mol/L　　　　D. 0.2 mol/L

5. 在 100 mL 2 mol/L 的硫酸溶液中加水 900 mL(假设加水后溶液体积为 1000 mL),稀释后硫酸溶液的物质的量浓度为(　　)。

A. 1 mol/L　　　　B. 0.1 mol/L　　　　C. 2 mol/L　　　　D. 0.2 mol/L

第四节　滴定分析仪器及操作技术

1. 了解滴定方式；
2. 了解常见滴定分析仪器的用法；
3. 掌握滴定管使用方法；
4. 掌握容量瓶使用方法；
5. 掌握移液管使用方法。

◆ 知识点 169　滴定方式

【知识梳理】

常用的滴定方式有直接滴定、返滴定、置换滴定、间接滴定等。

酸碱滴定方式采用有直接滴、返滴、间接滴。强酸、强碱、$c_a \times K_a \geqslant 10^{-8}$ 的弱酸及 $c_b \times K_b \geqslant 10^{-8}$ 的弱碱、强酸弱碱盐（对应弱碱 $K_b \leqslant 10^{-6}$）、强碱弱酸盐（对应弱酸 $K_a \leqslant 10^{-6}$）可以采用直接滴定，如：工业醋酸含量的测定，双指示剂法用于混合碱成分测定采用的是直接滴定方式。易挥发或难溶于水的酸或碱，常采用返滴定法，如：氨水分析与酯类皂化值分析采用的是返滴定法。本身没有酸碱性，但可以转化为相当量的酸或碱的，如硼酸、铵盐的测定，常采用的是间接滴定法。

配位滴定法常用的滴定方式有直接滴定、返滴定、置换滴定、间接滴定等。直接滴定法是用 EDTA 直接滴定被测物质，单组分金属离子，符合配位滴定要求的，如水的硬度测定，可以采用直接滴定；在适当酸度的试液中，加入过量的 EDTA，使其与被测金属离子反应完全，然后再用另一种金属离子标准溶液滴定剩余的 EDTA 的方法称为返滴法，反应缓慢或没有合适指示剂的，如 Al^{3+}，可采用返滴定法，将待测物质 M 与 NY 反应后，用 EDTA 滴定释放出的 N 称为置换滴定法；间接滴定主要应用于阴离子及某些与 EDTA 配位不稳定的金属离子测定，如 SO_4^{2-} 含量测定采用的是间接滴定法。

【例题分析】

1. （单选题）准确移取 50.00mL 工业用水，以 0.02008 mol/L EDTA 标准溶液测定水的硬度，采有的滴定方式为（　　）。

   A. 直接滴定　　　　　　　　　　　B. 返滴定

   C. 置换滴定　　　　　　　　　　　D. 间接滴定

2. （单选题）用基准物质草酸钠标定高锰酸钾溶液，测定高锰酸钾基本单元的物质的量的浓度采用的滴定方式为（　　）。

   A. 直接滴定　　　　　　　　　　　B. 返滴定

   C. 置换滴定　　　　　　　　　　　D. 间接滴定

答案:**1.** A　**2.** A

解析:这两题属于容易题。考级能力要求为 A。考察学生对滴定方式的了解。

3. (多选题)下列有关配位滴定方式的说法正确的是( )。

  A. 直接滴定法是用 EDTA 直接滴定被测物质

  B. 在适当酸度的试液中,加入过量的 EDTA,使其与被测金属离子反应完全,然后再用另一种金属离子标准溶液滴定剩余的 EDTA 的方法称为返滴法

  C. 将待测物质 M 与 NY 反应后,用 EDTA 滴定释放出的 N 称为置换滴定法

  D. 将待测物质 M 与 NY 反应后,用 EDTA 滴定释放出的 N 称为间接滴定法

答案:ABC

解析:本题属于容易题。考级能力要求为 A。考察学生对滴定方式的了解。

【巩固练习】

下列物质的测定可以采用直接滴定方式的是( )。

  A. 工业醋酸含量的测定

  B. 混合碱成分测定

  C. 铵盐中含氮量的测定

  D. 醛和酮的测定

知识点 170　常见滴定分析仪器的用法

【知识梳理】

1. 滴定管

滴定管可用于精确量取溶液体积。常量分析用滴定管,最小分度值为 0.1 mL,常量分析用滴定管,读数可估读到 0.01 mL。常量分析用滴定管的容积为 50 mL 和 25 mL。硝酸银溶液和高锰酸钾溶液装时需要用棕色滴定管。

2. 容量瓶

容量瓶是细颈梨形的平底玻璃瓶,带有玻璃磨口塞或塑料塞。容量瓶可以用于溶液浓度的准确配置。容量瓶的标线是在 20 ℃情况下刻度的,容量瓶的内表面不可用去污粉溶液洗涤。

3. 吸量管

吸量管是用来准确移取一定体积液体的量出式玻璃量器,吸量管分为单标线吸量管(也称移液管)和分度吸量管(简称吸量管)两类。

单标线吸量管用来准确称到一定体积的溶液,有 5 mL、10 mL、25 mL、50 mL 等规格。用 25 mL 移液管移取溶液的准确体积应该是 25.00 mL,单标线吸管特点是:分管径较小、准确度高。

分度吸量管特点是:读数刻度部分管径较大,准确度稍差,主要应用于仪器分析中配制浓度较小的系列溶液。

在常量分析中需要取 25.00 mL 的溶液,可选用滴定管、移液管、吸量管。在实验室常用的玻璃仪器中,不可以直接加热的仪器是量筒、容量瓶。

【例题分析】

1. (判断题)滴定管可用于精确量取溶液体积。 （ ）

    A. 正确   B. 错误

2. (判断题)酸式滴定管主要由带刻度的玻璃管、橡皮软管内放一玻璃珠及尖嘴玻璃管构成。 （ ）

    A. 正确   B. 错误

3. (判断题)容量瓶、滴定管、吸管不可以加热烘干,也不能盛装热的溶液,在使用前都要用试剂溶液进行润洗。 （ ）

    A. 正确   B. 错误

答案:1. A **2.** B **3.** B

解析:本部分试题属于容易题。考级能力要求为 A。考察学生对常见滴定分析仪器的识别和使用注意事项的了解。

4. (单选题)常量分析用滴定管,最小分度值为( )。

    A. 10 mL   B. 1 mL   C. 0.1 mL   D. 0.01 mL

5. (单选题)下列不属于酸式滴定管结构是( )。

    A. 玻璃旋塞   B. 玻璃珠   C. 带刻度玻璃管   D. 以上都不正确

6. (单选题)常量分析用滴定管,读数可估读到( )。

    A. 10 mL   B. 1 mL   C. 0.1 mL   D. 0.01 mL

7. (单选题)下列哪种滴定分析仪器不用试剂溶液润洗( )。

    A. 滴定管   B. 移液管   C. 容量瓶   D. 吸量管

答案:4. C **5.** B **6.** D **7.** C

解析:本部分试题属于容易题。考级能力要求为 A。考察学生对常见滴定分析仪器的了解。

【巩固练习】

一、判断题

1. 滴定管装水检漏时,把它垂直夹在滴定管架上,放置 5min,观察是否有水滴滴下即可使用。 （ ）

    A. 正确   B. 错误

2. 容量瓶是细颈梨形的平底玻璃瓶,带有玻璃磨口塞或塑料塞。 （ ）

    A. 正确   B. 错误

3. 容量瓶可以用于溶液浓度的准确配置。 （ ）

A. 正确　　　　　　　　　　　　B. 错误

二、单选题

1. 常量分析用滴定管的容积为(　　　)。

　　A. 50 mL 和 25 mL　　　　　　　B. 50 mL 和 100 mL

　　C. 100 mL 和 25 mL　　　　　　　D. 25 mL 和 10 mL

2. 装下列哪种溶液时需要用棕色滴定管。(　　　)

　　A. 高锰酸钾溶液和 EDTA 溶液

　　B. 硝酸银溶液和 NaOH 溶液

　　C. 硝酸银溶液和高锰酸钾溶液

　　D. 重铬酸钾溶液和硝酸银溶液

3. 容量瓶的标线是在什么情况下刻度的(　　　)。

　　A. 0 ℃　　　　B. 10 ℃　　　　C. 20 ℃　　　　D. 4 ℃

三、多选题

在实验室常用的玻璃仪器中,不可以直接加热的仪器是(　　　)。

A. 量筒　　　　　B. 容量瓶　　　　　C. 锥形瓶　　　　　D. 烧杯

知识点 171　滴定管使用方法

【知识梳理】

　　实验室最常用的滴定管主要有两种。一种是酸式滴定管,也称之为塞滴定管,酸式滴定管可以用来盛放的溶液包括:酸性溶液、性溶液、氧化性溶液,酸性滴定管不能用来盛放碱性溶液,因为玻璃旋塞会被碱液腐蚀,造成粘连。另一种是碱式滴定管,也称之为无塞滴定管,碱式滴定管不能盛放高锰酸钾、碘溶液、硝酸银溶液;通用型滴定管,带有聚四氟乙烯旋塞,它耐腐蚀、密封性好、不用涂油,既能够盛放酸液,也能盛放碱液。

　　滴定管可用于精确量取溶液体积。每次滴定最好都从“0.00”分度开始。

　　滴定管内壁不能用去污粉清洗,以免划伤内壁,影响体积准确测量。若滴定管有油污可用铬酸洗液润洗,然后依次用自来水冲洗、蒸馏水洗涤三遍备用。酸式滴定管尖部出口被润滑油酯堵塞,快速有效的处理方法是热水浸泡并用力下抖。

　　标定和使用标准滴定溶液时,滴定速度应小于等于反应速度,一般保持在 6~8 mL/min。滴定到终点时,一般 30 s 不褪色即算到达终点;滴定完毕,不应立即读数,而应等 0.5~1 min,以使管壁附着的溶液流下来,以便读数准确可靠。

　　进行滴定操作时,正确的方法是:眼睛注视被滴定溶液颜色变化;滴定管读数,对于无色或浅色溶液,视线与弯液面的最低点平行;对于深色溶液,视线与弯液面的上边缘平行。视线比液面低,会使读数偏高;滴定管记录读数时,应保留至小数点后 2 位。

　　其他需要注意的是:使用碱式滴定管正确的操作是左手捏于稍高于玻璃珠近旁;滴定管使用前不必加热烘干;应用待装标准溶液润洗滴定管三次;滴定开始前要去除尖嘴部分气泡,方法是:将滴定管加满溶液,倾斜 15° 放置然后迅速打开活塞使溶液冲出。

【例题分析】

1. (判断题)实验室最常用的滴定管主要有两种:一种是酸式滴定管;另一种是碱式滴定管。 ( )

　　A. 正确　　　　　　　　　　　　　　B. 错误

2. (判断题)实验室最常用的滴定管主要有两种:一种是玻璃旋塞滴定管;另一种是聚四氟乙烯旋塞滴定管。 ( )

　　A. 正确　　　　　　　　　　　　　　B. 错误

答案:1. A　2. B

解析:这两题属于容易题,考级能力要求为 A。考察学生对滴定管选择的了解。

3. (判断题)酸式滴定管可用于盛放酸性溶液或氧化性溶液,使用时应将右手无名指和小指向手心弯曲,轻轻抵住尖嘴,其余三指控制旋塞转动。 ( )

　　A. 正确　　　　　　　　　　　　　　B. 错误

4. (判断题)使用滴定管时,每次滴定应从"0.00 mL"分度开始。 ( )

　　A. 正确　　　　　　　　　　　　　　B. 错误

5. (判断题)滴定管读数时必须读取弯液面最低点相切的刻度。 ( )

　　A. 正确　　　　　　　　　　　　　　B. 错误

答案:3. B　4. A　5. B

解析:这 3 题属于容易题,考级能力要求为 A。考察学生对滴定管正确操作。

6. (单选题)实验室常用的一种酸式滴定管,也称之为( )。

　　A. 旋塞滴定管　　　　　　　　　　　B. 玻璃旋塞滴定管

　　C. 具塞滴定管　　　　　　　　　　　D. 无塞滴定管

7. 酸式滴定管不能用来盛放( )。

　　A. 碱性溶液　　　B. 酸性溶液　　　C. 氧化性溶液　　　D. 中性溶液

8. 下列不是聚四氟乙烯旋塞滴定管优点的是( )。

　　A. 耐腐蚀　　　B. 密封性好　　　C. 不用涂油　　　D. 耐高温

答案:6. C　7. A　8. D

解析:这 3 题属于容易题,考级能力要求为 A。考察学生对滴定管的了解。

9. 若滴定管有油污可用下列哪种溶液洗涤,然后依次用自来水冲洗、蒸馏水洗涤三遍备用( )。

　　A. 去污粉　　　B. 铬酸洗液　　　C. 强碱溶液　　　D. 强酸洗液

10. (单选题)进行滴定操作时,正确的方法是( )。

　　A. 眼睛看着滴定管中液面下降的位置　　B. 眼睛注视滴定管流速

　　C. 眼睛注视滴定管是否漏液　　　　　　D. 眼睛注视被滴定溶液颜色的变化

11. (单选题)使用碱式滴定管正确的操作是( )。

A. 左手捏于稍低于玻璃珠近旁　　　　B. 左手捏于稍高于玻璃珠近旁

C. 右手捏于稍低于玻璃珠近旁　　　　D. 右手捏于稍高于玻璃珠近旁

答案：9. B　**10.** D　**11.** B

解析：这3题属于较高难度试题。考级能力要求为C。考察学生的滴定操作。

12.（多选题）关于滴定管的使用，下列说法正确的是（　　　）。

A. 滴定管可用于精确量取溶液体积

B. 使用滴定管时，每次滴定最好都从"0.00"分度开始

C. 滴定管读数时，无论溶液颜色深浅，都必须读取弯液面最低点相切的刻度

D. 滴定管内壁不能用去污粉清洗，以免划伤内壁，影响体积准确测量

答案：ABD

解析：本题属于中等难度试题，考级能力要求为B。考察学生对滴定管的使用方法的理解。

【巩固练习】

一、判断题

1. 有一种滴定管为通用型滴定管，它带有聚四氟乙烯旋塞，能够耐腐蚀、密封性好、但必须要涂油。　　　　　　　　　　　　　　　　　　　　　　　　（　　　）

A. 正确　　　　　　　　　　　　B. 错误

2. 有一种滴定管为通用型滴定管，它带有聚四氟乙烯旋塞，它既能够盛放酸液，也能盛放碱液。　　　　　　　　　　　　　　　　　　　　　　　　　　　（　　　）

A. 正确　　　　　　　　　　　　B. 错误

3. 标定和使用标准滴定溶液时，滴定速度一般保持在6～8 mL/min。　　（　　　）

A. 正确　　　　　　　　　　　　B. 错误

4. 滴定管中装入溶液或放出溶液后即可读数，并应使滴定管保持垂直状态。　（　　　）

A. 正确　　　　　　　　　　　　B. 错误

5. 滴定到终了时，一般30 s不褪色即算到达终点。　　　　　　　　　（　　　）

A. 正确　　　　　　　　　　　　B. 错误

二、单选题

1. 酸式滴定管不能盛放碱液的主要原因是（　　　）。

A. 滴定管会被碱液腐蚀

B. 玻璃旋塞会被碱液腐蚀，造成粘连

C. 玻璃旋塞会被碱液腐蚀，造成漏液

D. 以上都不是

2. 实验室常用的一种碱式滴定管，也称之为（　　　）。

A. 皮胶管滴定管　　B. 无塞滴定管　　　C. 具塞滴定管　　　D. 玻璃珠滴定管

3. 碱式滴定管不能盛放（　　　）。

A. 高锰酸钾　　　　B. 碘溶液　　　　C. 硝酸银溶液　　　　D. 以上都是

4. 滴定管读数时,视线比液面低,会使读数(　　)。

A. 偏低　　　　　　　　　　　　B. 偏高

C. 可能偏高也可能偏低　　　　　D. 无影响

5. 滴定管在记录读数时,小数点后应保留(　　)位。

A. 1　　　　　　B. 2　　　　　　C. 3　　　　　　D. 4

三、多选题

1. 聚四氟乙烯旋塞滴定管优点的是(　　)。

A. 耐腐蚀　　　　B. 密封性好　　　　C. 不用涂油　　　　D. 耐高温

2. 酸性滴定管可以用来盛放的溶液包括(　　)。

A. 酸性溶液　　　B. 性溶液　　　C. 碱性溶液　　　D. 氧化性溶液

学　习　内　容

⊛ 知识点172　容量瓶使用方法

【知识梳理】

　　容量瓶主要用于配制标准溶液或试样溶液,也可用于将一定量的浓溶液稀释成准确体积的稀溶液。容量瓶上标有温度、容量、刻度线;容量瓶具备的功能:直接法配制一定体积准确浓度的标准溶液;定容操作;准确稀释某一浓度的溶液。

　　用基准物质配制标准溶液,转移时应使玻璃棒下端和容量瓶颈内壁相接触,而不能和瓶口接触;使溶液缓缓沿玻璃棒和颈内壁全部流入容量瓶内;用洗瓶小心冲洗玻璃棒和烧杯内壁3～5次,并将洗涤液一并移至容量瓶内。

　　容量瓶使用注意事项:容量瓶使用容量瓶前不必要加热烘干,需检查它是否漏水;容量瓶用蒸馏水洗净后,不需用试剂溶液润洗;不能盛装热的溶液,热溶液应冷至室温后再移入容量瓶稀释至标线;当需要准确计算时,容量瓶和移液管均需要进行校正;定容后混匀操作:塞好瓶塞,用食指顶住瓶塞,用另一只手的手指托住瓶底,把容量瓶倒转摇匀;容量瓶的摇匀次数一般为10～20次;容量瓶不宜长期存放溶液。

【例题分析】

1. (判断题)容量瓶主要用于配制标准溶液或试样溶液,也可用于将一定量的浓溶液稀释成准确体积的稀溶液。　　　　　　　　　　　　　　　　　(　　)

A. 正确　　　　　　　　　　　　B. 错误

2. (判断题)容量瓶使用前需先试漏,将容量瓶中加满水塞紧瓶塞,倒置后如无漏水即可使用。　　　　　　　　　　　　　　　　　　　　　　　　　　(　　)

A. 正确　　　　　　　　　　　　B. 错误

3. (判断题)完成定量转移后,加水至容量瓶容积的1/2左右处,将容量瓶摇动几周使溶液初步混匀。　　　　　　　　　　　　　　　　　　　　　　　　(　　)

A. 正确　　　　　　　　　　　　B. 错误

答案：1. A 2. B 3. B

解析： 这3题属于容易题，考级能力要求为A。考察学生对容量瓶的使用方法的了解，属于容易题。

4.（单选题）在实验室常用的玻璃仪器中，可以直接加热的仪器是（ ）。

    A. 量筒和烧杯   B. 容量瓶和烧杯   C. 锥形瓶和烧杯   D. 容量瓶和锥形瓶

5.（单选题）在容量瓶使用方法中，下列操作不正确的是（ ）。

    A. 使用容量瓶前检查它是否漏水

    B. 容量瓶用蒸馏水洗净后，不再用碱液润洗

    C. 将氢氧化钠固体放在天平托盘的滤纸上，准确称量并放入烧杯中溶解后，立即注入容量瓶中

    D. 定容后塞好瓶塞，用食指顶住瓶塞，用另一只手的手指托住瓶底，把容量瓶倒转摇匀

6.（单选题）下列操作中，哪个是容量瓶不具备的功能（ ）。

    A. 直接法配制一定体积准确浓度的标准溶液

    B. 定容操作

    C. 测量容量瓶规格以下的任意体积的液体

    D. 准确稀释某一浓度的溶液

答案：4. C 5. C 6. C

解析： 这3题属于中等难度试题。考级能力要求为C。考察学生对容量瓶的正确使用。

7.（多选题）关于容量瓶的使用，下列说法正确的是（ ）。

    A. 容量瓶不可以加热烘干，也不能盛装热的溶液

    B. 容量瓶在使用前都要用试剂溶液进行润洗

    C. 当需要准确计算时，容量瓶和移液管均需要进行校正

    D. 容量瓶可以长期存放溶液

答案：AC

解析： 本题属于中等难度试题。考级能力要求为C。考察学生对容量瓶的正确使用。

【巩固练习】

一、判断题

    1. 用左手食指顶住容量瓶瓶塞，右手掌握住瓶身，来回倒置摇匀溶液。 （ ）

    A. 正确   B. 错误

    2. 容量瓶定容好的溶液，在瓶身上贴上标签便于长期保存。 （ ）

    A. 正确   B. 错误

    3. 容量瓶在洗涤完后，可以采用烘干操作加快干燥速度。 （ ）

    A. 正确   B. 错误

二、单选题

1. 将固体溶质在小烧杯中溶解，必要时可加热。溶解后溶液转移到容量瓶中时，下列操作中错误的是（　　）。
   A. 趁热转移
   B. 使玻璃棒下端和容量瓶颈内壁相接触，但不能和瓶口接触
   C. 缓缓使溶液沿玻璃棒和颈内壁全部流入容量瓶内
   D. 用洗瓶小心冲洗玻璃棒和烧杯内壁3～5次，并将洗涤液一并移至容量瓶内

2. 使用容量瓶时，下列哪个操作是正确的（　　）。
   A. 将固体试剂放入容量瓶中，加入适量的水，加热溶解后稀释至刻度
   B. 热溶液应冷至室温后再移入容量瓶稀释至标线
   C. 容量瓶中长久贮存溶液
   D. 闲置不用时，盖紧瓶塞，放在指定的位置

3. 容量瓶上标有：① 温度、② 浓度、③ 容量、④ 压强、⑤ 刻度线、⑥ 酸式或碱式，这六项中的（　　）。
   A. ①③⑤　　　　B. ③⑤⑥　　　　C. ①②④　　　　D. ②④⑥

三、多选题

1. 在容量瓶使用方法中，下列操作正确的是（　　）。
   A. 使用容量瓶前需检查它是否漏水
   B. 容量瓶用蒸馏水洗净后，不需用试剂溶液润洗
   C. 定容后塞好瓶塞，用食指顶住瓶塞，用另一只手的手指托住瓶底，把容量瓶倒转摇匀
   D. 定容后把容量瓶倒置摇匀，发现液面降低，继续加水至刻度线

2. 用基准物质配制标准溶液时，下列操作中正确的是（　　）。
   A. 固体基准物质在小烧杯中不需完全溶解，即可转移到容量瓶中
   B. 转移时使玻璃棒下端和容量瓶颈内壁相接触，但不能和瓶口接触
   C. 缓缓使溶液沿玻璃棒和颈内壁全部流入容量瓶内
   D. 用洗瓶小心冲洗玻璃棒和烧杯内壁3～5次，并将洗涤液一并移至容量瓶内

知识点173　移液管使用方法

【知识梳理】

吸管是用来准确移取一定体积液体的玻璃量器。

吸管分单标线吸管（移液管）和分度吸管（吸量管）两类。单标线吸管用来准确移取一定体积的溶液。吸管上部刻有一标线，常见的单标线吸管有5 mL、10 mL、25 mL、50 mL。分度吸管是带有分刻度的移液管，用于准确移取所需不同体积的液体。

移液管操作步骤的是洗涤、吸液、调液面。

移液管的洗涤：洗涤前要检查吸管的上口和排液嘴，必须完整无损。吸管一般先用自来水冲洗，然后用铬酸洗液润涤：让洗液布满全管，停放1～2 min，从上口将洗液放回原瓶。用洗液洗涤后，沥尽洗液（洗涤污水进入废液缸），然后用自来水充分冲洗，再用蒸馏水润洗3

次,备用。

吸管的操作:移取溶液前,先吹尽管尖残留水,然后用欲移取的溶液润洗 3 次(在使用前用待装溶液润洗三次的是试剂瓶、滴定管、移液管)。

移取待吸溶液时,将吸管管尖插入液面下 $1\sim 2$ cm。

当管内液面升高到刻度以上时,移去洗耳球,迅速用右手食指堵住管口,将管上提,离开液面,用滤纸拭干管下端外部。将管尖靠盛废液瓶的内壁,稍松右手食指,用右手拇指及中指轻轻捻转管身,使液面缓慢而平稳下降,直到溶液弯液面的最低点与刻度线上边缘相切(注意:视线与刻度线上边缘在同一水平面上),立即停止捻动并用食指按紧管口,保持容器内壁与吸管口端接触,以除移液。取出吸管,立即插入管放出液体承接溶液的器皿中,仍使管尖接触器皿内壁,使容器倾斜而移液管直立,松开食指,让管内溶液自由地顺壁流下,在整个排放和等待过程中,流液口尖端和容器内壁接触保持不动。对于单标线吸管,待液面下降到管尖后,需等待 15 s,再取出吸管。

移液管的使用一般不必吹出残留液,若吸量管的分度刻至管尖,管上标有"吹"字,并需要从最上面的标线放至管尖时,则在溶液流至管尖后随即从管口轻轻吹一下;而无"吹"字的分度吸管,不必吹出残留在管尖的溶液。

用 10 mL 吸管移出溶液的准确体积应记录为 10.00 mL

【例题分析】

1. (判断题)吸管是用来准确移取一定体积液体的玻璃量器,主要分为单线吸管和分度吸管两大类。　　　　　　　　　　　　　　　　　　　　　　　　　　　(　)

   A. 正确　　　　　　　　　　　　　　B. 错误

> **答案:**A
>
> **解析:**本题属于容易题。考级能力要求为 A。主要考察移液管分类。

2. (判断题)用 $20\sim 30$ mL 水溶解基准物质时,可用移液管移取蒸馏水。　　(　)

   A. 正确　　　　　　　　　　　　　　B. 错误

3. (判断题)取液体试剂时可用吸管直接从原瓶中吸取。　　　　　　　　　(　)

   A. 正确　　　　　　　　　　　　　　B. 错误

> **答案:2.** B　**3.** B
>
> **解析:**这两题属于容易题。考级能力要求为 A。主要考察吸管的使用。

4. (单选题)下列器皿中,不需要在使用前用待装溶液润洗三次的是(　 　)。

   A. 试剂瓶　　　　　B. 滴定管　　　　　C. 容量瓶　　　　　D. 移液管

5. 在实验中要准确量取 20.00 mL 溶液,可以使用的仪器有(　 　)。

   A. 量筒　　　　　　B. 量杯　　　　　　C. 胶帽滴管　　　　D. 吸管(移液管)

> **答案:4.** C　**5.** D
>
> **解析:**这两题属于中等难度试题。考级能力要求为 B。主要考察常见容器选用。

6. 下面移液管的使用正确的是(　　)。

  A. 一般不必吹出残留液

  B. 用蒸馏水淋洗后即可移液

  C. 用后洗净,加热烘干后即可再用

  D. 移液管只能粗略地量取一定量液体体积

7. 放出移液管中的溶液时,当液面降至管尖后,应至少等待(　　)。

  A. 5 s   B. 10 s   C. 15 s   D. 20 s

答案:6. A **7.** C

解析:这两题属于容易题。考级能力要求为 A。考察学生对移液管的使用方法的掌握。

8. (多选题)下列属于移液管操作步骤的是(　　)。

  A. 检漏   B. 洗涤   C. 吸液   D. 调液面

答案:BCD

解析:本题属于容易题。考级能力要求为 A。考察学生对移液管的操作步骤的了解。

【巩固练习】

一、判断题

1. 用铬酸洗液洗涤吸管时,需让洗液布满全管,停放 1～2 min,再放回原瓶。 (　　)

  A. 正确   B. 错误

2. 用移液管放液时,可将管尖插入承接器底,直至放液完成。 (　　)

  A. 正确   B. 错误

3. 使用移液管放液时,对吹出式分度吸量管,尖端任残留液体需吹入承接器中,保证移取体积的准确。 (　　)

  A. 正确   B. 错误

二、单选题

1. 用 10 mL 吸管移出溶液的准确体积应记录为(　　)。

  A. 10 mL   B. 10.0 mL   C. 10.00 mL   D. 10.000 mL

2. 下面有关移液管的洗涤使用正确的是(　　)。

  A. 用自来水洗净后即可移液   B. 用蒸馏水洗净后即可移液

  C. 用洗涤剂洗净后即可移液   D. 用移取液润洗 3 遍后即可移液

3. 下面不属于移液管操作步骤的是(　　)。

  A. 检漏   B. 洗涤   C. 吸液   D. 调液面

4. 下面不属于移液管规格的是(　　)。

  A. 10 mL   B. 20 mL   C. 50 mL   D. 100 mL

三、多选题

1. 下列器皿中,需要在使用前用待装溶液润洗三次的是(　　)。

A. 试剂瓶　　　　　B. 滴定管　　　　　C. 容量瓶　　　　　D. 移液管

2. 关于移液管的操作使用,下列说法中正确的是(　　)。

A. 洗好的移液管必须达到内壁和外壁的下部完全不挂水珠

B. 移取待吸液时,将管尖插入液面下 3～4 cm

C. 移液管调零结束后,保持容器内壁与移液管管口端接触,以除去吸附于管口的液滴

D. 移液管用完后应立即用自来水冲洗,再用蒸馏水润洗干净,放在管架上

综合练习

一、单选题

1. 0.2 mol/L Na₂CO₃ 中 Na⁺ 物质的量浓度为(　　)。

    A. 0.1 mol/L　　　　B. 0.2 mol/L　　　　C. 0.4 mol/L　　　　D. 0.6 mol/L

2. 0.2 mol/L H₂SO₄ 中 H⁺ 物质的量浓度为(　　)。

    A. 0.1 mol/L；　　　B. 0.2 mol/L　　　　C. 0.4 mol/L　　　　D. 0.6 mol/L

3. 标准状态 2.24 L HCl 溶于水配制成 1 L 溶液,所得盐酸溶液的物质的量浓度为(　　)。

    A. 0.1 mol/L　　　　B. 0.2 mol/L　　　　C. 0.4 mol/L　　　　D. 0.6 mol/L

4. 100 g 质量分数为 9.8% 的硫酸溶于水配制成 1 L 溶液,所得硫酸的溶液的 H⁺ 物质的量浓度为(　　)[$M(H_2SO_4)=98.00$ g/mol](　　)。

    A. 0.1 mol/L　　　　B. 0.2 mol/L　　　　C. 0.4 mol/L　　　；D. 0.6 mol/L

5. 100 mL 0.2 mol/L Na₂CO₃ 溶液中 Na₂CO₃ 的质量为[$M(Na_2CO_3)=106.0$ g/mol](　　)。

    A. 1.06 g　　　　B. 2.12 g　　　　C. 3.18 g　　　　D. 4.24 g

6. 下列溶液与 0.2 mol/L H₂SO₄ 中 H⁺ 物质的量浓度相同的是(　　)。

    A. 0.2 mol/L HCl　　　　　　　　　B. 0.2 mol/L H₂SO₃

    C. 0.4 mol/L HCl；　　　　　　　　D. 0.2 mol/L H₂CO₃

7. 下列溶液与 0.2 mol/L NaOH 溶液中 OH⁻ 物质的量浓度相同的是(　　)。

    A. 0.1 mol/L KOH　　　　　　　　　B. 0.2 mol/L NH₃·H₂O

    C. 0.1 mol/L Ba(OH)₂　　　　　　　D. 0.2 mol/L Ba(OH)₂

8. 在 Na₂CO₃＋H₂SO₄ ══ Na₂SO₄＋H₂O＋CO₂,反应中,H₂SO₄ 的基本单元是(　　)。

    A. H₂SO₄　　　　　　　　　　　　　B. 1/2H₂SO₄

    C. 1/4H₂SO₄　　　　　　　　　　　D. 1/7H₂SO₄

9. 已知 $c(1/2H_2SO_4)=0.500$ mol/L,则 100 mL 该溶液中含有硫酸的质量为[$M(H_2SO_4)=98$ g/mol](　　)。

    A. 19.6 g　　　　B. 9.8 g　　　　C. 4.9 g　　　　D. 2.45 g

10. 每升溶液中含有高锰酸钾 3.16 g,则 $c(1/5KMnO_4)$ 为[$M(KMnO_4)=158$ g/mol](　　)。

    A. 0.02 mol/L　　　B. 0.05 mol/L　　　C. 0.1 mol/L　　　D. 0.5 mol/L

11. 已知 $c(1/2H_2SO_4)=0.500$ mol/L,则 $c(H_2SO_4)$ 为(　　)。

    A. 0.250 mol/L　　　　　　　　　　B. 0.500 mol/L

    C. 1.000 mol/L　　　　　　　　　　D. 0.125 mol/L

12. 已知 $c(KMnO_4)=0.02000$ mol/L,则 $c(1/5KMnO_4)$ 为(　　)。

    A. 0.02000 mol/L　　　　　　　　　B. 0.1000 mol/L

　　　C. 0.01000 mol/L　　　　　　　　D. 0.004000 mol/L

13. 每升溶液中含有硫酸 9.8 g，则 $c(1/2H_2SO_4)$ 为 $[M(H_2SO_4)=98\ g/mol]($　　$)$。

　　　A. 0.1 mol/L　　　B. 0.05 mol/L　　　C. 0.2 mol/L　　　D. 0.02 mol/L

14. $T(Cl^-/AgNO_3)=0.5000\ mg/mL$ 表示(　　)。

　　　A. 每消耗 1 mL $AgNO_3$ 标准滴定溶液相当于被测组分中含有 0.5000 mg Cl^-

　　　B. 每消耗 1 mL Cl^- 标准滴定溶液相当于被测组分中含有 0.5000 mg $AgNO_3$

　　　C. 1 mL $AgNO_3$ 标准滴定溶液含有 0.5000 mg Cl^-

　　　D. 1 mL Cl^- 标准滴定溶液含有 0.5000 mg $AgNO_3$

15. 已知 $T(Cl^-/AgNO_3)=0.5000\ mg/mL$，则所表示的标准溶液物质的量浓度为 $[M(Cl^-)=35.5\ g\cdot mol^{-1}]($　　$)$。

　　　A. $c(Cl^-)=0.01408\ mol/L$　　　　　B. $c(AgNO_3)=0.01408\ mol/L$

　　　C. $c(Cl^-)=0.02941\ mol/L$　　　　　D. $c(AgNO_3)=0.02941\ mol/L$

16. 已知 $T(Ca^{2+}/EDTA)=0.04000\ mg/mL$，一次例行测定中消耗 EDTA 的体积为 15.20 mL，则被测试样中含有 Ca^{2+} 的质量为(　　)。

　　　A. 0.6080 g　　　B. 0.6080 mg　　　C. 0.3040 g　　　D. 0.3040 mg

17. 已知 $T(NH_3/HCl)=0.5000\ mg/mL$，则所表示的标准溶液物质的量浓度为 $[M(NH_3)=17.03\ g/mol]($　　$)$。

　　　A. $c(NH_3)=0.01468\ mol/L$　　　　　B. $c(NH_3)=0.02936\ mol/L$

　　　C. $c(HCl)=0.01468\ mol/L$　　　　　D. $c(HCl)=0.02936\ mol/L$

18. 已知 $T(HAc/NaOH)=200.0\ mg/mL$，一次例行测定中消耗 NaOH 的体积为 25.48 mL，则被测试样中含有 HAc 的质量为(　　)。

　　　A. 12.74 g　　　B. 12.74 mg　　　C. 509.6 mg　　　D. 5.096 g

19. 0.1015 mol/L 的 HCl 对 NH_3 的滴定度 $T(NH_3/HCl)$ 为 $[M(NH_3)=17.03\ g/mol]$(　　)。

　　　A. 1.729 mg/mL　　　　　　　　B. 1.729 g/mL

　　　C. 3.458 mg/mL　　　　　　　　D. 3.458 mg/mL

20. 现有 2000 mL 浓度为 0.1024 mol/L 的某标准溶液，欲将其浓度调整为 0.1000 mol/L，需加入水的体积为(假设溶液体积具有加和性)(　　)。

　　　A. 48.00 mL　　　B. 4.80 mL　　　C. 46.88 mL　　　D. 4.69 mL

21. 在 100 mL 浓度为 0.0800 mol/L 的 NaOH 溶液中，欲将其浓度调整为 0.200 mol/L，需加入 0.500 mol/L 的 NaOH 溶液的体积为(假设溶液体积具有加和性)(　　)。

　　　A. 4.00 mL　　　B. 40.00 mL　　　C. 93.33 mL　　　D. 9.33 mL

22. 取 100 mL 0.3 mol/L 和 300 mL 0.25 mol/L 的硫酸注入 500 mL 容量瓶中，加水稀释至刻度线，该混合溶液中 H^+ 的物质的量浓度是(　　)。

　　　A. 0.21 mol/L　　　　　　　　B. 0.42 mol/L

　　　C. 0.56 mol/L　　　　　　　　D. 0.26 mol/L

23. 滴定 25.00 mL 氢氧化钠溶液，用去 0.1050 mol/L HCl 标准溶液 26.50 mL，则该氢氧化钠的物质的量浓度为(　　)。

A. 0.09906 mol/L   B. 0.1981 mol/L

C. 0.1113 mol/L   D. 0.2226 mol/L

24. 滴定 25.00 mL 氢氧化钠溶液,用去 0.1050 mol/L HCl 标准溶液 26.50 mL,则该氢氧化钠的质量浓度为 $[M(NaOH)=40.00\ g\cdot mol^{-1}]$（　　）。

    A. 4.5 g/L   B. 4.452 g/L   C. 4.5 mg/L   D. 4.452 mg/L

25. 标定某氢氧化钠溶液时,准确称取基准邻苯二甲酸氢钾 0.4104 g,溶于水,滴定用去氢氧化钠 36.70 mL,则该氢氧化钠的物质的量浓度为（　　）$[M(KHP)=204.22\ g/mol]$。（　　）。

    A. 0.05476 mol/L   B. 0.1095 mol/L

    C. 0.02738 mol/L   D. 0.2190 mol/L

26. 标定某盐酸溶液时,准确称取基准无水碳酸钠 0.3026 g,溶于水,滴定用去盐酸 28.88 mL,则该盐酸的物质的量浓度为 $[M(Na_2CO_3)=106.0\ g/mol]$（　　）。

    A. 0.09885 mol/L   B. 0.1977 mol/L

    C. 0.3954 mol/L   D. 0.2008 mol/L

27. 用基准物质草酸钠标定高锰酸钾溶液。称取 $0.2215\ g\ Na_2C_2O_4$,溶于水后加入适量的硫酸酸化,然后用高锰酸钾滴定,用去 30.67 mL。则高锰酸钾基本单元的物质的量的浓度为 $[M(Na_2C_2O_4)=134.0\ g/mol]$（　　）。

    A. 0.02156 mol/L   B. 0.5390 mol/L

    C. 0.2156 mol/L   D. 0.1078 mol/L

28. 现有硫酸样品 1.5250 g,放与 250 mL 的容量瓶中,稀释至刻度,摇匀,移取 25.00 mL,以 0.1044 mol/L NaOH 溶液滴定,到达终点时消耗 25.43 mL,则试样中硫酸的质量分数为 $[M(H_2SO_4)=98.07\ g/mol]$（　　）。

    A. 85.37%   B. 42.69%$^{-1}$ C. 8.54%   D. 4.27%

29. 称取 0.5185 g 含有水溶性氯化物的样品,用 0.1000 mol/L $AgNO_3$ 标准溶液滴定,到达终点时消耗 44.20 mL,则样品中氯化物中 Cl 的质量分数为 $[M(Cl)=35.45\ g/mol]$（　　）。

    A. 3.02%   B. 0.30%   C. 30.22%   D. 15.11%

30. 称取工业草酸 $[H_2C_2O_4\cdot H_2O]$ 1.6800 g,置于 250 mL 的容量瓶中,稀释至刻度,摇匀,移取 25.00 mL,以 0.1045 mol·L^{-1} NaOH 溶液滴定,消耗 24.65 mL,则试样中工业草酸的质量分数为 $[M(H_2C_2O_4\cdot H_2O)=126.1\ g/mol]$（　　）。

    A. 4.83%   B. 9.67%   C. 48.34%   D. 96.67%

31. 称取 0.8806 g 邻苯二甲酸氢钾(KHP)样品,溶于适量水后用 0.2050 mol/L NaOH 标准溶液滴定,用去 NaOH 标准溶液 20.10 mL,则该样品中含纯邻苯二甲酸氢钾(KHP)的质量分数为 $[M(KHP)=204.22\ g/mol]$（　　）。

    A. 95.56%   B. 9.56%   C. 47.78%   D. 4.78%

32. 准确移取 10.00 mL 工业醋酸样品,放与 250 mL 的容量瓶中,稀释至刻度,摇匀,移取 25.00 mL,以 0.2016 mol/L NaOH 溶液滴定,到达终点时消耗 22.58 mL,试样中醋酸的质量浓度为 $[M(HAc)=60.05\ g/mol]$（　　）。

A. 546.7 mg/mL   B. 273.4 g/mL

C. 273.4 g/L   D. 273.4 mg/L

33. 准确移取 50.00mL 工业用水,以 0.02008 mol/L EDTA 溶液滴定,到达终点时消耗 11.58mL,则试样中碳酸钙表示的水的硬度为 $[M(CaCO_3) = 100.1 \ g/mol]$ ( )。

    A. 465.5 mg/mL   B. 465.5 g/L

    C. 465.5 mg/L   D. 46.55 mg/L

34. 准确移取 25.00mL 硫酸试样,以 0.2044 mol/L NaOH 溶液滴定,到达终点时消耗 25.68mL,则试样中硫酸的质量浓度为 $[M(H_2SO_4) = 98.07 \ g/mol]$ ( )。

    A. 10.30 mg/L   B. 10.30 g/L

    C. 20.59 mg/L   D. 20.59 g/L

35. 准确移取 2.50mL 工业用双氧水,以 0.02012 mol/L KMnO$_4$ 标准溶液滴定,到达终点时消耗 22.58mL,则试样中 H_2O_2 的质量浓度为 $[M(H_2O_2) = 34.02 \ g/mol]$ ( )。

    A. 154.6 mg/L   B. 1.55 g/L   C. 15.46 mg/L   D. 15.46 g/L

36. 现需要配制 0.1000 mol/L KIO$_3$ 溶液,下列量器中最合适的量器是( )。

    A. 容量瓶   B. 量筒

    C. 刻度烧杯   D. 酸式滴定管

37. 容量瓶的内表面不可用下列哪种溶液洗涤( )。

    A. 铬酸洗液   B. 洗涤精   C. 去污粉   D. 自来水

38. 用 25 mL 移液管移取溶液的准确体积应该是( )。

    A. 25.0 mL   B. 25.00 mL   C. 25 mL   D. 25.000 mL

39. 下列不是单标线吸管特点的是( )。

    A. 部分管径小

    B. 准确度高

    C. 在仪器分析中配置系列溶液时应用较多

    D. 用于量取整数体积溶液

40. 在常量分析中需要取 25.00 mL 的溶液,下列哪种仪器不可选用( )。

    A. 滴定管   B. 移液管   C. 量筒   D. 吸量管

41. 酸式滴定管尖部出口被润滑油酯堵塞,快速有效的处理方法是( )。

    A. 热水中浸泡并用力下抖   B. 用细铁丝通并用水洗

    C. 装满水利用水柱的压力压出   D. 用洗耳球对吸

42. 有关滴定管的使用错误的是( )。

    A. 使用前应洗干净,并检漏

    B. 滴定前应保证尖嘴部分无气泡

    C. 要求较高时,要进行体积校正

    D. 为保证标准溶液浓度不变,使用前可加热烘干

43. 指出下列滴定分析操作中,规范的操作是( )。

A. 滴定之前,用待装标准溶液润洗滴定管三次

B. 滴定时摇动锥形瓶有少量溶液溅出

C. 在滴定前,锥形瓶应用待测液淋洗三次

D. 滴定管加溶液不到零刻度 1 cm 时,用滴管加溶液到溶液弯月面最下端与"0"刻度相切

44. 进行滴定分析时,以下不是滴定管准备部分的是(   )。

A. 洗涤　　　　　　　　　　　B. 加标准溶液

C. 调节零点　　　　　　　　　D. 到达终点停顿 30 s,再读数

45. 对于酸式滴定管赶气泡描述正确的是(   )。

A. 将滴定管加满溶液,垂直放置,然后迅速打开活塞使溶液冲出

B. 将滴定管加满溶液,倾斜 45°放置,然后迅速打开活塞使溶液冲出

C. 将滴定管加满溶液,倾斜 30°放置,然后迅速打开活塞使溶液冲出

D. 将滴定管加满溶液,倾斜 15°放置,然后迅速打开活塞使溶液冲出

46. 对于无色或浅色溶液,在读数时应读(   )。

A. 液面的两侧高点　　　　　　B. 弯液面的最低点

C. 弯液面的最高点　　　　　　D. 弯液面的最亮点

47. 下列关于滴定操作描述不正确的是(   )。

A. 调节滴定管的高度,使其下端伸入瓶口约 1 cm

B. 用右手腕力摇动锥形瓶,做同一方向的圆周运动

C. 滴定刚开始可以多滴两滴,再摇动锥形瓶

D. 每次滴定最好从读数 0.00 mL 开始,也可以从 0.00 mL 附近某一读数开始

48. 有关容量瓶的说法,正确的是(   )。

A. 容量瓶是一种量出式容量仪器

B. 容量瓶不宜长期存放溶液

C. 容量瓶可以用做反应容器

D. 容量瓶可用来直接溶解固体溶质

49. 摇匀溶液时,容量瓶的摇匀次数为(   )。

A. 5~6 次　　　　B. 8~10 次　　　　C. 10~20 次　　　　D. 20 次以上

50. 实验室配制 0.20 mol/L NaOH 溶液,下列操作正确的是(   )。

A. 在烧杯中溶解后没有冷却直接转移到容量瓶

B. 洗涤烧杯后的溶液用玻璃棒引流到容量瓶中

C. 定容时,溶液的凹液面高于刻度线,用胶头滴管吸出多余的溶液使凹液面正好与刻度线相切

D. 定容后把容量瓶倒置摇匀,发现液面降低,继续加水至刻度线

二、判断题

1. 将 1.0600 g Na_2CO_3 溶于蒸馏水水中配制成 100.00 mL 溶液,所得 Na_2CO_3 溶液的物质的量浓度为 0.1000 mol/L$[M(Na_2CO_3)=106.0$ g/mol$]$。　　　　(   )

A. 正确　　　　　　　　　　　B. 错误

2. 将 0.4000 g NaOH 溶于 100.00 mL 蒸馏水水中,所得 NaOH 溶液的物质的量浓度
为 0.1000 mol/L[$M(NaOH)=40.00$ g/mol]。 （ ）

    A. 正确   B. 错误

3. 0.1000 mol/LHAc 溶液中 H^+ 物质的量浓度为 0.1000 mol/L （ ）

    A. 正确   B. 错误

4. 酸碱中和反应是以给出或接受一个 H^+ 的特定组合作为基本单元。 （ ）

    A. 正确   B. 错误

5. $KMnO_4$ 的基本单元是 $1/5KMnO_4$。 （ ）

    A. 正确   B. 错误

6. 在 $Na_2CO_3+HCl = NaCl+NaHCO_3$ 的反应中 Na_2CO_3 的基本单元是 $1/2Na_2CO_3$。 （ ）

    A. 正确   B. 错误

7. 配位滴定中金属离子的基本单元与金属离子所带电荷无关。 （ ）

    A. 正确   B. 错误

8. 在工厂实验室的例行分析中,用滴定度表示标准溶液的组成,可以简化分析结果计
算。 （ ）

    A. 正确   B. 错误

9. 滴定度表示 1 mL 标准滴定溶液含有被测组分的含量。 （ ）

    A. 正确   B. 错误

10. 滴定度表示 1 mL 标准滴定溶液相当于被测组分的质量。 （ ）

    A. 正确   B. 错误

11. 滴定度表示 1 mL 被测试样溶液中所含被测组分的含量。 （ ）

    A. 正确   B. 错误

12. 将 10.6000 g Na_2CO_3 溶于水,配制成 1000.00 mL 的溶液,所得 Na_2CO_3 溶液的物
质的量浓度为 0.1000 mol/L[$M(Na_2CO_3)=106.0$ g/mol]。 （ ）

    A. 正确   B. 错误

13. 1000.00 mL 水溶液中含有 0.5000 g Ca^{2+},Ca^{2+} 的质量浓度为 0.5000 g/L。 （ ）

    A. 正确   B. 错误

14. 100.0 g 水中溶解 10.00 g NaCl,则 NaCl 的质量分数为 10.00%。 （ ）

    A. 正确   B. 错误

15. 欲配制 1.0000 mol/L 的 Na_2CO_3 溶液 950.00 mL,应称取 100.7 g Na_2CO_3,溶解在
950 mL 的容量瓶中[$M(Na_2CO_3)=106.0$ g/mol]。 （ ）

    A. 正确   B. 错误

16. 10% 的硫酸和 20% 的硫酸溶液等体积混合后,硫酸的质量分数为 15%。 （ ）

    A. 正确   B. 错误

17. 10% 的硫酸和 20% 的硫酸溶液等质量混合后,硫酸的质量分数为 15%。 （ ）

    A. 正确   B. 错误

18. 0.10 mol/L 的硫酸 100.0 mL 和 0.30 mol/L 的硫酸溶液 100.0 mL 混合后,硫酸的物质的量浓度为 0.20 mol/L(假设混合后溶液体积为 200.0 mL)。　　(　　)

  A. 正确   B. 错误

19. 0.10 mol/L 的硫酸和 0.30 mol/L 的硫酸等质量混合后,硫酸的物质的量浓度为 0.20 mol/L。　　(　　)

  A. 正确   B. 错误

20. 将 2.24 L HCl 溶于水配制成 1000.00 mL 的盐酸溶液,所得盐酸溶液物质的量浓度为 0.1000 mol/L。　　(　　)

  A. 正确   B. 错误

21. 0.1000 mol/L H_2SO_4 溶液中,H^+ 的物质的量浓度为 0.1000 mol/L。　　(　　)

  A. 正确   B. 错误

22. 250 mL 容量瓶瓶颈上的标线是指水在 0 ℃时装至刻度线时的体积为 250 mL。　　(　　)

  A. 正确   B. 错误

23. 单标线吸管是用来准确吸取不同体积液体的。　　(　　)

  A. 正确   B. 错误

24. 每次滴定完毕后,滴定管中多余试剂不能随意处置,应倒回原瓶中。　　(　　)

  A. 正确   B. 错误

25. 滴定完毕,不要立即读数,而应等 0.5～1 min,以使管壁附着的溶液流下来,使读数准确可靠。　　(　　)

  A. 正确   B. 错误

三、多选题

1. 滴定分析的基本条件有(　　)。

  A. 反应按化学计量关系定量进行   B. 反应必须进行完全

  C. 反应速率要快   D. 有适当的指示剂

2. 按照标准滴定溶液与被测组分之间发生化学系反应类型的不同,滴定分析可分为(　　)。

  A. 酸碱滴定法   B. 配位滴定法

  C. 氧化还原滴定法   D. 沉淀滴定法

3. 关于滴定度的描述,下列说法中正确的是(　　)。

  A. 滴定度表示 1 mL 标准滴定溶液含有被测组分的质量

  B. 滴定度表示 1 mL 标准滴定溶液相当于被测组分的质量

  C. 滴定度表示 1 mL 被测试样溶液中所含被测组分的质量

  D. 在工厂实验室的例行分析中,用滴定度表示标准溶液的组成,可以简化分析结果

的计算

4. 关于标准溶液配制,下列说法正确的是( )。

    A. 所有的标准溶液都可以用直接法配制

    B. 标准溶液配制方法包括直接配制法和间接配制法

    C. 基准物质可以直接配制成标准溶液

    D. 不符合基准物质条件的物质,其标准溶液必须采用间接法配制

5. 关于标准溶液配制方法下列说法正确的是( )。

    A. 用万分之一天平,准确称取基准物质进行配制

    B. 可以选用分析纯的化学物质进行直接配制

    C. 对于一些不符合基准物质条件的化学物质,可先配制一个近似浓度,然后进行标定

    D. 基准物质在使用之前一般需经干燥处理

6. 基准物质必须具备下列条件( )。

    A. 具备足够的纯度   B. 物质的组成与化学式完全符合

    C. 不含结晶水   D. 性质稳定

7. 关于等物质的量反应规则,下列说法中正确的是( )。

    A. 所谓等物质的量反应规则就是参加反应的各物质的物质的量相等

    B. 在选取基本单元原则下,滴定到化学计量点时,待测组分的物质的量与滴定剂的物质的量相等

    C. 在选取基本单元原则下,滴定终点时,待测组分的物质的量与滴定剂的物质的量相等

    D. 在滴定分析中,为了方便通常采用等物质的量反应规则进行计算

8. 聚四氟乙烯旋塞滴定管优点的是( )。

    A. 耐腐蚀   B. 密封性好   C. 不用涂油   D. 耐高温

9. 酸性滴定管可以用来盛放的溶液包括( )。

    A. 酸性溶液   B. 中性溶液   C. 碱性溶液   D. 氧化性溶液

10. 在容量瓶使用方法中,下列操作正确的是( )。

    A. 使用容量瓶前需检查它是否漏水

    B. 容量瓶用蒸馏水洗净后,不需用试剂溶液润洗

    C. 定容后塞好瓶塞,用食指顶住瓶塞,用另一只手的手指托住瓶底,把容量瓶倒转摇匀

    D. 定容后把容量瓶倒置摇匀,发现液面降低,继续加水至刻度线

11. 用基准物质配制标准溶液时,下列操作中正确的是( )。

    A. 固体基准物质在小烧杯中不需完全溶解,即可转移到容量瓶中

    B. 转移时使玻璃棒下端和容量瓶颈内壁相接触,但不能和瓶口接触

C. 缓缓使溶液沿玻璃棒和颈内壁全部流入容量瓶内

D. 用洗瓶小心冲洗玻璃棒和烧杯内壁 3～5 次,并将洗涤液一并移至容量瓶内

12. 关于移液管的操作使用,下列说法中正确的是(　　)。

A. 洗好的移液管必须达到内壁和外壁的下部完全不挂水珠

B. 移取待吸液时,将管尖插入液面下 3～4 cm

C. 移液管调零结束后,保持容器内壁与移液管管口端接触,以除去吸附于管口的液滴

D. 移液管用完后应立即用自来水冲洗,再用蒸馏水润洗干净,放在管架上

第十三章
酸碱滴定

知识结构 »

知识分类		序号	知识点
酸碱滴定	水溶液中的酸碱平衡	38	酸碱滴定概念
		39	酸度及酸的浓度的概念
		40	碱度及碱的浓度的概念
		41	pH、pOH 的概念
		42	强酸、强碱溶液 pH 值的计算
		43	弱酸、弱碱溶液 pH 值的计算
		44	水解性盐溶液 pH 值的计算
		45	缓冲溶液的概念
		46	常见缓冲溶液的组成及原理($HAc-NaAc$,NH_3-NH_4Cl)
	酸碱指示剂	47	酸碱指示剂变色原理
		48	几种常见指示剂的变色范围(酚酞、甲基橙)
	滴定曲线和指示剂的选择	49	滴定曲线、滴定突跃(强酸滴强碱、强碱滴强酸、强碱滴弱酸)
		50	酸碱指示剂的定义,了解酸碱滴定中指示剂选择方法
	酸碱滴定应用	51	盐酸标准溶液的配制及标定
		52	氢氧化钠标准溶液配制及标定
		53	混合碱含量分析方法(成份判断)
		54	工业醋酸含量测定
		55	氨水中氨含量的分析方法

考纲要求 »

考试内容		序号	说　明	考试要求
酸碱滴定	水溶液中的酸碱平衡	38	理解酸碱滴定概念	A/B
		39	理解酸度及酸的浓度的概念	A/B
		40	理解碱度及碱的浓度的概念	A/B
		41	理解 pH、pOH 的概念	A/B
		42	掌握强酸、强碱溶液 pH 值的计算	A/B/C
		43	理解弱酸、弱碱溶液 pH 值的计算	A/B
		44	理解水解性盐溶液 pH 值的计算	A/B
		45	了解缓冲溶液的概念	A
		46	理解常见缓冲溶液的组成及原理(HAc—NaAc,NH₃—NH₄Cl)	A/B
	酸碱指示剂	47	了解酸碱指示剂变色原理	A
		48	了解几种常见指示剂的变色范围(酚酞、甲基橙)	A
	滴定曲线和指示剂的选择	49	了解滴定曲线、滴定突跃(强酸滴强碱、强碱滴强酸、强碱滴弱酸)	A
		50	理解酸碱指示剂的定义,了解酸碱滴定中指示剂选择的方法	A/B
	酸碱滴定应用	51	掌握盐酸标准溶液的配制及标定	A/B/C
		52	掌握氢氧化钠标准溶液的配制及标定	A/B/C
		53	理解混合碱含量分析方法(成分判断)	A/B
		54	掌握工业醋酸含量测定	A/B/C
		55	了解氨水中氨含量的分析方法	A

第一节 水溶液中的酸碱平衡

1. 理解酸碱滴定概念；
2. 理解酸度及酸的浓度的概念；
3. 理解碱度及碱的浓度的概念；
4. 理解 pH、pOH 的概念；
5. 掌握强酸、强碱溶液 pH 值的计算；
6. 理解弱酸、弱碱溶液 pH 值的计算；
7. 理解水解性盐溶液 pH 值的计算；
8. 了解缓冲溶液的概念；
9. 理解常见缓冲溶液的组成及原理（$HAc-NaAc$，NH_3-NH_4Cl）。

✪ 知识点 174　酸碱滴定概念

【知识梳理】

利用酸和碱的中和反应来进行滴定的分析方法称为酸碱滴定法。酸碱滴定法，又称为中和滴定法，反应速率快，有很多适当的指示剂确定滴定终点，酸碱中和反应的实质是 H^+ 和 OH^- 中和生成难以电离的水。

在酸碱滴定法中 H^+ 和 OH^- 反应的物质的量的关系是 $n(H^+)=n(OH^-)$。

酸的定义：电离时生成的阳离子全部是氢离子的化合物；

碱的定义：电离时生成的阴离子全部是氢氧根离子的化合物。

【例题分析】

1.（判断题）因为酸碱滴定法的终点难以把握，所以该方法在化工生产中很少使用。

（　　）

　　A. 正确　　　　　　　　　　B. 错误

> **答案：**B
>
> **解析：**本题为容易题，考级能力要求为 A。主要考查酸碱滴定应用范围。

2.（判断题）酸碱中和反应的实质是 H^+ 和 OH^- 中和生成难以电离的水。　　（　　）

　　A. 正确　　　　　　　　　　B. 错误

> **答案：**A
>
> **解析：**本题属于容易题，考级能力要求为 B。要求理解酸碱中和反应的实质。

3. (单选题)酸和碱反应的实质是( )反应生成难以电离的电解质。

  A. Cl^- 和 Ag^+ B. H^+ 和 OH^- C. Ba^{2+} 和 SO_4^{2-} D. Ca^{2+} 和 CO_3^{2-}

答案：B

解析：本题属于容易题。考级能力要求为 B。要求理解酸碱中和反应的实质。

4. (单选题)在酸碱滴定法中 H^+ 和 OH^- 反应的物质的量的关系是( )。

  A. $n\,H^+ = n\,OH^-$ B. $n\,H^+ = 2n\,OH^-$

  C. $n\,H^+ = 3n\,OH^-$ D. $n\,H^+ = 4n\,OH^-$

答案：A

解析：本题属于容易题。考级能力要求为 B。要求理解酸碱中和反应的定量关系。

5. (多选题)关于酸碱滴定法，下列说法正确的是( )。

  A. 又称为中和滴定法   B. 反应速率快

  C. 有适当的指示剂确定滴定终点   D. 反应的实质是 H^+ 与 OH^- 中和生成水

答案：ABCD

解析：本题属于中等难度试题考级能力要求为 B。主要考查酸碱滴定法概念及反应特征。

【巩固练习】

一、判断题

所有的酸或碱都可以用酸碱滴定法进行测定。   ( )

  A. 正确   B. 错误

二、单选题

下列有关酸的定义正确的是( )。

  A. 溶液显酸性的化合物

  B. 能电离生成氢离子的化合物

  C. 电离时生成的阳离子全部是氢离子的化合物

  D. 含氢元素且能溶于水的化合物

2. 酸碱滴定法就是利用( )反应来进行滴定分析的方法。

  A. 酸和盐   B. 酸和碱   C. 碱和盐   D. 盐和盐

三、多选题

1. 关于酸碱滴定法,下列说法正确的是( )。

  A. 又称为中和滴定法

  B. 反应速率快

  C. 有很多适当的指示剂确定滴定终点

  D. 反应的实质是 H^+ 与 OH^- 中和生成水

★ 知识点 175　酸度及酸的浓度的概念

【知识梳理】

酸度是指溶液中的氢离子浓度,通常用 pH 表示。

酸的浓度又称酸的分析浓度。它是指某种酸的物质的量浓度,包括溶液中未离解的酸的浓度和已离解的酸的浓度。

一元强酸水溶液中氢离子浓度等于酸的分析浓度。

酸度越大,溶液的 pH 值越小。

【例题分析】

1. (判断题)pH 值为 5 的 HCl 溶液,其酸的浓度为 10^{-5} mol/L。　　　　(　　)

　　A. 正确　　　　　　　　　　　　B. 错误

> **答案:**A
>
> **解析:**本题属于中等难度试题。考级能力要求为 B。主要考查酸度及酸的浓度概念及应用。

2. (判断题)电离平衡常数 K_a 或 K_b 的大小与弱电解质的浓度有关,浓度越小,K_a 或 K_b 越大。　　　　(　　)

　　A. 正确　　　　　　　　　　　　B. 错误

> **答案:**B
>
> **解析:**本题属于容易题。考级能力要求为 B。主要考查弱电解质电离平衡常数与浓度关系。

3. (单选题)用溶液中氢离子的浓度可以表示该溶液的(　　　)。

　　A. 酸的浓度　　　　　　　　　　B. 酸的分析浓度

　　C. 酸的物质的量浓度　　　　　　D. 酸度

> **答案:**D
>
> **解析:**本题属于容易题。考级能力要求为 A。主要考查酸度的概念。

4. (单选题)根据电离理论,在一元强酸水溶液中氢离子浓度(　　　)酸的分析浓度

　　A. 大于　　　　　　　　　　　　B. 等于

　　C. 小于　　　　　　　　　　　　D. 无法确定

> **答案:**B
>
> **解析:**本题属于容易题。考级能力要求为 A。主要考查酸度及酸的浓度定义。

5. (多选题)关于酸度,下列说法正确的是(　　　)。

A. 酸度就是酸的浓度　　　　　　B. 酸度是指溶液中氢离子的浓度

C. 酸度越大,溶液的 pH 值越大　　D. 酸度越大,溶液的 pH 值越小

答案:BD

解析:本题属于容易题。考级能力要求为 B。主要考查酸度及酸的浓度定义及应用。

【巩固练习】

一、判断题

酸度和酸的分析浓度虽然是不同的概念,但在数值上是相同的。　　　　　(　　)

A. 正确　　　　　　　　　　　B. 错误

二、单选题

1. 酸度为 0.1 mol/L 的 HCl 溶液,其酸的浓度(　　)0.1 mol/L。

A. 大于　　　　　　　　　　　B. 等于

C. 小于　　　　　　　　　　　D. 无法确定

2. 用同一 NaOH 溶液,分别滴定体积相同的 H_2SO_4 和 HAc 溶液,消耗的体积相等,这说明 H_2SO_4 和 HAc 两溶液中的(　　)。

A. 氢离子浓度相等

B. H_2SO_4 和 HAc 的浓度等

C. H_2SO_4 的浓度为 HAc 浓度的 1/2

D. H_2SO_4 和 HAc 的电离度相等

三、多选题

1. 下列溶液中,酸度小于 0.1000 mol/L 的是(　　)。

A. 0.1000 mol/L HCl　　　　　　B. 0.1000 mol/L H_2SO_4

C. 0.1000 mol/L CH_3COOH　　　D. 0.1000 mol·L^{-1} C_6H_5COOH

2. 关于 0.1000 mol/L 的乙酸溶液,下列说法正确的是(　　)。

A. 溶液酸的浓度为 0.1000 mol/L

B. 溶液的酸度为 0.1000 mol/L

C. 溶液的 pH＝1

D. 乙酸是一元弱酸,溶液部分电离

知识点 176　碱度及碱的浓度的概念

【知识梳理】

碱度是指氢氧根离子的浓度,碱度通常用 pOH 表示。

碱的浓度又称碱的分析浓度。

根据电离理论,强碱是指在水溶液中全部电离的碱。一元强碱水溶液中氢氧根离子浓度等于碱的分析浓度。

碱度越大,溶液的 pH 值越大。

【例题分析】

1.（判断题）在碱性溶液中 OH⁻ 浓度就等于碱的浓度。　　　　（　　）

    A. 正确　　　　　　　　　　　　　B. 错误

> **答案:** B
>
> **解析:** 本题为判断题,考级能力要求为 B。主要考查碱度和碱的浓度的定义区别,属于容易题。

2.（单选题）对于一定的水溶液,pH 与 pOH 之和为（　　）。

    A. 13　　　　　　B. 14　　　　　　C. 15　　　　　　D. 不确定

> **答案:** D
>
> **解析:** 本题属于中等难度题。考级能力要求为 B。主要考查溶液中氢离子浓度与氢氧根离子浓度与温度的关系。

3. 25 ℃时,pH＝10.82 的氨水溶液,其碱度为（　　）。

    A. 10.82　　　　　　　　　　　　B. 14

    C. 3.18　　　　　　　　　　　　　D. 不确定

> **答案:** C
>
> **解析:** 本题属于容易题。考级能力要求为 B。主要考查碱度的定义。

4.（单选题）pH＝10 的氨水溶液与 pH＝10 的 NaOH 溶液,其碱度（　　）。

    A. 相等　　　　　　　　　　　　　B. 不相等

    C. 氨水溶液大　　　　　　　　　　D. NaOH 溶液大

> **答案:** A
>
> **解析:** 本题属于中等难度试题。考级能力要求为 B。主要考查碱度的定义的应用辨析。

5. 关于 0.1000 mol/L 的氨水溶液,下列说法正确的是（　　）。

    A. 溶液碱的浓度为 0.1000 mol/L

    B. 溶液的碱度为 0.1000 mol/L

    C. 溶液的 pOH＝1

    D. 氨水是一元弱碱,溶液部分电离

> **答案:** AD
>
> **解析:** 本题属于中等难度试题。考级能力要求为 B。主要考查碱度定义应用。

【巩固练习】

一、判断题

一元弱碱溶液的氢氧根离子浓度等于碱的浓度。 （ ）

A. 正确 B. 错误

二、单选题

1. 碱度通常用（ ）来表示。

A. pH B. pOH C. 已离解碱的浓度 D. 未离解碱的浓度

2. 碱度一般用溶液中氢氧根离子的（ ）来表示。

A. 物质的量浓度 B. 质量浓度 C. 质量分数 D. 体积分数

☀ 知识点 177 pH、pOH 的概念

【知识梳理】

溶液的酸碱性通常用溶液的 pH 值来表示，溶液 pH 值即为溶液中氢离子浓度的负对数值。即 $pH = -\lg[H^+]$ 表示；也可以用溶液的 pOH 值来表示，即 $pOH = -\lg[OH^-]$。

一般在 25 ℃时 pH＜7 的溶液即为酸性溶液。

溶液的 pH 值越大，则酸度越小；pOH 值越大，则碱度越小。

【例题分析】

1. （判断题）pH 为 5 的盐酸溶液,加水稀释 100 倍后,其 pH 值为 7。 （ ）

A. 正确 B. 错误

> **答案**：B
>
> **解析**：本题属于中等难度题。考级能力要求为 B。主要考查强酸性稀溶液中氢离子浓度的计算。

2. （单选题）溶液的酸碱性也可以用溶液的 pOH 值来表示,下列对 pOH 描述正确的是（ ）。

A. 溶液 pOH 值即为溶液中氢氧根离子浓度的对数值

B. 溶液 pOH 值即为溶液中氢氧根离子浓度的负对数值

C. 溶液 pOH 值即为溶液中酸浓度的负对数值

D. 溶液 pOH 值即为溶液中碱浓度的负对数值

> **答案**：B
>
> **解析**：本题属于容易题。考级能力要求为 A。主要考查 pOH 定义。

3. 溶液的酸碱性通常用溶液的 pH 值来表示,即在一定条件下 pH 值越大,溶液的（ ）。

A. 氢离子浓度越大 B. 碱性越强

C. 酸性越强 D. 酸碱性与 pH 值无关

答案:B

解析:本题属于容易题。考级能力要求为 A。主要考查 pH 值与溶液的酸碱度关系。

4. (多选题)下列说法正确的是(　　)。

A. 溶液的 pH 值越大,则酸度越大

B. 溶液的 pH 值越大,则酸度越小

C. 溶液的 pOH 值越大,则碱度越大

D. 溶液的 pOH 值越大,则碱度越小

答案:BD

解析:本题属于容易题。考级能力要求为 A。主要考查 pH 和 pOH 值与溶液的酸碱度关系。

【巩固练习】

一、判断题

同一溶液的 pH 和 pOH 之和一定为 14。　　　　　　　　　　　　　　(　　)

A. 正确　　　　　　　　　　　　　　B. 错误

二、单选题

溶液的酸碱性也可以用溶液 POH 值来表示,即 $pOH = -lg[OH^-]$,其中 $[OH^-]$ 表示(　　)。

A. 氢氧根离子物质的量浓度　　　　　B. 氢氧根离子质量浓度

C. 氢氧根离子质量分数　　　　　　　D. 氢氧根离子体积分数

三、多选题

关于 0.01000 mol/L 的 KOH 溶液,下列说法正确的是(　　)。

A. 溶液 pH=2.00　　　　　　　　　　B. 溶液的 pOH=2.00

C. 溶液的 pH=12.00　　　　　　　　 D. 溶液的碱度为 0.01000 mol/L

学　习　内　容

● 知识点 178　强酸、强碱溶液 pH 值的计算

【知识梳理】

一元强酸溶液的 pH 值即为溶液中氢离子浓度也就是酸的分析浓度的负对数值。二元强酸中氢离子浓度为其分析浓度的两倍。强碱溶液依此类推。

也可以用溶液的 pOH 值来表示,即 $pOH = -lg[OH^-]$。

25 ℃,pH+pOH=14

较浓的强酸(或强碱)溶液稀释:$c_1 V_1 = c_2 V_2$,稀释前后,溶质的物质的量不变。

极稀溶液的稀释,不能忽视水的电离影响,不能简单的用此公式计算。

【例题分析】

1. (判断题)因为强酸在水溶液中已经完全电离,所以加水稀释后溶液的 pH 值不变。

（　　）

　　A. 正确　　　　　　　　　　　　B. 错误

答案:B

解析:本题为判断题,考级能力要求为 B。主要考查强酸的溶液 pH 计算,属于容易题。

2. (判断题)在纯水中加入一些盐酸,则溶液中的 $c(OH^-)$ 与 $c(H^+)$ 的乘积增大了。

（　　）

　　A. 正确　　　　　　　　　　　　B. 错误

答案:B

解析:本题属于中等难度试题。考级能力要求为 B。主要考查强酸、强碱的溶液 pH 计算。

3. (单选题)pH＝5 的盐酸溶液和 pH＝12 的氢氧化钠溶液等体积混合时 pH（　　）。

　　A. 大于 7　　　　　　　　　　　B. 等于 7

　　C. 小于 7　　　　　　　　　　　D. 无法计算

答案:A

解析:本题为单选题,考级能力要求为 B。主要考查强酸与强碱的混合溶液 pH 计算,属于中等难度试题。

4. (单选题)根据电离理论,在 25 ℃时,强酸性溶液下列叙述正确的是（　　）。

　　A. 只有氢离子存在　　　　　　　B. $[H^+]<10^{-7} mol/L$

　　C. $[H^+]>[OH^-]$　　　　　　　D. pH＝7

答案:C

解析:本题属于容易题,考级能力要求为 B。主要考查强酸溶液的酸碱度分析。

5. (单选题)向 1mL pH＝1.0 的盐酸中加入水（　　）才能使溶液的 pH＝2.0。

　　A. 9 mL　　　　　　　　　　　　B. 10 mL

　　C. 8 mL　　　　　　　　　　　　D. 12 mL

答案:A

解析:本题属于中等难度试题。考级能力要求为 B。主要考查强酸溶液稀释后 pH 计算。

6. (多选题)关于 0.05000 mol/L 的 H_2SO_4 溶液,下列说法正确的是（　　）。

A. 溶液酸的浓度为 0.05000 mol/L

B. 溶液的酸度为 0.1000 mol/L

C. 溶液的 pH＝1.00

D. 溶液的 pH＝－lg 0.05000

答案：ABC
解析： 本题属于中等难度试题。考级能力要求为 A。主要考查强酸溶液分析。

【巩固练习】

一、判断题

因为 HCl 和 H_2SO_4 都是强酸，所以它们的酸度相同时 pH 值相同。　（　　）

A. 正确　　　　　　　　　　　　　　B. 错误

二、单选题

1. 25 ℃时在 0.01 mol/L 的 HCl 溶液，其 $[H^+]$ 和 pH 分别为（　　）。

A. 0.01 mol/L 和 2　　　　　　　　　B. 0.01 mol/L 和 12

C. 10^{-12} mol/L 和 2　　　　　　　　D. 10^{-12} mol/L 和 12

2. 在一定条件下等浓度的 HCl 和 NaOH 溶液等体积混合后，其溶液显（　　）。

A. 酸性　　　　　　B. 中性　　　　　　C. 碱性　　　　　　D. 不确定

知识点 179　弱酸、弱碱溶液 pH 值的计算

【知识梳理】

一元弱酸溶液，设其分析浓度为 c_a，电离常数为 K_a，则该一元弱酸溶液 $[H^+]$ 的计算公式为 $[H^+]=\sqrt{K_a \cdot c_a}$

在一定温度下弱酸、弱碱的电离平衡常数仅与温度有关，不随浓度变化。

在相同条件下，同浓度的不同一元弱酸，其电离常数 K_a 值越大，酸性就越强。

【例题分析】

1.（判断题）相同浓度的不同一元弱酸，只要其解离常数 K_a 值相同，则 pH 值相同。
　　　　　　　　　　　　　　　　　　　　　　　　　　　　　　　　（　　）

A. 正确　　　　　　　　　　　　　　B. 错误

答案：A
解析： 本题属于容易题，考级能力要求为 A。主要考查弱酸的溶液 pH 与 K_a 关系。

2.（判断题）在一定温度下弱酸、弱碱的解离平衡常数不随弱电解质浓度变化而变化。
　　　　　　　　　　　　　　　　　　　　　　　　　　　　　　　　（　　）

A. 正确　　　　　　　　　　　　　　B. 错误

答案：A

解析：本题属于容易题。考级能力要求为 A。主要考查弱酸、弱碱的溶液电离平衡常数的影响因素。

3.（单选题）在一定的温度下，醋酸 $K_a = 1.75 \times 10^{-5}$，则 0.1000 mol/L 的醋酸溶液的 pH 为（　　）。

    A. 4.21　　　　　B. 3.45　　　　　C. 2.88　　　　　D. 2.54

答案：C

解析：本题属于中等难度试题。考级能力要求为 B。主要考查弱酸的溶液 pH 计算。

4.（单选题）已知 pH=10、$K_b = 1.0 \times 10^{-5}$ 的某一元弱碱，则溶液中氢氧根离子的浓度约为（　　）mol/L。

    A. 1.0×10^{-5}　　B. 1.0×10^{-4}　　C. 1.0×10^{-3}　　D. 1.0×10^{-2}

答案：C

解析：本题属于容易题。考级能力要求为 A。主要考查弱碱的溶液 pH 与溶液中 H^+ 和 OH^- 的关系。

5.（多选题）关于 0.01000 mol/L 的 $NH_3 \cdot H_2O$ 溶液，下列说法正确的是（　　）。

    A. 溶液中 $c(OH^-) = 0.01000$ mol/L

    B. 溶液的中 $c(OH^-) < 0.01000$ mol/L

    C. 溶液的 pOH=12.00

    D. $NH_3 \cdot H_2O$ 是一元弱碱溶液，只能部分电离出 OH^-

答案：BD

解析：本题属于较难题。考级能力要求为 B。主要考查弱酸、弱碱的溶液 pH 计算。

【巩固练习】

一、判断题

酸碱平衡常数除了受温度的影响，还受浓度的影响。　　　　　　　　　　　　（　　）

    A. 正确　　　　　　　　　　　　　　　B. 错误

二、单选题

1. 在一定的温度下，醋酸 $K_a = 1.75 \times 10^{-5}$，则 0.1000 mol/L 的醋酸溶液的 pH 为（　　）。

    A. 4.21　　　　　B. 3.45　　　　　C. 2.88　　　　　D. 2.54

2. 0.1 mol/L 的下列溶液中，酸性最强的是（　　）。

    A. $H_3BO_3 (K_a = 5.8 \times 10^{-10})$　　　　　B. $NH_3 \cdot H_2O (K_b = 1.8 \times 10^{-5})$

    C. 苯酚 $(K_a = 1.1 \times 10^{-10})$　　　　　　D. $HAc (K_a = 1.8 \times 10^{-5})$

三、多选题

关于 0.01000 mol/L 的乙酸水溶液,下列说法正确的是(　　)。

A. 溶液中 $c(H^+)$ = 0.01000 mol/L

B. 溶液的中 $c(H^+)$ < 0.01000 mol/L

C. 溶液的 pH = 2.00

D. 乙酸是一元弱酸,其水溶液能部分电离出 H^+

◉ 知识点 180　水解性盐溶液 pH 值的计算

【知识梳理】

盐类电离的离子与水中的 H^+ 和 OH^- 作用生成弱酸或弱碱,使溶液中的 OH^- 或 H^+ 浓度增加,溶液表现出一定的弱碱性或弱酸性现象称为盐类水解。

盐类水解溶液酸碱性判断:无弱不水解,谁弱谁水解,越弱越水解,谁强显谁性。

盐类水解溶液 pH 计算:

(1) NaAc 属于强碱弱酸盐,Ac^- 水解,溶液呈碱性,常温下,溶液 pH>7。

$$[OH^-] = \sqrt{(K_w/K_a) \cdot c_s}$$

(2) NH_4Cl 属于强酸弱碱盐,NH_4^+ 水解,溶液呈酸性,常温下,溶液 pH<7。

$$[H^+] = \sqrt{(K_w/K_b) \cdot c_s}$$

【例题分析】

1. (判断题)一定浓度的强酸弱碱盐所对应的水解常数越大,则其酸性就越强。(　　)

　　A. 正确　　　　　　　　　　B. 错误

答案: A

解析: 本题属于中等难度题。考级能力要求为 B。主要考查水解性盐的溶液 pH 大小比较判断。

2. (判断题)NH_4Cl 溶解于水中,溶液显酸性。(　　)

　　A. 正确　　　　　　　　　　B. 错误

答案: A

解析: 本题属于容易题,考级能力要求为 A。主要考查水解性盐的溶液 pH 判断。

3. (单选题)物质的量浓度相同的下列物质的水溶液,其 pH 值最高的是(　　)。

　　A. Na_2CO_3　　　　　　　　　B. $NaHCO_3$

　　C. NH_4Cl　　　　　　　　　　D. NaCl

答案: A

解析: 本题属于容易题。考级能力要求为 B。主要考查水解性盐的溶液 pH 计算。

4.（单选题）已知 $0.5000\ mol/L$ 的 NaAc 溶液，其 K_a 值为 1.75×10^{-5}，则其 pH 值为（　　）。

    A. 5.27　　　　　　B. 8.73　　　　　　C. 4.68　　　　　　D. 9.65

> **答案**：B
> **解析**：本题属于较难题。考级能力要求为 B。主要考查水解性盐的溶液 pH 计算。

5.（多选题）下列溶液中，pH＞7 的溶液是（　　）。

    A. NaAc 溶液　　B. NaOH 溶液　　C. NH_4Cl 溶液　　D. NaCl 溶液

> **答案**：AB
> **解析**：本题属于容易题。考级能力要求为 B。主要考查水解性盐的溶液 pH 计算。

【巩固练习】

一、判断题

NaAc 溶解于水中，溶液呈碱性。　　　　　　　　　　　　　　　　　　（　　）

    A. 正确　　　　　　　　　　　　　　　B. 错误

二、单选题

1. 用 $0.1000\ mol/L$ NaOH 标准溶液滴定 $20.00\ mL$ $0.1000\ mol/L$ HAc 溶液，达到化学计量点时，其溶液的 pH（　　）。

    A. pH＜7　　　　　B. pH＞7　　　　　C. pH＝7　　　　　D. 不确定

2. 已知 $0.05000\ mol/L$ 的 NH_4Cl 溶液，其 K_b 值为 1.75×10^{-5}，则其 pH 值为（　　）。

    A. 5.27　　　　　　B. 8.73　　　　　　C. 4.68　　　　　　D. 9.65

三、多选题

1. 下列溶液中，pH＜7 的溶液是（　　）。

    A. NaAc 溶液　　B. HAc 溶液　　C. NH_4Cl 溶液　　D. NaCl 溶液

2. 下列说法中正确的是（　　）。

    A. 酸碱中和生成盐和水，而盐水解又生成酸和碱，所以说，酸碱中和反应都是可逆的
    B. 某溶液呈中性（pH＝7），这种溶液一定不含水解的盐
    C. 强酸强碱生成的盐其水解呈中性
    D. 强酸弱碱所生成的盐的水溶液呈酸性

🌑 **知识点 181　缓冲溶液的概念**

【知识梳理】

    缓冲作用就是向溶液中加入少量的酸或碱时，溶液 pH 几乎不变。缓冲溶液具有缓冲作用是因为溶液中存在抗酸或抗碱成分，与缓冲溶液的缓冲容量大小有关的因素是缓冲溶液的总浓度，缓冲溶液具有对溶液的（酸碱度）稳定作用，缓冲溶液具有调节溶液酸度的能力。

【例题分析】

1. (判断题)无论向缓冲溶液中加入多少的酸或碱,其 pH 都基本不变。 (　　)

    A. 正确　　　　　　　　　　　　B. 错误

答案:B

解析:本题属于中等难度试题,考级能力要求为 A。主要考查缓冲溶液的概念。

2. (判断题)能抗酸的缓冲溶液不能抗碱,能抗碱的缓冲溶液不能抗酸。 (　　)

    A. 正确　　　　　　　　　　　　B. 错误

答案:B

解析:本题属于容易题。考级能力要求为 A。主要考查缓冲溶液的概念。

3. (单选题)缓冲作用就是向溶液中加入少量的酸或碱时溶液 pH (　　)。

    A. 变大　　　　　　　　　　　　B. 变小

    C. 不变　　　　　　　　　　　　D. 几乎不变

答案:D

解析:本题属于容易题。考级能力要求为 A。主要考查缓冲溶液的概念。

4. (单选题)与缓冲溶液的缓冲容量大小有关的因素是(　　)。

    A. 缓冲溶液的 pH　　　　　　　　B. 缓冲溶液的总浓度

    C. 外加的酸度　　　　　　　　　D. 外加的碱度

答案:B

解析:本题属于容易题。考级能力要求为 A。主要考查缓冲溶液的概念。

5. (多选题)欲配制 pH 为 3 的缓冲溶液,应选择的弱酸及其弱酸盐是(　　)。

    A. 醋酸($pK_a=4.74$)　　　　　　B. 甲酸($pK_a=3.74$)

    C. 一氯乙酸($pK_a=2.86$)　　　　D. 二氯乙酸($pK_a=1.30$)

答案:BC

解析:本题题。考级能力要求为 A。主要考查缓冲溶液的概念。

【巩固练习】

一、判断题

    缓冲溶液具有调节溶液酸度的能力。 (　　)

    A. 正确　　　　　　　　　　　　B. 错误

二、单选题

1. 下列有关缓冲溶液说法正确的是(　　)。

    A. 缓冲溶液具有缓冲作用因为溶液中存在抗酸或抗碱成分

    B. 一定的缓冲溶液只能对一定的酸或碱具有缓冲作用

C. 当缓冲溶液的组成确定后,则其缓冲能力就已确定而与其浓度无关

D. pH 大于 7 的缓冲溶液只能抗碱,pH 小于 7 的缓冲溶液只能抗酸

2. 缓冲溶液具有对溶液的(　　)起稳定作用。

A. 酸碱度　　　　　　　　　　　　　B. 组成

C. 氢离子和氢氧根离子的乘积　　　　D. 温度

三、多选题

在下列溶液中,可作为缓冲溶液的是(　　)。

A. 弱酸及其盐溶液　　　　　　　　　B. 弱碱及其盐溶液

C. 不同碱度的酸式盐　　　　　　　　D. 高浓度的强酸或强碱溶液

★ 知识点 182　常见缓冲溶液的组成及原理

【知识梳理】

在 HAc 和 NaAc 组成的缓冲溶液中其抗酸成分为 Ac^-;在 $NH_3 \cdot H_2O$ 和 NH_4Cl 组成的缓冲溶液中其抗碱成分为 NH_4^+。

例如:$NH_3 \cdot H_2O$ 和 NH_4Cl 可以构成缓冲溶液。HAc 和 NaAc 可以构成缓冲溶液。

可作为缓冲溶液的有:弱酸及其盐溶液;弱碱及其盐溶液;多元弱酸的酸式盐溶液;高浓度的强酸或强碱溶液。

【例题分析】

1. (判断题)$NH_3 \cdot H_2O$ 和 NH_4Cl 可以构成缓冲溶液。　　　　　　　　(　　)

A. 正确　　　　　　　　　　　　　　B. 错误

> **答案:** A
>
> **解析:** 本题属于容易题。,考级能力要求为 A。主要考查缓冲溶液的组成。

2. (判断题)$NH_3 \cdot H_2O$ 和 NH_4Cl 的缓冲溶液中抗酸的原因是有 NH_4^+ 的存在。

(　　)

A. 正确　　　　　　　　　　　　　　B. 错误

> **答案:** B
>
> **解析:** 本题属于中等难度题。考级能力要求为 B。主要考查缓冲溶液的组成原理分析。

3. (单选题)下列各组物质按等物质的量混合配成溶液后,其中不是缓冲溶液的是(　　)。

A. $NaHCO_3$ 和 Na_2CO_3　　　　　　B. NaCl 和 NaOH

C. $NH_3 \cdot H_2O$ 和 NH_4Cl　　　　　D. HAc 和 NaAc

> **答案:** B
>
> **解析:** 本题属于容易题。考级能力要求为 A。主要考查缓冲溶液的组成

4. (单选题)在 HAc 和 NaAc 组成的缓冲溶液中其抗酸成分为(　　)。

 A. Ac^- B. Na^+ C. H^+ D. 水

 答案:A

 解析:本题属于中等难度试题。考级能力要求为 A。主要考查缓冲溶液的作用原理。

5. (多选题)在下列溶液中,可作为缓冲溶液的是(　　)。

 A. 弱酸及其盐溶液   B. 弱碱及其盐溶液

 C. 多元弱酸的酸式盐   D. 高浓度的强酸或强碱溶液

 答案:ABCD

 解析:本题属于容易题。考级能力要求为 A。主要考查缓冲溶液的组成。

【巩固练习】

一、判断题

 HAc 和 NaAc 可以构成缓冲溶液。   (　　)

 A. 正确   B. 错误

二、单选题

 1. 缓冲组分浓度比离 1 越远,缓冲容量(　　)。

 A. 越大   B. 越小   C. 不受影响   D. 无法确定

 2. 在 $NH_3 \cdot H_2O$ 和 NH_4Cl 组成的缓冲溶液中其抗碱成分为(　　)。

 A. $NH_3 \cdot H_2O$ B. NH_4^+ C. Cl^- D. 水

三、多选题

 欲配制 pH 为 3 的缓冲溶液,应选择的弱酸及其弱酸盐是(　　)。

 A. 醋酸($pK_a=4.74$)

 B. 甲酸($pK_a=3.74$)

 C. 一氯乙酸($pK_a=2.86$)

 D. 二氯乙酸($pK_a=1.30$)

第二节　酸碱指示剂

1. 了解酸碱指示剂变色原理;
2. 了解几种常见指示剂的变色范围

✪ 知识点 183　了解酸碱指示剂变色原理(酚酞、甲基橙)

【知识梳理】

1. 酸碱指示剂一般是结构复杂的有机弱酸或弱碱。

2. 一般酸碱指示剂的变色范围为 1~2 个 pH 单位。

3. 指示剂由酸式色转变为碱式色的 pH 范围,称为指示剂的变色范围。

【例题分析】

1. (判断题)指示剂由在酸式色转变为碱式色的 pH 范围,称为指示剂的变色范围。

(　)

　　A. 正确　　　　　　　　　　　B. 错误

答案: A

解析: 本题属于容易题。考级能力要求为 A。主要考查酸碱指示剂变色范围的概念。

2. (判断题)酸碱指示剂在溶液中电离时本身的结构不发生变化。　　　(　)

　　A. 正确　　　　　　　　　　　B. 错误

答案: B

解析: 本题属于中等难度题。考级能力要求为 A。主要考查酸碱指示剂变色的基本原理。

3. (单选题)酸碱指示剂一般是结构复杂的(　)。

　　A. 有机弱酸　　　　　　　　　B. 有机弱碱

　　C. 有机弱酸或弱碱　　　　　　D. 盐

答案: C

解析: 本题属于容易题。考级能力要求为 A。主要考查酸碱指示剂的组成。

4. (单选题)甲基橙是一种有机弱碱,在溶液中发生电离时,黄色的碱式体和红色的酸式体同时存在,但二者比例随溶液中(　)而变化。

A. H^+ B. OH^- C. H_2O D. SO_3^{2-}

答案: A

解析: 本题属于容易题。考级能力要求为 A。主要考查酸碱指示剂变色的基本原理。

5.（多选题）下列有关酸碱指示剂的说法正确的是（   ）。

A. 常用酸碱指示剂是一些有机弱酸或弱碱

B. 酸碱指示剂在溶液中部分电离,分子和离子具有不同的颜色

C. 酸碱指示剂颜色的改变是在某一确定的 pH 值

D. 酸碱指示剂具有一定的变色范围

答案: ABD

解析: 本题属于容易题。考级能力要求为 A。主要考查酸碱指示剂的概念及变色原理。

【巩固练习】

一、判断题

酸碱指示剂在溶液中能全部电离成指示剂的离子和 H^+（或 OH^-）。   （   ）

A. 正确   B. 错误

二、单选题

1. 一般酸碱指示剂的变色范围为（   ）个 pH 单位。

A. 2～3   B. 1～2   C. 3～4   D. 4～5

2. 甲基橙指示剂,当 pH 值小于 3.1 时,甲基橙主要以酸式体存在,显（   ）色。

A. 黄色   B. 蓝色   C. 红色   D. 橙色

三、多选题

下列有关酸碱指示剂的说法正确的是（   ）。

A. 常用酸碱指示剂是一些有机弱酸或弱碱

B. 酸碱指示剂在溶液中部分电离,分子和离子具有不同的颜色

C. 酸碱指示剂颜色的改变是在某一确定的 pH 值

D. 酸碱指示剂具有一定的变色范围

知识点 184 几种常见指示剂的变色范围(酚酞、甲基橙)

【知识梳理】

酸碱指示剂是在特定的 pH 范围内颜色随溶液 pH 值的变化而改变的一类化合物。

酚酞的变色范围为 8.0～9.8,甲基橙的变色范围为 3.1～4.4。

混合指示剂主要是利用颜色之间的互补作用,使终点变色敏锐,变色范围变窄。

甲基橙可以用做强酸滴定弱碱的指示剂,酚酞可以用作强碱滴定弱酸的指示剂。

【例题分析】

1.（判断题）混合指示剂主要是利用颜色之间的互补作用,使终点变色敏锐,变色范围变窄。（　　）

    A. 正确　　　　　　　　　　B. 错误

> **答案**:A
>
> **解析**:本题属于容易题。考级能力要求为A。主要考查酸碱指示剂的作用。

2.（判断题）酸碱指示剂是在特定的 pH 范围内颜色随溶液 pH 值的变化而改变的一类化合物。（　　）

    A. 正确　　　　　　　　　　B. 错误

> **答案**:A
>
> **解析**:本题属于容易断题。考级能力要求为A。主要考查酸碱指示剂的作用。

3.（单选题）对于酚酞指示剂的变色范围为 8.0～9.8,颜色变化为（　　）。

    A. 无色～蓝色　　　B. 红色～橙色　　　C. 无色～红色　　　D. 红色～黄色

> **答案**:C
>
> **解析**:本题属于容易题。考级能力要求为A。主要考查酸碱指示剂的变色范围。

4.某溶液的 pH＝4.0,则在其中滴入 1 滴甲基橙,溶液显（　　）。

    A. 蓝色　　　　　B. 橙色　　　　　C. 红色　　　　　D. 黄色

> **答案**:B
>
> **解析**:本题属于容易题。考级能力要求为A。主要考查酸碱指示剂颜色变化。

5.（多选题）下列说法正确的是（　　）。

    A. 甲基橙可以用做强酸滴定弱碱的指示剂

    B. 甲基橙可以用做强碱滴定弱酸的指示剂

    C. 酚酞可以用做强碱滴定弱酸的指示剂

    D. 酚酞可以用做强酸滴定弱碱的指示剂

> **答案**:AC
>
> **解析**:本题属于容易题。考级能力要求为A。主要考查酸碱指示剂作用范围。

【巩固练习】

一、判断题

由于指示剂具有一定的变色区域,只有当溶液的 pH 变化超过一定数值,指示剂才能从一种颜色变为另一种颜色。（　　）

    A. 正确　　　　　　　　　　B. 错误

二、单选题

1. 对于酚酞指示剂配制浓度正确的是(　　)。
   A. 10 g/L 乙醇溶液　　　　　　　　　B. 1 g/L 乙醇溶液
   C. 1 g/L 水溶液　　　　　　　　　　　D. 1 g/L 乙醇(1+4)溶液

2. 用浓度为 0.01000 mol/L 的 NaOH 标准溶液来测定未知浓度的盐酸溶液时,合适的指示剂为(　　)。
   A. 溴酚蓝　　　　　B. 酚酞　　　　　C. 甲基红　　　　　D. 甲基黄

三、多选题

下列说法正确的是(　　)。
A. 甲基橙可以用做强酸滴定弱碱的指示剂
B. 甲基橙可以用做强碱滴定弱酸的指示剂
C. 混合指示剂比单一指示剂变色范围更窄
D. 酚酞可以用做强酸滴定弱碱的指示剂

第三节 滴定曲线和指示剂的选择

1. 了解滴定曲线、滴定突跃;
2. 理解酸碱指示剂的定义,了解酸碱滴定中指示剂的选择方法。

✪ 知识点 185 滴定曲线、滴定突跃

【知识梳理】

以滴定试剂加入量作为横坐标,以滴定过程中溶液的 pH 作为纵坐标,绘制的关系曲线叫滴定曲线。

通过酸碱滴定曲线的,可以了解滴定过程,得出滴定过程溶液 pH 值的变化规律,找出 pH 值突越范围,最终目的是选择合适的指示剂。

选择指示剂的一种简便方法是化学计量点落在何种指示剂的变色域之内就可以选择何种指示剂。

用强碱滴定强酸时,习惯一般选用(酚酞)作指示剂;强酸滴定强碱时常选用甲基橙或甲基红作指示剂。

在酸碱滴定曲线中,化学计量点附近的 pH 突跃范围越长,指示剂的选择就越方便。

被滴定的溶液浓度越高,突跃范围越大;被滴定的溶液的离解常数越大,突跃范围越大;突跃范围越大,滴定越准确。

【例题分析】

1. (判断题)用强酸滴定强碱和用强碱滴定强酸到达化学计量点时溶液的 pH 值不同。

( )

    A. 正确   B. 错误

答案:B

解析:本题属于容易题。考级能力要求为 A。主要考查化学计量点溶液 pH 值的计算。

2. (判断题)在强酸滴定强碱时,化学计量点前溶液的 pH 值仅取决于溶液中剩余碱的浓度。

( )

    A. 正确   B. 错误

答案:A

解析:本题属于中等难度试题。考级能力要求为A。主要考查滴定曲线的应用。

3.(单选题)0.1000 mol/L HCl溶液滴定0.1000 mol/L NaOH溶液,其滴定曲线呈(　　)下降。

A. 平缓　　　　　　　　　　　B. 平缓—突然—平缓

C. 突然—平缓—突然　　　　　D. 突然

答案:B

解析:本题属于较难题。考级能力要求为A。主要考查滴定曲线的绘制。

4.(单选题)0.1000 mol/L NaOH滴定0.1000 mol/L HCl溶液,当达到化学计量点时,其pH(　　)7。

A. 等于　　　　B. 大于　　　　C. 小于　　　　D. 以上都有可能

答案:A

解析:本题属于容易题,考级能力要求为A。主要考查滴定曲线的概念。

5.(多选题)通过酸碱滴定曲线的,可以(　　)。

A. 了解滴定过程　　　　　　　B. 找出溶液pH值的变化规律

C. 找出pH值的突越范围　　　D. 选择合适的指示剂

答案:ABCD

解析:本题属于容易题。考级能力要求为A。主要考查滴定曲线的概念。

【巩固练习】

一、判断题

在酸碱滴定中,溶液浓度越大,其滴定突跃范围越大。　　　　　　　　　　　(　　　)

A. 正确　　　　　　　　　　　B. 错误

二、单选题

1. 当用NaOH滴定HCl溶液时,NaOH和HCl的溶液越稀,滴定曲线上的pH突跃范围越(　　)。

A. 大　　　　　　　　　　　　B. 小

C. 无影响　　　　　　　　　　D. 条件不足,无法判断

2. 在酸碱滴定中,常用标准溶液的浓度一般为(　　)mol/L。

A. 0.01～0.1　　　B. 0.1～1.0　　　C. 1.0～2.0　　　D. 无要求

三、多选题

在滴定分析中,关于滴定突跃范围的叙述正确的是(　　)。

A. 被滴定的溶液浓度越高,突跃范围越大

B. 被滴定的溶液的离解常数越大,突跃范围越大

C. 突跃范围越大,滴定越准确

D. 指示剂的变化范围越大,突跃范围越大

★ **知识点 186 酸碱指示剂的定义,酸碱滴定中指示剂的选择方法**

【知识梳理】

　　酸碱滴定中选择指示剂的原则是指示剂的变色范围全部或大部分落在滴定的 pH 突跃范围内。

【例题分析】

1.(判断题)在一定浓度的酸溶液中,若其电离常数 K_a 越小,则越能用酸碱滴定法直接滴定。　　　　　　　　　　　　　　　　　　　　　　　　　　　　(　　)

　　A. 正确　　　　　　　　　　　　　　　B. 错误

　　答案:B

　　解析:本题属于中等难度题。考级能力要求为 B。主要考察不同强度弱酸的滴定曲线比较应用。

2.(判断题)强碱滴定弱酸时,在化学计量点时,溶液的 pH 值小于7。　　(　　)

　　A. 正确　　　　　　　　　　　　　　　B. 错误

　　答案:B

　　解析:本题属于较容易题。考级能力要求为 A。主要考察化学计量判断。

3.(单选题)以甲基橙为指示剂标定含有 Na_2CO_3 的 NaOH 标准溶液,用该标准溶液滴定某酸以酚酞为指示剂,则测定结果(　　)。

　　A. 偏高　　　　　B. 偏低　　　　　C. 不变　　　　　D. 无法确定

　　答案:A

　　解析:本题属于中等难度题。考级能力要求为 A。主要考指示剂选择的应用。

4.(单选题)酸碱滴定中指示剂选择依据是(　　)。

　　A. 酸碱溶液的浓度　　　　　　　　　　B. 酸碱滴定 pH 突跃范围

　　C. 被滴定酸或碱的浓度　　　　　　　　D. 被滴定酸或碱的强度

　　答案:B

　　解析:本题属于较容易题。考级能力要求为 A。主要考指示剂选择的应用。

5.(多选题)酸碱滴定中指示剂选择依据是(　　)。

　　A. 酸碱溶液的浓度　　　　　　　　　　B. 滴定曲线中 pH 突跃范围

　　C. 被滴定酸或碱的浓度　　　　　　　　D. 化学计量点溶液的 pH 值

答案:BD

解析:本题属于较容易题。考级能力要求为 A。主要考察指示剂选择的应用。

【巩固练习】

一、判断题

强酸滴定弱碱到化学计量点时 pH>7。　　　　　　　　　　　　　　　　　　　（　　）

　A. 正确　　　　　　　　　　　　　　B. 错误

二、单选题

　1. 酸碱滴定过程中,选取合适的指示剂是(　　　)。

　　A. 减少滴定误差的有效方法

　　B. 减少偶然误差的有效方法

　　C. 减少操作误差的有效方法

　　D. 减少试剂误差的有效方法

　2. 盐酸滴定氨水时,化学计量点时,溶液的 pH 值取决于(　　　)。

　　A. 盐酸浓度　　　　　　　　　　　B. 氨水浓度

　　C. 氯化铵和氨水的浓度　　　　　　D. 氯化铵浓度

三、多选题

酸碱滴定法选择指示剂时,应考虑的因素有(　　　)。

　A. 滴定突跃的范围　　　　　　　　　B. 指示剂的变色范围

　C. 指示剂的颜色变化　　　　　　　　D. 指示剂相对分子质量的大小

第四节　酸碱滴定应用

1. 掌握盐酸标准溶液的配制及标定；
2. 掌握氢氧化钠标准溶液配制及标定；
3. 理解混合碱含量分析方法（成份判断）；
4. 掌握工业醋酸含量测定；
5. 了解氨水中氨含量的分析方法。

◆ 知识点 187　盐酸标准溶液的配制及标定

【知识梳理】

配制好的 HCl 需贮存于白色磨口塞试剂瓶中。

标定盐酸标准溶液常用的基准物质有无水碳酸钠或 $Na_2B_4O_7 \cdot 10H_2O$。用基准无水碳酸钠标定 0.100 mol/L 盐酸,宜选用溴钾酚绿—甲基红作指示剂。配制酸标准溶液时通常采用盐酸的主要原因是稀盐酸在常温下更稳定。

将置于普通干燥器中保存的 $Na_2B_4O_7 \cdot 10H_2O$ 作为基准物质用于标定盐酸的浓度,则盐酸的测定浓度将偏低。

用无水碳酸钠来标定盐酸标准溶液时,如果基准无水碳酸钠使用前没有进行灼烧处理,会使盐酸的测定浓度偏高。

用碳酸钠标定盐酸溶液近终点没加热煮沸,致使终点出现偏早。

用因吸潮带有少量结晶水的基准试剂 Na_2CO_3 标定 HCl 溶液时,结果偏高。

若用此 HCl 溶液测定某有机碱的摩尔质量,结果也偏高。

用 NaOH 标准溶液标定 HCl 溶液浓度时,以酚酞作指示剂,若 NaOH 溶液因贮存不当吸收了 CO_2,则测定结果偏高。

【例题分析】

1. (判断题)用因吸潮带有少量结晶水的基准试剂 Na_2CO_3 标定 HCl 溶液时,结果偏高;若用此 HCl 溶液测定某有机碱的摩尔质量,结果也偏高。　　　　　　（　　）

   A. 正确　　　　　　　　　　　　　　B. 错误

   答案:A
   解析:本题属于高难度试题。考级能力要求为 C。主要考察溶液配制时的影响因素。

2. (判断题)用 NaOH 标准溶液标定 HCl 溶液浓度时,以酚酞作指示剂,若 NaOH 溶液因贮存不当吸收了 CO_2,则测定结果偏高。　　　　　　　　　　　　（　　）

   A. 正确　　　　　　　　　　　　　　B. 错误

答案:A

解析:本题属于中等难度试题。考级能力要求为 C。主要考察溶液配制时的影响因素。

3.(单选题)用碳酸钠标定盐酸溶液近终点没加热煮沸,致使终点出现(　　)。

A. 偏早　　　　　　　　　　　B. 偏迟

C. 无影响　　　　　　　　　　D. 条件不足,无法确定

答案:A

解析:本题属于较难题。考级能力要求为 B。主要考察时溶液的性质。

4.(单选题)配制酸标准溶液时通常采用盐酸的主要原因是(　　)。

A. 盐酸更便宜　　　　　　　　B. 稀盐酸在常温下更稳定

C. 盐酸更容易配制　　　　　　D. 盐酸更常见

答案:B

解析:本题属于容易题。属于容易题,考级能力要求为 A。主要考察溶液稀盐酸的性质。

5.(多选题)标定盐酸溶液可用以下基准物质(　　)。

A. 邻苯二甲酸氢钾　　　　　　B. 硼砂

C. 无水碳酸钠　　　　　　　　D. 草酸钠

答案:BC

解析:本题属于容易题。考级能力要求为 A。主要考察盐酸标定常用的基准物质。

【巩固练习】

一、判断题

盐酸标准滴定溶液可用精制的草酸标定。　　　　　　　　　　　　　(　　)

A. 正确　　　　　　　　　　　B. 错误

二、单选题

标定盐酸标准溶液常用的基准物质有(　　)。

A. 无水碳酸钠　　　B. 邻苯二钾酸氢钾　　C. 草酸　　　　D. 碳酸钙

2.用无水碳酸钠来标定盐酸标准溶液时,如果基准无水碳酸钠使用前没灼烧处理,会使盐酸的浓度(　　)。

A. 偏高　　　　　B. 偏低　　　　　C. 无影响　　　　D. 不确定

三、多选题

1.欲配制 0.1 mol/L 的 HCl 标准溶液,需选用的量器是(　　)。

A. 烧杯　　　　　B. 托盘天平　　　C. 移液管　　　　D. 量筒

★ 知识点 188　氢氧化钠标准溶液配制及标定

【知识梳理】

标定 NaOH 标准溶液的基准物质为邻苯二甲酸氢钾或草酸,应选用指示剂酚酞。

标定 NaOH 溶液时,如果标定完成后,最终读数时,发现滴定管挂液滴,表明滴定剂没有完全进入锥形瓶中,对标定结果产生负误差。

用标准溶液 NaOH 测定 HCl 溶液浓度时,若滴定开始时读数正确,测定结束俯视读数,其他操作没有错误,结果测定 HCl 的浓度将偏小。

氢氧化钠标准溶液应保存在带橡皮塞和碱石灰吸收管的试剂瓶中。

【例题分析】

(判断题)邻苯二甲酸氢钾不能作为标定 NaOH 标准滴定溶液的基准物。　　　(　　)

A. 正确　　　　　　　　　　　　B. 错误

> **答案:**B
>
> **解析:**本题为判断题,考级能力要求为 A。主要考察 NaOH 标准溶液标定试剂选择,属于容易题。

2. (判断题)氢氧化钠标准溶液应保存在带橡皮塞和碱石灰吸收管的试剂瓶中。(　　)

A. 正确　　　　　　　　　　　　B. 错误

> **答案:**A
>
> **解析:**本题属于较容易题。考级能力要求为 A。主要考察 NaOH 标准溶液保存常识。

3. (单选题)配制 0.1 mol/L NaOH 标准溶液,下列配制错误的是(M(NaOH)$=40.00$ g/mol)(　　)。

A. 将 NaOH 配制成饱和溶液,贮于聚乙烯塑料瓶中,密封放置至溶液清亮,取清液 5 mL 注入 1L 不含 CO_2 的水中摇匀,贮于无色试剂瓶中

B. 将 4.02gNaOH 溶于 1L 水中,加热搅拌,贮于磨口瓶中

C. 将 4gNaOH 溶于 1L 水中,加热搅拌,贮于无色试剂瓶中

D. 将 2gNaOH 溶于 500 mL 水中,加热搅拌,贮于无色试剂瓶中

> **答案:**B
>
> **解析:**本题属于中等难度试题。考级能力要求为 B。主要考察 NaOH 标准溶液配制计算及保存的相关知识。

4. 已知邻苯二甲酸氢钾(用 KHP 表示)的摩尔质量为 204.2 g/mol,用它来标定 0.1 mol/L 的 NaOH 溶液,宜称取 KHP 质量为(　　)。

A. 0.25 g 左右　　　B. 1 g 左右　　　　C. 0.6 g 左右　　　　D. 0.1 g 左右

答案:C

解析:本题属于较难试题。为考级能力要求为C。主要考察溶液配制时的相关计算及判断。

5. (多选题)0.2 mol/L的下列标准溶液应贮存于聚乙烯塑料瓶中的有(　　)。

　　A. KOH溶液　　　　B. EDTA溶液　　　　C. NaOH溶液　　　　D. 硝酸银溶液

答案:ABC

解析:本题属于中等难度试题。考级能力要求为B。主要考察不同溶液保存时的基本知识。

【巩固练习】

一、判断题

配制NaOH标准溶液时,所采用的蒸馏水应为去CO_2的蒸馏水。　　　　　(　　)

　　A. 正确　　　　　　　　　　　　　　B. 错误

二、单选题

1. NaOH溶液标签浓度为0.300 mol/L,该溶液从空气中吸收了少量的CO_2,现以酚酞为指示剂,用标准HCl溶液标定,标定结果比标签浓度(　　)。

　　A. 高　　　　　　B. 低　　　　　　C. 不变　　　　　　D. 无法确定

2. 标定NaOH溶液常用的基准物是(　　)。

　　A. 无水Na_2CO_3　　　　　　　　　B. 邻苯二甲酸氢钾

　　C. $CaCO_3$　　　　　　　　　　　　D. 硼砂

知识点189　混合碱含量分析方法(成分判断)

【知识梳理】

混合碱含量的分析,一般采用"双指示剂"法。双指示剂法测混合碱,先加入酚酞指示剂时,滴定终点时溶液由红色变为无色,消耗HCl标准滴定溶液体积为V_1,再加入甲基橙作指示剂,滴定至黄色变为橙色,消耗HCl标准滴定溶液体积为V_2。

若$V_1=0$,$V_2>0$,溶液中只有碳酸氢钠;若$V_1>0$,$V_2=0$,溶液中只有氢氧化钠;若$V_1>V_2$,溶液中有碳酸钠和氢氧化钠;若$V_2>V_1$,溶液中有碳酸钠和碳酸氢钠;若$V_1=V_2$,溶液中只有碳酸钠。

【例题分析】

1. (判断题)制碱工业中经常遇到的混合碱一般指NaOH和Na_2CO_3或Na_2CO_3和$NaHCO_3$的混合物。　　　　　　　　　　　　　　　　　　(　　)

　　A. 正确　　　　　　　　　　　　　　B. 错误

答案:A

解析:本题属于容易题。考级能力要求为A。主要考察混合碱成分判断。

2.(判断题)在混合碱中 NaOH 和 NaHCO$_3$ 也可能共存在一起。 （ ）

    A. 正确   B. 错误

答案:B

解析:本题属于较容易题。考级能力要求为 A。主要考察 NaOH 和 NaHCO$_3$ 的基本性质。

3.(单选题)双指示剂法测混合碱,加入酚酞指示剂时,消耗 HCl 标准滴定溶液体积为 18.00 mL;加入甲基橙作指示剂,继续滴定又消耗了 HCl 标准溶液 14.98 mL,那么溶液中存在 （ ）。

    A. NaOH＋Na$_2$CO$_3$ B. Na$_2$CO$_3$＋NaHCO$_3$

    C. NaHCO$_3$ D. Na$_2$CO$_3$

答案:A

解析:本题属于中等难度试题。考级能力要求为 B。主要考察滴定分析混合碱成分判断。

4.(单选题)测定某混合碱时,用酚酞作指示剂时所消耗的盐酸标准溶液比继续加甲基橙作指示剂所消耗的盐酸标准溶液多,说明该混合碱的组成为（ ）。

    A. Na$_2$CO$_3$＋NaHCO$_3$ B. Na$_2$CO$_3$＋NaOH

    C. NaHCO$_3$＋NaOH   D. Na$_2$CO$_3$

答案:B

解析:本题属于中等难度试题。考级能力要求为 B。主要考察滴定分析混合碱成分判断。

5.(多选题)混合碱含量分析的实验中,下列说法中正确的是（ ）。

    A. 先采用酚酞作为指示剂,滴定至溶液变为无色

    B. 先采用甲基橙作为指示剂,滴定至黄色变为橙色

    C. 后采用用酚酞作为指示剂,滴定至溶液变为无色

    D. 后采用甲基橙作为指示剂,滴定至黄色变为橙色

答案:AD

解析:本题属于中等难度试题。考级能力要求为 B。主要考察滴定终点溶液颜色的变化。

【巩固练习】

一、判断题

    在混合碱的分析中,先采用甲基橙作为指示剂,滴定至黄色变为橙色。 （ ）

A. 正确　　　　　　　　　　　B. 错误

二、单选题

1. 双指示剂法测混合碱,加入酚酞指示剂时,消耗 HCl 标准滴定溶液体积为15.20 mL;加入甲基橙作指示剂,继续滴定又消耗了 HCl 标准溶液 25.72 mL,那么溶液中存在(　　)。

A. $NaOH+Na_2CO_3$　　　　　　B. $Na_2CO_3+NaHCO_3$

C. $NaHCO_3$　　　　　　　　　D. Na_2CO_3

2. 用双指示剂法测由 Na_2CO_3 和 $NaHCO_3$ 组成的混合碱,达到计量点时,所需盐酸标准溶液体积关系为(　　)。

A. $V_1<V_2$　　　　B. $V_1>V_2$　　　　C. $V_1=V_2$　　　　D. 无法判断

三、多选题

混合碱含量分析的实验中,下列说法中正确的是(　　)。

A. 先采用酚酞作为指示剂,滴定至溶液变为无色

B. 先采用酚酞作为指示剂,滴定至黄色变为橙色

C. 后采用用甲基橙作为指示剂,滴定至溶液变为无色

D. 后采用甲基橙作为指示剂,滴定至黄色变为橙色

知识点 190　工业醋酸含量测定

【知识梳理】

用酸碱滴定法测定工业醋酸中的乙酸含量,应选择的指示剂是酚酞,测定其含量时一般采用直接滴定的方式。

在工业醋酸含量测定的实验中,所用标准滴定溶液一般为 NaOH 标准溶液。

如果用含 CO_2 的水来配制乙酸溶液时,则滴定至终点时所需 NaOH 溶液的体积增大。

在工业醋酸含量测定的实验中,如用移液管吸取醋酸试样之前没有用待测液润洗,则所测结果会偏小。

在乙酸含量的分析实验中,用甲基橙来代替酚酞作指示剂,则所测结果会偏小。

如果 NaOH 溶液与空气接触时间过长,则会使测定结果偏高。

用甲基橙来代替酚酞作指示剂,则所测结果会偏低。

如用移液管吸取醋酸试样之前没有用待测液润洗,则所测结果会偏低。

【例题分析】

1. (判断题)一般采用返滴定法来测定乙酸溶液的含量。　　　　　　　　　　(　　)

A. 正确　　　　　　　　　　　B. 错误

答案:B

解析:本题属于容易题。考级能力要求为 A。主要考察乙酸含量测定基本知识和返滴定法的概念。

2. (判断题)用酸碱滴定法测定工业醋酸的含量时,当达到化学计量点时溶液的 pH 值正好为 7。 （　　）

    A. 正确   B. 错误

答案: B

解析: 本题属于容易题。考级能力要求为 A。主要考察强碱弱酸盐溶液性质判断。

3. (单选题)在乙酸含量的分析实验中,用甲基橙来代替酚酞作指示剂,则所测结果会（　　）。

    A. 偏大   B. 无影响   C. 不确定   D. 偏小

答案: D

解析: 本题属于中等难度试题。考级能力要求为 B。主要考察溶液滴定终点时溶液酸碱性和指示剂选择。

4. (单选题)测定工业醋酸含量化学计量点时,溶液 pH（　　）。

    A. 大于 7   B. 小于 7   C. 不确定   D. 等于 7

答案: A

解析: 本题属于容易题。考级能力要求为 A。主要考察强碱弱酸盐溶液性质判断。

5. (多选题)在工业醋酸含量测定的实验中,下列说法中正确的是(　　)。

    A. 一般采用返滴定法来测定醋酸溶液的含量

    B. 用 NaOH 标准溶液测定时,如 NaOH 溶液与空气接触时间过长,则会使测定结果偏高

    C. 用甲基橙来代替酚酞作指示剂,则所测结果会偏低

    D. 如用移液管吸取醋酸试样之前没有用待测液润洗,则所测结果会偏低

答案: BCD

解析: 本题属于较难试题。考级能力要求为 C。主要考察溶液滴定时实验操作的影响因素。

【巩固练习】

一、判断题

用 NaOH 标准溶液测定工业醋酸的含量时,如 NaOH 溶液与空气接触时间过长,则会使测定结果偏低。 （　　）

    A. 正确   B. 错误

二、单选题

1. 如果用含 CO_2 的水来配制乙酸溶液时,则滴定至终点时所需 NaOH 溶液的体积(　　)。

    A. 增大   B. 减小   C. 无影响   D. 不确定

2. 在工业醋酸含量测定的实验中,如用移液管吸取醋酸试样之前没有用待测液润洗,则所测结果会(　　)。

　A. 偏大　　　　　　　　　　　B. 无影响

　C. 不确定　　　　　　　　　　D. 偏小

三、多选题

在工业醋酸含量测定的实验中,下列说法中正确的是(　　)。

A. 一般采用间接滴定法来测定醋酸溶液的含量

B. 用 NaOH 标准溶液测定时,如 NaOH 溶液与空气接触时间过长,则会使测定结果偏高

C. 用甲基橙来代替酚酞作指示剂,则所测结果会偏高

D. 如用移液管吸取醋酸试样之前没有用待测液润洗,则所测结果会偏低

❀ 知识点 191　氨水中氨含量的分析方法

【知识梳理】

氨易挥发,所以一般采用返滴定法来测定其含量。

如果用直接滴定法测定氨水含量,可能会导致结果偏低。

用 NaOH 标准溶液测定氨水中氨的含量时,化学计量点时溶液的 pH 值小于7,可选用(甲基红－亚甲基蓝)作指示剂。

甲醛法测定铵盐含量时,铵盐与甲醛生成六亚甲基四胺,由于六亚甲基四胺是一种极弱的有机弱碱,它的存在使化学计量点溶液呈微碱性,需要选用酚酞作指示剂。

【例题分析】

1. (判断题)因为氯化铵的酸性太弱,用氢氧化钠直接滴定时突跃太小,而不能准确滴定,因此可以采用直接法。　　　　　　　　　　　　　　　　　(　　)

　A. 正确　　　　　　　　　　B. 错误

> **答案:**B
>
> **解析:**本题属于容易题。考级能力要求为 A。主要考察铵盐的滴定方式。

2. (判断题)氨水测定过程中常用甲基红－亚甲基蓝混合指示剂,若滴加指示剂后溶液呈绿色,则可直接用氢氧化钠进行返滴定。　　　　　　　　　　(　　)

　A. 正确　　　　　　　　　　B. 错误

> **答案:**B
>
> **解析:**本题属于中等难度试题。考级能力要求为 A。主要考察的氨水测定终点判断及操作。

3. (单选题)采用返滴定法测定氨水含量时,化学计量点时溶液的 pH 值(　　)。

A. 大于 7　　　　　B. 小于 7　　　　　C. 等于 7　　　　　D. 不确定

答案: B

解析: 本题为单选题,考级能力要求为 A。主要考察氨水含量测定返滴定法最后溶液的成分及性质判断,属于中等难度题。

4.(单选题)如果用直接滴定法测定氨水含量,可能会导致结果(　　)。

A. 偏低　　　　　B. 偏高　　　　　C. 不确定　　　　　D. 无影响

答案: A

解析: 本题属于容易题。考级能力为 A。主要考察氨水含量测定基本原理。

5.(多选题)下列分析方法中一般用酸碱滴定法测定的是(　　)。

A. 氨水中氨含量的测定　　　　　B. 纯碱总碱度的测定

C. 工业醋酸含量的测定　　　　　D. 工业用水总硬度的测定

答案: ABC

解析: 本题属于中等难度试题。考级能力要求为 A。主要考察滴定方法选择。

【巩固练习】

一、判断题

因氨易挥发,所以一般采用返滴定法来测定其含量。　　　　　　　　　　(　　)

A. 正确　　　　　　　　　　B. 错误

二、单选题

1. 用 NaOH 标准溶液测定氨水中氨含量时,可选用(　　)作指示剂。

A. 甲基黄　　　　　B. 溴酚蓝　　　　　C. 中性红　　　　　D. 甲基红

2. 使用安瓿球称样时,先要将球泡部在(　　)中微热。

A. 热水　　　　　B. 烘箱　　　　　C. 油浴　　　　　D. 火焰

三、多选题

下列分析方法中一般用酸碱滴定法测定的是(　　)。

A. 铜离子含量的测定　　　　　B. 纯碱总碱度的测定

C. 工业醋酸含量的测定　　　　　D. 工业用水总硬度的测定

综合练习

一、单选题

1. 酸碱滴定法又称为( )。
   - A. 中和滴定法
   - B. 配位滴定法
   - C. 氧化还原滴定法
   - D. 沉淀滴定法

2. 下列有关碱的定义正确的是( )。
   - A. 溶液显碱性的化合物
   - B. 能电离生成氢氧根离子的化合物
   - C. 电离时生成的阴离子全部是氢氧根离子的化合物
   - D. 含氢元素和氧元素且能溶于水的化合物

3. 溶液的酸度是指( )。
   - A. 酸的浓度
   - B. 氢离子的浓度
   - C. 酸的分析浓度
   - D. 酸的物质的量浓度

4. 用溶液中氢离子的浓度可以表示该溶液的( )。
   - A. 酸的浓度
   - B. 酸的分析浓度
   - C. 酸的物质的量浓度
   - D. 酸度

5. 在 1 mol/L HAc 的溶液中,欲使氢离子浓度增大,可采取下列哪种方法( )。
   - A. 加水
   - B. 加 NaAc
   - C. 加 NaOH
   - D. 0.1 mol/L HCl

6. 对于一定的水溶液,pH 与 pOH 之和为( )。
   - A. 13
   - B. 14
   - C. 15
   - D. 不确定

7. 用溶液中氢氧根离子的浓度可以表示该溶液的( )。
   - A. 碱的浓度
   - B. 碱的分析浓度
   - C. 碱的物质的量浓度
   - D. 碱度

8. pH＝10.82 的氨水溶液,其碱度为( )。
   - A. 10.82
   - B. 14
   - C. 3.18
   - D. 不确定

9. pH＝10 的氨水溶液与 pH＝10 的 NaOH 溶液,其碱度( )。
   - A. 相等
   - B. 不相等
   - C. 氨水溶液大
   - D. NaOH 溶液大

10. 碱度一般用溶液中氢氧根离子的( )来表示。
    - A. 物质的量浓度
    - B. 质量浓度
    - C. 质量分数
    - D. 体积分数

11. 在一定的温度下,醋酸 $K_a＝1.75×10^{-5}$,则 0.1000 mol/L 的醋酸溶液的 pH 为( )。
    - A. 4.21
    - B. 3.45
    - C. 2.88
    - D. 2.54

12. 已知氨水的浓度 c_b 为 0.0240 mol/L,$K_b＝1.8×10^{-5}$ 则溶液中 $[OH^-]$ 为( )mol/L。
    - A. 0.024
    - B. 0.24
    - C. $6.57×10^{-4}$
    - D. $6.57×10^{-5}$

13. 已知醋酸的浓度为 0.1000 mol/L,$K_a＝1.75×10^{-5}$,则该醋酸水溶液中 $[H^+]$ 为( )mol/L。
    - A. $1.32×10^{-5}$
    - B. $1.32×10^{-4}$
    - C. $1.32×10^{-3}$
    - D. $1.32×10^{-2}$

14. 已知 pH＝10、$K_b=1.0\times10^{-5}$ 的某一元弱碱,则溶液中氢氧根离子的浓度约为( )mol/L。

    A. 1.0×10^{-5} B. 1.0×10^{-4} C. 1.0×10^{-3} D. 1.0×10^{-2}

15. 0.1 mol/L 的下列溶液中,酸性最强的是( )。

    A. $H_3BO_3(K_a=5.8\times10^{-10})$ B. $NH_3\cdot H_2O(K_b=1.8\times10^{-5})$

    C. 苯酚$(K_a=1.1\times10^{-10})$ D. $HAc(K_a=1.8\times10^{-5})$

16. 0.1000 mol/L NaOH 溶液滴定 0.1000 mol/L HCl 溶液,到达化学计量点时,其 pH( )7。

    A. 等于   B. 大于   C. 小于   D. 以上都有可能

17. 当用 NaOH 溶液滴定 HCl 溶液时,NaOH 和 HCl 的溶液越稀,滴定曲线上的 pH 突跃范围越( )。

    A. 大   B. 小

    C. 无影响   D. 条件不足,无法判断

18. 在酸碱滴定中,常用标准溶液的浓度一般为( )mol/L。

    A. 0.01～0.1   B. 0.1～1.0   C. 1.0～2.0   D. 无要求

19. 如果用直接滴定法测定氨水含量,可能会导致结果( )。

    A. 偏低   B. 偏高   C. 不确定   D. 无影响

20. 双指示剂法测定烧碱含量时,下列叙述不正确的是( )。

    A. 吸出试液后立即滴定

    B. 以酚酞为指示剂时,滴定速度不要太快

    C. 以酚酞为指示剂时,滴定速度要快

    D. 以酚酞为指示剂时,应不断摇动

二、判断题

1. 强酸滴定强碱时,开始时 pH 的变化比较缓慢,因为高浓度的强碱对溶液的酸碱度具有一定的缓冲作用。( )

    A. 正确   B. 错误

2. 选择指示剂的一种简便方法是化学计量点落在哪种指示剂的变色域之内就可以选择哪种指示剂。( )

    A. 正确   B. 错误

3. 在强酸滴定强碱的滴定曲线中,其突跃范围的大小与酸碱的浓度有关。( )

    A. 正确   B. 错误

4. 用强酸滴定强碱和用强碱滴定强酸到达化学计量点时溶液的 pH 值不同。( )

    A. 正确   B. 错误

5. 在强酸滴定强碱时,化学计量点前溶液的 pH 值仅取决于溶液中剩余碱的浓度。( )

    A. 正确   B. 错误

6. 用强酸滴定强碱时常选用甲基橙或甲基红作指示剂。( )

    A. 正确   B. 错误

7. 化学计量点时溶液的 pH 等于7。( )

    A. 正确   B. 错误

8. 在用强酸滴定强碱的实验中,强酸一般可选用 HNO_3 作标准溶液。( )

A. 正确　　　　　　　　　　　　B. 错误

9. 在酸碱滴定中,溶液浓度越大,其滴定突跃范围越大。　　　　　　　（　　）

　　A. 正确　　　　　　　　　　　　B. 错误

10. 酸碱有几级电离,就有几个突跃。　　　　　　　　　　　　　　（　　）

　　A. 正确　　　　　　　　　　　　B. 错误

11. H_2SO_4 是二元酸,因此用 NaOH 滴定有两个突跃。　　　　　　（　　）

　　A. 正确　　　　　　　　　　　　B. 错误

12. 以 0.1 000 mol/L HCl 滴定 0.1000 mol/L NaOH 溶液时,其 pH 突跃范围为 9.7～4.3,则以 1.000 mol/L HCl 滴定 1.000 mol/L NaOH 溶液时,其 pH 突跃范围为 10.7～3.3。　　　　　　　　　　　　　　　　　　　　（　　）

　　A. 正确　　　　　　　　　　　　B. 错误

13. 在酸碱滴定曲线中,化学计量点附近的 pH 突跃范围越长,指示剂的选择就越方便。　　　　　　　　　　　　　　　　　　　　　　　　（　　）

　　A. 正确　　　　　　　　　　　　B. 错误

14. 当酸碱完全中和时,则酸所提供的 H^+ 和碱所提供的 OH^- 的物质的量不一定相等。　　　　　　　　　　　　　　　　　　　　　　　（　　）

　　A. 正确　　　　　　　　　　　　B. 错误

15. 在强酸强碱的滴定实验中,达化学计量点时滴定曲线突跃范围横跨酸性区域和碱性区域。　　　　　　　　　　　　　　　　　　　　　　　（　　）

　　A. 正确　　　　　　　　　　　　B. 错误

16. 变色范围必须全部在滴定突跃范围内的酸碱指示剂可用来指示滴定终点。（　　）

　　A. 正确　　　　　　　　　　　　B. 错误

17. 常用的酸碱指示剂,大多是弱酸或弱碱,所以滴加指示剂的多少及时间的早晚不会影响分析结果。　　　　　　　　　　　　　　　　　　　　（　　）

　　A. 正确　　　　　　　　　　　　B. 错误

18. 以 0.1000 mol/L NaOH 滴定 20.00 mL 0.1000 mol/L HCl 溶液,在化学计量点时,此阶段溶液的 pH 处于突变状态,此时溶液中溶质为 NaCl。　　　　（　　）

　　A. 正确　　　　　　　　　　　　B. 错误

19. 当用酸滴定碱时,一般选用酚酞作为指示剂,由无色变为浅红。　　　（　　）

　　A. 正确　　　　　　　　　　　　B. 错误

20. 在一定浓度的酸溶液中,若其电离常数 K_a 越小,则越能用酸碱滴定法直接滴定。　　　　　　　　　　　　　　　　　　　　　　　　　　　（　　）

　　A. 正确　　　　　　　　　　　　B. 错误

第十四章
配位滴定

📛 知识结构 »

知识分类		序号	知识点
配位滴定	配位滴定法	56	配位滴定法定义
		57	配位滴定的条件
	EDTA 及其分析特性	58	EDTA 的结构、特性
		59	酸度对配位滴定的影响
		60	EDTA 酸效应曲线应用（酸度选择、判断干扰）
	金属指示剂	61	金属指示剂的概念
		62	金属指示剂的作用原理
		63	铬黑 T 作用原理
		64	金属指示剂的选择条件
		65	指示剂的"封闭"和"僵化"的概念
	配位滴定应用	66	EDTA 标准滴定溶液的配制与标定
		67	工业用水钙镁离子总量的测定

📛 考纲要求 »

考试内容		序号	说　明	考试要求
配位滴定	配位滴定法	56	理解配位滴定法定义	A/B
		57	了解配位滴定的条件	A
	EDTA 及其分析特性	58	熟悉 EDTA 的结构、特性	A/B
		59	理解酸度对配位滴定的影响	A/B
		60	了解 EDTA 酸效应曲线应用（酸度选择、判断干扰）	A
	金属指示剂	61	了解金属指示剂的概念	A
		62	理解金属指示剂的作用原理	A/B
		63	了解铬黑 T 作用原理	A/B
		64	理解金属指示剂选择条件	A
		65	了解指示剂的"封闭"和"僵化"的概念	A
	配位滴定应用	66	掌握实验：EDTA 标准滴定溶液的配制与标定	A/B/C
		67	掌握实验：工业用水钙镁离子总量的测定	A/B/C

第一节　配位滴定法

1.理解配位滴定法定义
2.了解配位滴定的条件

✸ 知识点192　配位滴定法定义

【知识梳理】

配位滴定法是利用配位反应来进行滴定分析的方法,它属于化学分析。

本知识点要求理解配位滴定的定义。

【例题分析】

1.(判断题)配位滴定法是利用配位反应来进行滴定分析的方法。　　　　　　　　(　　)

　　A. 正确　　　　　　　　　　　　　　B. 错误

> 答案:A
>
> 解析:本题属于容易题。考级能力要求为B。本题考察学生对配位滴定法定义的理解。

2.(单选题)进行配位滴定分析的化学反应属于(　　)。

　　A. 酸碱反应　　　B. 氧化还原反应　　　C. 配位反应　　　D. 有机反应

> 答案:C
>
> 解析:本题属于容易题。考级能力要求为B。主要考察学生对配位滴定法定义的理解。

3.(单选题)配位滴定法属于(　　)。

　　A. 仪器分析　　　B. 定性分析　　　C. 滴定分析　　　D. 称量分析

> 答案:C
>
> 解析:本题属于容易题。考级能力要求为B。本题主要考察学生对配位滴定概念的理解。

【巩固练习】

一、判断题

1.多数配合物的稳定性较差,能够适用配位滴定分析的配位化学反应较少。　　(　　)

　　A. 正确　　　　　　　　　　　　　　B. 错误

2.因配位反应往往分级进行,各级配合物的稳定常数相差较大,能够用于配位滴定分析

的配位化学反应较多。 （ ）

A. 正确 B. 错误

二、单选题

滴定分析属于（ ）。

A. 电化学分析 B. 沉淀分析 C. 定性分析 D. 化学分析

知识点 193 配位滴定的条件

【知识梳理】

1. 配位滴定的条件

(1)反应按化学计量关系定量进行,有明确的化学反应方程式;

(2)反应必须进行完成,即配位反应生成配合物的稳定常数一般要求大于 10^8;

(3)反应速率要快,滴定反应的速率要大于滴定速率;对反应缓慢的反应可以采用适当加热或返滴定的方式进行;

(4)有适当的指示剂或其他方法可以简便可靠的确定终点。

2. 配位反应的一般特征

能生成无机配合物的反应尽管很多,但能用于配位滴定分析的并不多,这是因为大多数无机配合物稳定性差,配位反应往往分级进行,各级配合物的稳定常数相差较小,使平衡变得复杂,难以确定化学计量关系,也不容易找到合适的指示剂。

本知识点要求了解配位滴定的条件。

【例题分析】

1.(判断题)能够用于配位滴定的化学反应必须首先满足滴定分析的条件。 （ ）

A. 正确 B. 错误

答案:A

解析:本题属于容易题。考级能力要求为 A。考察学生对配位滴定条件了解。

2.(单选题)有机物乙二胺四乙酸与金属离子的反应属于（ ）。

A. 酸碱反应 B. 有机反应 C. 配位反应 D. 氧化还原反应

答案:C

解析:本题属于容易题。考级能力要求为 A。考察学生对滴定条件的掌握。

3.(单选题)配位滴定中,生成的配合物的稳定常数应（ ）。

A. 大于 10^8 B. 小于 10^8 C. 等于 10^8 D. 大于 10^5

答案:A

解析:本题属于容易题。属于容易题。考级能力要求为 A。考察学生对配位滴定条件的理解。

【巩固练习】

一、判断题

1. 当标准滴定溶液与被测物质的反应不完全符合配位滴定的条件时,不可用配位滴定法测定被测物质含量。 （　　）

    A. 正确   B. 错误

2. 有机配位剂乙二胺四乙酸与金属离子的配位反应符合配位滴定的条件,化工分析中获得了广泛的应用。 （　　）

    A. 正确   B. 错误

二、单选题

用 EDTA 进行配位滴定时,金属离子配合物的 $\lg K_{MY}$ 一般（　　）。

    A. 小于 8   B. 等于 8   C. 大于 8   D. 大于 5

三、多项选题

下列属于配位滴定法必须具备的条件是（　　）。

A. 反应按化学计量关系进行

B. 配合物稳定常数大于 10^8

C. 有适当的指示剂指示终点

D. 两配合物稳定常数之差必须大于 5

第二节　EDTA 及其分析特性

1. 理解 EDTA 的结构、特性;
2. 理解酸度对配位滴定的影响;
3. 了解 EDTA 酸效应曲线的应用(酸度选择、判断干扰)。

✦ 知识点 194　EDTA 的结构、特性

【知识梳理】

EDTA 的化学名称为乙二胺四乙酸,属于四元有机弱酸,简写为 H_4Y。EDTA 水溶液中,存在的微粒有 H_4Y、H_2Y^{2-}、HY^{3-}、Y^{4-}。EDTA 中能与金属离子形成配位键的原子共有 6 个;能与金属离子直接配位的是:Y^{4-},构成配合物的空间结构为环状螯合物。

国家标准规定的标定 EDTA 溶液的基准试剂是:ZnO 和 $CaCO_3$。

配位滴定分析中,标准滴定溶液 EDTA 的浓度通常配制成:$0.01 \sim 0.1\ mol/L$;分析室常用的 EDTA 水溶液呈弱酸性,必须盛放于:酸式滴定管;EDTA 参与的配位反应特点是:金属离子与 EDTA 计量系数比为 $1:1$。

例如:乙二胺四乙酸(EDTA)与金属离子的配位反应属于配位反应,与不同价态的金属离子生成配合物时,化学反应计用 EDTA 进行配位滴定时,金属离子配合物的 lgK_{MY}(稳定常数)一般大于 8。

本知识点要求熟悉 EDTA 的结构、特性。

【例题分析】

1.(单选题)EDTA 的化学名称为(　　)。

 A. 乙二氨四乙酸　　　　　　　　　B. 乙二胺四乙酸
 C. 乙二胺四乙酸二钠　　　　　　　D. 乙二胺四乙酸二钠镁

> **答案:**B
> **解析:**本题属于容易题。考级能力要求为 B。本题考查学生对 EDTA 名称的识记。

2.(单选题)EDTA 中能与金属离子形成配位键的原子共有(　　)。

 A. 2 个　　　　　B. 4 个　　　　　C. 5 个　　　　　D. 6 个

> **答案:**D
> **解析:**本题属于容易题。考级能力要求为 B。本题考查学生对 EDTA 的结构的理解。

3.(单选题)下列属于国家标准规定的标定 EDTA 溶液的基准试剂是(　　)。

A. MgO　　　　　B. ZnO　　　　　C. 无水 Na$_2$CO$_3$　　　　D. K$_2$Cr$_2$O$_7$

答案:B

解析:本题属于容易题。考级能力要求为 B。考查学生对 EDTA 特性的掌握。

4.(单选题)配位滴定分析中,标准滴定溶液 EDTA 的浓度通常配制成(　　)。

A. 0.1~0.2 mol/L　　　　　　　　B. 1~2 mol/L

C. 0.01~0.1 mol/L　　　　　　　　D. 0.01~0.02 mol/L

答案:C

解析:本题属于容易题。考级能力要求为 B。本题考查 EDTA 溶液的配制。

5.(单选题)分析室常用的 EDTA 水溶液呈(　　)。

A. 强碱性　　　　　B. 弱碱性　　　　　C. 弱酸性　　　　　D. 强酸性

答案:C

解析:本题属于容易题。考级能力要求为 B。考查学生对 EDTA 特性掌握。

【巩固练习】

一、判断题

1. EDTA 与大多数金属离子的配位反应速率都较慢。　　　　　　　　　　　　　　(　　)

A. 正确　　　　　　　　　　　　　　B. 错误

2. 金属离子与 EDTA 生成配合物的稳定性与金属离子的价态有关。　　　　　　(　　)

A. 正确　　　　　　　　　　　　　　B. 错误

二、单选题

1. EDTA 与不同价态的金属离子生成配合物时化学反应的计量系数一般为(　　)。

A. 1∶1　　　　B. 1∶2　　　　C. 2∶3　　　　D. 1∶3

2. EDTA 与金属离子形成配位键,构成配合物的空间结构为(　　)。

A. 直线型　　　　B. 锯齿型　　　　C. 三角形型　　　　D. 环状螯合物

3. 在 EDTA 的各种形式中,能与金属离子直接配位的是(　　)。

A. H$_4$Y　　　　B. H$_2$Y^{2-}　　　　C. HY^{3-}　　　　D. Y^{4-}

4. 金属离子 Mg^{2+} 与 EDTA 形成的配合物是(　　)。

A. MgY^{2-}　　　　B. MgY$_2$　　　　C. MgY$^-$　　　　D. MgY

学 习 内 容

⭐ 知识点 195　酸度对配位滴定的影响

【知识梳理】

EDTA 在水溶液中的电离是可逆的。

Y^{4-} 的浓度[Y]称为 EDTA 的有效浓度,[Y]浓度越大,EDTA 配位能力越强;[Y]与酸度有关,它随着溶液 pH 值的增大而增大。

EDTA 滴定中,EDTA 与金属离子反应中会释放出 H^+,应加入适当的缓冲溶液,使溶液酸度控制在一定范围。

EDTA 配位滴定中,配合物愈稳定,配位滴定允许酸度愈高,即允许的 pH 愈低。

EDTA 滴定金属离子时,酸度必须小于最高允许酸度;即 pH 值必须大于最低允许 pH 值。

本知识点要求理解酸度对配位滴定的影响。

【例题分析】

1.(判断题)EDTA 滴定某金属离子有一允许的最高酸度(最低 pH 值),溶液的 pH 再增大就不能准确滴定该金属离子。　　　　　　　　　　　　　　　　　　　　　　(　　)

  A. 正确   B. 错误

2.(判断题)用 EDTA 进行配位滴定时,必须选择合适的酸度。　　　　　　　　　(　　)

  A. 正确   B. 错误

> **答案:1.** B **2.** A
>
> **解析:**这两题属于容易题。考级能力要求为 B。重点考察酸度对配位滴定影响的理解。

3.(单选题)EDTA 配位滴定中,为了使溶液保持一定的酸度,应加入适当的(　　)。

  A. 碱   B. 酸   C. 缓冲溶液   D. 盐

> **答案:**C
>
> **解析:**本题属于容易题。考级能力要求为 B。考察酸度对配位滴定影响的理解。

4.(单选题)用 EDTA 进行配位滴定时,溶液(　　)。

  A. 酸度越大越好   B. 酸度越小越好

  C. 酸度应控制在一定范围内   D. 与酸度无关

> **答案:**C
>
> **解析:**本题属于容易题。考级能力要求为 B。考察酸度对配位滴定影响的理解。

5.(单选题)EDTA 配位滴定中,有关酸效应的叙述正确的是(　　)。

  A. pH 越小,酸效应越小   B. 酸效应越大,配合物的稳定性越大

  C. 酸效应越小,配合物的稳定性越大   D. pH 越大,滴定曲线的突跃范围越小

> **答案:**C
>
> **解析:**本题属于中等难度试题。考级能力要求为 B。考察酸度对配位滴定影响的掌握。

【巩固练习】

一、判断题

1.EDTA 与金属离子反应时,酸度越高,越有利于配位反应的进行。　　　　　(　　)

  A. 正确   B. 错误

2. EDTA 配位滴定过程中,随着滴定的进行,溶液的 pH 值略有增加。　　　　　　　　　(　　)

　　A. 正确　　　　　　　　　　　　　　B. 错误

二、单选题

　　1. 在下列溶液中 EDTA 的 Y^{4-} 有效浓度最大的是(　　)。

　　　　A. pH＝3　　　　　　　　　　　　B. pH＝7

　　　　C. pH＝9　　　　　　　　　　　　D. pH＝10

　　2. EDTA 溶液中,Y^{4-} 占比例最大时,pH 值的范围应(　　)。

　　　　A. ＞2.0　　　　　　　　　　　　B. ＜2.0

　　　　C. ＞10.26　　　　　　　　　　　D. ＜10.26

三、多选题

　　下列说法正确的是(　　)。

　　A. EDTA 在水溶液中的电离是可逆的

　　B. pH 值越小,Y^{4-} 浓度越大

　　C. EDTA 滴定金属离子时,酸度必须小于最高允许酸度

　　D. EDTA 滴定金属离子时,pH 值必须大于最低允许 pH 值

✿ 知识点 196　EDTA 酸效应曲线应用(酸度选择、判断干扰)

【知识梳理】

　　配位滴定的 EDTA 酸效应曲线中,纵坐标为不同金属离子对应的最低 pH 值,横坐标为不同金属离子与 EDTA 生成的配合物的稳定常数对数值。

　　酸效应曲线的作用是:选择滴定的酸度条件,判断其他离子是否有干扰,查取不同离子的最低允许 pH 值。

　　EDTA 酸效应曲线中,位于被测离子下方的其他离子能干扰被测离子的测定;当两种金属离子的浓度相近时,若它们的 $\lg K_{MY}$ 之差大于 5,则在酸效应曲线上方的离子不干扰下方离子的准确滴定;反之,则干扰滴定。

　　用 EDTA 滴定钙镁含量时,可以用抗坏血酸掩蔽铁离子。

　　本知识点要求了解 EDTA 酸效应曲线的应用(酸度选择、判断干扰)。

【例题分析】

　　1. (判断题)EDTA 酸效应曲线中,位于被测离子下方的其它离子能干扰被测离子的测定。　　　　　　　　　　　　　　　　　　　　　　　　　　　　(　　)

　　　　A. 正确　　　　　　　　　　　　B. 错误

　　答案:A

　　解析:本题属于容易题。考级能力要求为 A。考察学生对 EDTA 酸效应曲线应用(酸度选择、判断干扰)的了解。

2.(判断题)测定硬水中钙镁总量时,水中的 Cu^{2+}、Pb^{2+} 可加入 OH^- 排除干扰。

( )

  A. 正确   B. 错误

> **答案**:B
>
> **解析**:本题属于容易题。考级能力要求为 A。考察学生对 EDTA 酸效应曲线应用的理解。

3.(单选题)配位滴定的 EDTA 酸效应曲线中,纵坐标为( )。

  A. 盐酸的浓度   B. 不同金属离子对应的最低 pH 值

  C. 金属离子的浓度   D. 生成的配合物稳定常数

> **答案**:B
>
> **解析**:本题属于容易题。考级能力要求为 A。考察学生对 EDTA 酸效应曲线的认知。

4.(单选题)配位滴定的 EDTA 酸效应曲线中,横坐标为( )。

  A. 酸的浓度

  B. 滴定过程中消耗 EDTA 的体积

  C. 不同金属离子与 EDTA 生成配合物其稳定常数的对数值

  D. 不同金属离子与 EDTA 生成配合物的稳定常数

> **答案**:C
>
> **解析**:本题属于容易题。考级能力要求为 A。考察学生对 EDTA 酸效应曲线的认知。

5.(多选题)下列属于酸效应曲线的作用的是( )。

  A. 选择滴定的酸度条件   B. 判断其它离子是否有干扰

  C. 选择合适的指示剂   D. 查取不同离子的最低允许 pH 值

> **答案**:ABD
>
> **解析**:本题属于容易题。考级能力要求为 A。考察学生对 EDTA 酸效应曲线的认知。

【巩固练习】

一、判断题

1.两种离子的浓度相近时,若其配合物的 lgK_{MY} 之差小于 5,位于上方的离子不会干扰下方被测离子的测定。

( )

  A. 正确   B. 错误

2. 待测金属离子 M 和 N 与 EDTA 生成配合物，$\lg K_{MY} - \lg K_{NY} < 5$，可以用控制酸度的方法分别测定。 （ ）

    A. 正确　　　　　　　　　　　　　　B. 错误

3. 用 EDTA 测定试样中的金属离子含量时，可依据酸效应曲线确定几种离子之间是否存在干扰。 （ ）

    A. 正确　　　　　　　　　　　　　　B. 错误

二、单选题

1. 当两种金属离子的浓度相近时，若它们的 $\lg K_{MY}$ 大于（　　　），则在酸效应曲线上方的离子不干扰下方离子的准确滴定。

    A. 4　　　　　　B. 5　　　　　　C. 6　　　　　　D. 8

2. 已知 $\lg K_{ZnY} = 16.5$，$\lg K_{MnY} = 14.0$，$\lg K_{CaY} = 10.7$，$\lg K_{CuY} = 19.0$，$\lg K_{FeY} = 24.9$，则在 pH＝4 的条件下，用 EDTA 测定 Zn^{2+} 时，Cu^{2+}、Mn^{2+}、Ca^{2+}、Fe^{3+} 中，不干扰的离子是（　　　）。

    A. Cu^{2+}　　　　　　B. Mn^{2+}　　　　　　C. Ca^{2+}　　　　　　D. Fe^{3+}

第三节　金属指示剂

1. 了解金属指示剂的概念；

2. 理解金属指示剂的作用原理；

3. 了解铬黑 T 作用原理；

4. 理解金属指示剂选择条件；

5. 了解指示剂"封闭"和"僵化"的概念。

✪ 知识点 197　金属指示剂的概念

【知识梳理】

金属指示剂是一种能与金属离子配位的配合剂，属于有机配位剂，一般为有机染料，由于它与金属离子配位前后的颜色不同，所以能作为指示剂来确定终点。

本知识点要求了解金属指示剂的概念及符号。

【例题分析】

1. (判断题)金属指示剂是一种能与金属离子配位的配合剂，一般为有机染料。（　　）

　　A. 正确　　　　　　　　　　　　B. 错误

2. (判断题)金属指示剂与金属离子配位前后的颜色不同，所以能作为指示剂来确定滴定终点。　　　　　　　　　　　　　　　　　　　　（　　）

　　A. 正确　　　　　　　　　　　　B. 错误

> **答案：1. A　2. A**
>
> **解析：**这两小题均为容易题。考级能力要求为 A。第小题考察学生对金属指示剂常识的了解，第 2 题考察金属指示剂作用的基本原理。

3. (单选题)配位滴定分析中，所用的指示剂被称之为（　　）。

　　A. 酚酞指示剂　　　B. 甲基橙指示剂　　　C. 金属指示剂　　　　D. 酸碱指示剂

> **答案：C**
>
> **解析：**本题属于容易题。考级能力要求为 A。考察学生对金属指示剂概念的了解。

4. (单选题)关于金属指示剂的叙述，正确的是（　　）。

　　A. 金属指示剂是配位滴定法所用的指示剂

　　B. 金属指示剂是氧化还原滴定法所用的指示剂

　　C. 化工分析中所用的指示剂只能是金属指示剂

D. 金属指示剂是酸碱滴定法所用的指示剂

答案:A

解析: 本题属于容易题。考级能力要求为 A。考察学生对金属指示剂概念的了解。

5. (多选题)关于金属指示剂的叙述,正确的是( )。

　　A. 金属指示剂是一种能与金属离子配位的配合剂

　　B. 金属指示剂一般为有机染料

　　C. 由于金属指示剂与金属离子配位前后颜色不同,所以能作为指示剂来确定终点

　　D. 金属指示剂一般为无机化合物

答案:ABC

解析: 本题属于容易题。考级能力要求为 A。考察学生对金属指示剂的了解。

【巩固练习】

一、判断题

1. 金属指示剂是一种能与配合剂配位的特殊的金属离子。 （ ）

　　A. 正确 　　　　　　　　　　　B. 错误

2. 金属指示剂是一种能与金属离子配位的配合剂,一般为有机染料。由于它与金属离子配位前后的颜色不同,所以能作为指示剂来确定滴定终点。 （ ）

　　A. 正确 　　　　　　　　　　　B. 错误

二、单选题

1. 关于金属指示剂的叙述,正确的是( )。

　　A. 金属指示剂是一种能够显色的金属离子

　　B. 金属指示剂是一种能与金属离子配位的配合剂,一般为有机染料

　　C. 金属指示剂是一种能够显色的非金属离子

　　D. 金属指示剂是一种能够显色的无机酸根离子

2. 关于金属指示剂符号的叙述,正确的是( )。

　　A. 金属指示剂一般用符号 In 表示

　　B. 金属指示剂一般用符号 M 表示

　　C. 金属指示剂一般用符号 MIn 表示

　　D. 金属指示剂一般用符号 EBT 表示

知识点 198、199　金属指示剂/铬黑 T 指示剂的作用原理

【知识梳理】

　　金属指示剂的作用原理:金属指示剂的颜色与溶液的酸碱性相关,测定时必须调节溶液的 pH 值。EDTA 与金属离子生成无色配合物,其稳定性比指示剂与金属离子生成有色配合物稳定性大;滴定时,EDTA 先与游离的金属离子完全配位,接近终点时,稍微过量的

EDTA 置换出指示剂的阴离子,溶液呈现出金属指示剂的颜色,显示滴定终点到达。

本知识点要求理解金属指示剂的作用原理。

【例题分析】

1. (判断题)配位滴定必须具备的条件:一是至少要有三种物质,金属指示剂、金属离子、EDTA,二是金属指示剂与金属离子生成配合物的稳定性要比 EDTA 与金属离子生成配合物的稳定性略小。　　　　　　　　　　　　　　　　(　)

　　A. 正确　　　　　　　　　　　　　B. 错误

2. (判断题)配位滴定必须具备的条件:一是至少要有三种物质,金属指示剂、金属离子、EDTA,二是 EDTA 与金属离子生成沉淀。　　　　　　　　　　　　(　)

　　A. 正确　　　　　　　　　　　　　B. 错误

> **答案:1. A　2. B**
>
> **解析:**这两属于容易题。题考级能力要求为 B。主要考察学生对金属指示剂作用条件的理解。

3. (判断题)铬黑 T 的水溶液的颜色为蓝色,铬黑 T 与金属配合物的颜色是紫红色,滴定时紫红色变为蓝色即为终点。

　　A. 正确　　　　　　　　　　　　　B. 错误

> **答案:A**
>
> **解析:**本题属于容易题。考级能力要求为 A。主要考察学生对铬黑 T 作用原理的了解。

4. (单选题)配位滴定时,关于金属指示剂的使用条件的叙述,正确的是(　)。

　　A. 金属指示剂的颜色随溶液酸碱性的变化而变化,滴定需要考类溶液的 pH 值

　　B. 即使金属指示剂的颜色随溶液酸碱性的变化而变化,但滴定同样也不需要考类溶液的 pH 值

　　C. 即使金属指示剂的颜色不随溶液酸碱性的变化而变化,但滴定时也需要考类溶液的 pH 值

　　D. 金属指示剂的颜色不随溶液酸碱性的变化而变化,滴定时不需要考类溶液的 pH 值

> **答案:A**
>
> **解析:**本题为单选题,考级能力要求为 B。考察学生对金属指示剂使用条件的理解,属于容易题。

5. (单选题)配位滴定终点所呈现的颜色,叙述正确的是(　)。

　　A. 游离的金属指示剂的颜色

　　B. 金属指示剂与金属离子生成有色配合物的颜色

　　C. 游离的金属离子的颜色

　　D. 上述 A 与 C 的混合色

答案：A

解析：本题属于容易题。考级能力要求为 B。考察学生对配位滴定法终点判断的理解。

6.（单选题）配位滴定，关于金属指示剂的作用原理，叙述正确的是（　　）。

A. 滴定时，将金属指示剂加入到 EDTA 溶液中，用待测金属离子的溶液进行滴定

B. 滴定时，EDTA 先与游离的金属离子完全配位，稍过量的 EDTA 置换出指示剂的阴离子，显示滴定终点

C. 滴定时，金属指示剂先与游离的金属离子完全配位，稍过量的金属指示剂换出 EDTA，显示滴定终点

D. 滴定时，金属指示剂显示一定的颜色，金属指示剂与金属离子完全配位，显示不同的颜色，即为滴定终点

答案：B

解析：本题属于容易题。考级能力要求为 B。考察学生对金属指示剂作用原理的理解。

7. 下列关于铬黑 T 作用原理叙述正确的是（　　）。

A. 铬黑 T 先与被测离子形成紫红色配合物，当紫红色变成无色，即为滴定终点

B. 铬黑 T 先与被测离子形成紫红色配合物，当紫红色变成橙色，即为滴定终点

C. 铬黑 T 先与被测离子形成紫红色配合物，当紫红色变成蓝色，即为滴定终点

D. 铬黑 T 先与被测离子形成紫红色配合物，当紫红色变成紫色，即为滴定终点

答案：C

解析：本题属于容易题。考级能力要求为 A。考察学生对铬黑 T 作用原理的了解。

8.（多选题）配位滴定中关于铬黑 T 指示剂的作用原理，叙述正确的是（　　）。

A. 铬黑 T 指示剂能与一些阳离子 Mg^{2+}、Zn^{2+}、Pb^{2+} 等形成紫红色配合物

B. 铬黑 T 指示剂在 pH 小于 7 或大于 11 情况下，本身的颜色接近红色，不能明显指示终点

C. 铬黑 T 指示剂在 pH 为 9～10 时为蓝色

D. 铬黑 T 指示剂能与一些阳离子 Mg^{2+}、Zn^{2+}、Pb^{2+} 等形成蓝色配合物

答案：ABC

解析：本题属于容易题。考级能力要求为 A。考察学生对铬黑 T 作用原理的了解。

【巩固练习】

一、判断题

1. 在 pH 等于 10 的含 Mg^{2+} 的溶液中，用铬黑 T 作指示剂，当溶液的颜色由紫红色变成

蓝色,即为滴定终点。 （   ）

    A. 正确   B. 错误

2. 在 pH 等于 10 的含 Mg^{2+} 的溶液中,用铬黑 T 作指示剂,当溶液的颜色由蓝色变成紫红色,即为滴定终点。 （   ）

    A. 正确   B. 错误

二、单选题

1. 配位滴定时,加入 EDTA 的目的叙述正确的是（   ）。

    A. EDTA 与金属离子生成有色配合物,该配合物比指示剂与金属离子生成有色配合物稳定性大

    B. EDTA 与金属离子生成有色配合物,该配合物比指示剂与金属离子生成有色配合物稳定性小

    C. EDTA 与金属离子生成无色配合物,该配合物比指示剂与金属离子生成有色配合物稳定性大

    D. EDTA 与金属离子生成无色配合物,该配合物比指示剂与金属离子生成有色配合物稳定性小

2. 配位滴定时,金属指示剂与金属离子生成有色配合物,以下关于滴定终点的判断,叙述正确的是（   ）。

    A. 当配合物的颜色变成无色时即为终点

    B. 当配合物的颜色变成游离的金属离子的颜色时即为终点

    C. 当配合物的颜色变成游离的金属指示剂的颜色时即为终点

    D. 当配合物的颜色变成游离的金属离子与金属指示剂的混合颜色时即为终点

3. 关于金属指示剂铬黑 T 的描述,其中正确的是（   ）。

    A. 铬黑 T 简称 NN   B. 铬黑 T 简称 XO

    C. 铬黑 T 简称 EBT   D. 铬黑 T 简称 PAN

4. 铬黑 T 指示剂,对溶液的 pH 大小有一定的要求,最适合使用的条件是（   ）。

    A. pH 为 5~7   B. pH 为 7~11   C. pH 小于 5   D. pH 大于 11

5. 在 pH 等于 10 的含 Mg^{2+} 溶液中,用铬黑 T 作指示剂,滴定终点的颜色判断,叙述正确的是（   ）。

    A. 紫红色变成蓝色   B. 橙色变成蓝色

    C. 蓝色变成紫红色   D. 紫红色变成酒红色

三、多选题

配位滴定中,关于金属指示剂的作用原理,叙述正确的是（   ）。

A. 金属指示剂的颜色与溶液的酸碱性相关,测定时必须调节溶液的 pH 值

B. EDTA 与金属离子生成无色配合物,该配合物比指示剂与金属离子生成有色配合物稳定性大

C. 滴定时,EDTA 先与游离的金属离子完全配位,稍过量的 EDTA 置换出指示剂的阴离子,到达滴定终点

D. 配位滴定终点所呈现的颜色是游离的金属指示剂的颜色

⊛ 知识点 200 金属指示剂选择条件

【知识梳理】

1. 配位滴定必须具备的条件

一是至少要有三种物质，金属指示剂、金属离子、配位剂(如 EDTA)；二是金属指示剂与金属离子生成配合物的稳定性要比 EDTA 与金属离子生成配合物的稳定性略小。

2. 金属指示剂选择条件

在滴定的 pH 范围内，指示剂本身的颜色与它和金属离子生成配合物的颜色应有显著差别；配位滴定时，一定要注意金属指示剂使用对溶液酸碱性的要求；EDTA 与金属离子形成的配合物的稳定性应比指示剂与金属离子形成的配合物的稳定性大。

本知识点要求理解金属指示剂的选择条件。

【例题分析】

1. (判断题)在滴定的 pH 范围内，指示剂游离状态颜色与配位状态的颜色应有较明显的区别。 ( )

    A. 正确   B. 错误

> **答案：**A
> **解析：**本题属于容易题。考级能力要求为 B。考察学生对金属指示剂使用条件的理解。

2. (判断题)配位滴定时，选择 EDTA 的主要原因是指示剂与金属离子配合物的稳定性比 EDTA 与金属离子配合物的稳定性略大。 ( )

    A. 正确   B. 错误

> **答案：**B
> **解析：**本题属于容易题。考级能力要求为 B。考察学生对 EDTA 和金属指示剂与金属离子配位能力比较。

3. (单选题)下列关于金属指示剂使用条件叙述正确的是( )

    A. 在滴定的 pH 范围内，指示剂本身的颜色与它和金属离子生成配合物的颜色应相近

    B. 在滴定的 pH 范围内，指示剂本身的颜色与它和金属离子生成配合物的颜色应有显著的差别

    C. 配位滴定时，所用的金属指示剂的颜色跟溶液的 pH 值没有关系

    D. 在滴定的 pH 范围内，配位滴定所用的金属指示剂的颜色必须是蓝色

答案:B

解析:本题属于中等难度试题。考级能力要求为B。考察学生对金属指示剂使用条件的理解。

4.(单选题)下列关于铬黑T指示剂的颜色与溶液pH值的关系,叙述正确的是(   )。

    A. pH值小于6.3为紫红色,pH值7~11为蓝色,pH值大于11.6为橙色

    B. pH值小于6.3为橙色,pH值7~11为蓝色,pH值大于11.6为紫红色

    C. pH值小于6.3为蓝色,pH值7~11为橙色,pH值大于11.6为紫红色

    D. pH值小于6.3为橙色,pH值7~11为紫红色,pH值大于11.6为蓝色

答案:B

解析:本题属于容易题。考级能力要求为B。考察学生对金属指示剂铬黑T颜色判断的了解。

【巩固练习】

一、判断题

1.配位滴定时,指示剂游离状态的颜色与配位状态的颜色有较明显的区别,不需要考虑溶液的pH范围。   (   )

    A. 正确   B. 错误

2.配位滴定时,选择EDTA的主要原因是指示剂与金属离子配合物的稳定性比EDTA与金属离子配合物的稳定性略小。   (   )

    A. 正确   B. 错误

二、单选题

1.下列关于铬黑T指示剂与Ca^{2+}、Mg^{2+}离子形成配合物的颜色,叙述正确的是(   )。

    A. pH值小于6.3,配合物的颜色为蓝色

    B. pH值7~11,配合物的颜色为蓝色

    C. pH值大于11.6,配合物的颜色为蓝色

    D. pH值为1~14,配合物的颜色为紫红色

2.配位滴定时需要加入EDTA,关于EDTA作用的叙述正确的是(   )。

    A. 置换出金属指示剂,使溶液颜色发生变化

    B. 置换出金属离子,使溶液颜色发生变化

    C. 使金属离子与指示剂生成的配合物更加稳定

    D. EDTA与指示剂生成配合物,显示一定的颜色

3.配位滴定时,通常选用EDTA,下列关于使用EDTA的理由,叙述正确的是(   )。

A. EDTA 与金属离子形成更稳定的配合物,能将指示剂置换出来

B. EDTA 与指示剂形成更稳定的配合物,能将金属离子置换出来

C. EDTA 使指示剂与金属离子形成跟稳定性的配合物

D. EDTA 起缓冲作用

三、多选题

下列关于金属指示剂选择条件,叙述正确的是(　　　　)。

A. 在滴定的 pH 范围内,指示剂本身的颜色与它和金属离子生成配合物的颜色应相近

B. 在滴定的 pH 范围内,指示剂本身的颜色与它和金属离子生成配合物的颜色应有显著的差别

C. 配位滴定时,一定要注意金属指示剂使用时对溶液 pH 值的要求

D. EDTA 与金属离子形成的配合物的稳定性应比指示剂与金属离子形成的配合物稳定性大

学习内容

⭐ 知识点 201　指示剂的"封闭"和"僵化"的概念

【知识梳理】

指示剂的"僵化":指示剂与金属离子形成的配合物如果是胶体溶液或沉淀,滴定终点时 MIn 中指示剂被 EDTA 的置换作用缓慢使终点拖长。

"僵化"产生原因:由于金属指示剂与金属离子生成配合物的稳定性比 EDTA 与金属离子生成配合物的稳定性略大。在含 Ca^{2+}、Mg^{2+} 离子的溶液中混入 Fe^{3+}、Al^{3+} 离子,也会使终点拖长,这种现象也称为指示剂的僵化。可以向溶液中加入少量乙醇或将溶液适当加热,以避免指示剂的僵化。

指示剂的"封闭":指示剂与金属离子生成配合物的稳定性要比 EDTA 与金属离子生成配合物的稳定性略小些,否则,滴定终点时指示剂不能顺利地被 EDTA 置换出来,使终点延迟;如果指示剂与金属离子生成配合物的稳定性要比 EDTA 与金属离子生成配合物的稳定性大,滴定终点时即使加入过量的 EDTA 也将观察不到终点,这种现象称为指示剂的封闭。

EDTA 滴定 Ca^{2+}、Mg^{2+} 时,铬黑 T 能被溶液中的 Fe^{3+}、Al^{3+} 等离子封闭,可加入三乙醇胺掩蔽。

本知识点要求了解指示剂的"封闭"和"僵化"的概念。

【例题分析】

1. (判断题)由于金属指示剂与金属离子生成配合物的稳定性比 EDTA 与金属离子生成配合物的稳定性略小一些,使终点延迟的现象称为指示剂的封闭。　　　　(　　　)

　　A. 正确　　　　　　　　　　　　B. 错误

答案:B

解析:本题属于容易题。考级能力要求为A。考察学生对指示剂封闭作用的了解。

2.(判断题)指示剂的僵化的主要因素是指示剂与金属离子形成的配合物形成胶体溶液或沉淀,滴定终点时MIn中指示剂被EDTA的置换作用缓慢会使终点拖长,将溶液适当加热或加入少量乙醇,可以避免发生僵化。 ( )

A. 正确 B. 错误

答案:A

解析:本题属于容易题。考级能力要求为A。考察学生对指示剂僵化的了解。

3.(单选题)下列关于金属指示剂的封闭,叙述正确的是( )。

A. 由于金属指示剂与金属离子生成配合物的稳定性比EDTA与金属离子生成配合物的稳定性略小,滴定时金属指示剂能顺利地被EDTA置换出来,使终点延迟

B. 由于金属指示剂与金属离子生成配合物的稳定性比EDTA与金属离子生成配合物的稳定性略大,滴定时即使加入过量的EDTA也将观察不到终点,这种现象称为指示剂的封闭

C. 指示剂的封闭的原因是EDTA与金属离子生成沉淀,使终点延迟,这种现象称为指示剂的封闭

D. 指示剂的封闭的原因是金属指示剂与金属离子生成沉淀,使终点延迟,这种现象称为指示剂的封闭

答案:B

解析:本题属于容易题。考级能力要求为A。考察学生对指示剂"封闭"和"僵化"概念的了解。

4.(单选题)下列关于金属指示剂僵化的原因,叙述正确的是( )。

A. 指示剂与金属离子形成的配合物易溶于水

B. 指示剂与金属离子形成的配合物是胶体溶液或沉淀

C. EDTA与金属离子形成的配合物易溶于水且更稳定

D. EDTA与金属离子形成的配合物是胶体溶液或沉淀

答案:B

解析:本题属于容易题。考级能力要求为A。考察学生对指示剂"僵化"概念的了解。

5.(多选题)下列关于金属指示剂的"封闭"和"僵化",叙述正确的是( )。

A. 指示剂与金属离子形成的配合物如果是胶体溶液或沉淀,滴定终点时 MIn 中指示剂被 EDTA 的置换作用缓慢会使终点拖长,这种现象称为指示剂的僵化

B. 由于金属指示剂与金属离子生成配合物的稳定性比 EDTA 与金属离子生成配合物的稳定性略大,滴定时即使加入过量的 EDTA 也将观察不到终点,这种现象称为指示剂的封闭

C. 在含 Ca^{2+}、Mg^{2+} 离子的溶液中混入 Fe^{3+}、Al^{3+} 离子,也会使终点拖长,这种现象也称为指示剂的僵化

D. 避免发生金属指示剂的僵化,可以将溶液加入少量乙醇,可以将溶液适当加热

答案:ABCD

解析:本题属于中等难度试题。考级能力要求为 A。AB 选项分别考察指示剂"封闭"和"僵化"概念,C 选项考察指示剂封闭现象实例,D 选项考察如何避免指示剂的僵化。

【巩固练习】

一、判断题

1. 由于金属指示剂与金属离子生成配合物的稳定性比 EDTA 与金属离子生成配合物的稳定性略大一些,滴定终点时指示剂不能顺利地被 EDTA 置换出来,使终点延迟的现象称为指示剂的封闭。　　　　　　　　　　　　　　　　（　　）

　　A. 正确　　　　　　　　　　　　　B. 错误

2. 指示剂僵化的主要因素是指示剂与金属离子形成的配合物易溶于水。　（　　）

　　A. 正确　　　　　　　　　　　　　B. 错误

二、单选题

1. 用 EDTA 滴定钙镁含量时,用下列哪种掩蔽剂掩蔽铁离子(　　　　)。

　　A. KCN　　　　　B. 抗坏血酸　　　　　C. 三乙醇胺　　　　　D. 氟化钠

2. 下列关于金属指示剂的封闭,叙述不正确的是(　　　　)。

　　A. 金属指示剂与金属离子生成配合物的稳定性要比 EDTA 与金属离子生成配合物的稳定性略大一些

　　B. 滴定终点时指示剂不能顺利地被 EDTA 置换出来,使终点延迟

　　C. 即使加入过量的 EDTA 也将观察不到终点

　　D. 金属指示剂与金属离子生成配合物的稳定性要比 EDTA 与金属离子生成配合物的稳定性略小一些。滴定时,即使加入过量的 EDTA 也观察不到终点,这种现象称为指示剂的封闭

3. 下列关于金属指示剂封闭的原因,分析正确的是(　　　　)。

　　A. 指示剂与金属离子生成配合物的稳定性比 EDTA 与金属离子生成配合物的稳定性略小一些

B. 在含 Ca^{2+}、Mg^{2+} 离子的溶液中混入 Fe^{3+}、Al^{3+} 离子

C. 在含 Ca^{2+} 离子的溶液中混入 Mg^{2+} 离子

D. 在含 Mg^{2+} 离子的溶液中混入 Ca^{2+} 离子

4. 下列关于金属指示剂的僵化，叙述正确的是（　　　）。

A. 指示剂的僵化跟指示剂与金属离子形成的配合物是否易溶于水没有关系

B. 指示剂与金属离子形成的配合物如果是胶体溶液或沉淀，无论添加什么物质，都不可避免指示剂的僵化

C. 指示剂与金属离子形成的配合物如果是胶体溶液或沉淀，将溶液加热也不可避免指示剂的僵化

D. 如果指示剂与金属离子形成的配合物是胶体溶液或沉淀，滴定终点时 MIn 中指示剂被 EDTA 的置换作用缓慢会使终点拖长，这种现象称为指示剂的僵化

第四节　配位滴定应用

1. 掌握 EDTA 标准滴定溶液的配制与标定；
2. 掌握工业用水钙镁离子总量的测定。

✪ 知识点 202　EDTA 标准滴定溶液的配制与标定

【知识梳理】

1. EDTA 标准溶液的配制

称取 4 g 乙二胺四乙酸二钠(不须要精确称取)，溶于 300 mL 水中，可适当加热(因为 EDTA 在水中溶解度很小，其二钠盐易溶于水，但溶解速度缓慢)。冷却后转移到试剂瓶中，用水稀释至 500 mL，摇匀，(洗涤水不是必须转移入瓶)贴上标签。因为 EDTA 标准溶液的配制，可以使用托盘天平称取(因为采取的是间接配制)。

2. EDTA 标准溶液的标定

用分析天平或电子天平称取基准氧化锌(ZnO)0.42g，(精确至 0.0001g)。将称取的 ZnO 放入烧杯，用盐酸溶液(1+1)溶解，移入 250mL 容量瓶中，加水稀释至刻度，摇匀，贴上标签。(因为采取的是基准试剂直接配制溶液，需要准确配制，洗涤水必须转移入容量瓶)。

用移液管吸取 25.00 mL 锌标准溶液于 250mL 锥形瓶中，加 50 mL 水，滴加氨水调节 pH＝7～8，再加入 10 mL NH_3-NH_4Cl 缓冲溶液(pH＝10)，5 滴铬黑 T 指示剂，用 EDTA 标准溶液滴定至溶液由紫红色转变为纯蓝色即为终点。平行标定 4 份，同时做空白实验(将操作过程中由于加入试剂而引入的实验误差减掉)。

EDTA 标准溶液的标定，必不可少的一组仪器是分析天平、移液管、锥形瓶和酸式滴定管。

本知识点要求掌握实验：EDTA 标准滴定溶液的配制与标定。

【例题分析】

1. (判断题)EDTA 标准溶液配制步骤：用分析天平称取一定量的乙二胺四乙酸二钠(精确至 0.0001g)，溶于水中，可适当加热。冷却后转移到试剂瓶中，用水稀释，摇匀，贴上标签。　　　　　　　　　　　　　　　　　　　　　　　　　　　　　　(　　)

　　A. 正确　　　　　　　　　　　　　　　　B. 错误

答案：B

解析： 本题为判断题，考级能力要求为 C。考察学生对 EDTA 标准溶液配制的理解，因为 EDTA 标准溶液采用间接方法配制，不必要用分析天平称取。属于容易题。

2. (判断题)EDTA 标准溶液的标定:用移液管吸取一定体积的 EDTA 标准溶液于锥形瓶中,加适量水,滴加氨水溶液至刚出现浑浊,然后加入一定体积的 NH$_3$－NH$_4$Cl 缓冲溶液,加 5 滴铬黑 T 指示剂,用锌标准溶液滴定至溶液由紫红色转变为纯蓝色即为终点。　　　　　　　　　　　　　　　　　　　　　　　　　　　　(　　)

　　A. 正确　　　　　　　　　　　　　　B. 错误

答案: B

解析: 本题属于容易题。考级能力要求为 C。考察学生对 EDTA 标准溶液的标定步骤及终点判断,本方案终点溶液由纯蓝色转变为紫红色。

3. (单选题)EDTA 标准溶液的配制,必不可少的仪器是(　　)。

　　A. 移液管　　　　　　　　　　　　　B. 托盘天平

　　C. 酸式滴定管　　　　　　　　　　　D. 碱式滴定管

答案: B

解析: 本题属于容易题。考级能力要求为 C。考察学生掌握 EDTA 标准溶液的配制采用方法为间接配制法。

4. (单选题)EDTA 标准溶液的标定,必不可少的一组仪器是(　　)。

　　A. 分析天平、移液管、锥形瓶和酸式滴定管

　　B. 台秤、移液管、锥形瓶和酸式滴定管

　　C. 分析天平、移液管、锥形瓶和碱式滴定管

　　D. 烧杯、移液管、锥形瓶和碱式滴定管

答案: A

解析: 本题属于容易题。考级能力要求为 C。考察学生掌握 EDTA 标准溶液标定的实验中所需仪器清单。

5. (单选题)关于 0.02 mol/L EDTA 标准溶液的配制,叙述正确的是(　　)。

　　A. 用托盘天平称取 4 g 乙二胺四乙酸二钠,溶于 300 mL 水中,可适当加热。冷却后转移到试剂瓶中,用水稀释至 500 mL,摇匀,贴上标签

　　B. 用托盘天平称取 4.0000 g 乙二胺四乙酸二钠,溶于 300 mL 水中,可适当加热。冷却后转移到试剂瓶中,用水稀释至 500 mL,摇匀,贴上标签

　　C. 用分析天平称取 4 g 乙二胺四乙酸二钠,溶于 300 mL 水中,可适当加热。冷却后转移到试剂瓶中,用水稀释至 500 mL,摇匀,贴上标签

　　D. 用分析天平称取 4.0000 g 乙二胺四乙酸二钠,溶于 300 mL 水中,可适当加热。冷却后转移到试剂瓶中,用水稀释至 500 mL,摇匀,贴上标签

答案：A

解析：本题属于容易题。考级能力要求为 C。考察学生掌握 EDTA 标准溶液的配制方法。

6.（多选题）关于 EDTA 标准溶液的配制，叙述正确的是（　　）。

　　A. 所用的主要试剂为 EDTA，名称是乙二胺四乙酸二钠，分子式为 $Na_2H_2Y \cdot 2H_2O$

　　B. 用托盘天平称取 4 g 乙二胺四乙酸二钠，溶于 300 mL 水中，可适当加热

　　C. 用分析天平称取 4 g 乙二胺四乙酸二钠，溶于 300 mL 水中，可适当加热

　　D. 冷却后转移到试剂瓶中，用水稀释至 500 mL，摇匀，贴上标签

答案：ABD

解析：本题属于容易题。考级能力要求为 C。考察学生掌握 EDTA 标准溶液的配制的基础知识。

【巩固练习】

一、判断题

配制锌标准溶液：用分析天平称取基准氧化锌（ZnO）0.42g（精确至 0.0001g）。（　　）

A. 正确　　　　　　　　　　　　　B. 错误

二、单选题

1. 配制基准氧化锌（ZnO）溶液的配制，叙述正确的是（　　）。

　　A. 将称取的氧化锌放入烧杯，用水溶解，移入 250mL 容量瓶中，再加水稀释至刻度，摇匀，贴上标签

　　B. 将称取的氧化锌放入烧杯，用盐酸溶液（1＋1）溶解，移入 250mL 容量瓶中，加水稀释至刻度，摇匀，贴上标签

　　C. 将称取的氧化锌放入烧杯，用盐酸溶液（1＋2）溶解，移入 250mL 容量瓶中，加水稀释至刻度，摇匀，贴上标签

　　D. 将称取的氧化锌放入烧杯，用盐酸溶液（1＋5）溶解，移入 250mL 容量瓶中，加水稀释至刻度，摇匀，贴上标签

2. 关于 0.02 mol/L EDTA 标准溶液的标定，叙述正确的是（　　）。

　　A. 用移液管吸取 25.00 mL 锌标准溶液于 250mL 锥形瓶中，直接用 EDTA 标准溶液滴定至终点

　　B. 用移液管吸取 25.00 mL 锌标准溶液于 250mL 锥形瓶中，加 50 mL 水，滴加氨水调节 pH，再加入 10 mL NH_3-NH_4Cl 缓冲溶液，5 滴铬黑 T 指示剂，用 EDTA 标准溶液滴定至溶液由紫红色转变为纯蓝色即为终点

　　C. 用移液管吸取 25.00 mL EDTA 于 250mL 锥形瓶中，直接用锌标准溶液滴定至终点

　　D. 用移液管吸取 25.00 mL EDTA 于 250mL 锥形瓶中，加 50 mL 水，滴加氨水调节

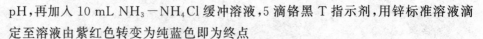

pH,再加入 10 mL NH_3-NH_4Cl 缓冲溶液,5 滴铬黑 T 指示剂,用锌标准溶液滴定至溶液由紫红色转变为纯蓝色即为终点

3. 关于 0.02 mol/L EDTA 标准溶液的标定,叙述正确的是( )。

    A. 平行标定 2 份,同时做空白实验   B. 平行标定 3 份,同时做空白实验

    C. 平行标定 4 份,不需做空白实验   D. 平行标定 4 份,同时做空白实验

三、多选题

关于 EDTA 标准溶液的标定,叙述正确的是( )。

A. 用分析天平称取基准氧化锌(ZnO)0.42g(精确至 0.0001g)

B. 将称取的氧化锌放入烧杯,用盐酸溶液(1+1)溶解,移入 250mL 容量瓶中,加水稀释至刻度,摇匀,贴上标签

C. 用移液管吸取 25.00 mL 锌标准溶液于 250mL 锥形瓶中,加 50 mL 水,滴加氨水调节 pH,再加入 10 mL NH_3-NH_4Cl 缓冲溶液,5 滴铬黑 T 指示剂,用 EDTA 标准溶液滴定至溶液由紫红色转变为纯蓝色即为终点

D. 平行标定 4 份,同时做空白实验

◉ 知识点 203 工业用水钙镁离子总量的测定

【知识梳理】

1. 水中钙镁含量俗称水的"硬度",是水质分析的重要指标。

2. 工业用水中钙镁总量的测定

用移液管移取水样 100～250 mL 至锥形瓶中,加 5mL 的 NH_3-NH_4Cl 缓冲溶液(pH=10)和 2～3 滴铬黑 T 指示剂,在不断摇动下用 0.02 mol/L 的 EDTA 标准滴定溶液滴定。接近终点时,应缓慢滴定,溶液由紫红色刚变为蓝色为滴定终点。平行测定 3 份,同时做空白实验。

3. 三次平行实验的绝对偏差小于 0.02 mmol/L。

本知识点要求掌握实验:工业用水钙镁离子总量的测定。

【例题分析】

1. (判断题)工业用水钙镁离子总量的测定,所用的指示剂是铬黑 T 指示剂。 ( )

    A. 正确   B. 错误

答案:A

解析:本题属于容易题。考级能力要求为 C。考察学生对工业用水钙镁离子总量测定实验的中指示剂的选择。

2. (判断题)工业用水钙镁离子总量的测定;所用缓冲溶液的 pH 值等于 10。 ( )

    A. 正确   B. 错误

答案:A

解析: 本题属于容易题。考级能力要求为 C。考察学生对工业用水钙镁离子总量测定实验中的缓冲溶液的 pH 值的确定。

3.(单选题)工业用水钙镁离子总量的测定,关于所用试剂,叙述正确的是(　　)。
    A. EDTA 标准滴定溶液
    B. 含钙镁离子工业用水标准溶液
    C. pH＝4 的缓冲溶液
    D. 新配置的含钙镁离子工业用水

答案:A

解析: 本题属于中等难度试题。考级能力要求为 C。考察学生对工业用水钙镁离子总量测定实验中试剂的选择。

4.(单选题)工业用水钙镁离子总量的测定,关于所用的金属离子指示剂,叙述正确的是(　　)。
    A. 铬黑 T 指示剂
    B. 二甲酚橙指示剂
    C. 钙指示剂
    D. 酸性铬蓝 K 指示剂

答案:A

解析: 本题属于容易题。考级能力要求为 C。考察学生对工业用水钙镁离子总量测定实验的掌握。

5.下列关于工业用水钙镁离子总量的测定步骤,叙述正确的是(　　)。
    A. 先取水样于锥形瓶中,然后加缓冲溶液,再放滴铬黑 T 指示剂,最后用 EDTA 标准溶液滴定
    B. 先取 EDTA 标准溶液于锥形瓶中,然后加缓冲溶液,再放滴铬黑 T 指示剂,最后用水样滴定
    C. 先取缓冲溶液于锥形瓶中,然后加 EDTA 标准溶液,再放滴铬黑 T 指示剂,最后用水样滴定
    D. 先在锥形瓶中滴放铬黑 T 指示剂,然后加缓冲溶液,再放 EDTA 标准溶液,最后用水样滴定

答案:A

解析: 本题属于容易题。考级能力要求为 C。本题主要考察学生对工业用水钙镁离子总量测定实验基本步骤的了解。

6.(单选题)下列关于工业用水钙镁离子总量测定的滴定终点的判定,叙述正确的是(　　)。
    A. 颜色由紫红色刚变为黑色为滴定终点
    B. 颜色由黑色刚变为纯蓝色为滴定终点
    C. 颜色由纯蓝色刚变为紫红色为滴定终点

D. 颜色由紫红色刚变为纯蓝色为滴定终点

答案:D

解析:本题属于容易题。考级能力要求为 C。考察学生对工业用水钙镁离子总量测定实验中的终点判断。

7.(多选题)关于工业用水中钙镁总量的测定,叙述正确的是(   )。
A. 所用试剂是 EDTA 标准滴定溶液
B. 所用缓冲溶液的 pH=10
C. 所用的金属离子指示剂是二甲酚橙指示剂
D. 所用的金属离子指示剂是铬黑 T 指示剂

答案:ABD

解析:本题属于容易题。考级能力要求为 C。主要考察学生对工业用水钙镁离子总量测定实验试剂的选择。

【巩固练习】

一、判断题

1. 工业用水钙镁离子总量的测定;平行测定 3 份,钙镁含量的绝对偏差应小于 0.02 mmol/L。　　　　　　　　　　　　　　　　　　　　　　　(　　)
   A. 正确　　　　　　　　　　　　　　B. 错误

2. 工业用水钙镁离子总量的测定,所用缓冲溶液的 pH 值等于 6。　　(　　)
   A. 正确　　　　　　　　　　　　　　B. 错误

3. 用 EDTA 滴定 Ca^{2+}、Mg^{2+} 时,铬黑 T 能被溶液中的 Fe^{3+}、Al^{3+} 等离子封闭,可加入三乙醇胺掩蔽。　　　　　　　　　　　　　　　　　　　　(　　)
   A. 正确　　　　　　　　　　　　　　B. 错误

二、单选题

1. 工业用水钙镁离子总量的测定,关于平行实验,叙述正确的是(   )。
   A. 不需要平行测定　　　　　　　　　B. 平行测定 2 份
   C. 平行测定 3 份　　　　　　　　　　D. 平行测定 4 份

2. 工业用水钙镁离子总量的测定,关于 3 次平行实验的绝对偏差,叙述正确的是(   )。
   A. 大于 0.06 mmol/L　　　　　　　　B. 大于 0.04 mmol/L
   C. 小于 0.04 mmol/L　　　　　　　　D. 小于 0.02 mmol/L

3. 工业用水钙镁离子总量的测定,关于所用的缓冲溶液,叙述正确的是(   )。
   A. pH=2 的缓冲溶液　　　　　　　　B. pH=13 的缓冲溶液
   C. pH=6 的缓冲溶液　　　　　　　　D. pH=10 的缓冲溶液

三、多选题

关于工业用水中钙镁总量的测定,叙述正确的是(   )。

A. 先取水样于锥形瓶中,然后加缓冲溶液,再放 2～3 滴铬黑 T 指示剂,最后用 EDTA 标准溶液滴定

B. 当颜色由紫红色刚变为纯蓝色为滴定终点

C. 平行测定 3 份

D. 三次平行实验的绝对偏差小于 0.02 mmol/L

综合练习

一、单选题

1. 进行配位滴定分析的化学反应属于（   ）。

    A. 酸碱反应   B. 氧化还原反应   C. 配位反应   D. 有机反应

2. 滴定法属于（   ）。

    A. 仪器分析   B. 定性分析   C. 滴定分析   D. 称量分析

3. 滴定分析属于（   ）。

    A. 电化学分析   B. 沉淀分析   C. 定性分析   D. 化学分析

4. 有机物乙二胺四乙酸与金属离子的配位反应属于（   ）。

    A. 酸碱反应   B. 有机反应   C. 配位反应   D. 氧化还原反应

5. 配位滴定中，生成的配合物的稳定常数应（   ）。

    A. 大于 10^8 B. 小于 10^8 C. 等于 10^8 D. 大于 10^5

6. 用 EDTA 进行配位滴定时，金属离子配合物的 $\lg K_{MY}$ 一般（   ）。

    A. 小于 8   B. 等于 8   C. 大于 8   D. 大于 5

7. EDTA 的化学名称为（   ）。

    A. 乙二氨四乙酸   B. 乙二胺四乙酸

    C. 乙二胺四乙酸二钠   D. 乙二胺四乙酸二钠镁

8. EDTA 中能与金属离子形成配位键的原子共有（   ）。

    A. 2 个   B. 4 个   C. 5 个   D. 6 个

9. 下列属于国家标准规定的标定 EDTA 溶液的基准试剂是（   ）。

    A. MgO   B. ZnO   C. 无水 Na_2CO_3 D. $K_2Cr_2O_7$

10. 配位滴定分析中，标准滴定溶液 EDTA 的浓度通常配制成（   ）。

    A. $0.1 \sim 0.2$ mol/L   B. $1 \sim 2$ mol/L

    C. $0.01 \sim 0.1$ mol/L   D. $0.01 \sim 0.02$ mol/L

11. 分析室常用的 EDTA 水溶液呈（   ）。

    A. 强碱性   B. 弱碱性   C. 弱酸性   D. 强酸性

12. EDTA 与不同价态的金属离子生成配合物时化学反应的计量系数一般为（   ）。

    A. $1:1$ B. $1:2$ C. $2:3$ D. $1:3$

13. EDTA 与金属离子形成配位键，构成配合物的空间结构为（   ）。

    A. 直线型   B. 锯齿型   C. 三角形型   D. 环状螯合物

14. 在 EDTA 的各种形式中，能与金属离子直接配位的是（   ）。

    A. H_4Y B. H_2Y^{2-} C. HY^{3-} D. Y^{4-}

15. 金属离子 Mg^{2+} 与 EDTA 形成的配合物是（   ）。

    A. MgY^{2-} B. MgY_2 C. MgY^- D. MgY

16. 乙二胺四乙酸属于（   ）。

　　A. 一元有机弱酸　　　　　　　　　　B. 二元有机弱酸

　　C. 三元有机弱酸　　　　　　　　　　D. 四元有机弱酸

17. 下列能用于标定 EDTA 的基准物质是（　　　）。

　　A. $H_2C_2O_4 \cdot 2H_2O$　　　　　　　　B. $CaCO_3$

　　C. $As_2O_3^-$　　　　　　　　　　　　　D. KHP

18. EDTA 同金属离子生成（　　　）。

　　A. 螯合物　　　　　　　　　　　　　　B. 聚合物

　　C. 离子交换剂　　　　　　　　　　　　D. 非化学计量的化合物

19. 已知 $M(ZnO) = 81.38$ g/mol，用它标定 0.02 mol/L 的 EDTA 时，宜称取的 ZnO 质量约为（　　　）。

　　A. 5 g　　　　　　B. 1 g　　　　　　C. 0.5 g　　　　　　D. 0.05 g

20. 配位滴定中，用 EDTA 测定金属离子时，EDTA 必须盛放于（　　　）。

　　A. 碱式滴定管　　　　　　　　　　　B. 酸式滴定管

　　C. 棕色滴定管　　　　　　　　　　　D. 锥形瓶

21. EDTA 的有效浓度 $[Y^{4-}]$ 与酸度有关，它随着溶液 pH 值增大而（　　　）。

　　A. 增大　　　　　B. 减小　　　　　C. 不变　　　　　D. 先增大后减小

22. EDTA 溶液中，Y^{4-} 占比例最大时，pH 值的范围应（　　　）。

　　A. >2.0　　　　　B. <2.0　　　　　C. >10.26　　　　　D. <10.26

23. EDTA 配位滴定中，为了使溶液保持一定的酸度，应加入适当的（　　　）。

　　A. 碱　　　　　　B. 酸　　　　　　C. 缓冲溶液　　　　　D. 盐

24. 用 EDTA 进行配位滴定时，溶液（　　　）。

　　A. 酸度越大越好　　　　　　　　　　B. 酸度越小越好

　　C. 酸度应控制在一定范围　　　　　　D. 与酸度无关

25. 欲配制 pH＝10 的缓冲溶液，可选下列哪一组最合适（　　　）。

　　A. $HAc(K_a = 1.8 \times 10^{-5})$－NaAc　　　　B. $NH_3(K_b = 1.8 \times 10^{-5})$－$NH_4Cl$

　　C. 10^{-4} mol/L HCl　　　　　　　　D. 10^{-4} mol/L NaOH

26. 配位滴定中加入缓冲溶液的原因是（　　　）。

　　A. EDTA 配位能力与酸度有关

　　B. 金属指示剂有其使用的酸度范围

　　C. EDTA 与金属离子反应过程中会释放出 H^+

　　D. K_{MY} 会随酸度改变而改变

27. 在 EDTA 的配位滴定中，酸度是影响配位平衡的主要因素之一，下列说法正确的是（　　　）。

　　A. pH 愈大，酸效应越强，配位化合物的稳定性愈大

　　B. pH 愈小，酸效应越强，配位化合物的稳定性愈大

　　C. 酸度愈低，酸效应越弱，配位化合物的稳定性愈大

　　D. 酸度愈高，酸效应越弱，配位化合物的稳定性愈大

28. 用 EDTA 滴定钙镁含量时，用下列哪种掩蔽剂掩蔽铁离子（　　　）。

A. KCN   B. 抗坏血酸   C. 三乙醇胺   D. 氟化钠

29. 配位滴定的 EDTA 酸效应曲线中，纵坐标为（   ）。

    A. 盐酸的浓度   B. 不同金属离子对应的最低 pH 值

    C. 金属离子的浓度   D. 生成的配合物稳定常数

30. 配位滴定的 EDTA 酸效应曲线中，横坐标为（   ）。

    A. 酸的浓度

    B. 滴定过程中消耗 EDTA 的体积

    C. 不同金属离子与 EDTA 生成配合物其稳定常数的对数值

    D. 不同金属离子与 EDTA 生成配合物的稳定常数

31. 当两种金属离子的浓度相近时，它们的 $\lg K_{MY}$ 大于多少，则在酸效应曲线上方的离子不干扰下方离子的准确滴定（   ）。

    A. 4   B. 5   C. 6   D. 8

32. 已知 $\lg K_{ZnY}=16.5$、$\lg K_{MnY}=14.0$、$\lg K_{CaY}=10.7$、$\lg K_{CuY}=19.0$、$\lg K_{FeY}=24.9$ 则在 $pH=4$ 的条件下，用 EDTA 测定 Zn^{2+} 时，Cu^{2+}、Mn^{2+}、Ca^{2+}、Fe^{3+} 中，不干扰的离子是（   ）。

    A. Cu^{2+} B. Mn^{2+} C. Ca^{2+} D. Fe^{3+}

33. 关于金属指示剂铬黑 T，其表示的符号正确的是（   ）。

    A. In   B. EBT   C. EDTA   D. M

34. 配位滴定时，关于金属指示剂的使用条件的叙述，正确的是（   ）。

    A. 金属指示剂的颜色随溶液酸碱性变化而变化，滴定需要考类溶液的 pH 值

    B. 使金属指示剂的颜色随溶液酸碱性变化而变化，但滴定也不需要考类溶液的 pH 值

    C. 即使金属指示剂的颜色不随溶液酸碱性变化而变化，但滴定时也需要考类溶液的 pH 值

    D. 金属指示剂的颜色不随溶液酸碱性变化而变化，滴定时不需要考类溶液的 pH 值

35. 配位滴定时，加入 EDTA 的目的，叙述正确的是（   ）。

    A. EDTA 与金属离子生成有色配合物，该配合物比指示剂与金属离子生成有色配合物稳定性大

    B. EDTA 与金属离子生成有色配合物，该配合物比指示剂与金属离子生成有色配合物稳定性小

    C. EDTA 与金属离子生成无色配合物，该配合物比指示剂与金属离子生成有色配合物稳定性大

    D. EDTA 与金属离子生成无色配合物，该配合物比指示剂与金属离子生成有色配合物稳定性小

36. 配位滴定终点所呈现的颜色，叙述正确的是（   ）。

    A. 游离的金属指示剂的颜色

    B. 金属指示剂与金属离子生成有色配合物的颜色

    C. 游离的金属离子的颜色

    D. 上述 A 与 C 的混合色

37. 配位滴定时,金属指示剂与金属离子生成有色配合物,以下关于滴定终点的判断,叙述正确的是( )。

A. 当配合物的颜色变成无色时即为终点

B. 当配合物的颜色变成游离的金属离子的颜色时即为终点

C. 当配合物的颜色变成游离的金属指示剂的颜色时即为终点

D. 当配合物的颜色变成游离的金属离子与金属指示剂的混合颜色时即为终点

38. 配位滴定,关于金属指示剂的作用原理,叙述正确的是( )。

A. 滴定时,将金属指示剂加入到 EDTA 溶液中,用待测金属离子的溶液进行滴定

B. 定时,EDTA 先与游离的金属离子完全配位,稍过量的 EDTA 置换出指示剂的阴离子,显示滴定终点

C. 滴定时,金属指示剂先与游离的金属离子完全配位,稍过量的金属指示剂换出 EDTA,显示滴定终点

D. 滴定时,金属指示剂显示一定的颜色,金属指示剂与金属离子完全配位,显示不同的颜色,即为滴定终点

39. 下列关于金属指示剂的封闭,叙述不正确的是( )。

A. 金属指示剂与金属离子生成配合物的稳定性要比 EDTA 与金属离子生成配合物的稳定性略大一些

B. 滴定终点时指示剂不能顺利地被 EDTA 置换出来,使终点延迟

C. 即使加入过量的 EDTA 也将观察不到终点

D. 金属指示剂与金属离子生成配合物的稳定性要比 EDTA 与金属离子生成配合物的稳定性略小一些。滴定时,即使加入过量的 EDTA 也观察不到终点,这种现象称为指示剂的封闭

40. 下列关于金属指示剂僵化的原因,叙述正确的是( )。

A. 指示剂与金属离子形成的配合物易溶于水

B. 指示剂与金属离子形成的配合物是胶体溶液或沉淀

C. EDTA 与金属离子形成的配合物易溶于水且更稳定

D. EDTA 与金属离子形成的配合物是胶体溶液或沉淀

41. 铬黑 T 指示剂,对溶液的 pH 大小有一定的要求,最适合使用的条件是( )。

A. pH 为 5~7   B. pH 为 9~10

C. pH 小于 5   D. pH 大于 11

42. 配制基准氧化锌(ZnO)溶液,关于基准氧化锌(ZnO)的称量,叙述正确的是( )。

A. 用台秤称取基准氧化锌(ZnO)0.42g(精确至 0.0001g)

B. 用台秤称取基准氧化锌(ZnO)0.42g(精确至 0.01g)

C. 用分析天平称取基准氧化锌(ZnO)0.42g(精确至 0.0001g)

D. 用分析天平称取基准氧化锌(ZnO)0.42g(精确至 0.01g)

43. 关于 0.02 mol/L EDTA 标准溶液的标定,叙述正确的是( )。

A. 用移液管吸取 25.00 mL 锌标准溶液于 250mL 锥形瓶中,直接用 EDTA 标准溶液滴定至终点

B. 用移液管吸取 25.00 mL 锌标准溶液于 250mL 锥形瓶中,加 50 mL 水,滴加氨水

调节 pH,再加入 10 mL NH_3-NH_4Cl 缓冲溶液,5 滴铬黑 T 指示剂,用 EDTA 标准溶液滴定至溶液由紫红色转变为纯蓝色即为终点

    C. 用移液管吸取 25.00 mL EDTA 于 250mL 锥形瓶中,直接用锌标准溶液滴定至终点

    D. 用移液管吸取 25.00 mL EDTA 于 250mL 锥形瓶中,加 50 mL 水,滴加氨水调节 pH,再加入 10 mL NH_3-NH_4Cl 缓冲溶液,5 滴铬黑 T 指示剂,用锌标准溶液滴定至溶液由紫红色转变为纯蓝色即为终点

44. 工业用水钙镁离子总量的测定,关于所用的缓冲溶液,叙述正确的是(   )。

    A. pH=2 的缓冲溶液   B. pH=13 的缓冲溶液

    C. pH=6 的缓冲溶液   D. pH=10 的缓冲溶液

45. 下列关于工业用水钙镁离子总量的测定步骤,叙述正确的是(   )。

    A. 先取水样于锥形瓶中,然后加缓冲溶液,再放滴铬黑 T 指示剂,最后用 EDTA 标准溶液滴定

    B. 先取 EDTA 标准溶液于锥形瓶中,然后加缓冲溶液,再放滴铬黑 T 指示剂,最后用水样滴定

    C. 先取缓冲溶液于锥形瓶中,然后加 EDTA 标准溶液,再放滴铬黑 T 指示剂,最后用水样滴定

    D. 先在锥形瓶中滴放铬黑 T 指示剂,然后加缓冲溶液,再放 EDTA 标准溶液,最后用水样滴定

二、判断题

1. 配位滴定法是利用配位反应来进行滴定分析的方法。   (   )

    A. 正确   B. 错误

2. 因大多数配合物的稳定性较差等原因,能够用于配位滴定分析的配位化学反应较少。   (   )

    A. 正确   B. 错误

3. 因配位反应往往分级进行、各级配合物的稳定常数相差较小等原因,能够用于配位滴定分析的配位化学反应较多。   (   )

    A. 正确   B. 错误

4. 能够用于配位滴定的化学反应必须首先满足滴定分析的条件。   (   )

    A. 正确   B. 错误

5. 当标准滴定溶液与被测物质的反应不完全符合配位滴定的条件时,不可用配位滴定法测定被测物质含量。   (   )

    A. 正确   B. 错误

6. 有机配位剂乙二胺四乙酸与金属离子的配位反应符合配位滴定的条件,化工分析中获得了广泛的应用。   (   )

    A. 正确   B. 错误

7. EDTA 与不同价态金属离子形成配合物时,化学反应的计量比一般为 1:1。   (   )

    A. 正确   B. 错误

8. 配位滴定分析中,常用 EDTA 的二钠盐代替 EDTA,是因为其无毒。   (   )

A. 正确　　　　　　　　　　　B. 错误

9. EDTA 的结构较复杂,可简写为 H_4Y。

A. 正确　　　　　　　　　　　B. 错误

10. 除一价金属离子外,其他金属离子与 EDTA 配合物的 lgKMY 值一般大于 5。

（　　　）

A. 正确　　　　　　　　　　　B. 错误

11. EDTA 配位滴定反应以 EDTA 分子和被滴定金属离子作为基本单元,符合等物质的量反应规则,定量计算非常方便。　　　　　　　　　　　　（　　　）

A. 正确　　　　　　　　　　　B. 错误

12. 配位滴定中,溶液的最佳酸度控制范围是由 EDTA 决定的。　　（　　　）

A. 正确　　　　　　　　　　　B. 错误

13. EDTA 的分析浓度等于各种存在形式浓度之和。　　　　　（　　　）

A. 正确　　　　　　　　　　　B. 错误

14. 用 EDTA 进行配位滴定时,pH 越大,越有利于配位反应,但金属离子易与 OH^- 结合成沉淀。　　　　　　　　　　　　　　　　　　　　（　　　）

A. 正确　　　　　　　　　　　B. 错误

15. 体系中 H^+ 的存在,使配位反应完全程度降低,这种现象称为酸效应。（　　　）

A. 正确　　　　　　　　　　　B. 错误

16. EDTA 标准溶液的配制步骤:在台秤上称取一定质量的乙二胺四乙酸钠,溶于水中,可适当加热。冷却后转移到试剂瓶中,用水稀释至一定体积,摇匀,贴上标签。

（　　　）

A. 正确　　　　　　　　　　　B. 错误

17. 配制锌标准溶液:用分析天平准确称取基准氧化锌(ZnO)0.42g(精确至 0.0001g)。

（　　　）

A. 正确　　　　　　　　　　　B. 错误

18. EDTA 标准溶液的标定:用移液管吸取一定体积的锌标准溶液于锥形瓶中,加适量水,滴加氨水溶液至刚出现浑浊,然后加入一定体积的 NH_3-NH_4Cl 缓冲溶液,加 5 滴铬黑 T 指示剂,用 EDTA 标准溶液滴定至溶液由紫红色转变为纯蓝色即为终点。　　　　　　　　　　　　　　　　　　　　　　　　（　　　）

A. 正确　　　　　　　　　　　B. 错误

19. 指示剂的僵化的主要因素是指示剂与金属离子形成的配合物应易溶于水。（　　　）

A. 正确　　　　　　　　　　　B. 错误

20. 工业用水钙镁离子总量的测定,所用的指示剂是钙指示剂。　　（　　　）

A. 正确　　　　　　　　　　　B. 错误

三、多选择题

1. 下列属于配位滴定法必须具备的条件是(　　　)。

A. 反应按化学计量关系进行　　　　B. 配合物稳定常数大于 10^8

C. 有适当的指示剂指示终点　　　　D. 两配合物稳定常数之差必须大于 5

2. 能用于标定 EDTA 的基准物质是(　　　)。

    A. ZnO   B. KHP   C. Na_2CO_3 D. $CaCO_3$

3. 乙二胺四乙酸的水溶液中,存在的微粒有( )。

    A. H_4Y B. H_2Y^{2-} C. HY^{3-} D. Y^{4-}

4. 下列属于 EDTA 参与的配位反应特点是( )。

    A. 金属离子与 EDTA 计量系数比为 1:1

    B. 配合反应速率快

    C. 滴定终点溶液的 pH 值为 7

    D. 生成配合物稳定

5. 下列说法正确的是( )。

    A. 络合滴定中,溶液的最佳酸度范围是由 EDTA 决定的

    B. EDTA 与金属离子配位时,只有 Y^{4-} 才能直接配位形成配合物

    C. EDTA 的分析浓度等于各种存在形式浓度之和

    D. 用 EDTA 进行配位滴定时,必须选择合适的酸度

6. 下列说法正确的是( )。

    A. EDTA 在水溶液中的电离是可逆的

    B. pH 值越小,Y^{4-} 浓度越大

    C. EDTA 滴定金属离子时,酸度必须小于最高允许酸度

    D. EDTA 滴定金属离子时,pH 值必须大于最低允许 pH 值

7. 关于金属指示剂的叙述,正确的是( )。

    A. 金属指示剂是一种能与金属离子配位的配合剂

    B. 金属指示剂一般为有机染料

    C. 由于金属指示剂与金属离子配位前后颜色不同,所以能作为指示剂来确定终点

    D. 金属指示剂一般为无机化合物

8. 配位滴定中,关于金属指示剂的作用原理,叙述正确的是( )。

    A. 金属指示剂的颜色与溶液的酸碱性相关,测定时必须调节溶液的 pH 值

    B. EDTA 与金属离子生成无色配合物,该配合物比指示剂与金属离子生成有色配合物稳定性大

    C. 滴定时,EDTA 先与游离的金属离子完全配位,稍过量的 EDTA 置换出指示剂的阴离子,显示滴定终点

    D. 配位滴定终点所呈现的颜色是游离的金属指示剂的颜色

9. 下列关于金属指示剂选择的条件,叙述正确的是( )。

    A. 在滴定的 pH 范围内,指示剂本身的颜色与它和金属离子生成配合物的颜色应相近

    B. 在滴定的 pH 范围内,指示剂本身的颜色与它和金属离子生成配合物的颜色应有显著的差别

    C. 配位滴定时,一定要注意金属指示剂使用时对溶液 pH 值的要求

    D. EDTA 与金属离子形成的配合物的稳定性应比指示剂与金属离子形成的配合物稳定性大

10. 下列关于金属指示剂的"封闭"和"僵化",叙述正确的是( )。

    A. 指示剂与金属离子形成的配合物如果是胶体溶液或沉淀,滴定终点时 MIn 中指

示剂被 EDTA 的置换作用缓慢会使终点拖长,这种现象称为指示剂的僵化

B. 由于金属指示剂与金属离子生成配合物的稳定性比 EDTA 与金属离子生成配合物的稳定性略大。滴定时即使加入过量的 EDTA 也将观察不到终点,这种现象称为指示剂的封闭

C. 在含 Ca^{2+}、Mg^{2+} 离子的溶液中混入 Fe^{3+}、Al^{3+} 离子,也会使终点拖长,这种现象也称为指示剂的僵化

D. 避免发生金属指示剂的僵化,可以将溶液加入少量乙醇,可以将溶液适当加热

11. 关于 EDTA 标准溶液的配制,叙述正确的是(　　)。

A. 所用的主要试剂 EDTA,名称是乙二胺四乙酸钠,分子式为 $Na_2H_2Y \cdot 2H_2O$

B. 用台秤称取 4 g 乙二胺四乙酸钠,溶于 300 mL 水中,可适当加热

C. 用分析天平称取 4 g 乙二胺四乙酸钠,溶于 300 mL 水中,可适当加热

D. 冷却后转移到试剂瓶中,用水稀释至 500 mL,摇匀,贴上标签

12. 关于 EDTA 标准溶液的标定,叙述正确的是(　　)。

A. 用分析天平称取基准氧化锌(ZnO)0.42g(精确至 0.0001g)

B. 将称取的氧化锌放入烧杯,用盐酸溶液(1+1)溶解,移入 250mL 容量瓶中,加水稀释至刻度,摇匀,贴上标签

C. 用移液管吸取 25.00 mL 锌标准溶液于 250mL 锥形瓶中,加 50 mL 水,滴加氨水调节 pH,再加入 10 mL NH_3-NH_4Cl 缓冲溶液,5 滴铬黑 T 指示剂,用 EDTA 标准溶液滴定至溶液由紫红色转变为纯蓝色即为终点

D. 平行标定 4 份,同时做空白实验

13. 关于工业用水钙镁离子总量的测定,下列说法中正确的是(　　)。

A. 使用 EDTA 标准滴定溶液测定试样

B. 使用 pH=10 的缓冲溶液

C. 使用铬黑 T 为指示剂

D. 滴定终点,溶液的颜色由纯蓝色变为紫红色

14. 关于工业用水中钙镁总量的测定,叙述正确的是(　　)。

A. 所用试剂是 EDTA 标准滴定溶液

B. 所用缓冲溶液的 pH=10

C. 所用的金属离子指示剂是二甲酚橙指示剂

D. 所用的金属离子指示剂是铬黑 T 指示剂

15. 关于工业用水中钙镁总量的测定,叙述正确的是(　　)。

A. 先取水样于锥形瓶中,然后加缓冲溶液,再放滴铬黑 T 指示剂,最后用 EDTA 标准溶液滴定

B. 当颜色由紫红色刚变为纯蓝色为滴定终点

C. 平行测定 3 份

D. 三次平行实验的绝对偏差小于 0.04 mmol/L

16. 配位滴定中关于铬黑 T 指示剂的作用原理,叙述正确的是(　　)。

A. 铬黑 T 指示剂能与一些阳离子 Mg^{2+}、Zn^{2+}、Pb^{2+} 等形成紫红色配合物

B. 铬黑 T 指示剂在 pH 小于 7 或大于 11 情况下,本身的颜色接近红色,不能明显

指示终点

  C. 铬黑 T 指示剂在 pH 为 9～10 时为蓝色

  D. 铬黑 T 指示剂能与一些阳离子 Mg^{2+}、Zn^{2+}、Pb^{2+} 等形成蓝色配合物

17. 下列说法中正确的是(　　)。

  A. 配位滴定法是利用配位反应进行滴定分析的方法

  B. 能够用于配位滴定分析的配位化学反应较少

  C. EDTA 是配位滴定法中最常用的配位体

  D. 配位滴定分析属于电化学分析

18. 配位滴定化学反应应具备的条件是(　　)。

  A. 反应按化学计量关系定量进行

  B. 生成配合物的稳定常数一般要求大于 10^8

  C. 反应速率要快

  D. 有适当的指示剂确定滴定终点

19. 关于 EDTA,下列说法正确的是(　　)。

  A. EDTA 是乙二胺四乙酸的简称

  B. 分析工作中一般用乙二胺四乙酸二钠盐

  C. EDTA 与钙离子以 1:1 的关系配合

  D. EDTA 与金属离子配合形成螯合物

20. EDTA 与金属离子形成的配合物的特点是(　　)。

  A. 经常出现逐级配位现象

  B. 形成配合物易溶于水

  C. 反应速度非常慢

  D. 形成配合物较稳定

21. EDTA 与绝大多数金属离子形成的螯合物具有的特点是(　　)。

  A. 计量关系简单   B. 配合物十分稳定

  C. 配合物水溶性极好   D. 配合物都是红色

22. 关于酸度对配位滴定的影响,下列说法正确的是(　　)。

  A. 任何水溶液中的 EDTA 都以六种型体存在

  B. pH 不同时,EDTA 的主要存在型体也不同

  C. 在不同 pH 下,EDTA 各型体的浓度比不同

  D. EDTA 的几种型体中,只有 Y^{4-} 能与金属离子直接配位

23. 以 EDTA 为滴定剂,下列叙述中正确的有(　　)。

  A. 溶液酸度愈高,MY 愈不稳定

  B. 溶液酸度降低时,EDTA 配位能力愈强

  C. 溶液酸度降低时,EDTA 配物能力愈弱

  D. 不论溶液 pH 的大小,只形成 MY 一种形式配合物

24. 根据 EDTA 酸效应曲线,下列说法正确的是(　　)。

  A. 配合物愈稳定,配位测定允许的酸度愈高

  B. 配合物愈稳定,配位测定允许的酸度愈低

C. 酸效应曲线上,位于被测离子下方的其他离子干扰被测离子的滴定

D. 酸效应曲线上,位于被测离子下方的其他离子不会干扰被测离子的滴定

25. EDTA 酸效应曲线能回答的问题是( )。

A. 进行各金属离子滴定时的最低 pH 值

B. 在一定 pH 范围内滴定某种金属离子时,哪些离子可能有干扰

C. 控制溶液的酸度,有可能在同一溶液中连续测定几种离子

D. 准确测定各离子时溶液的最低酸度

26. 关于金属指示剂的叙述,下列说法中正确的是( )。

A. 属于酸碱滴定法所用的指示剂

B. 属于配位滴定法用的指示剂

C. 属于氧化还原滴定法用的指示剂

D. 是一种能与金属离子生成有色配合物的显色剂

27. 配位滴定时,金属指示剂必须具备的条件为( )。

A. 在滴定的 pH 范围,游离金属指示剂本身的颜色同配合物的颜色有明显差别

B. 金属离子与金属指示剂的显色反应灵敏

C. 金属离子与金属指示剂形成配合物的稳定性要适当

D. 金属离子与金属指示剂形成配合物的稳定性要小于金属离子与 EDTA 形成配合物的稳定性

28. 配位滴定中,作为金属指示剂应满足的条件是( )。

A. 不被被测金属离子封闭   B. 指示剂本身应比较稳定

C. 是无机物   D. 是金属化合物

29. EDTA 配位滴定中,铬黑 T 指示剂常用于( )。

A. 测定钙镁总量   B. 测定铁铝总量   C. 测定锌含量   D. 测定铅含量

30. 下列基准物质中,可用于标定 EDTA 的是( )。

A. 无水碳酸钠   B. 氧化锌   C. 碳酸钙   D. 重铬酸钾

31. 欲配制 EDTA 标准溶液,需选用的量器是( )。

A. 烧杯   B. 托盘天平   C. 移液管   D. 容量瓶

32. 关于 EDTA 标准溶液制备,下列说法中正确的是( )。

A. 使用 EDTA 分析纯试剂先配成近似浓度再标定

B. 标定条件与测定条件应尽可能接近

C. EDTA 标准溶液应贮存于聚乙烯瓶中

D. 标定 EDTA 溶液须用二甲酚橙指示剂

第十五章
氧化还原滴定

🏆 知识结构 »

知识分类		序号	知识点
氧化还原滴定	氧化还原反应的条件	68	标准电极电位的含义及应用
		69	氧化还原滴定定义
	高锰酸钾法	70	高锰酸钾法的滴定反应条件和反应原理
		71	高锰酸钾标准溶液的配制和标定
	碘量法	72	碘量滴定法原理
		73	碘量滴定法条件
		74	硫代硫酸钠标准溶液配制及标定的方法
		75	碘标准溶液配制及标定的方法
		76	维生素C含量测定的方法
		77	间接碘量法测铜盐含量的原理及方法
	重铬酸钾法	78	重铬酸钾滴定法的原理
		79	重铬酸钾标准溶液的配制
		80	重铬酸钾法测定铁含量的原理

🏆 考纲要求 »

考试内容		说明	考试要求	
氧化还原滴定	氧化还原反应的条件	68	了解标准电极电位的含义及应用	A
		69	了解氧化还原滴定定义	A
	高锰酸钾法	70	理解高锰酸钾法的滴定反应条件和反应原理	A/B
		71	掌握高锰酸钾标准溶液的配制和标定	A/B/C
	碘量法	72	了解碘量滴定法原理	A
		73	理解碘量滴定法条件	A/B
		74	理解硫代硫酸钠标准溶液配制及标定的方法	A/B
		75	理解碘标准溶液配制及标定的方法	A/B
		76	了解维生素C含量测定的方法	A
		77	了解间接碘量法测铜盐含量的原理及方法	A
	重铬酸钾法	78	了解重铬酸钾滴定法的原理	A
		79	理解重铬酸钾标准溶液的配制	A/B
		80	理解重铬酸钾法测定铁含量的原理	A/B

第一节　氧化还原反应的条件

1. 了解标准电极电位的含义及应用；
2. 了解氧化还原滴定定义。

★ 知识点 204　标准电极电位的含义及应用

【知识梳理】

1. 半电池反应

氧化还原反应：$n_2 Ox_1 + n_1 Red_2 = n_1 Ox_2 + n_2 Red_1$，该反应可分解为两个半电池反应：

还原半反应：$Ox_1 + n_1 e = Red_1$

氧化半反应：$Red_2 - n_2 e = Ox_2$

2. 标准电极电位（E^θ）

标准电极电位（E^θ）是在特定条件下测得的，其条件是，温度 25 ℃，有关离子浓度（严格的讲应该是活度）都是 1 mol/L（或其比值为 1），气体压力为 1.013×10^5 Pa。以标准氢电极为零，比较出来的电极电位即为标准电极电位。[Ox] 和 [Red] 都为 1 mol/L 时的电极电位为标准电极电位。

3. 标准电极电位的应用

在氧化还原反应中，氧化剂或还原剂的强弱，可用氧化还原半反应的标准电极电位来衡量。电对的电极电位值越大，表示其氧化态的氧化能力越强；电对的电极电位值越小，表示其还原态失电子的能力越强，即还原态的还原能力就越强。因此，作为一种还原剂，它可以还原电位比它高的氧化剂，或高电位电对的氧化型氧化低电位电对的还原型。

对于两个半反应，标准电极电位较高的氧化态能够与标准电极电位较低还原态自发反应。

利用电极电位可判断氧化还原反应中的氧化还原反应方向、氧化还原反应次序、氧化还原能力大小、氧化还原的完全程度等性质。

4. 氧化还原反应进行的程度

氧化还原反应平衡常数 K 值的大小能说明反应的完全程度；而反应的平衡常数 $K(K')$ 又与有关电对的电极电位 $E^\theta(E^{\theta'})$ 有关。

即 ΔE^θ 越大→$K(K')$ 越大→反应越完全。

氧化还原反应进行完全的判据：$\Delta E^\theta \geqslant 0.4$ V。

4. 影响氧化还原反应速率的因素

（1）浓度：一般来说反应物的浓度越大，反应的速率越快。

（2）温度：温度每升高 10 ℃，反应速度可加快 2～4 倍。

（3）催化剂：要根据不同的滴定方式，选择适宜的办法，加快反应速度。

（4）诱导反应的影响

利用电极电位可判断氧化还原反应的性质，但它不能判别氧化—还原反应速度。反应物体积不是影响氧化还原反应速率的因素。

本知识点要求明确知道标准电极电位（E^θ）含义及标准电极电位的应用，了解氧化还原反应进行的程度及影响氧化还原反应速率的因素。

【例题分析】

1. （单选题）[Ox]和[Red]都为（　　）时的电极电位为标准电极电位。

    A. 0 mol/L   B. 1 mol/L   C. 2 mol/L   D. 10 mol/L

> **答案：**B
>
> **解析：**本题属于容易题。考级能力要求为 A。主要考察学生对标准电极电位含义的理解。

2. （单选题）氧化还原反应 $Ox_1 + Red_2 \Longrightarrow Red_1 + Ox_2$，能应用于滴定分析的条件是（　　）。

    A. $\Delta E^\theta \geqslant 0.4$ V   B. $\Delta E^\theta \geqslant 6$ V   C. $\Delta E^\theta \geqslant 0$ V   D. $\Delta E^\theta \leqslant 0.4$ V

> **答案：**A
>
> **解析：**本题属于为容易题。考级能力要求为 A。主要考察学生对氧化还原反应进行完全判据的理解。

3. （单选题）半反应 $Fe^{3+} + e \Longrightarrow Fe^{2+}$ 是（　　）。

    A. 氧化半反应

    B. 复分解反应

    C. 还原半反应

    D. 既不是氧化也不是还原反应

> **答案：**C
>
> **解析：**本题属于为容易题。考级能力要求为 A。本题主要考察学生对氧化还原半反应的理解。

4. （多选题）关于标准电极电位，下列说法正确的是（　　）。

    A. 电对电位越低，其氧化形的氧化能力越强

    B. 电对电位越高，其氧化形的氧化能力越强

    C. 电对电位越高，其还原形的还原能力越强

    D. 电对电位越低，其还原形的还原能力越强

答案:BD

解析:本题属于较难题。考级能力要求为 A。重点考察学生对标准电极电位概念的理解。

【巩固练习】

一、单选题

1. 利用电极电位可判断氧化还原反应的性质,但它不能判别(　　)。

　　A. 氧化—还原反应速度　　　　　　B. 氧化还原状态

　　C. 氧化还原能力大小　　　　　　　D. 氧化还原的完全程度

2. 不是影响氧化还原反应速率因素的是(　　)。

　　A. 反应物浓度　　　B. 反应的温度　　　C. 反应物体积　　　D. 催化剂

3. 氧化还原反应平衡常数 K 值的大小能说明(　　)。

　　A. 反应速度　　　　　　　　　　　B. 反应的完全程度

　　C. 反应的方向　　　　　　　　　　D. 反应的次序

二、判断题

1. 在氧化还原反应中,电极电位值越大,表示其氧化态的氧化能力越强。　　　　(　　)

　　A. 正确　　　　　　　　　　　　　B. 错误

2. 在氧化还原反应中,电极电位值越小,表示其还原态失电子的能力越强。　　(　　)

　　A. 正确　　　　　　　　　　　　　B. 错误

3. 影响氧化还原反应速率的因素有溶液的浓度和温度。　　　　　　　　　　(　　)

　　A. 正确　　　　　　　　　　　　　B. 错误

4. 氧化还原反应的平衡常数,能说明反应的可能性和反应速率的快慢。　　　(　　)

　　A. 正确　　　　　　　　　　　　　B. 错误

5. 对于两个半反应,标准电极电位较高的氧化态能够与标准电极电位较高还原态自发反应。　　　　　　　　　　　　　　　　　　　　　　　　　　　　　　　　　　(　　)

　　A. 正确　　　　　　　　　　　　　B. 错误

6. 氧化剂或还原剂的强弱,可用氧化还原半反应的电极电位来衡量。　　　　(　　)

　　A. 正确　　　　　　　　　　　　　B. 错误

三、多项选择题

利用电极电位可判断氧化还原反应中的(　　)性质。

　　A. 氧化—还原反应速度　　　　　　B. 氧化还原反应方向

　　C. 氧化还原能力大小　　　　　　　D. 氧化还原的完全程度

学习内容

●知识点 205　氧化还原滴定定义

【知识梳理】

氧化还原滴定法是以氧化还原反应为基础的容量的分析方法。它以氧化剂或还原剂为

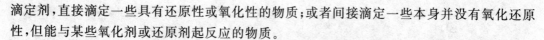

滴定剂,直接滴定一些具有还原性或氧化性的物质;或者间接滴定一些本身并没有氧化还原性,但能与某些氧化剂或还原剂起反应的物质。

据所选氧化剂的不同,氧化还原滴定法包括高锰酸钾法、重铬酸钾法、直接碘量法、间接碘量法。氧化还原滴定法和酸碱滴定法基本相同之处是分析操作。

氧化还原反应中,三种常用的预处理用氧化剂为$(NH_4)SO_4$、$KMnO_4$、H_2O_2。

在氧化还原滴定中,随着滴定剂的加入,被滴定物质的氧化态和还原态的浓度逐渐改变,电对的电势也随之改变。化学计量点前后,产生电势突跃。两个电对电极电位相差越大,电位突跃就越大,反之就越小。

氧化还原反应 $n_2 Ox_1 + n_1 Red_2 \Longrightarrow n_1 Ox_2 + n_2 Red_1$,能应用于滴定分析的条件是 $\Delta E^0 \geqslant 0.4\ V$。

本知识点要求明确知道氧化还原滴定定义;了解依据所选氧化剂的不同,氧化还原滴定法种类。

【例题分析】

(多选题)根据所选氧化剂的不同,氧化还原滴定法包括(　　　)。

A. 高锰酸钾法　　　　　　　　　　B. 重铬酸钾法

C. 直接碘量法　　　　　　　　　　D. 间接碘量法

答案:ABCD

解析:本题属于中等难度试题。考级能力要求为 A。考察学生对氧化还原滴定法种类的理解。

【巩固练习】

一、单选题

1. 氧化还原滴定法和酸碱滴定法的基本相同之处是(　　　)。

A. 方法原理　　　　　　　　　　B. 分析操作

C. 干扰因素　　　　　　　　　　D. 反应速度

2. 下列物质中可以用氧化还原滴定法测定的是(　　　)。

A. 草酸　　　　　B. 醋酸　　　　　C. 盐酸　　　　　D. 硫酸

二、判断题

氧化还原反应中,三种常用的预处理用还原剂为$(NH_4)SO_4$、$KMnO_4$、H_2O_2。　(　　　)

A. 正确　　　　　　　　　　　　B. 错误

第二节 高锰酸钾法

1. 理解高锰酸钾法的滴定反应条件和反应原理;
2. 掌握高锰酸钾标准溶液的配制和标定。

◉ 知识点206 高锰酸钾法的滴定反应条件和反应原理

【知识梳理】

1. 方法简介

高锰酸钾法即利用高锰酸钾作滴定剂的一种氧化还原滴定法。

高锰酸钾是一种强氧化剂,不同介质中的还原产物分别是:在强酸性溶液中的还原产物为 Mn^{2+}、基本单元为 $1/5KMnO_4$,在强碱性溶液中的还原产物为 MnO_4^{2-},在中性或弱酸性溶液中的还原产物为 MnO_2。

高锰酸钾法一般在酸性介质中进行,在强酸性溶液中氧化能力最强。所以在酸度为 $1~2~mol/L$ 的硫酸中进行滴定。盐酸具还原性,Cl^- 可与高锰酸钾作用;硝酸具氧化性,两者均不能用。

2. 方法优点

(1)可自身作指示剂,无需外加指示剂。

(2) 应用范围广。

①直接滴定法:还原性物质,如 Fe^{2+}、As(Ⅲ)、Sb(Ⅲ)、H_2O_2、$C_2O_4^{2-}$、NO_2^-。

②返滴定法:不能直接滴定的氧化性物质,如 MnO_2,在硫酸介质中,加入一定量过量的 $Na_2C_2O_4$ 标准溶液,作用完毕后,用 $KMnO_4$ 标准溶液滴定过量的 $C_2O_4^{2-}$。

③间接滴定法:非氧化还原性物质,如 Ca^{2+},首先将沉淀为 CaC_2O_4,再用稀硫酸将所得沉淀溶解,用 $KMnO_4$ 标准溶液滴定溶液中的 $C_2O_4^{2-}$。

④高锰酸钾一般不能用于置换滴定,$KMnO_4$ 在碱性溶液中测定有机物含量。

3. 方法应用

(1)用 $KMnO_4$ 法测定 H_2O_2 时,一般用 H_2SO_4 来控制溶液的酸度,不可在盐酸介质中进行滴定。高锰酸钾法测定 H_2O_2 的滴定反应开始时,滴定速度应较慢;不能加热,以防止 H_2O_2 分解;为加快反应可预加入 $MnSO_4$。

用 $KMnO_4$ 标准溶液测定 H_2O_2 时,滴定至粉红色,30 s 不消失为终点。

滴定完成后 5min 发现溶液粉红色消失,其原因是实验室还原性气体使之褪色。

(2)$KMnO_4$ 法测定软锰矿中 MnO_2 的含量时,MnO_2 与 $Na_2C_2O_4$ 的反应必须在热的强酸性条件下进行。在酸性介质中,用 $KMnO_4$ 溶液滴定草酸盐溶液,滴定应将溶液加热到 75～85 ℃时进行。

（3）$KMnO_4$ 法测定石灰中 Ca 含量,先沉淀为 CaC_2O_4,再经过滤、洗涤后溶于 H_2SO_4 中,最后用 $KMnO_4$ 滴定 $H_2C_2O_4$,Ca 的基本单元为 1/2Ca。

本知识点要求明确知道高锰酸钾法的滴定反应条件和反应原理,并理解高锰酸钾法的滴定反应条件和反应原理及高锰酸钾法的应用。

【例题分析】

1.（单选题）高锰酸钾法测定 H_2O_2 的滴定反应开始时,滴定速度应（　　）。

A. 较慢　　　　B. 较快　　　　C. 先快后慢　　　　D. 很快

答案:A

解析:本题属于中等难度试题,考级能力要求为 B。考察学生对高锰酸钾法的滴定反应条件的理解。

2.（单选题）用 $KMnO_4$ 法测定 H_2O_2 时,一般用（　　）来控制溶液的酸度。

A. HCl　　　　B. H_2SO_4　　　　C. HNO_3　　　　D. HF

答案:B

解析:本题属于容易题。考级能力要求为 A。考察学生对高锰酸钾法的滴定反应条件的理解。

3.（单选题）对高锰酸钾滴定法,下列说法错误的是（　　）。

A. 可在盐酸介质中进行滴定　　　　B. 直接法可测定还原性物质

C. 标准滴定溶液用标定法制备　　　　D. 在硫酸介质中进行滴定

答案:A

解析:本题属于中等难度试题,考级能力要求为 B。考察学生对高锰酸钾滴定法的滴定反应条件和反应原理的理解。

【巩固练习】

一、单选题

1. 高锰酸钾法一般在（　　）性介质中进行。

A. 酸性　　　　B. 碱性　　　　C. 中性　　　　D. 不限制酸碱

2. $KMnO_4$ 滴定所需的介质是（　　）。

A. 硫酸　　　　B. 盐酸　　　　C. 磷酸　　　　D. 硝酸

3. 在酸性介质中,用 $KMnO_4$ 溶液滴定草酸盐溶液,滴定应（　　）。

A. 在室温下进行　　　　B. 将溶液煮沸后即进行

C. 将溶液煮沸,冷至 85 ℃进行　　　　D. 将溶液加热到 75～85 ℃时进行

4. 高锰酸钾法指示剂是（　　）。

A. 无需另加指示剂　　　　B. 酚酞

C. 金属指示剂　　　　D. 石蕊

5. $KMnO_4$ 法测定石灰中 Ca 含量,先沉淀为 CaC_2O_4,再经过滤、洗涤后溶于 H_2SO_4

中,最后用 $KMnO_4$ 滴定 $H_2C_2O_4$,Ca 的基本单元为(　　)。

　　A. Ca　　　　　　　B. 1/2Ca　　　　　C. 1/5Ca　　　　　　D. 1/3C

6. 用草酸钠作基准物标定高锰酸钾标准溶液时,开始反应速度慢,稍后,反应速度明显加快,这是(　　)起催化作用。

　　A. 氢离子　　　　　B. MnO_4^-　　　　　C. Mn^{2+}　　　　　D. CO_2

7. 用 $Na_2C_2O_4$ 标定 $KMnO_4$ 标准溶液时,滴定刚开始退色较慢,但之后腿色变快的原因是(　　)。

　　A. 温度过低　　　　　　　　　　　B. 反应进行后、温度升高

　　C. Mn^{2+} 催化作用　　　　　　　D. $KMnO_4$ 浓度变小

二、判断题

1. 用 $KMnO_4$ 法测定 H_2O_2 时,需通过加热来加速反应。　　　　　　　　　　(　　)

　　A. 正确　　　　　　　　　　　　　B. 错误

2. $KMnO_4$ 在强酸性溶液中氧化性最强,其氧化有机物的反应大多在酸性条件下进行,因为反应速率快。　　　　　　　　　　　　　　　　　　　　　　　　　　(　　)

　　A. 正确　　　　　　　　　　　　　B. 错误

3. 提高反应溶液的温度能提高氧化还原反应的速度,因此在酸性溶液中用 $KMnO_4$ 滴定 $C_2O_4^{2-}$ 时,必须加热至沸腾才能保证正常滴定。　　　　　　　　　　　　(　　)

三、多项选择题

高锰酸钾是一种强氧化剂,不同介质中的还原产物分别是(　　)。

　　A. 在强酸性溶液中的还原产物为 Mn^{2+}

　　B. 在强酸性溶液中的还原产物为 MnO_2

　　C. 在强碱性溶液中的还原产物为 MnO_4^{2-}

　　D. 在中性或弱酸性溶液中还原产物为 MnO_2

学 习 内 容

★ 知识点 207　高锰酸钾标准溶液的配制和标定

【知识梳理】

　　1. 配制:高锰酸钾标准溶液不能直接配制。高锰酸钾溶液不稳定的原因是水中还原性杂质的作用。为了获得浓度稳定的 $KMnO_4$ 标准滴定溶液,称取稍多于理论量的 $KMnO_4$ 溶于蒸馏水中,加热煮沸,冷却后储存于棕色瓶中,于暗处放置数天(2~3 天),使溶液中可能存在的还原性物质完全氧化。配制的 $KMnO_4$ 溶液要保存在棕色瓶中,如果没有棕色瓶应放在避光处保存。

　　2. 标定:可用于标定高锰酸钾标准溶液的基准物质如草酸钠($Na_2C_2O_4$)、三氧化二砷(As_2O_3)、草酸($H_2C_2O_4 \cdot 2H_2O$),其中以 $Na_2C_2O_4$ 较为常用。

$$2MnO_4^- + 5C_2O_4^{2-} + 16H^+ \xquad 2Mn^{2+} + 10CO_2\uparrow + 8H_2O$$

　　3. 标定条件:酸度:0.5~1.0 mol/L H_2SO_4

　　温度:70~85 ℃(或 65~75 ℃)

　　速度:产物 Mn^{2+} 自催化作用,开始滴定速度不宜太快,速度应为慢—快—慢。

4. 指示剂:$KMnO_4$ 自身指示剂(高锰酸钾水溶液呈紫红色,其还原产物 Mn^{2+} 几乎无色,高锰酸钾法不需另加指示剂)

5. 终点:粉红色且 30 s 不褪色。

高锰酸钾标准溶液在配制后需放置 2~3 天才能标定。在高锰酸钾标准溶液标定过程中,加入硫酸,调节溶液酸度为 0.5~1 mol/L。在标定高锰酸钾溶液时,若温度过高,则 $H_2C_2O_4$ 会分解为 $CO、CO_2$。高锰酸钾标准溶液应放在棕色的酸式滴定管中。用基准物质 $Na_2C_2O_4$ 标定 $KMnO_4$ 溶液时,滴定至粉红色并保持 30 s 时长不消失,即可判断滴定达到终点。

本知识点要求了解高锰酸钾标准溶液的配制及保存方法,标定所用的基准物质、标定的条件及标定方法和滴定终点的判断,理解和掌握高锰酸钾标准溶液的配制方法和标定方法。

【例题分析】

1. (单选题)高锰酸钾标准溶液(　　　)直接配制。

　　A. 可以　　　　　　　　　　　B. 必须

　　C. 不能　　　　　　　　　　　D. 高温时可以

答案:C

解析:本题属于容易题,考级能力要求为 A。考察学生对高锰酸钾标准溶液配制方法的理解。

2. (单选题)高锰酸钾标准溶液在配制后(　　　)。

　　A. 需放置 2~3 天才能标定　　　B. 需放置 1h 才能标定

　　C. 不需放置可直接标定　　　　D. 需加热至沸 1h 再标定

答案:A

解析:本题属于中等难度试题。考级能力要求为 B。考察学生对高锰酸钾标准溶液标定条件的理解。

3. 用草酸钠作基准物标定高锰酸钾标准溶液时,溶液温度应该控制在(　　　)。

　　A. 室温　　　　　　　　　　　B. 45~55 ℃

　　C. 65~75 ℃　　　　　　　　　D. 90 ℃以上

答案:C

解析:属于单选题,考级能力要求为 A。考察学生对高锰酸钾标准溶液标定条件的理解,属于中等题。

【巩固练习】

一、单选题

1. 用 $KMnO_4$ 法测定 Fe^{2+},可选用下列哪种指示剂?(　　　)

　　A. 红—溴甲酚绿　　　　　　　B. 二苯胺磺酸钠

　　C. 铬黑 T　　　　　　　　　　D. 自身指示剂

2. 用基准物质 $Na_2C_2O_4$ 标定 $KMnO_4$ 溶液时,滴定至粉红色并保持(　　)时长不消失,即可判断滴定达到终点。

A. 1 min　　　　　　B. 30 s　　　　　　C. 2 min　　　　　　D. 45 s

3. 在标定高锰酸钾溶液时,若温度过高,则 $H_2C_2O_4$ 会分解为(　　)。

A. CO　　　　　　　　　　　　　B. CO_2

C. CO, CO_2　　　　　　　　　　D. CO_3^{2-}

4. 高锰酸钾标准溶液应放在(　　)。

A. 棕色的酸式滴定管中　　　　　　B. 棕色的碱式滴定管中

C. 白色的酸式滴定管中　　　　　　D. 白色的碱式滴定管中

二、判断题

1. 高锰酸钾水溶液呈紫红色,其还原产物 Mn^{2+} 几乎无色。　　　　　　(　　)

A. 正确　　　　　　　　　　　　　B. 错误

2. 由于 $KMnO_4$ 性质稳定,可用基准物直接配制成标准溶液。　　　　(　　)

A. 正确　　　　　　　　　　　　　B. 错误

3. 配制的 $KMnO_4$ 溶液要保存在棕色瓶中,如果没有棕色瓶应放在避光处保存。

　　　　　　　　　　　　　　　　　　　　　　　　　　　　　　(　　)

A. 正确　　　　　　　　　　　　　B. 错误

4. 用 $Na_2C_2O_4$ 标定 $KMnO_4$,需加热至 $70\sim80$ ℃,在 HCl 介质中进行。　(　　)

A. 正确　　　　　　　　　　　　　B. 错误

5. 高锰酸钾法一般都在强酸性溶液中进行,常用硫酸进行调节。　　　(　　)

A. 正确　　　　　　　　　　　　　B. 错误

三、多选题

可用于标定高锰酸钾标准溶液的基准物质有(　　)。

A. 草酸钠　　　　　　　　　　　　B. 三氧化二砷

C. 重铬酸钾　　　　　　　　　　　D. 草酸

第三节 碘量法

1. 了解碘量滴定法原理；
2. 理解碘量滴定法条件；
3. 理解硫代硫酸钠标准溶液配制及标定的方法；
4. 理解碘标准溶液配制及标定的方法；
5. 了解维生素C含量测定的方法；
6. 了解间接碘量法测铜盐含量的原理及方法。

⭐ 知识点208　碘量滴定法原理

【知识梳理】

1. 原理：碘量法是利用 I_2 氧化性和 I^- 的还原性来进行滴定分析的方法。

2. 滴定方式：碘量法测定可用直接和间接两种方式。

直接碘量法又称为碘滴定法，它是利用 I_2 标准滴定溶液直接滴定一些还原性物质，如 S^{2-}、SO_3^{2-}、As_2O_3 等。

间接碘量法又称滴定碘法，它是利用 I^- 与氧化剂反应，定量析出 I_2，然后用 $Na_2S_2O_3$ 标准滴定溶液滴定 I_2。间接滴定方式的应用更广一些。在碘量法中，淀粉是专属指示剂，当溶液呈蓝色时，这是游离碘与淀粉生成物的颜色。

直接碘量法的滴定终点是蓝色恰好出现，间接碘量法的滴定终点是蓝色恰好消失。

$$Cr_2O_7^{2-} + 6I^- + 14H^+ + 6e \Longrightarrow 2Cr^{3+} + 3I_2 + 7H_2O$$

$$I_2 + 2S_2O_3^{2-} \Longrightarrow 2I^- + S_4O_6^{2-}$$

本知识点要求明确知道碘量滴定法原理和分类，了解碘量法的专属指示剂以及滴定终点的现象和判断方法。

【例题分析】

1. （判断题）间接碘量法又称滴定碘法，它是利用 I^- 与氧化剂反应，定量的析出 I_2，然后用还原剂 $Na_2S_2O_3$ 标准滴定溶液滴定 I_2。　　　　　　　　（　　　）

　　A. 正确　　　　　　　　　　　　　　B. 错误

答案：A

解析： 本题属于中等度试题，考级能力要求为A。考察学生对碘量法的分类和反应原理的理解。

2. （单选题）在碘量法中，淀粉是专属指示剂，当溶液呈蓝色时，这是（　　　）。

A. 碘的颜色　　　　　　　　　　B. I^- 的颜色

C. 游离碘与淀粉生成物的颜色　　D. I^- 与淀粉生成物的颜色

答案:C

解析:本题属于中等难度试题。考级能力要求为 A。考察学生对碘量法的专属指示剂的理解,属于中等题。

3. (单选题)在间接碘量法中,滴定终点的颜色变化是(　　)。

A. 蓝色恰好消失　　　　　　　　B. 出现蓝色

C. 出现浅黄色　　　　　　　　　D. 黄色恰好消失

答案:A

解析:本题属于容易题。考级能力要求为 A。考察学生对碘量法滴定终点的颜色变化的理解。

【巩固练习】

一、单选题

1. 碘量法滴定的酸度条件为(　　)。

A. 弱酸　　　　　B. 强酸　　　　　C. 弱碱　　　　　D. 强碱

2. 直接碘量法滴定终点是(　　),间接碘量法滴定终点是(　　)。

A. 蓝色恰好出现—蓝色恰好出现　　B. 蓝色恰好出现—蓝色恰好消失

C. 蓝色恰好消失—蓝色恰好消失　　D. 蓝色恰好消失—蓝色恰好出现

3. 在碘量法中,淀粉是专属指示剂,当溶液呈蓝色时,可以判断(　　)。

A. 达到滴定终点　　　　　　　　B. 未达到滴定终点

C. 如采用直接碘量法则达到终点　　D. 如采用间接碘量法则达到终点

二、判断题

1. 用淀粉作指示剂,当 I_2 被还原成 I^- 时,溶液呈无色;当 I^- 被氧化成 I_2 时,溶液呈蓝色。

　　　　　　　　　　　　　　　　　　　　　　　　　　　　　　　(　　)

A. 正确　　　　　　　　　　　　B. 错误

2. 以淀粉为指示剂滴定时,直接碘量法终点是从蓝色变为无色,间接碘量法是由无色变为蓝色。

　　　　　　　　　　　　　　　　　　　　　　　　　　　　　　　(　　)

A. 正确　　　　　　　　　　　　B. 错误

3. 直接碘量法又称为碘滴定法,它是利用 I_2 标准滴定溶液直接滴定一些还原性物质,如 S^{2-}、SO_3^{2-}、As_2O_3 等。

　　　　　　　　　　　　　　　　　　　　　　　　　　　　　　　(　　)

A. 正确　　　　　　　　　　　　B. 错误

4. 碘量法测定可用直接和间接两种方式。直接法以 I_2 为标液,测定还原性物质。间接法以 I_2 和 $Na_2S_2O_3$ 为标液,测定氧化性物质。间接滴定方式的应用更广一些。

　　　　　　　　　　　　　　　　　　　　　　　　　　　　　　　(　　)

A. 正确　　　　　　　　　　　　B. 错误

★ 知识点 209　碘量滴定法条件

【知识梳理】

碘量法滴定条件:

1. **溶液酸度**:中性或弱酸性。间接碘量法要求在中性或弱酸性介质中进行测定,若酸度太高,将会使 I^- 被氧化,$Na_2S_2O_3$ 被分解。

2. **防止 I_2 挥发**

(1)加入过量 KI(比理论值大 2~3 倍)与 I_2 生成 I_3^-,减少 I_2 挥发。

(2)室温下在碘量瓶中进行,碘量瓶置于暗处。

(3)滴定时不要剧烈摇动。

3. **防止 I^- 被氧化**

(1)避免光照——日光有催化作用。

(2)析出 I_2 后不要放置过久(一般暗处 5 ~ 7 min)。

(3)析出的 I_2 立即用 NaS_2O_3 标准滴定溶液滴定,滴定速度适当快些。

4. 间接碘量法中加入淀粉指示剂的适宜时间是测定至近终点时,溶液呈稻草黄色时,否则将会引起淀粉溶液凝聚,而且吸附的 I_2 不易释放出来,使终点难以观察。在间接碘量法中,若滴定开始前加入淀粉指示剂,测定结果将偏高。

本知识点要求明确知道碘量法滴定条件,并理解碘量法滴定中,防止碘挥发的方法:

(1) 加入过量的碘化钾;

(2) 滴定在室温下进行;

(3) 在碘量瓶(置于暗处)中进行;

(4) 不要剧烈摇动等方法及其原因,如碘量法中使用碘量瓶的目的是:防止碘的挥发、防止溶液与空气的接触;理解防止 I^- 被氧化的方法和间接碘量法中淀粉指示剂要在接近终点时加入的原因。

【例题分析】

1.(单选题)间接碘量法要求在中性或弱酸性介质中进行测定,若酸度太高,将会( )。

A. 反应不定量　　　　　　　　　　B. I_2 易挥发

C. 终点不明显　　　　　　　　　　D. I^- 被氧化,$Na_2S_2O_3$ 被分解

答案:D

解析:本题属于中等难度试题。考级能力要求为 B。考察学生对碘量法滴定条件中的酸度条件的理解。

2.(单选题)在间接碘量法中,若滴定开始前加入淀粉指示剂,测定结果将( )。

A. 偏低　　　　　　　　　　　　　B. 偏高

C. 无影响　　　　　　　　　　　　D. 无法确定

答案:B

解析:本题属于中等难度试题,考级能力要求为A。考察学生对间接碘量法中淀粉指示剂的加入的适宜时间的理解。

【巩固练习】

一、单选题

间接碘量法中加入淀粉指示剂的适宜时间是(　　)。

A. 测定开始前　　　　　　　　　　B. 测定开始后

C. 测定至近终点时　　　　　　　　D. 测定至红棕色褪尽至无色时

二、判断题

1. 间接碘量法加入 KI 一定要过量,淀粉指示剂要在接近终点时加入。　　　(　　)

A. 正确　　　　　　　　　　　　　B. 错误

2. 使用直接碘量法滴定时,淀粉指示剂应在近终点时加入;使用间接碘量法时,淀粉指示剂应在滴定开始时加入。　　　(　　)

A. 正确　　　　　　　　　　　　　B. 错误

三、多项选择题

1. 碘量法滴定中,防止碘挥发的方法有(　　)。

A. 加入过量的碘化钾　　　　　　　B. 滴定在室温下进行

C. 滴定时剧烈摇动溶液　　　　　　D. 在碘量瓶中进行

2. 碘量法中使用碘量瓶的目的是(　　)。

A. 防止碘的挥发　　　　　　　　　B. 防止溶液与空气的接触

C. 提高测定的灵敏度　　　　　　　D. 防止溶液溅出

学 习 内 容

● 知识点 210　硫代硫酸钠标准溶液配制及标定的方法

【知识梳理】

$Na_2S_2O_3$ 不是基准物,不能用来直接配制标准溶液。

配制 $Na_2S_2O_3$ 标准溶液时,用蒸馏水煮沸是为了驱除 CO_2、O_2,杀死细菌,促进 $Na_2S_2O_3$ 标准滴定溶液趋于稳定;引起 $Na_2S_2O_3$ 标准溶液浓度改变的主要原因有二氧化碳、氧气和微生物的影响。

配制 $Na_2S_2O_3$ 标准滴定溶液时要用蒸馏水煮沸,并加入少量 Na_2CO_3 使溶液呈弱碱性。

配制 $Na_2S_2O_3$ 溶液时,加入 HgI_2 的作用是防 $Na_2S_2O_3$ 分解。配制好的溶液应储存于棕色瓶中,置于暗处 8~10 天,待 $Na_2S_2O_3$ 浓度稳定后再进行标定。

能够用于标定 $Na_2S_2O_3$ 溶液的基准物质有纯碘(I_2)、碘酸钾(KIO_3)、纯铜、溴酸钾、重铬酸钾($K_2Cr_2O_7$)等,其中重铬酸钾是常用的基准物质。

为减小硫代硫酸钠标准溶液标定过程中的分析误差,滴定开始慢摇快滴,终点前快摇慢滴,反应时放置暗处。

在硫代硫酸钠标准溶液标定过程中：加入过量 KI，并在室温和避免阳光直射的条件下滴；溶液为弱酸性；滴定至近终点时加入淀粉指示剂；滴定终点时溶液由蓝色变为亮绿色。

氧化还原滴定中，硫代硫酸钠的基本单元是 $Na_2S_2O_3$。

本知识点要求明确知道硫代硫酸钠标准溶液配制及标定的方法，在了解基础上，能够深刻领会相关知识、原理、方法，并藉此解释、分析现象，辨明正误。

【例题分析】

1. （单选题）下列说法正确的是（　　）。

A. $Na_2S_2O_3$ 不是基准物，不能用来直接配制标准溶液

B. $Na_2S_2O_3$ 是基准物，可以用来直接配制标准溶液

C. $Na_2S_2O_3$ 标准溶放置液长期放置后，不必重新标定，可以直接使用

D. 配制 $Na_2S_2O_3$ 溶液时，需加入少量醋酸，使溶液呈弱酸性

答案：A

解析：本题属于中等难度试题。考级能力要求为 B。考察学生对硫代硫酸钠标准溶液配制及标定的理解。

2. （单选题）氧化还原滴定中，硫代硫酸钠的基本单元是（　　）。

A. $Na_2S_2O_3$　　　B. $1/2Na_2S_2O_3$　　　C. $1/3Na_2S_2O_3$　　　D. $1/4Na_2S_2O_3$

答案：A

解析：本题属于中等难度试题。考级能力要求为 A。考察学生对硫代硫酸钠的基本单元的理解。

【巩固练习】

一、单选题

1. （　　）是标定硫代硫酸钠标准溶液较为常用的基准物。

A. 升华碘　　　　　B. KIO_3　　　　　C. $K_2Cr_2O_7$　　　　　D. $KBrO_3$

2. 配制 $Na_2S_2O_3$ 标准溶液时，用蒸馏水煮沸是为了（　　）。

A. 便于滴定操作　　　　　　　　B. 驱除 CO_2、O_2，杀死细菌

C. 防止淀粉凝聚　　　　　　　　D. 使溶液呈弱碱性

3. 配制 $Na_2S_2O_3$ 溶液时，加入 HgI_2 的作用是（　　）。

A. 杀死细菌　　　　　　　　　　B. 防 $Na_2S_2O_3$ 分解

C. 调节酸度　　　　　　　　　　D. 除去其中的 CO_2、O_2

二、判断题

1. 引起 $Na_2S_2O_3$ 标准溶液浓度改变的主要原因有二氧化碳、氧气和微生物的影响。

（　　　）

A. 正确　　　　　　　　　　　　B. 错误

2. 配制好的 $Na_2S_2O_3$ 标准溶液应立即用基准物质标定。　　　　（　　　）

A. 正确　　　　　　　　　　　　B. 错误

3. 配好 $Na_2S_2O_3$ 标准滴定溶液后煮沸约 10 min。其作用主要是除去 CO_2 和杀死微生物，促进 $Na_2S_2O_3$ 标准滴定溶液趋于稳定。　　　　　　　　（　　　）

  A. 正确　　　　　　　　　　　　B. 错误

4. 用基准物质 $K_2Cr_2O_7$ 标定 $Na_2S_2O_3$ 溶液时，由于滴定过程溶液能出现稻草黄颜色变化，所以标定过程无需另加指示剂。　　　　　　　　　　　　（　　　）

  A. 正确　　　　　　　　　　　　B. 错误

三、多选题

1. 为减小硫代硫酸钠标准溶液标定过程中的分析误差，滴定时可用下列（　　　）方法。

  A. 快摇慢滴　　　　　　　　　　B. 慢摇快滴

  C. 开始慢摇快滴，终点前快摇慢滴　　D. 反应时放置暗处

2. 在硫代硫酸钠标准溶液标定过程中，操作正确的是（　　　）。

  A. 加入过量KI，并在室温和避免阳光直射的条件下滴定

  B. 溶液为弱酸性

  C. 滴定至近终点时加入淀粉指示剂

  D. 滴定终点时溶液由蓝色变为亮绿色

学习内容

✿ 知识点 211　碘标准溶液配制及标定的方法

【知识梳理】

  配制：碘标准溶液制备，因为碘易挥发，准确称量有困难，碘标准溶液只能用间接法配制；

  配制时，因 I_2 几乎不溶于水，但能溶于 KI 溶液，则将称取的碘溶于过量的 KI 溶液中，稀释至一定体积，一般是先配成大致浓度的溶液，然后进行标定；碘标准溶液应贮存于棕色瓶中避光保存，防止见光或受热引起浓度变化。

  可用于标定碘标准溶液的是：硫代硫酸钠标准溶液和基准物 As_2O_3。

  本知识点要求明确知道碘标准溶液配制及标定的方法，在了解基础上，能够深刻领会相关知识、原理、方法，并藉此解释、分析相关内容。

【例题分析】

1. （单选题）配制 I_2 标准溶液时，是将 I_2 溶解在（　　　）中。

  A. 水　　　　B. KI 溶液　　　　C. HCl 溶液　　　　D. KOH 溶液

答案：B

解析： 本题属于容易题。考级能力要求为 A。考察学生对碘标准溶液制备的理解。

2. （单选题）标定 I_2 标准溶液的基准物是（　　　）。

  A. As_2O_3　　　　B. $K_2Cr_2O_7$　　　　C. Na_2CO_3　　　　D. $H_2C_2O_4$

答案：A

解析：本题属于容易题。考级能力要求为 A。考察学生对标定 I_2 标准溶液的基准物的理解。

【巩固练习】

一、单选题

关于碘标准溶液说法错误的是（　　）。

A. 将 I_2 直接溶于水，而后标定

B. 碘溶液应保存于暗处

C. 碘溶液可用基准物质 As_2O_3 标定

D. 碘溶液可用 $Na_2S_2O_3$ 标准溶液标定

二、判断题

配制 I_2 溶液时要滴加 KI。　　　　　　　　　　　　　　　　　　　　　（　　）

    A. 正确　　　　　　　　　　　　　　B. 错误

三、多选题

1. 关于碘标准溶液制备，下列说法中正确的是（　　）。

A. 因为碘易挥发，碘标准溶液只能用间接法配制

B. 配制时，将称取的碘溶于过量的 KI 溶液中，稀释至一定体积

C. 碘标准溶液应贮存于聚乙烯瓶中

D. 标定碘标准溶液可以用基准物 As_2O_3 来标定

2. 下列物质中，可用于标定碘标准溶液的是（　　）。

A. 纯碘　　　　　　　　　　　　　　B. 硫代硫酸钠标准溶液

C. 三氧化二砷　　　　　　　　　　　D. 重铬酸钾

☆ 知识点 212　维生素 C 含量测定的方法

【知识梳理】

维生素 C 又名抗坏血酸，分子式为 $C_6H_8O_6$，它是一种药物，人体缺乏维生素 C 可能引发多种疾病。维生素 C 的还原性较强，在空气中易被氧化，特别是在碱性溶液中更甚，所以滴定时一般加入一些 HAc，使溶液保持弱酸性，以减少维生素 C 受 I_2 以外其他氧化剂作用的影响。维生素 C 含量可通过在弱酸性溶液中用已知浓度的 I_2 溶液进行直接滴定。该反应的化学方程式为：$C_6H_8O_6 + I_2 = C_6H_6O_6 + 2HI$。

本知识点要求了解维生素 C 的性质及其含量的测定方法。

【例题分析】

（判断题）维生素 C 又名抗坏血酸，分子式为 $C_6H_8O_6$，它是一种药物，也是分析中常用的掩蔽剂，具有还原性，能被 I_2 定量氧化，因此可用 I_2 标准滴定溶液间接滴定。（　　）

A. 正确　　　　　　　　　　　　　　B. 错误

答案：B

解析：本题属于容易题,考级能力要求为A。考察学生对维生素C性质及其含量的测定方法的理解。

【巩固练习】

一、判断题

维生素C的还原性较强,在空气中易被氧化,特别是在碱性溶液中更甚,所以滴定时一般加入一些HAc,使溶液保持弱酸性,以减少维生素C受I_2以外其他氧化剂作用的影响。   （   ）

　　A. 正确　　　　　　　　　　　　　　B. 错误

⭐知识点213　间接碘量法测铜盐含量的原理及方法

【知识梳理】

原理及方法:间接碘量法。

1. 在弱酸性溶液中,Cu^{2+}先与过量KI作用,生成CuI沉淀,同时析出定量的I_2:

$$2Cu^{2+}+4I^-\!\!=\!\!=\!\!2CuI\downarrow+I_2;$$

碘量法测定Cu^{2+}时,KI最主要的作用是还原剂,同时又是沉淀剂。通常用硫酸或醋酸控制溶液的酸度为弱酸性;酸度过低,Cu^{2+}易水解,使反应不完全,结果偏低,而且反应速率慢,终点拖长;酸度过高,则I^-被空气中的氧氧化为I_2(Cu^{2+}催化此反应),使结果偏高。

2. 生成的I_2用$Na_2S_2O_3$标准溶液滴定,以淀粉为指示剂。由于CuI沉淀表面吸附I_2,使分析结果偏低,终点变色不敏锐。为了减少CuI对I_2的吸附,临近终点前应向溶液中加入KSCN,这是为了使CuI沉淀转化为溶解度更小的CuSCN,以减少对I_2的吸附。

$$CuI+SCN^-\!\!=\!\!=\!\!CuSCN\downarrow+I^-$$

它基本上不吸附I_2,使终点变色敏锐。

3. 铜的测定中,试液中若有Fe^{3+},对测定铜有干扰,为除去Fe^{3+}干扰,一般可加入NaF掩蔽Fe^{3+},以排除干扰。

本知识点要求了解间接碘量法测铜盐含量的原理及方法,以及排除干扰的方法。

【例题分析】

1.（单选题)碘量法测定Cu^{2+}时,KI最主要的作用是（   ）。

　　A. 氧化剂　　　B. 还原剂　　　C. 配位剂　　　D. 溶剂

答案：B

解析：本题属于容易题。考级能力要求为A。考察学生对碘量法测定Cu^{2+}时的KI最主要的作用的理解。

2.（单选题)间接碘量法测定水中Cu^{2+}含量,介质的pH值应控制在（   ）。

　　A. 强酸性　　　B. 弱酸性　　　C. 弱碱性　　　D. 强碱性

答案:B

解析:本题属于容易题,考级能力要求为 A。考察学生对碘量法测定 Cu^{2+} 时的酸度条件的理解。

【巩固练习】

一、单选题

1. 碘量法测定 $CuSO_4$ 含量,试样溶液中加入过量的 KI,下列叙述其作用错误的是( )。

    A. 还原 Cu^{2+} 为 Cu^+ B. 防止 I_2 挥发

    C. 与 Cu^+ 形成 CuI 沉淀   D. 把 $CuSO_4$ 还原成单质 Cu

2. 碘量法测定黄铜中的铜含量,为除去 Fe^{3+} 干扰,可加入( )。

    A. KI   B. NaF   C. HNO_3 D. H_2O_2

二、判断题

1. 间接碘量法测定铜盐中的铜含量时,临近终点前应向溶液中加入 KSCN,这是为了使 CuI 沉淀转化为溶解度更小的 CuSCN 以减少对 I_2 的吸附。 ( )

    A. 正确   B. 错误

2. 采用间接碘量法测定某铜盐的含量,淀粉指示剂应在滴定开始前加入,这是为了排除氧气和微生物。 ( )

    A. 正确   B. 错误

3. 铜矿、铜合金及铜盐中的铜含量皆可用直接碘量法进行测定。 ( )

    A. 正确   B. 错误

第四节 重铬酸钾法

1. 了解重铬酸钾滴定法的原理;
2. 理解重铬酸钾标准溶液的配制;
3. 理解重铬酸钾法测定铁含量的原理。

⭐ 知识点 214 重铬酸钾滴定法的原理

【知识梳理】

原理:重铬酸钾法为以重铬酸钾作滴定剂的氧化还原滴定法。

$$Cr_2O_7^{2-} + 14H^+ + 6e^- \longrightarrow 2Cr^{3+} + 7H_2O$$

重铬酸钾法在酸性溶液中,重铬酸钾得到 6 个电子,基本单元为 $1/6K_2Cr_2O_7$。$K_2Cr_2O_7$ 标准溶液滴定既能在硫酸介质中进行,又能在盐酸介质中进行。重铬酸钾法常用的指示剂是二苯胺磺酸钠或邻苯氨基苯甲酸等,它属于氧化还原指示剂。

$K_2Cr_2O_7$ 与 $KMnO_4$ 相比,具有许多优点:

(1) $K_2Cr_2O_7$ 容易提纯,在 140～250 ℃干燥后,可以直接称量配制标准溶液;

(2) $K_2Cr_2O_7$ 标准溶液非常稳定,可以长期保存;

(3) $K_2Cr_2O_7$ 的氧化能力没有 $KMnO_4$ 强,可在 HCl 溶液中进行滴定。在 1 mol/L HCl 溶液中,室温下不与 Cl^- 作用,选择性好。另受其他还原性物质的干扰也较 $KMnO_4$ 法少。

本知识点要求明确知道重铬酸钾滴定法的原理,了解 $K_2Cr_2O_7$ 与 $KMnO_4$ 相比,具有许多优点。

【例题分析】

(判断题)重铬酸钾法常用的指示剂是二苯胺磺酸钠或邻苯氨基苯甲酸等。 (　　)

A. 正确　　　　　　　　　　　　　　B. 错误

> **答案:A**
> **解析:** 本题属于容易题。考级能力要求为 A。考察学生对重铬酸钾法常用的指示剂的理解。

【巩固练习】

一、多选题

与高锰酸钾法相比,重铬酸钾法具有的优点是(　　)。

A. 重铬酸钾易提纯

B. 重铬酸钾溶液稳定

C. 重铬酸钾溶液可在盐酸溶液中进行标定

D. 重铬酸钾法无需外加指示剂来确定终点

二、判断题

1. $K_2Cr_2O_7$ 标准溶液滴定既能在硫酸介质中进行,又能在盐酸介质中进行。 (　　)

A. 正确   B. 错误

2. 重铬酸钾法在酸性溶液中,重铬酸钾得到 6 个电子,基本单元为 $1/6\ K_2Cr_2O_7$。 （ ）

A. 正确   B. 错误

知识点 215　重铬酸钾标准溶液的配制

【知识梳理】

重铬酸钾容易提纯,在 $140\sim250\ ℃$ 干燥后,可以直接称量配制标准溶液。$K_2Cr_2O_7$ 标准溶液非常稳定,可以长期保存,不必标定。

欲配制重铬酸钾标准溶液,需选用的量器是烧杯、电子天平、容量瓶。

本知识点要求明确知道重铬酸钾标准溶液的配制,在了解基础上,能够深刻领会相关知识、方法,并藉此解释、分析,辨明正误。

【例题分析】

（单选题）重铬酸钾标准溶液（   ）直接配制。

A. 不易于提纯,所以不能   B. 低温时可以

C. 不能   D. 干燥后可以

> **答案:** D
>
> **解析:** 本题属于容易题。考级能力要求为 A。考察学生对重铬酸钾标准溶液配制方法的理解。

【巩固练习】

一、判断题

1. 由于 $K_2Cr_2O_7$ 容易提纯,干燥后可作为基准物直接配制标准液,不必标定。 （ ）

A. 正确   B. 错误

2. $K_2Cr_2O_7$、$Na_2S_2O_3$、$KMnO_4$ 等溶液都可以直接配制,不需要标定。 （ ）

A. 正确   B. 错误

3. $K_2Cr_2O_7$ 与 $KMnO_4$ 相比,具有许多优点:可直接配制标液,标液稳定,可在 HCl 溶液中进行。 （ ）

A. 正确   B. 错误

二、多项选择题

欲配制重铬酸钾标准溶液,需选用的量器是（   ）。

A. 烧杯   B. 电子天平   C. 移液管   D. 容量瓶

知识点 216　重铬酸钾法测定铁含量的原理

【知识梳理】

滴定方式:直接滴定法。

重铬酸钾法测定铁含量滴定的反应式为:

$$Cr_2O_7^{2-}+6Fe^{2+}+14H^+\!=\!\!=\!\!2Cr^{3+}+6Fe^{3+}+7H_2O$$

重铬酸钾法测定铁时,加入硫磷混合酸作酸性介质,其中硫酸的作用主要是增加酸度,磷酸的作用是磷酸与 Fe^{3+} 结合成无色的 $[Fe(PO_4)_2]^{3-}$ 配离子,使滴定终点更为准确。

溶解试样选用的溶剂是 HCl。

还原 Fe^{3+} 选用的还原剂是 $SnCl_2$;除去多余的还原剂选用 $HgCl_2$;即用 $K_2Cr_2O_7$ 法滴定 Fe^{2+},应先消除 Sn^{2+} 的干扰,宜采用氧化还原掩蔽法。

选用的指示剂是二苯胺磺酸钠;终点的判断方法溶液由绿色变为紫色。

本知识点要求了解重铬酸钾法测定铁含量的原理方法,在了解的基础上,能够深刻领会相关知识、原理方法,并藉此解释、分析,辨明正误。

【例题分析】

1.(单选题)二苯胺磺酸钠是 $K_2Cr_2O_7$ 滴定 Fe^{2+} 的常用指示剂,它属于(　　)。

A. 自身指示剂　　　　　　　　　B. 氧化还原指示剂

C. 特殊指示剂　　　　　　　　　D. 其他指示剂

答案:B

解析:本题属于容易题。考级能力要求为 A。考察学生对重铬酸钾法测定铁的指示剂的种类的理解。

2.(单选题)重铬酸钾法测定铁时,加入硫酸的作用主要是(　　)。

A. 降低 Fe^{3+} 浓度　　B. 增加酸度　　　　C. 防止沉淀　　　　D. 变色明显

答案:B

解析:本题属于容易题。考级能力要求为 A。考察学生对重铬酸钾法测定铁时酸的作用的理解。

【巩固练习】

一、单选题

1.用 $K_2Cr_2O_7$ 法测定 Fe^{2+},可选用下列哪种指示剂?(　　)

A. 甲基红—溴甲酚绿　　　　　　B. 二苯胺磺酸钠

C. 铬黑 T　　　　　　　　　　　D. 自身指示剂

2.在含有少量 Sn^{2+} 离子 $FeSO_4$ 溶液中,用 $K_2Cr_2O_7$ 法滴定 Fe^{2+},应先消除 Sn^{2+} 的干扰,宜采用(　　)。

A. 控制酸度法　　　B. 络合掩蔽法　　　C. 离子交换法　　　D. 氧化还原掩蔽法

3.重铬酸钾法测定铁含量时,溶液终点颜色为(　　)时。

A. 蓝色　　　　　　B. 亮绿色　　　　　C. 黄色　　　　　　D. 紫色

二、判断题

1.用重铬酸钾标准滴定溶液滴定 Fe^{2+},终点时溶液由绿色变为紫色。　　　　(　　)

A. 正确　　　　　　　　　　　　B. 错误

2.铁的测定中混合酸中磷酸的作用是增加溶液的酸度。　　　　　　　　　　(　　)

A. 正确　　　　　　　　　　　　B. 错误

三、多项选择题

用重铬酸钾法测定铁矿石中铁含量时(　　)。

A. 加入盐酸溶液的作用是将试样溶解

B. 加入硫酸的作用是增加溶液的酸度

C. 加入酸磷酸的作用是加快反应速率

D. 加入 $HgCl_2$ 的作用是除去多余的 $SnCl_2$

综合练习

一、单选题

1. 半反应 $Fe^{3+}+e \Longrightarrow Fe^{2+}$ 是（　　）。
   A. 氧化半反应
   B. 复分解反应
   C. 还原半反应
   D. 既不是氧化也不是还原反应

2. 两个电对电极电位相差越大，电位突跃就越（　　），反之就越（　　）。
   A. 小　大
   B. 大　小
   C. 大　大
   D. 小　小

3. 不是影响氧化还原反应速率因素的是（　　）。
   A. 反应物浓度
   B. 反应的温度
   C. 反应物体积
   D. 催化剂

4. 下列测定中，需要加热的有（　　）。
   A. $KMnO_4$ 溶液测定 H_2O_2
   B. $KMnO_4$ 溶液测定 $H_2C_2O_4$
   C. 银量法测定水中氯
   D. 碘量法测定 $CuSO_4$

5. 高锰酸钾法滴定溶液常用的酸碱条件是（　　）。
   A. 弱酸
   B. 弱碱
   C. 中性
   D. 强酸

6. $KMnO_4$ 法测定软锰矿中 MnO_2 的含量时，MnO_2 与 $Na_2C_2O_4$ 的反应必须在热的（　　）条件下进行。
   A. 强酸性
   B. 弱酸性
   C. 弱碱性
   D. 强碱性

7. 高锰酸钾一般不能用于（　　）。
   A. 直接滴定
   B. 间接滴定
   C. 返滴定
   D. 置换滴定

8. 在高锰酸钾法测铁中，一般使用硫酸而不是盐酸来调节酸度，其主要原因是（　　）。
   A. 盐酸强度不足
   B. 硫酸可起催化作用
   C. Cl^- 可能与高锰酸钾作用
   D. 以上均不对

9. 在用 $KMnO_4$ 法测定 H_2O_2 含量时，为加快反应可加入（　　）。
   A. H_2SO_4
   B. $MnSO_4$
   C. $KMnO_4$
   D. $NaOH$

10. 用 $KMnO_4$ 标准溶液测定 H_2O_2 时，滴定至粉红色为终点。滴定完成后 5min 发现溶液粉红色消失，其原因是（　　）。
    A. H_2O_2 未反应完全
    B. 实验室还原性气体使之褪色
    C. $KMnO_4$ 部分生成了 MnO_2
    D. $KMnO_4$ 标准溶液浓度太稀

11. 用 $KMnO_4$ 法测 H_2O_2，滴定必须在（　　）。
    A. 中性或弱酸性介质中
    B. $c(H_2SO_4)=1\ mol/L$ 介质中
    C. $pH=10$ 氨性缓冲溶液中
    D. 强碱性介质中

12. 标定 $KMnO_4$ 标准溶液所需的基准物是（　　）。
    A. $Na_2S_2O_3$
    B. $H_2C_2O_3$
    C. Na_2CO_3
    D. $Na_2C_2O_4$

13. 用基准物 $Na_2C_2O_4$ 标定配制好的 $KMnO_4$ 溶液，其终点颜色是（　　）。
    A. 蓝色
    B. 亮绿色
    C. 紫色变为纯蓝色
    D. 粉红色

14. 高锰酸钾溶液不稳定的原因是（　　）。
    A. 水中二氧化碳的作用
    B. 空气中氧气的氧化作用

　　C. 水中还原性杂质的作用　　　　　　　D. 酸的作用

15. 为减小间接碘量法的测量误差,下面哪个方法不适用(　　　)。
　　A. 开始慢摇快滴,终点前快摇慢滴　　B. 滴定时处于暗处
　　C. 加入催化剂　　　　　　　　　　　D. 在碘量瓶中进行滴定

16. 间接碘量法(即滴定碘法)中加入淀粉指示剂的适宜时间是(　　　)。
　　A. 滴定开始时
　　B. 滴定至近终点,溶液呈稻草黄色时
　　C. 滴定至 I^{3-} 离子的红棕色褪尽,溶液呈无色时
　　D. 在标准溶液滴定了近 50% 时

17. 淀粉是一种(　　　)指示剂。
　　A. 自身　　　　　B. 氧化还原型　　　C. 专属　　　　　D. 金属

18. 在间接碘法测定中,下列操作正确的是(　　　)。
　　A. 边滴定边快速摇动
　　B. 加入过量 KI,并在室温和避免阳光直射的条件下滴定
　　C. 在 70～80 ℃恒温条件下滴定
　　D. 滴定一开始就加入淀粉指示剂

19. 碘量法使用的 NaS_2O_3 溶液,常用(　　　)作基准物标定。
　　A. Na_2CO_3　　　　B. $Na_2C_2O_4$　　　　C. $KMnO_4$　　　　D. $K_2Cr_2O_7$

20. 采用间接碘量法时,不能减少析出 I_2 挥发的做法是(　　　)。
　　A. 加入过量的 KI　　　　　　　　　B. 在带塞的碘量瓶中进行反应
　　C. 煮沸　　　　　　　　　　　　　　D. 低温进行(小于 25 ℃)

21. 为减小间接碘量法的分析误差,下面哪些方法不适用。(　　　)
　　A. 开始慢摇快滴,终点快摇慢滴　　　B. 反应时放置于暗处
　　C. 加入催化剂　　　　　　　　　　　D. 在碘量瓶中进行反应和滴定

22. 在间接碘量法中,加入淀粉指示剂的适宜时间是(　　　)。
　　A. 滴定刚开始　　　　　　　　　　　B. 反应接近 60% 时
　　C. 滴定近终点时　　　　　　　　　　D. 反应近 80% 时

23. 在间接碘量法中,若酸度过强,则会造成(　　　)。
　　A. $Na_2S_2O_3$ 分解,I^- 挥发
　　B. $Na_2S_2O_3$ 不分解,I^- 被空气中 O_2 氧化
　　C. $Na_2S_2O_3$ 分解,I^- 被空气中 O_2 氧化
　　D. $Na_2S_2O_3$ 不分解,I^- 挥发

24. 关于碘标准溶液说法错误的是(　　　)。
　　A. 将 I_2 直接溶于水,而后标定　　　B. 碘溶液应保存于暗处
　　C. 碘溶液可用基准物质 As_2O_3 标定　D. 碘溶液可用 $Na_2S_2O_3$ 标准溶液标定

25. 直接碘量法应控制的条件是(　　　)。
　　A. 强酸性条件　　　　　　　　　　　B. 强碱性条件
　　C. 中性或弱酸性条件　　　　　　　　D. 什么条件都可以

26. 碘量法中为防止空气氧化碘离子,应(　　　)。
　　A. 避免光线直射　　　　　　　　　　B. 测定速度要慢
　　C. 在强酸性条件下　　　　　　　　　D. 锥形瓶应剧烈摇动

27. 碘量法可以用来测定漂白粉中的有效氯的含量,这里的有效氯指的是(　　　)。

A. HClO   B. Ca(ClO)₂   C. ClO⁻   D. Cl⁻

28. 间接碘量法中,将碘量瓶置于暗处是为了(　　)。
  A. 避免碘的挥发   B. 避免碘离子被空气氧化
  C. 避免杂质掉入   D. 保持低温

29. 下列几种标准溶液一般采用直接法配制的是(　　)。
  A. $KMnO_4$ 标准溶液   B. I_2 标准溶液
  C. $K_2Cr_2O_7$ 标准溶液   D. $Na_2S_2O_3$ 标准溶液

30. 在酸性介质中,草酸钠的基本单元为(　　)。
  A. 1   B. 1/2   C. 1/5   D. 1/4

31. 下列物质中碘的溶解度最小的是(　　)。
  A. 有机溶剂   B. 酸性溶液
  C. 碱性溶液   D. 碘化钾溶液

32. 已知 $c(1/5KMnO_4)=0.1000\ mol/L$,那么 $c(KMnO_4)=($　　$)$。
  A. 0.0200 B. 0.5000 C. 0.2000 D. 1.0000

33. 下列物质中不能使酸性高锰酸钾溶液褪色的是(　　)。
  A. SO_2 B. CO_2 C. H_2S D. H_2O_2

34. 酸性条件下不能被高锰酸钾定量测定的是(　　)。
  A. Cl^- B. H_2O_2 C. I^- D. Fe^{2+}

35. 工业双氧水中有时加入某些有机物(如乙酰苯胺等)作为稳定剂,会使测定结果(　　)。
  A. 偏高   B. 偏低   C. 无影响   D. 无法确定

二、判断题

1. 氧化还原反应中,三种常用的预处理用还原剂为 $(NH_4)SO_4$,$KMnO_4$,H_2O_2。   (　　)
  A. 正确   B. 错误

2. 溶液酸度越高,$KMnO_4$ 氧化能力越强,与 $Na_2C_2O_4$ 反应越完全,所以用标定 $KMnO_4$ 时,溶液酸度越高越好。 (　　)
  A. 正确   B. 错误

3. $KMnO_4$ 在碱性溶液中测定有机物含量。   (　　)
  A. 正确   B. 错误

4. 在硫酸的酸性条件下测定过氧化氢,滴定反应可在室温下顺利进行。滴定之初反应较慢,随着 Mn^{2+} 的生成反应加速,但不能加热,以防 H_2O_2 分解。 (　　)
  A. 正确   B. 错误

5. 能够用于标定 $KMnO_4$ 溶液的基准物质很多,最常用的是 $Na_2S_2O_3$。 (　　)
  A. 正确   B. 错误

6. 为使高锰酸钾的标定能够定量的进行,溶液应有足够的酸度,一般滴定时溶液酸度控制在 $1\sim2\ mol/L$。 (　　)
  A. 正确   B. 错误

7. 在滴定时,$KMnO_4$ 溶液要放在碱式滴定管中。 (　　)
  A. 正确   B. 错误

8. 高锰酸钾水溶液呈紫红色,其还原产物 Mn^{2+} 几乎无色,高锰酸钾法不需另加指示剂,这种确定指示剂的方法属于自身指示剂。 (　　)

A. 正确　　　　　　　　　　　　　B. 错误

9. 在强酸性条件下,KMnO₄ 能够氧化很多有机物,故常在强酸性溶液中测定有机物的含量。　　　　　　　　　　　　　　　　　　　　（　　）

A. 正确　　　　　　　　　　　　　B. 错误

10. 为了获得浓度稳定的 KMnO₄ 标准滴定溶液,溶于蒸馏水中,加热煮沸,冷却后储存于棕色瓶中,于暗处放置数天,使溶液中可能存在的还原性物质完全氧化。（　　）

A. 正确　　　　　　　　　　　　　B. 错误

11. 配制 Na₂S₂O₃ 标准滴定溶液时要用蒸馏水煮沸,并加入少量 Na₂CO₃ 使溶液呈弱碱性。　　　　　　　　　　　　　　　　　　　　　　　　（　　）

A. 正确　　　　　　　　　　　　　B. 错误

12. 配好的溶液应储存于白色瓶中,置于暗处放置 8～10 天,待 Na₂S₂O₃ 浓度稳定后在进行标定。　　　　　　　　　　　　　　　　　　　　　　（　　）

A. 正确　　　　　　　　　　　　　B. 错误

13. 能够用于标定 Na₂S₂O₃ 溶液的基准物质有纯的 I₂、KIO₃、纯铜、K₂Cr₂O₇ 等,其中 K₂Cr₂O₇ 是常用的基准物质。　　　　　　　　　　　　　　　（　　）

A. 正确　　　　　　　　　　　　　B. 错误

14. 淀粉是碘量法的专属指示剂,当溶液出现蓝色(间接碘量法)或蓝色消失(直接碘量法)即为终点。　　　　　　　　　　　　　　　　　　　　　（　　）

A. 正确　　　　　　　　　　　　　B. 错误

15. 直接碘量法和间接碘量法都要求在中性或弱酸性介质中进行滴定。　　（　　）

A. 正确　　　　　　　　　　　　　B. 错误

16. 间接碘量法往氧化剂中加入 KI,防止 I⁻ 被空气氧化。　　　　　　　（　　）

A. 正确　　　　　　　　　　　　　B. 错误

17. 采用间接碘量法时,淀粉指示剂应在近终点(溶液出现稻草黄色)时加入,否则将会引起淀粉溶液凝聚,而且吸附的 I₂ 不易释放出来,使终点难以观察。　（　　）

A. 正确　　　　　　　　　　　　　B. 错误

18. I₂ 几乎不溶于水,但能溶于 KI 溶液。　　　　　　　　　　　　　（　　）

A. 正确　　　　　　　　　　　　　B. 错误

19. 间接碘量法中为了防止 I⁻ 被空气氧化,往氧化剂中加入 I³⁻。　　（　　）

A. 正确　　　　　　　　　　　　　B. 错误

20. 为了防止 I⁻ 被空气氧化,加入 KI 后,碘量瓶应置于暗处放置,以避免光线照射。　　　　　　　　　　　　　　　　　　　　　　　　　　　　（　　）

A. 正确　　　　　　　　　　　　　B. 错误

21. I₂ 易挥发,准确称量有困难,一般是先配成大致浓度的溶液,然后进行标定,I₂ 几乎不溶于水,但能溶于 KI 溶液。　　　　　　　　　　　　　　　（　　）

A. 正确　　　　　　　　　　　　　B. 错误

22. 用碘量法测铜的含量是通常用硫酸或醋酸控制溶液的酸度。　　　　（　　）

A. 正确　　　　　　　　　　　　　B. 错误

23. 铜的测定中,试液中若有 Fe³⁺,对测定铜有干扰,一般可加入 NaF 掩蔽 Fe³⁺ 排除干扰。　　　　　　　　　　　　　　　　　　　　　　　　　　　（　　）

A. 正确　　　　　　　　　　　　　B. 错误

24. 重铬酸钾法常用的指示剂是二苯胺磺酸钠或邻苯氨基苯甲酸等。　　（　　）

A. 正确   B. 错误

25. 由于 $K_2Cr_2O_7$ 容易提纯,干燥后可作为基准物直接配制标准液,不必标定。(   )

     A. 正确   B. 错误

26. 工业双氧水中有时加入某些有机物(如乙酰苯胺等),使测定结果偏低。(   )

     A. 正确   B. 错误

27. 测定商品双氧水中的 H_2O_2 的含量,可用 $KMnO_4$ 标准滴定溶液间接滴定。(   )

     A. 正确   B. 错误

三、多选题

1. 对高锰酸钾滴定法,下列说法正确的是(   )。

     A. 可在盐酸介质中进行滴定

     B. 直接法可测定还原性物质

     C. 标准滴定溶液用标定法制备

     D. 在硫酸介质中进行滴定

2. 在高锰酸钾标准溶液标定过程中,操作正确的是(   )。

     A. 在室温和避免阳光直射的条件下滴定

     B. 加入硫酸,调节溶液酸度在 $0.5\sim1$ mol/L

     C. 滴定时慢摇快滴

     D. 滴定终点时溶液呈粉红色 30s 不褪色

3. 下列基准物质中,可用于标定硫代硫酸钠标准溶液的是(   )。

     A. 纯碘   B. 碘酸钾   C. 溴酸钾   D. 重铬酸钾

4. 与高锰酸钾法相比,重铬酸钾法具有的优点是(   )。

     A. 重铬酸钾易提纯

     B. 重铬酸钾溶液稳定

     C. 重铬酸钾溶液可在盐酸溶液中进行标定

     D. 重铬酸钾法无需外加指示剂来确定终点

5. 配制重铬酸钾标准溶液,需选用的量器是(   )。

     A. 烧杯   B. 电子天平   C. 移液管   D. 容量瓶

6. 用重铬酸钾法测定铁矿石中铁含量时(   )。

     A. 加入盐酸溶液的作用是将试样溶解

     B. 加入硫酸的作用是增加溶液的酸度

     C. 加入酸磷酸的作用是加快反应速率

     D. 加入 $HgCl_2$ 的作用是除去多余的 $SnCl_2$

7. 关于碘标准溶液制备,下列说法中正确的是(   )。

     A. 因为碘易挥发,碘标准溶液只能用间接法配制

     B. 配制时,将称取的碘溶于过量的 KI 溶液中,稀释至一定体积

     C. 碘标准溶液应贮存于聚乙烯瓶中

     D. 标定碘标准溶液可以用基准物 As_2O_3 来标定

8. 在硫代硫酸钠标准溶液标定过程中,操作正确的是(   )。

     A. 加入过量的 KI,并在室温和避免阳光直射的条件下滴定

     B. 溶液为弱酸性

     C. 滴定至近终点时加入淀粉指示剂

     D. 滴定终点时溶液由蓝色变为亮绿色

附件三

江苏省职业技术学校学业水平测试
工业分析与检验专业理论模拟试题

说明:工业分析与检验专业理论测试题包含化学基础和化工分析两部分内容,其中含化学基础 50 题 50 分和化工分析 50 题 50 分,全卷共 100 分。各部分题型有单选题 25 题、判断题 20 题和多选题 5 题。

Ⅰ.化学基础部分

一、单选题(每题只有一个正确答案,共 25 题 25 分)

1. 互为同位素的是( )。
   A. O_2 和 O_3 B. $^{40}_{19}K$ 和 $^{40}_{20}Ca$ C. D_2O 和 H_2O D. $^{35}_{17}Cl$ 和 $^{37}_{17}Cl$

2. 在下列物质中,化学键类型相同的一组是( )。
   A. HI 和 NaI
   B. NaF 和 KCl
   C. Cl_2 和 NaCl
   D. F_2 和 NaBr

3. 下列电离方程式错误的是( )。
   A. $K_2SO_4 \Longrightarrow K^+ + SO_4^{2-}$
   B. $CH_3COOH \Longrightarrow CH_3COO^- + H^+$
   C. $NaOH \Longrightarrow Na^+ + OH^-$
   D. $HNO_3 \Longrightarrow H^+ + NO_3^-$

4. 下列各组离子,能在同一溶液中大量共存的是( )。
   A. Mg^{2+}、H^+、Cl^-、OH^- B. Na^+、Ba^{2+}、CO_3^{2-}、NO_3^-
   C. Na^+、H^+、Cl^-、CO_3^{2-} D. K^+、Cu^{2+}、NO_3^-、SO_4^{2-}

5. 在一定条件下,能使 $A(g) + B(g) \Longrightarrow C(g) + D(g)$ 正反应速率增大的措施是( )。
   A. 减小 C 和 D 的浓度 B. 增大 D 的浓度
   C. 减小 B 的浓度 D. 增大 A 和 B 的浓度

6. 对于可逆反应 $M + N \Longrightarrow Q$ 达到平衡时,下列说法正确的是( )。
   A. M、N、Q 三种物质的量浓度一定相等
   B. M、N 全部变成了 Q
   C. 反应混合物各成分的百分组成不再变化
   D. 反应已经停止

7. 下列金属防腐措施中,利用原电池原理的是( )。
   A. 在金属表面喷漆
   B. 在金属中加入一些铬或镍制成合金
   C. 在轮船的钢铁壳体水线以下部分装上锌块
   D. 使金属表面生成致密稳定的氧化物保护膜

8. 1 mol/L NaCl 溶液表示( )。

A. 溶液里含有 1 mol NaCl   B. 1 mol NaCl 溶解于 1 L 水中

C. 58.5 g NaCl 溶于 941.5 g 水   D. 1 L 水溶液里溶有 58.5 g NaCl

9. 在盛有 NaOH 溶液的试剂瓶口,常看到有白色的固体物质,它是(　　　)。

    A. NaOH   B. Na_2CO_3 C. Na_2O D. $NaHCO_3$

10. 石膏的主要成分是(　　　)。

    A. $BaSO_4$ B. $CaCO_3$ C. $CaSO_4$ D. $Ca(OH)_2$

11. 铝可以制成很薄的铝箔,是由于铝具有(　　　)。

    A. 良好的导电性   B. 良好的延展性   C. 良好的传热性   D. 较小的厚度

12. 下列物质中,呈紫黑色的是(　　　)。

    A. 液态氧   B. 固态氧   C. 液态臭氧   D. 固态臭氧

13. 下列无毒的气体是(　　　)。

    A. Cl_2 B. CO   C. SO_2 D. CO_2

14. 次氯酸的漂白作用是因为(　　　)。

    A. 次氯酸和有色物发生氧化还原反应

    B. 次氯酸和有色物质发生化合反应

    C. 次氯酸和有色物质发生物理作用

    D. 次氯酸和有色物质发生复分解反应

15. 水体富营养化现象在河流湖泊中出现称为(　　　)。

    A. 赤潮   B. 水华   C. 恶化   D. 红潮

16. 某有机物在空气中燃烧,生成了 CO_2 和 H_2O,关于该有机物说法正确的是(　　　)。

    A. 肯定含有碳和氢两种元素

    B. 肯定只含有碳和氢两种元素

    C. 肯定含有氧元素

    D. 肯定不含氧元素

17. 下列物质中,不能用来鉴别甲烷、乙烯的是(　　　)。

    A. 水   B. 溴水

    C. 溴的四氯化碳溶液   D. 酸性高锰酸钾溶液

18. 下列关于苯的叙述中正确的是(　　　)。

    A. 苯主要是以石油为原料而获取的一种重要化工原料

    B. 苯分子中 6 个碳碳化学键完全相同

    C. 苯中含有碳碳双键,所以苯属于烯烃

    D. 苯可以与溴水、高锰酸钾溶液反应而使它们褪色

19. 丙三醇俗名(　　　)。

    A. 石炭酸   B. 甘油   C. 酒精   D. 食醋

20. 选出不属于醇类的有机物(　　　)。

    A. C_4H_9OH B. $C_6H_5CH_2OH$

    C. CH_3OH D. C_6H_5OH

21. 关于乙酸与乙醇的酯化反应的叙述正确的是(　　　)。

    A. 用浓硫酸做催化剂并在加热的条件下进行反应

    B. 乙醇分子中的羟基与乙酸分子羧基上的氢原子结合成水分子

C. 该反应生成易溶于水的物质

D. 该反应不可逆

22. 通常条件下,关于乙醛物理性质的叙述正确的是(　　)。

    A. 难溶于水的液体

    B. 密度比水小可以浮在水面上

    C. 没有气味的气体

    D. 具有刺激性气味的液体

23. 能使蛋白质发生盐析的是(　　)。

    A. NaCl   B. NaOH

    C. $CuSO_4$ D. HCHO

24. 医学上检验尿糖常利用样品与新制的 $Cu(OH)_2$ 悬浊液共热煮沸的方法,下列原理正确的是(　　)。

    A. 葡萄糖使 $Cu(OH)_2$ 还原成红色 Cu_2O 沉淀

    B. 葡萄糖使 $Cu(OH)_2$ 悬浊液溶解

    C. 葡萄糖使 $Cu(OH)_2$ 分解成黑色 CuO 粉末

    D. 葡萄糖使 $Cu(OH)_2$ 还原成光亮红色的 Cu

25. 下列说法不正确的是(　　)。

    A. 高分子化合物简称高分子

    B. 相对分子质量巨大的化合物叫做高分子

    C. 高分子化合物分为天然和合成两大类

    D. 高分子都是加聚反应的生成物

二、判断题(A 表示正确,B 表示错误,共 20 题 20 分)

1. 同周期的主族元素,从左到右随着核电荷数的递增,最外层电子数逐渐增多。(　　)

    A. 正确   B. 错误

2. 含有共价键的化合物一定是共价化合物。(　　)

    A. 正确   B. 错误

3. 向醋酸溶液中加入少量的醋酸钠,其电离平衡向右移动。(　　)

    A. 正确   B. 错误

4. 化学反应速率发生变化时,化学平衡一定移动。(　　)

    A. 正确   B. 错误

5. 其他条件不变,升高温度,会使化学平衡向吸热方向移动。(　　)

    A. 正确   B. 错误

6. 对于原电池,比较不活泼的一极为正极。(　　)

    A. 正确   B. 错误

7. 容量瓶用蒸馏水洗净后,必须干燥,否则会使配制的溶液浓度不准。(　　)

    A. 正确   B. 错误

8. 实验室发生钠着火应直接用水扑灭。(　　)

    A. 正确   B. 错误

9. 水的硬度过高对生活和生产都有危害。(　　)

    A. 正确   B. 错误

10. 铁与盐酸反应的离子方程式为 $Fe+2H^+ = Fe^{2+} + H_2\uparrow$。 （ ）
    A. 正确　　　　　　　　　　　　B. 错误

11. 浓硫酸需要避光保存。 （ ）
    A. 正确　　　　　　　　　　　　B. 错误

12. 焙制糕点所用的发酵粉的主要成分是碳酸氢钠。 （ ）
    A. 正确　　　　　　　　　　　　B. 错误

13. 向某无色溶液中滴加硝酸银溶液有白色沉淀产生,溶液中一定含有氯离子。（ ）
    A. 正确　　　　　　　　　　　　B. 错误

14. 氨气能跟氧气催化氧化生成一氧化氮和水。 （ ）
    A. 正确　　　　　　　　　　　　B. 错误

15. 一般的,我们把结构相似,分子组成相差若干个"CH_2"原子团的有机化合物互相成
    为同分异构体。 （ ）
    A. 正确　　　　　　　　　　　　B. 错误

16. 乙醇在铜催化下会氧化成乙醛。 （ ）
    A. 正确　　　　　　　　　　　　B. 错误

17. 溴乙烷在氢氧化钠水溶液中的反应属于消去反应。 （ ）
    A. 正确　　　　　　　　　　　　B. 错误

18. 日常所用的药皂中常常搀入少量苯酚用以消毒。 （ ）
    A. 正确　　　　　　　　　　　　B. 错误

19. 一定条件下乙醛与氢气的反应,既是加成反应,又是还原反应。 （ ）
    A. 正确　　　　　　　　　　　　B. 错误

20. 一氯乙烯是通过加成聚合反应合成聚氯乙烯的单体。 （ ）
    A. 正确　　　　　　　　　　　　B. 错误

三、多选题(每题有两个或两个以上答案,共5题5分)

1. 乙酸与乙醇发生酯化反应的过程中,浓硫酸所起的作用主要是( )。
   A. 催化剂　　　　　　　　　　　B. 脱水剂
   C. 吸水剂　　　　　　　　　　　D. 氧化剂

2. 以下用于描述苯酚相关性质正确的是( )。
   A. 特殊气味　　　　　　　　　　B. 无色晶体
   C. 有毒　　　　　　　　　　　　D. 易溶于有机溶剂

3. 下列物质会使蛋白质发生变性的有( )。
   A. NaCl　　　　　　　　　　　　B. NaOH
   C. $CuSO_4$　　　　　　　　　　　D. HCHO

4. 食物中的淀粉( )。
   A. 属于天然高分子化合物　　　　B. 属于糖类化合物
   C. 没有甜味　　　　　　　　　　D. 遇碘水显蓝色

5. 下列关于苏打、小苏打性质的叙述中正确的是( )。
   A. 苏打比小苏打易溶于水
   B. 与盐酸反应,小苏打比苏打剧烈
   C. 苏打比小苏打热稳定性差

D. 都是白色晶体

Ⅱ. 化工分析部分

一、单选题(每题只有一个正确答案,共 25 题 25 分)

1. 能用于标定 EDTA 准确浓度的基准物质是( )。
   A. 草酸晶体　　　　　　　　　　B. 氧化锌
   C. 三氧化二砷　　　　　　　　　　D. 邻苯二甲酸氢钾

2. 下列酸碱滴定的 pH 值突跃范围最大的是( )。
   A. 1.0 mol/L HCl 滴定 1.0 mol/L NaOH
   B. 0.1 mol/L HCl 滴定 0.1 mol/L NaOH
   C. 1.0 mol/L NaOH 滴定 1.0 mol/L HAc
   D. 0.1 mol/L NaOH 滴定 0.1 mol/L HAc

3. 欲配置浓度为 0.2000 mol/L Na_2CO_3 溶液 1000.00 mL,需称取基准物质 Na_2CO_3 的质量为 $[M(Na_2CO_3) = 106.0 \ g/mol]$( )。
   A. 2.1 g　　　　B. 2.12 g　　　　C. 2.120 g　　　　D. 21.2000 g

4. 在① 温度;② 浓度;③ 容量;④ 压强;⑤ 刻度线;⑥ 酸式或碱式这六项中,容量瓶上标有的是( )。
   A. ①③⑤　　　　B. ③⑤⑥　　　　C. ①②④　　　　D. ②④⑥

5. 配位滴定时,通常选用 EDTA 为滴定剂,其理由是( )。
   A. EDTA 与金属离子形成更稳定的配合物,能将指示剂置换出来
   B. EDTA 与指示剂形成更稳定的配合物,能将金属离子置换出来
   C. EDTA 使指示剂与金属离子形成更稳定的配合物
   D. EDTA 起缓冲作用

6. 根据等物质的量的反应规则,对于反应 $K_2Cr_2O_7 + 6FeSO_4 + 7H_2SO_4 =\!=\!= K_2SO_4 + 3Fe_2(SO_4)_3 + Cr_2(SO_4)_3 + 7H_2O$,下列关系正确的是( )。
   A. $n(K_2Cr_2O_7) = 6n(FeSO_4)$　　　　B. $n(1/6K_2Cr_2O_7) = 6n(FeSO_4)$
   C. $n(1/6K_2Cr_2O_7) = n(FeSO_4)$　　　　D. $1/6n(K_2Cr_2O_7) = n(FeSO_4)$

7. 现有 2000 mL 浓度为 0.1024 mol/L 的某标准溶液,欲将其浓度调整为 0.1000 mol/L,需加入水的体积为(假设溶液体积具有加和性)( )。
   A. 48.00 mL　　　　B. 4.80 mL　　　　C. 46.8800 mL　　　　D. 4.69 mL

8. 乙二胺四乙酸属于( )。
   A. 一元有机弱酸　　　　　　　　B. 二元有机弱酸
   C. 三元有机弱酸　　　　　　　　D. 四元有机弱酸

9. 质量分数为 98% 的硫酸,密度为 1.83 g/mL,其物质的量浓度为 $[M(H_2SO_4) = 98.07 \ g/mol]$( )。
   A. 18.3 mol/L　　　　B. 1.83 mol/L　　　　C. 9.8 mol/L　　　　D. 0.98 mol/L

10. 基准物质二水合草酸除了可以标定碱标准溶液外,还可用于标定( )。
    A. 盐酸标准溶液　　　　　　　　B. EDTA 标准溶液
    C. 高锰酸钾标准溶液　　　　　　D. 碘标准溶液

11. 下列因素中,不影响氧化还原反应速率的是( )。
    A. 反应物浓度　　　　　　　　　B. 反应的温度

C. 反应物体积　　　　　　　　　　　D. 催化剂

12. 用于配制标准溶液的化学试剂,其级别的最低要求为（　　）。

A. 优级纯　　　　B. 分析纯　　　　C. 化学纯　　　　D. 生化试剂

13. 用强酸溶液滴定强碱溶液,由滴定开始至临近化学计量点时溶液的 pH 变化趋势为（　　）。

A. 上升缓慢　　　　B. 下降缓慢　　　　C. 突然上升　　　　D. 突然下降

14. 测定工业用水钙镁离子总量时,需用到的试剂是（　　）。

A. EDTA 标准滴定溶液　　　　　　　B. 含钙镁离子工业用水标准溶液

C. pH=4 的缓冲溶液　　　　　　　　D. 新配置的含钙镁离子工业用水

15. 在确定标准溶液准确浓度时,下列参数可用来表示测量精密度的是（　　）。

A. 绝对误差　　　　B. 相对误差　　　　C. 极差　　　　D. 公差

16. 0.1 mol/L 氢氧化钠滴定 0.1 mol/L 醋酸,其滴定突跃范围为 7.76～9.70,应选用的指示剂是（　　）。

A. 甲基橙(3.1～4.4)　　　　　　　　B. 甲基红(4.4～6.2)

C. 酚酞(8.0～10.0)　　　　　　　　D. 溴甲酚绿(4.0～5.6)

17. 间接碘量法要求在中性或弱酸性介质中进行测定,若酸度太高,将会导致（　　）。

A. 反应不定量　　　　　　　　　　　B. 碘易挥发

C. 终点不明显　　　　　　　　　　　D. 碘离子被氧化,硫代硫酸钠易分解

18. 下列方法不属于化学分析法的是（　　）。

A. 酸碱滴定法　　　　　　　　　　　B. 重量分析法

C. 沉淀滴定法　　　　　　　　　　　D. 色谱分析法

19. 化学试剂标签为蓝色,代表的纯度是（　　）。

A. 优级纯　　　　B. 分析纯　　　　C. 化学纯　　　　D. 生化试剂

20. 高锰酸钾法一般在所需介质中环境是（　　）。

A. 酸性　　　　B. 碱性　　　　C. 中性　　　　D. 不限制酸碱性

21. 常用于标定硫代硫酸钠标准溶液的基准物是（　　）。

A. 升华碘　　　　B. 碘酸钾　　　　C. 重铬酸钾　　　　D. 溴酸钾

22. 将下列数据修约到二位有效数字,其中错误的是（　　）。

A. 3.148→3.1　　B. 0.736→0.74　　C. 75.49→76　　D. 8.050→8.0

23. pH=10.00 的氨水溶液与 pH=10.00 的 NaOH 溶液,其碱度（　　）。

A. 相等　　　　　　　　　　　　　　B. 不相等

C. 氨水溶液大　　　　　　　　　　　D. NaOH 溶液大

24. 标定盐酸标准溶液常用的基准物质是（　　）。

A. 无水碳酸钠　　　　　　　　　　　B. 邻苯二钾酸氢钾

C. 草酸　　　　　　　　　　　　　　D. 碳酸钙

25. 在高锰酸钾法测铁中,一般使用硫酸而不是盐酸来调节酸度,其主要原因是（　　）。

A. 盐酸中 HCl 易挥发　　　　　　　B. 硫酸可起催化作用

C. Cl^- 可能与高锰酸钾发生化学反应　　D. 盐酸的酸性不够

二、判断题(A 表示正确,B 表示错误,共 20 题 20 分)

1. EDTA 在水中的溶解度很大。　　　　　　　　　　　　　　　　　（　　）

A. 正确　　　　　　　　　　　　B. 错误

2. 间接碘量法测定铜盐中的铜含量时,临近终点前应向溶液中加入 KSCN,这是为了使 CuI 沉淀转化为溶解度更小的 CuSCN 以减少对碘的吸附。　　　　　　　（　　）

A. 正确　　　　　　　　　　　　B. 错误

3. 用因吸潮带有少量结晶水的基准试剂 Na_2CO_3 标定 HCl 溶液时,结果偏高;若用此 HCl 溶液测定某有机碱的摩尔质量,结果也偏高。　　　　　　　　　　（　　）

A. 正确　　　　　　　　　　　　B. 错误

4. 铬黑 T 的水溶液的颜色为蓝色,铬黑 T 与金属配合物的颜色是红色,滴定时当溶液 的颜色由蓝色变为红色即为终点。　　　　　　　　　　　　　　　　　（　　）

A. 正确　　　　　　　　　　　　B. 错误

5. 直接碘量法又称为碘滴定法,它是利用碘标准滴定溶液直接滴定一些还原性物质,如 S^{2-}、SO_3^{2-}、As_2O_3 等。　　　　　　　　　　　　　　　　　　（　　）

A. 正确　　　　　　　　　　　　B. 错误

6. 定量分析的一般过程依次是采样与制样、试样分解和分析试液的制备、分离及测定、 分析结果的计算和评价。　　　　　　　　　　　　　　　　　　　　　（　　）

A. 正确　　　　　　　　　　　　B. 错误

7. 配位滴定时,指示剂游离状态的颜色与配位状态的颜色有较明显的区别,不需要考虑 溶液的 pH 范围。　　　　　　　　　　　　　　　　　　　　　　　　（　　）

A. 正确　　　　　　　　　　　　B. 错误

8. 滴定管中装入溶液或放出溶液后即可读数,并应使滴定管保持垂直状态。（　　）

A. 正确　　　　　　　　　　　　B. 错误

9. 因为酸碱滴定法的终点难以把握,所以该方法在化工生产中很少使用。（　　）

A. 正确　　　　　　　　　　　　B. 错误

10. 可以采用基准 Na_2CO_3 直接配置 Na_2CO_3 标准溶液。　　　　　　（　　）

A. 正确　　　　　　　　　　　　B. 错误

11. 标准状态下 2.24 L HCl 气体溶于 1 L 水中,所得溶液的物质的量浓度为 0.1 mol/L。

（　　）

A. 正确　　　　　　　　　　　　B. 错误

12. 有机配位剂乙二胺四乙酸与金属离子的配位反应符合配位滴定的条件,化工分析中 获得了广泛的应用。　　　　　　　　　　　　　　　　　　　　　　　（　　）

A. 正确　　　　　　　　　　　　B. 错误

13. 工业用水钙镁离子总量的测定要求是平行测定 3 份,钙镁含量的绝对偏差应小于 0.04 mmol/L。　　　　　　　　　　　　　　　　　　　　　　　　　（　　）

A. 正确　　　　　　　　　　　　B. 错误

14. 铜矿、铜合金及铜盐中的铜含量皆可用直接碘量法进行测定。　　（　　）

A. 正确　　　　　　　　　　　　B. 错误

15. 在一元弱酸溶液中氢离子浓度与酸的浓度相等。　　　　　　　　（　　）

A. 正确　　　　　　　　　　　　B. 错误

16. 随机误差的特点就是朝一个方向偏离。　　　　　　　　　　　　（　　）

A. 正确　　　　　　　　　　　　B. 错误

17. 假定能够把混合气体中的不同气体分开,各气体在同温同压下有一定的体积(其总和是混合气体的体积),则各气体单独存在时的体积除以总体积即为其体积分数。

( )

    A. 正确   B. 错误

18. 在一定温度下弱酸、弱碱的解离平衡常数不随弱电解质浓度的变化而变化。( )

    A. 正确   B. 错误

19. 淀粉是碘量法的专属指示剂,当溶液出现蓝色(间接碘量法)或蓝色消失(直接碘量法)即为终点。

( )

    A. 正确   B. 错误

20. 配位滴定必须具备的条件:一是至少要有三种物质,金属指示剂、金属离子、EDTA;二是金属指示剂与金属离子生成配合物的稳定性要比 EDTA 与金属离子生成配合物的稳定性略小。

( )

    A. 正确   B. 错误

三、多选题(每题有两个或两个以上答案,共 5 题 5 分)

1. 按照标准滴定溶液与被测组分之间发生化学反应类型的不同,滴定分析可分为( )。

    A. 酸碱滴定法   B. 配位滴定法

    C. 氧化—还原滴定法   D. 沉淀滴定法

2. 下列说法正确的是( )。

    A. 溶液的 pH 值越大,则酸度越大

    B. 溶液的 pH 值越大,则酸度越小

    C. 溶液的 pOH 值越大,则碱度越大

    D. 溶液的 pOH 值越大,则碱度越小

3. 下列溶液中,可作为缓冲溶液的是( )。

    A. 弱酸及其盐溶液   B. 弱碱及其盐溶液

    C. 不同碱度的酸式盐   D. 高浓度的强酸或强碱溶液

4. 高锰酸钾是一种强氧化剂,不同介质中的还原产物分别是( )。

    A. 在强酸性溶液中的还原产物为 Mn^{2+}

    B. 在强酸性溶液中的还原产物为 MnO_2

    C. 在强碱性溶液中的还原产物为 MnO_4^-

    D. 在中性或弱碱性溶液中的还原产物为 MnO_2

5. 下列关于 0.01000 mol/L NH_4OH 溶液的说法,正确的是( )。

    A. 溶液中 $c(OH^-)=0.01000$ mol/L

    B. 溶液的中 $c(OH^-)<0.01000$ mol/L

    C. 溶液的 pOH=12.00

    D. NH_4OH 是一元弱碱溶液,只能部分电离出 OH^-

江苏省职业技术学校学业水平测试

化学工艺专业《化工分析》课程考试大纲

一、命题指导思想

江苏省中等职业学校《化工分析》课程的学业水平考试是遵照江苏省教育厅《关于建立江苏省中等职业学校学生学业水平测试制度的意见(试行)》(苏教职〔2014〕36 号)、《关于印发＜江苏省中等职业学校学生学业水平测试实施方案＞的通知》(苏教职〔2015〕7 号)要求,以《江苏省中等职业教育化学工艺专业〈化工分析〉课程标准》为依据,以《化工分析》课程所要求的基础知识、基本技能、基本思想、基本方法为主要考查内容,注重考查学生对《化工分析》课程基本概念和基本方法的掌握情况,同时兼顾考查学生分析、解决问题的能力。

鉴于江苏省中等职业学校的学生现状,结合《化工分析》课程特点,命题要体现化工分析的基本理念和课程目标,力求科学、准确、公平、规范,试卷应有较高的信度、效度和必要的区分度。

二、考试内容及要求

(一) 考试范围

本课程具体安排如下:

序　号	主要考试内容
1	化工分析的认识
2	滴定分析
3	酸碱滴定
4	配位滴定
5	氧化还原滴定

(二) 考试能力要求

1. 了解(A)要求对某一概念、知识内容,能够准确再认、再现,即知道"是什么"。相应的行为动词为:了解、认识、知道。

2. 理解(B)要求对某一概念、知识内容,在了解基础上,能够深刻领会相关知识、原理、方法,并藉此解释、分析现象,辨明正误,即明白"为什么"。相应的行为动词为:理解、熟悉、领会。

3. 掌握(C)要求能够灵活运用相关原理、法则和方法,综合分析、解决实际问题,即清楚"怎么办"。相应的行为动词:掌握、应用、运用。

（三）考试的具体内容和要求

考试内容		序号	说　明	考试要求
化工分析的认识	化工分析的任务和方法	1	了解分析化学的概念和分类	A
		2	了解化工分析的任务和方法	A
		3	了解定量分析的方法和分类	A
		4	了解定量分析的一般过程	A
		5	了解化学分析法的概念	A
		6	了解化学分析法的分类	A
		7	了解滴定分析法的概念及分类	A
		8	了解化学试剂分类及标签颜色	A
		9	了解分析用水分类	A
	分析试样的采取和处理	10	了解试样采集的原则	A
		11	了解液体试样采集的一般方法	A
		12	了解气体试样采集的一般方法	A
		13	了解固体试样采集制备及溶解的方法	A
		14	了解分析实验室安全、环保的基础知识	A
	电子天平操作	15	掌握称量方法,会使用电子天平	A/B
	分析数据与误差问题	16	了解质量分数的概念	A
		17	了解体积分数的概念	A
		18	了解质量浓度的概念	A
		19	掌握准确度与误差的概念	A/B/C
		20	掌握精确度与偏差的概念	A/B/C
		21	了解分析结果报告的要求	A
		22	了解误差来源	A
		23	了解减免误差方法	A
		24	理解有效数字的涵义	A/B
		25	理解有效数字的计算规则,会进行数据处理	A/B
滴定分析	滴定分析的条件和方法	26	了解滴定分析的基本条件	A
		27	了解滴定分析的方法	A
	标准滴定溶液	28	掌握标准滴定溶液表示方法	A/B/C
		29	理解标准溶液配制方法	A/B
		30	理解基准物质的概念,知道基准物质选择的原则	A/B
	滴定分析计算	31	了解等物质的量的反应规则	A
		32	掌握各种滴定分析的有关计算	A/B
	滴定分析仪器及操作技术	33	了解滴定方式	A
		34	了解常见滴定分析仪器的用法	A
		35	掌握滴定管使用方法	A/B/C
		36	掌握容量瓶使用方法	A/B/C
		37	掌握移液管使用方法	A/B/C

（续表）

考试内容		序号	说　明	考试要求
酸碱滴定	水溶液中的酸碱平衡	38	理解酸碱滴定概念	A/B
		39	理解酸度及酸的浓度的概念	A/B
		40	理解碱度及碱的浓度的概念	A/B
		41	理解 pH、pOH 的概念	A/B
		42	掌握强酸、强碱溶液 pH 值的计算	A/B/C
		43	理解弱酸、弱碱溶液 pH 值的计算	A/B
		44	理解水解性盐溶液 pH 值的计算	A/B
		45	了解缓冲溶液的概念	A
		46	理解常见缓冲溶液的组成及原理（HAc—NaAc，NH₃—NH₄Cl）	A/B
	酸碱指示剂	47	了解酸碱指示剂的变色原理	A
		48	了解几种常见指示剂的变色范围（酚酞、甲基橙）	A
	滴定曲线和指示剂的选择	49	了解滴定曲线、滴定突跃（强酸滴强碱、强碱滴强酸、强碱滴弱酸）	A
		50	理解酸碱指示剂的定义，了解酸碱滴定中指示剂选择方法	A/B
	酸碱滴定应用	51	掌握盐酸标准溶液的配制及标定	A/B/C
		52	掌握氢氧化钠标准溶液的配制及标定	A/B/C
		53	理解混合碱含量分析方法（成份判断）	A/B
		54	掌握工业醋酸含量测定	A/B/C
		55	了解氨水中氨含量的分析方法	A
配位滴定	配位滴定法	56	理解配位滴定法的定义	A/B
		57	了解配位滴定的条件	A
	EDTA 及其分析特性	58	熟悉 EDTA 的结构、特性	A/B
		59	理解酸度对配位滴定的影响	A/B
		60	了解 EDTA 酸效应曲线的应用（酸度选择、判断干扰）	A
	金属指示剂	61	了解金属指示剂的概念	A
		62	理解金属指示剂的作用原理	A/B
		63	了解铬黑 T 的作用原理	A/B
		64	理解金属指示剂的选择条件	A
		65	了解指示剂的"封闭"和"僵化"的概念	A
	配位滴定应用	66	掌握实验：EDTA 标准滴定溶液的配制与标定	A/B/C
		67	掌握实验：工业用水钙镁离子总量的测定	A/B/C

（续表）

考试内容		序号	说　　明	考试要求
氧化还原滴定	氧化还原反应的条件	68	了解标准电极电位的含义及应用	A
		69	了解氧化还原滴定定义	A
	高锰酸钾法	70	理解高锰酸钾法的滴定反应条件和反应原理	A/B
		71	掌握高锰酸钾标准溶液的配制和标定	A/B/C
	碘量法	72	了解碘量滴定法的原理	A
		73	理解碘量滴定法的条件	A/B
		74	理解硫代硫酸钠标准溶液配制及标定的方法	A/B
		75	理解碘标准溶液配制及标定的方法	A/B
		76	了解维生素 C 含量测定的方法	A
		77	了解间接碘量法测铜盐含量的原理及方法	A
	重铬酸钾法	78	了解重铬酸钾滴定法的原理	A
		79	理解重铬酸钾标准溶液的配制	A/B
		80	理解重铬酸钾法测定铁含量的原理	A/B

三、试卷结构

（一）题型及比例

题　型	小题数量、分值、答题要求	比　例
单选题	12 小题,每小题 2 分。在每小题的 4 个备选答案中,选出 1 个正确的答案	50%
多项选择题	3 小题,每小题 2 分。在每小题的 4 个备选答案中,选出 2 个或 2 个以上正确的答案。多选、错选、漏选均不得分	10%
判断题	10 小题,每小题 2 分。你认为正确的选择"正确"或"A",错误的选择"错误"或"B"	40%

（二）难易题及比例

全卷试题难度分为容易题、中等难度题和较难题三个等级,容易题、中等难度题、较难题的占分比例约为 7∶2∶1。

（三）内容比例

主要考试内容	试卷内容比例
化工分析的认识	约 20%
滴定分析	约 20%
酸碱滴定	约 30%
配位滴定	约 15%
氧化还原滴定	约 15%

四、考试形式和时间

(一)考试形式

闭卷、机考

(二)考试时间

30分钟

(三)试卷满分值

50分

五、典型题示例

(一)单选题(每小题2分)

1. 滴定分析中,下面哪种器具可用来准确测量液体体积。(   )

    A. 烧杯　　　　　　B. 移液管　　　　　C. 量杯　　　　　　D. 天平

答案:B

解析:本题属于容易题。考级能力要求为A。本题主要考查常见滴定分析仪器及操作技术。

2. 测定混合碱含量时,V_1 表示以酚酞为指示剂滴定至终点消耗的盐酸体积,V_2 表示以甲基橙为指示剂滴定至终点所消耗的盐酸体积,若 $V_1 > V_2$,说明混合碱中(   )。

    A. 仅有氢氧化钠　　　　　　　　B. 既有碳酸钠又有氢氧化钠

    C. 仅有碳酸钠　　　　　　　　　D. 只有碳酸氢钠

答案:B

解析:本题属于中等难度题。考级能力要求为B。本题主要考查混合碱成分的判断。

3. 将浓度为 0.10 mol/L 和 0.20 mol/L 的硫酸溶液等体积混合(假设混合后溶液体积为原溶液体积的两倍),所得溶液的浓度(   )。

    A. 大于 0.15 mol/L　　　　　　　B. 小于 0.15 mol/L

    C. 等于 0.15 mol/L　　　　　　　D. 无法确定

答案:C

解析:本题属于较难题。考级能力要求为C。本题主要考查标准滴定溶液表示方法。

(二)多项选择题(每小题2分)

1. 按照标准滴定溶液与被测组分之间发生化学反应类型的不同,滴定分析的方法有(   )。

    A. 酸碱滴定法　　　　　　　　　B. 配位滴定法

    C. 氧化还原滴定法　　　　　　　D. 沉淀滴定法

答案:ABCD

解析:本题属于容易题。考级能力要求为A。本题主要考查滴定分析的方法和分类。

2.配位滴定时,金属指示剂必须具备的条件为( )。

A.在滴定的 pH 范围内,指示剂本身的颜色与它和金属离子生成配合物的颜色有明显差别

B.金属离子与金属指示剂的显色反应灵敏

C.金属离子与金属指示剂形成配合物的稳定性要适当

D.金属离子与金属指示剂形成配合物的稳定性要大于金属离子与 EDTA 形成配合物的稳定性

答案:ABC

解析:本题属于中等难度题。考级能力要求为 B。本题主要考查金属指示剂的作用原理。

3.关于高锰酸钾法,下列说法正确的是( )。

A.在盐酸介质中进行滴定　　　　B.直接法可测定还原性物质

C.标准滴定溶液用标定法制备　　D.在硫酸介质中进行滴定

答案:BCD

解析:本题属于较难题。能力要求为 B。本题主要考查高锰酸钾的标准溶液的配制和标定。

(三) 判断题(每小题 2 分)

1.EDTA 与金属离子配合时,不论金属离子是几价,大多数都是以 1:1 的比例配合。 ( )

A.正确　　　　　　　　　　　　B.错误

答案:正确

解析:本题属于容易题。考级能力要求为 A。本题主要考查 EDTA 的结构、特性。

2.pH=6.70 与 56.7% 的有效数字位数相同。 ( )

A.正确　　　　　　　　　　　　B.错误

答案:错误

解析:本题属于中等难度题。考级能力要求为 B。本题主要考查有效数字的涵义。

3.pH=5 的盐酸溶液和 pH=12 的氢氧化钠溶液等体积混合时 pH 是 7。( )

A.正确　　　　　　　　　　　　B.错误

答案:错误

解析:本题属于较难题。考级能力要求为 C。本题主要考查强酸、强碱溶液 pH 值的计算。